内燃机排放控制原理

Principles of Exhaust Emission Control for Internal Combustion Engines

何邦全　编著

科 学 出 版 社

北　京

内 容 简 介

内燃机和排气后处理器的优化匹配是满足严格的汽车和内燃机排放标准的前提。内燃机技术的发展也会对排气后处理器的匹配方案提出新的要求。针对当前国内外内燃机和排气后处理器的发展趋势，本书选取了部分能反映当前国际内燃机和排气后处理器技术发展方向的代表性成果和前沿技术进行编著。

全书共5章。第1章简要介绍内燃机污染物的生成原理和不同汽车排放测试循环下发动机的运行工况特征，为后续章节的讨论提供必要的基础知识。第2章重点介绍燃烧系统设计和控制参数对汽油机排放的影响规律，为从源头上降低汽油机排放提供理论指导。第3章着重介绍汽油机排气后处理器的工作原理和相关匹配技术。第4章主要介绍燃烧系统设计和控制参数对直喷柴油机排放的影响规律，为降低柴油机排放提供理论和技术支持。第5章系统地介绍柴油机排气后处理器的工作原理和相关匹配技术。

本书可作为动力机械及工程专业研究生教材，也可供相关的内燃机研发人员参考。

图书在版编目(CIP)数据

内燃机排放控制原理= Principles of Exhaust Emission Control for Internal Combustion Engines/何邦全编著.—北京：科学出版社，2018.6

ISBN 978-7-03-056740-6

Ⅰ. ①内… Ⅱ. ①何… Ⅲ. ① 内燃机-排气污染物-空气污染控制 Ⅳ. ① TK401

中国版本图书馆CIP数据核字(2018)第045665号

责任编辑：范运年 王楠楠 / 责任校对：彭 涛

责任印制：徐晓晨 / 封面设计：茗轩堂

科 学 出 版 社 出版

北京东黄城根北街16号

邮政编码：100717

http://www.sciencep.com

北京九州迅驰传媒文化有限公司 印刷

科学出版社发行 各地新华书店经销

*

2018年6月第 一 版 开本：720 × 1000 1/16

2019年3月第二次印刷 印张：20 3/4

字数：405 000

定价：98.00 元

(如有印装质量问题，我社负责调换)

前　言

内燃机作为重要的动力装置已在汽车、工程机械和船舶等领域得到了广泛应用。但是，内燃机主要消耗化石燃料，并排出各种有害排放物，对大气环境产生不利的影响。为了满足越来越严格的汽车燃油消耗目标，各种新技术也开始在内燃机上应用，使内燃机的排气温度降低，有害排放物出现新的特点。与此同时，汽车排放测试所覆盖的内燃机转速和负荷范围更大。实际驾驶排放使汽车内燃机排放控制面临更加严峻的挑战。因此，内燃机与排气后处理器协同配合难度更大。

内燃机的热效率和有害排放物受到燃烧室形状、压缩比、行程/缸径比、火花塞/喷油器安装位置、喷油压力和喷油方式、混合气浓度、着火方式、气流运动、气门定时、燃油品质、转速、负荷、进气状态、废气再循环方式等的共同影响，而气缸内排放物生成与燃烧室内当地的温度、混合气浓度和高温持续时间等密切相关。因此，在进行内燃机特定运行工况点的参数标定时，需要兼顾内燃机热效率与排放物之间的折中。汽车在冷起动、加速和减速过程中，内燃机气缸内可燃混合气的质量以及燃油与空气的混合质量难以精确控制，使减少内燃机在负荷和转速变动过程中的排放物变得更加困难。因此，为了满足越来越严格的汽车和内燃机排放标准，减少燃油消耗，各类排气后处理器在汽车和内燃机上得到了广泛的应用，以解决内燃机技术本身无法同时满足排放和燃油消耗目标这一难题。催化剂配方和涂敷方式、涂敷层材料、催化剂的耐久性、载体结构和材料、不同催化器的匹配关系以及催化器的安装位置均影响汽车和内燃机排气后处理器在实际使用过程中的催化转化效率，而在后处理器中产生的排气阻力、还原剂的添加量和方式、脱硫以及颗粒过滤器的再生方式也会影响内燃机的燃油经济性。因此，排气后处理器的配置要与内燃机的用途相适应，以满足汽车和内燃机排放及燃油经济性控制目标，同时降低用户的使用成本。

全书共 5 章，重点论述内燃机排放控制的基本原理和技术，包括内燃机和排气后处理器匹配技术。

本书适合具有一定内燃机或排气后处理专业基础知识的人员阅读，特别适合于动力机械及工程专业的研究生和相关工程技术人员。通过对本书的学习，读者可以对内燃机与排气后处理器技术及它们的相互匹配关系有更深入的认识，并借鉴国外的先进研究成果，指导相关产品的开发。

本书引用了大量的文献，这些文献所取得的研究成果丰富了本书的内容，在此向相关作者表示感谢。本书中涉及作者本人的研究工作得到了国家自然科学基金“生物丁醇汽油燃料发动机低温燃烧特性的基础研究(编号：51076113)”的资助。本书还得到了国家重点基础研究发展计划(973 计划)“基于新型热力循环汽油机强化预混合低温燃烧理论及燃烧控制的研究(编号：2013CB228403)”的资助。

在本书出版过程中，得到了科学出版社编辑的大力帮助，在此表示衷心的感谢。

本书涉及的知识面广，由于作者水平有限，不足之处在所难免，谨请广大读者，特别是内燃机和排气后处理研究方面的同行和专家予以评价指导。

何邦全
2017 年 9 月于天津大学

目　录

第1章　内燃机污染物

内燃机主要以化石能源为燃料，通过燃料的燃烧放热，最终把燃料中存储的化学能转化为机械能。但是，受到混合气的形成方式、可燃混合气极限和气缸边界层热力状态的影响，在每个工作循环有限的燃烧时间内，燃料实际上难以在内燃机中完全燃烧，会形成一氧化碳(carbon monoxide，CO)、碳氢化合物(hydrocarbon，HC)和颗粒物(particulate matter，PM)等有害物。此外，在高温条件下，气缸内空气中的氮气也会参与化学反应，生成氮氧化物(NO_x，包括NO和NO_2)。目前，与汽车排放标准相关的内燃机污染物主要有CO、HC、NO_x和颗粒物等。

1.1　内燃机污染物的生成

影响内燃机污染物生成的因素有很多，如内燃机的类型(冲程数、火花点燃或压缩着火)、进气温度、燃料的种类和品质、后处理器的配置、驾驶条件(市区或城郊、车速、加速/减速以及混合气浓度)等。尽管如此，内燃机各种污染物的生成都遵循一定的规律。

1.1.1　CO

CO是烃类燃料在氧化成CO_2和H_2O的过程中生成的中间产物。在内燃机中生成的CO的后续氧化程度取决于氧化反应动力学过程和冷却方式[1]。在浓混合气中，由于没有充足的O_2来实现燃料的完全燃烧，所以内燃机的CO水平高。只有在充足的O_2和足够高的温度下，CO才能被完全氧化。但是，不完善的混合使CO从稀混合气中逃脱，甚至在均质预混混合气燃烧条件下也是如此。此外，在火焰中，CO的平衡浓度高，也会产生相对高的CO排放。

在烃类燃料燃烧时，CO氧化的主要反应是$CO+OH \leftrightarrow CO_2+H$[1]。这是一个化学反应动力学控制的过程。在低温下，CO+OH的反应常数对温度的依赖性不强，它对温度的依赖性主要来自于温度对OH平衡浓度的影响。因此，影响CO氧化的主要因素是温度。在内燃机的膨胀和排气过程中，当气缸内气体温度低于1450K时，CO浓度偏离局部平衡值，在1000～1100K时，CO完全冻结[1]，即实际CO浓度高于气缸内温度所对应的CO平衡浓度，最终以CO形式排出气缸。在冻结时，CO浓度强烈地依赖于偏离化学反应中间产物的平衡浓度。

CO 冻结时的浓度与 $CO+H_2O=CO_2+H_2$ 平衡时的浓度相当。因此，可以用式(1-1)计算：

$$\frac{[CO][H_2O]}{[CO_2][H_2]} \approx 3.7 \tag{1-1}$$

由于火花点火发动机与柴油机在缸内混合气的形成特点上存在较大的差异，影响 CO 生成的因素也有所不同。对于火花点火发动机来说，CO 主要在富油燃烧区和高温已燃区中生成。其中混合气燃空当量比是影响 CO 生成的重要因素。随着混合气燃空当量化增加，CO 生成量急剧增加，即混合气越浓，排气中 CO 的浓度越高。对于柴油机，在燃烧开始时，CO 最早在喷雾的边缘处形成，因为那里的温度不够高，不能把 CO 进一步氧化成 CO_2。通常，CO 是在柴油机预混浓混合气燃烧时产生的。但柴油机气缸内的混合气更稀，不利于 CO 的生成。只有当混合气浓度接近于冒烟极限时，柴油机的 CO 排放才会大幅增加。所以柴油机的 CO 排放比汽油机低得多。而在理论燃空当量比和稀燃条件下，CO 主要是由 CO_2 分解生成的。因此，随着燃烧温度的降低，柴油机的 CO 浓度也降低[2]。

与内燃机相关的其他参数如点火和/或喷油时刻、压缩比和转速对 CO 排放的影响较小。因为在膨胀过程中，CO 复合反应主要依赖于压力，而上述参数对膨胀阶段气缸压力的影响较小[3]。

1.1.2　HC

HC 是内燃机排气中各种未完全燃烧或部分燃烧的燃料和少量润滑油的总和。其中，润滑油是高分子 HC 排放的主要贡献者。排气中 HC 的成分和量级依赖于燃料和限制氧化的因素。

影响内燃机 HC 排放的原因如下。

(1) 当火焰接近冷的壁面时，火焰前锋熄灭。

(2) 火焰前锋过度冷却，在缝隙处熄灭。

(3) 在膨胀阶段，气缸内温度快速下降，火焰传播速度不够而引起熄灭。

由于混合气形成方式的不同，不同类型的内燃机 HC 排放源的贡献有所不同。

1. 汽油机 HC 排放

汽油机，尤其是进气道喷油(port fuel injection，PFI)汽油机的 HC 排放主要来源如下。

1) 不完全燃烧

(1) 在怠速及高负荷时，过量空气系数 $\lambda<1$，造成燃料的不完全燃烧。此外，在怠速时，气缸内的残余废气系数大，又会加重燃料的不完全燃烧。

(2) 在冷起动和小负荷时，气缸内混合气的温度低，火焰不能在整个气缸中传播，造成失火 (misfire)。

(3) 加速或减速造成短时间内混合气瞬时变稀或变浓。

(4) 在 $\lambda>1$ 时，缸内混合气分布不均匀，造成不完全燃烧。

2) 壁面淬熄效应以及缝隙效应

汽油机气缸内的淬熄层 (quenching layer) 厚度随着工况、混合气湍流程度和壁面温度的不同而不同。在冷起动和怠速时，淬熄层很厚，在小负荷时淬熄层较厚，此时，淬熄层对汽油机 HC 排放的贡献率加大。

影响 HC 排放的气缸内缝隙包括活塞环隙、气门座圈缝隙、火花塞螺纹、中心电极缝隙以及气缸垫缝隙等。但燃烧室缝隙对汽油机 HC 排放的敏感性强烈地依赖于气缸内的流场和燃烧。火焰在缝隙中的淬熄距离 (d_q) 与壁面温度 (T_w) 和最大气缸压力 ($P_{\max}$) 有关。在没有废气稀释的理论燃空当量比混合气燃烧条件下，d_q 的计算分式为[4]

$$d_q = 14.8 \times P_{\max}^{-0.9} \times T_w^{-0.5} \tag{1-2}$$

式中，d_q 的单位是 mm；$P_{\max}$ 的单位是 MPa；T_w 的单位是 K。

混合气的稀释率增加会急剧地增大熄灭距离，因为层流火焰速度减小。因此，在有废气再循环 (exhaust gas recirculation, EGR) 和怠速条件下，火焰的淬熄距离增加。

在汽油机暖机后的稳态工况下，活塞上部的环隙是原始 HC 排放的主要贡献者[5,6]。活塞环隙大约贡献 50%的原始总 HC 排放[7]。对活塞头部进行倒角或减少第一道活塞环上的环岸高度，可以减少汽油机原始 HC 排放。其中，倒角是减少汽油机原始 HC 排放的最有效手段之一，有两个原因[6]：一是倒角允许火焰平滑地进入缝隙区；二是缝隙中未燃燃油避开气缸壁，流入燃烧室内大量的热气体中，促进了它与缸内热气体混合和后续的氧化。

3) 壁面油膜和积碳吸附

在进气和压缩过程中，气缸壁面上的润滑油膜以及沉积在活塞顶部、燃烧室壁面以及进气门和排气门上的多孔性积碳，会吸附气缸中未燃的燃油蒸气，在膨胀和排气过程中逐步释放出来。

在汽油机稳态工况下，HC 存储在气缸中，并逃过燃烧，成为 HC 排放的重要来源。图 1-1 给出了冷起动时，进气道喷油汽油机 HC 存储机理。它主要包括[8]：①燃油存储在燃烧室缝隙中；②燃油吸附到沉积物和润滑油层中；③气缸中液体燃油太浓而不能燃烧；④火焰在燃烧室表面淬灭；⑤燃油部分燃烧。

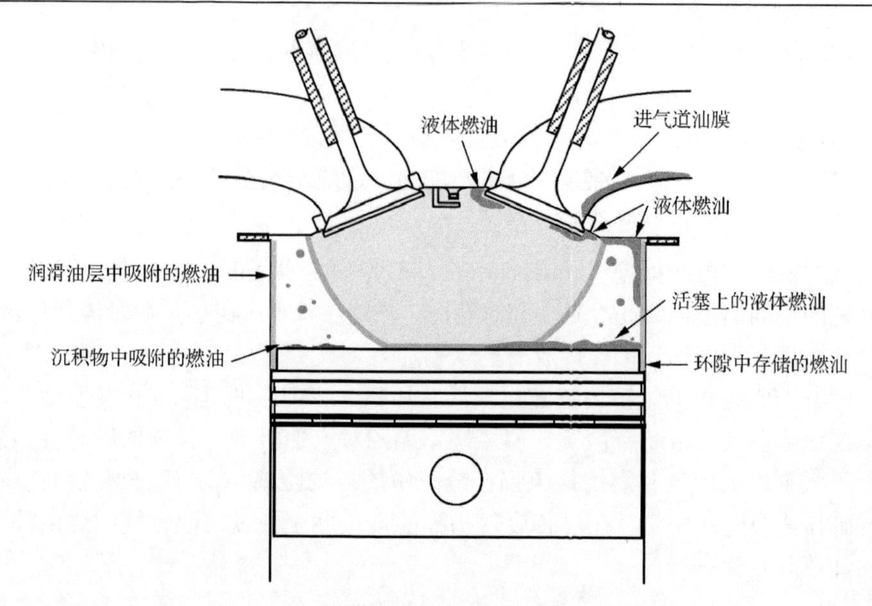

图 1-1　冷起动时汽油机 HC 存储机理[8]

汽油机 HC 排放主要来自于火焰淬熄层、缝隙和润滑油膜。其中，润滑油吸附对汽油机 HC 排放的贡献率为 5%～10%[9]；活塞环缝隙对 HC 排放的贡献从 30%[5]到高达 70%～90%[6,10]。活塞环缝隙是均质混合气汽油机 HC 排放的主要来源。现代商用发动机缝隙容积占余隙容积的 1%～2%[11]。此外，淬熄层的外侧也是 CO 和醛类排放的来源[2]。尽管排气门泄漏也是 HC 排放的来源之一，但这是内燃机保养问题，而不是 HC 排放的根本来源。

汽油机的大多数 HC 排放是在冷起动和暖机阶段排出的。在汽油机充分暖机后，有相当一部分 HC 在火焰过后被氧化。试验[10]和模拟[11]表明，火焰过后 50%～90%的未燃 HC 在排气门打开前被消耗，而且在气缸中火焰过后的 HC 消耗要在高于 1500K 的温度下进行，在低于这个温度时，主要的反应是将大分子 HC 转化成小分子 HC。在高于 1500K 的温度下，从边界层到高温已燃气体中的 HC 扩散决定了火焰过后 HC 消耗的速率。

火焰过后 HC 氧化必须要满足以下三个条件[8,12]：①在已燃气体中要有足够的 O_2（$>4000\times10^{-6}$）；②必须要达到 1500K 的温度，以保证在发动机可用的时间尺度里发生反应；③在 1500K 以上的温度中滞留足够长的时间（>10ms），以便让燃油与燃烧产物混合。

汽油机 HC 排放随着 λ 的增加而减小。但当混合气的燃烧能力下降后，λ 增加又会引起汽油机 HC 排放的增加。

2. 柴油机 HC 排放

与汽油机有所不同，柴油机气缸内的空燃混合气分布是不均匀的。但总体上，柴油机的 HC 排放比汽油机低[3]。柴油机 HC 排放的主要来源有以下四个。

(1) 富油区：不能充分地与空气混合，阻碍了柴油的氧化过程。富油区主要出现在喷油产生的油束中心区。

(2) 过稀区：由于混合气浓度低，柴油不能被完全氧化。这些区域主要在喷雾的外侧稀熄火区。

(3) 靠近壁面的冷区：火焰不能传播，形成火焰淬熄。

(4) 喷油器压力室中的燃油：在膨胀阶段，气缸内的温度低于燃料能氧化的温度后，从压力室内蒸发或喷出来的燃油以 HC 形式排出。

柴油机的 HC 排放主要来自于没有燃烧的燃料。这是因为：①柴油与空气过度混合，出现 λ 极高区。λ 越大，当地的温度越低，化学反应越缓慢或不能进行，形成不能燃烧的过稀混合气；②柴油没有与足够的空气混合，过浓而不能燃烧。

1.1.3　NO_x

汽车是城市大气中 NO_x 排放的重要来源之一。在汽车排出的 NO_x 中，柴油机大约占 85% [13,14]。内燃机 NO_x 排放主要是 NO，NO_2 含量较少，其中，汽油机的 NO_2/NO_x 体积比为 1%～10%，而柴油机的 NO_2/NO_x 体积比为 5%～15%。高 NO_2 浓度出现在低排气温度的小负荷工况[15]。除了在内燃机气缸内生成 NO_2，在排气后处理器中也会生成少量的 NO_2。

在内燃机燃烧过程中，NO 有以下三种生成机理。

1) 高温 NO 机理

在 1946 年，Zeldovich 首先提出了高温 NO (thermal NO) 机理[16]。高温 NO 生成路径可以用扩展的 Zeldovich 化学反应动力学机理来描述，其反应如下：

$$O_2 \leftrightarrow 2O \tag{1-3}$$

$$O+N_2 \leftrightarrow NO+N \tag{1-4}$$

$$N+O_2 \leftrightarrow NO+O \tag{1-5}$$

$$N+OH \leftrightarrow NO+H \tag{1-6}$$

式 (1-4) 和式 (1-5) 是 Zeldovich 机理。

式(1-3)对温度很敏感。在高于 2200K 温度的已燃区，O_2 才能分解成 O[15]。式(1-4)要打破键能高的 N_2 三键，因此，需要高的活化能，这使它成为限制 Zeldovich 机理反应速率的关键一步。在接近理论燃空当量比混合气区或浓混合气区，式(1-6)对 NO 的生成也起着重要的作用[17]。因此，NO 生成的第一个条件是当地高温，第二个条件是当地要有充足的 O_2，第三个条件是高温持续的时间。

在 $\lambda \geqslant 1$ 的条件下，式(1-4)和式(1-5)向正向进行[18]。在燃油浓的区域，式(1-3)的重要性比在稀混合气条件下小。

在内燃机膨胀过程中，燃烧室内的温度降低，引起式(1-4)和式(1-5)“冻结”。当温度低于 2000K 时，NO 不会显著地生成。因此，内燃机排气中的 NO 排放浓度要低于其平衡浓度[15]。

在 NO 与过量空气混合的过程中，通过式(1-7)和式(1-8)反应生成 NO_2：

$$NO+HO_2 \leftrightarrow NO_2+OH \tag{1-7}$$

$$NO_2+O \leftrightarrow NO+O_2 \tag{1-8}$$

2)快速 NO 机理

在 1971 年，Fenimore 第一个发现了这个快速 NO(prompt NO)机理[19]。由这个机理生成 NO 早(在火焰里，而不是火焰过后的气体中)，因此，常把它叫做快速 NO[20]。快速 NO 机理在低温、浓混合气和短的停留时间条件下发生[1]。快速 NO 的生成时间是毫秒级[21]的。

快速 NO 机理反应如下[19,22,23]：

$$CH+N_2 \rightarrow HCN+N \tag{1-9}$$

$$C+N_2 \rightarrow CN+N \tag{1-10}$$

氰基化合物随后生成胺类产物(NH, NH_2, NH_3)[24]。由式(1-9)和式(1-10)生成的 N，再通过式(1-6)生成 NO。

在低温燃烧条件下，N_2O 的生成也会影响 NO 的生成。N_2O 通过 $N_2+O+M \rightarrow N_2O+M$ 生成[2]，接着 N_2O 分解为 NO。

3)燃料 NO

NO 是由燃料中所含的 N 原子氧化而生成的。在进入燃烧区前，燃料中的 N 以 CN 原子团的形式转化成活化基，并在火焰区氧化成 NO。然而，汽车燃料中的 N 含量极低，可以忽略通过燃料 NO 方式生成的 NO 排放。

虽然 NO 可以通过上述三种方式生成，但研究发现，NO 主要是通过高温 NO 机理生成的。高温有利于 NO 的生成，因此，NO 是在内燃机燃烧过程中的已燃区域生成的，而在膨胀过程中，由于已燃气体温度的快速降低，NO 的生成反应被“冻结”，即气缸中的NO浓度大大高于对应排气温度下的平衡浓度。

内燃机NO的生成量与气缸中当地温度、O_2浓度以及高温持续时间密切相关。因此，NO在比理论燃空当量比混合气略稀的条件下达到最大值。汽油机在λ=1.05～1.1时，高温NO的生成量最大，因为有高燃烧温度和O_2浓度[3]。而在柴油机中，出现最大NO_x排放时的λ要大一些。随着λ的下降，柴油机的NO_x浓度持续增加，这是气缸内废气温度增加的结果。当λ<2后，虽然废气的温度继续增加，但由于自由氧原子不够，所以随着λ的减小，NO_x的增加速度降低，最后达到一个最大值[15]。

同样，内燃机NO_x的生成也受火焰传播速度的影响。在稀混合气中低火焰传播速度提供了更长的NO_x生成时间。因此，随着内燃机转速的降低，NO_x排放增大[2]。

Zeldovich的NO生成机理对温度的强烈依赖性为控制内燃机燃烧过程中NO生成指明了方向，任何能降低火焰中最高温度的方法都能减少内燃机NO_x排放。

内燃机排气中的气体排放物与内燃机的类型有很大的关系。表1-1给出了不同类型内燃机的典型原始气体排放范围[25]。

表1-1　不同类型内燃机的典型原始气体排放范围[25]

参数	柴油机	四冲程火花点火发动机	四冲程稀燃火花点火发动机	二冲程火花点火发动机
$NO_x/10^{-6}$	350～1000	100～4000	约1200	100～200
$HC/10^{-6}$	50～330	500～5000	约1300	20000～30000
CO/%	0.03～0.12	0.1～6	约0.13	1～3
O_2/%	10～15	0.2～2	4～12	0.2～2
H_2O/%	1.4～7	10～12	12	10～12
CO_2/%	7	10～13.5	11	10～13
$SO_x^{a}/10^{-6}$	10～100 ^{b}	15～60	20	约20
温度（试验循环）	室温约650℃（室温约420℃）	室温约1100℃^{c}	室温约850℃	室温约1000℃
λ $(A/F)^{d}$	约1.8（26）	约1（14.7）	约1.16（17）	约1（14.7）^{e}

注：a. 由SO_2和SO_3组成。

b. 含硫500×10^{-6}的柴油生成大约20×10^{-6} SO_2。

c. 紧凑耦合催化剂。

d. $\lambda=1$时，空/燃比(A/F)=14.7。

e. 部分燃油扫入排气中，不能给出精确的A/F定义。

1.1.4　颗粒物

在大气环境中，颗粒物数量大小呈理想的多对数正态分布特性。按照颗粒物直径（D_p）大小，可以把颗粒物分为四个模态，即核模态（D_p<30nm）、Aitken模态（30nm<D_p<100nm）、积聚模态（0.1μm<D_p<1μm）和粗模态（D_p>1μm）[26-29]。在城市大气中，按颗粒物数量来分，大多数颗粒物呈核模态和Aitken模态。但颗粒物的表面和体积或质量主要处于积聚模态和粗模态[30]。

根据颗粒物直径大小，还可以把它分为纳米颗粒物(D_p＜50nm)、超细颗粒(D_p=50～100nm)[31]和可吸入颗粒物(D_p=2.5～10μm)[32]。PM2.5 是指 $D_p \leqslant 2.5\mu m$ 的颗粒物，它是可能包括硫酸盐、硝酸盐、有机物、碳和金属化合物的复杂混合物。PM10 是指 $D_p \leqslant 10\mu m$ 的颗粒物。这些颗粒物可以在大气中悬浮几天到几个星期，漂移几百到上千千米。细小的颗粒物主要是通过燃烧过程和在大气中的气体排放物如 SO_x(由 SO_2 和 SO_3 组成)、NO_x 与可挥发性有机物(volatile organic compound，VOC)转变形成的。

在很大范围内，颗粒物会影响人体健康，改变环境、生态效应和能见度等。其中，颗粒物的化学成分起着至关重要的作用。大气中的颗粒物是与城市死亡率和发病率相关的一个重要因素。大颗粒物通过呼吸清除方式如咳嗽从人体排出，但人体对 PM10 就没有了这种功能[33]，小颗粒物则会沉积到人的肺部深处。许多毒理学和流行病学研究已经发现了 PM2.5 和 PM10 对人体健康的不利影响。PM2.5 是引起世界范围内人类死亡比预期早和疾病的原因。有越来越多的证据表明[34]，影响人体健康的几个因素与直径在 100nm 以下的超细颗粒物有关。这些颗粒物能穿透人的细胞膜，进入血液，甚至大脑[35]，诱发可遗传的突变[36]。大气中的硫酸盐气溶胶反射太阳光，但碳颗粒吸收光线，对气候变化产生不利的影响[37,38]。

汽车排放是城市大气中颗粒物的主要来源之一。汽车排出的颗粒物可以是燃料在内燃机中燃烧时直接产生的，也可以是热的排气在稀释和冷却期间在空气中通过成核与凝结形成的。燃料燃烧产生的颗粒物主要是由含有少量金属灰分、HC 和硫化物的固体石墨碳组成的。这些颗粒物主要是直径大小为 30～500nm 的 Aitken 和积聚态碳[39]。柴油机广泛地应用于固定源和移动源，尤其是需要高功率的地方，一个原因是它能改善燃油经济性，并减少温室气体排放，另一个原因是柴油机能在低速时输出高扭矩。但是，柴油机也是大气中颗粒物的重要来源之一[40]。尽管柴油机排气中的颗粒物浓度是汽油机的 6～10 倍，但在城市中心，汽油车总数量大大超过了柴油车，所以汽油车是城市大气中车辆排出颗粒物质量和数量的主要贡献者[41]。

1. 内燃机颗粒物特征

内燃机气缸内颗粒物的形成过程依赖于混合气的浓度、燃油品质(芳香烃含量、硫含量和灰分等)、燃烧方式、润滑油质量及其消耗量、燃烧温度和排气冷却程度等。碳烟是在足够高的温度和 O_2 不足的条件下生成的。因此，影响气缸内碳烟形成的主要因素有燃油的雾化质量、混合气的运动、燃油组分、扩散速度、燃烧温度和反应时间[3]。此外，气缸内液体燃料燃烧时生成的颗粒物还与它的燃烧形式(油滴燃烧和在气缸壁面上的油池燃烧)以及后续的当地燃油扩散燃烧有关[42]。

内燃机排气中的颗粒物可分为核模态、积聚模态和粗模态三种。图 1-2 给出了内燃机排气中的典型颗粒物示意图[43]。图中，粗模态颗粒物只给出了一部分。大部分研究认为核模态颗粒物是由挥发性物质组成的，这也是在图 1-2 中用球形表示核模态颗粒物的原因。但有些研究认为，一些核模态颗粒物是固体的或至少具有小固体核。积聚模态颗粒物是迄今为止最受关注的。积聚模态颗粒物最直接明显的特征是由许多在 20～50nm 的一次球形颗粒物组成。由于它或多或少由球形颗粒物组成，所以积聚模态颗粒物的大小是变化的。积聚体的表面覆盖着液体或液体层，并渗入孔隙和内部的空隙中。粗模态颗粒物具有不同的性质，因为它包含了来自排气系统中非典型的铁锈和鳞屑。这些铁锈和鳞屑停留在排气系统中的某一个地方，以更大的颗粒物进入排气流中。这种存储-释放过程使粗模态颗粒物成为一种组分不一致的排放物，具有随机性和不可预测性。因此，粗模态颗粒物很少被研究。

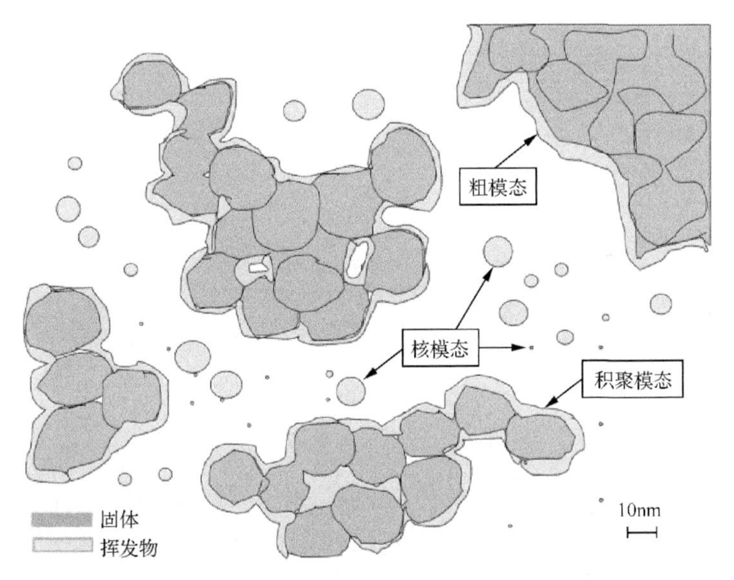

图 1-2　内燃机排气中的典型颗粒物示意图[43]

通常，核模态颗粒物是可挥发有机成分在冷的和稀释条件下通过气态—颗粒物的转变而产生的。核模态颗粒物的出现与燃料中的硫含量有很强的关系。形成核模态颗粒物的第一步是通过 H_2SO_4-H_2O 二元成核或 H_2SO_4-NH_3-H_2O 三元成核，接下来低挥发和半挥发有机成分浓缩上去，进行颗粒物的成长[30,44-47]。因此，核模态颗粒物强烈地依赖于排气稀释条件、燃料中的硫含量和负荷等。其中，低硫燃料能抑制核模态颗粒物的生成[48]。积聚模态颗粒物是在当地富油区燃烧时，由热解的元素碳和有机碳组成的，它主要由脂肪烃、多环芳香烃(pohycyclic aromatic hydrocarbon，PAH)和来自润滑油的灰分组成[30,31]。

内燃机排出的颗粒物有四个不同的来源，即燃料、润滑油、空气和材料分解。其中燃料燃烧是碳烟和颗粒物中有机成分的重要来源；润滑油主要对颗粒物中的有机成分、灰分和硫酸盐有贡献；空气和材料分解主要贡献于灰分。高负荷有利于碳质颗粒物的生成，而低负荷容易生成富含有机物的颗粒物。

内燃机排出的颗粒物由挥发的和不挥发的两部分组成，其化学成分包括硫酸盐、硝酸盐、有机物、碳烟和灰分，如图 1-3 所示[43]。在这五种组分中，只有灰分和碳烟是在内燃机中形成的，其他的是在排气系统或者更可能是排气进入周围空气中时形成的，尽管重要的前趋物反应是先在内燃机中发生的。

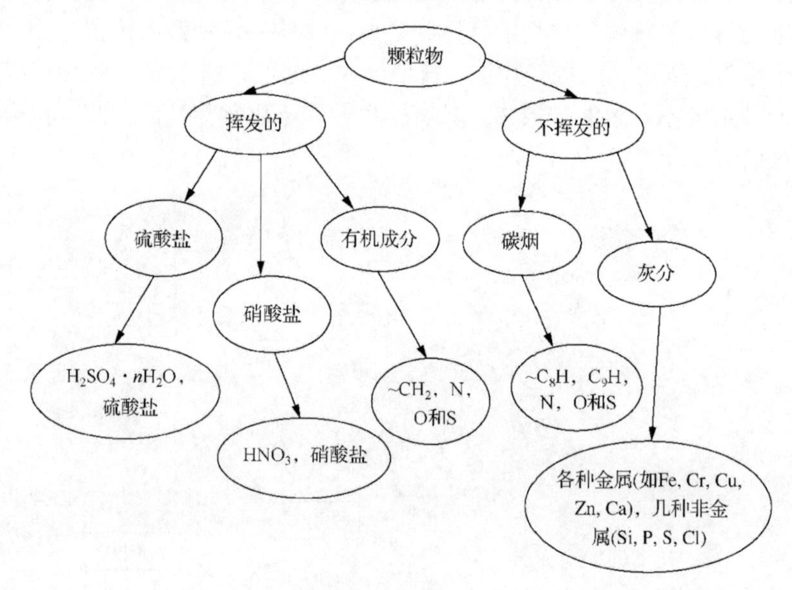

图 1-3　内燃机颗粒物成分[43]

颗粒物的构成很大程度上依赖于发动机设计、管理策略、运行条件、燃料和润滑油[49-51]。固体碳是在当地浓混合气区燃烧时生成的[31]。富含碳与不饱和组分的燃料容易生成碳烟，环烷烃比直链烃更容易生成碳烟。此外，随着燃料 H/C 比的减小，燃料燃烧过程中生成分子中的 H 含量越来越低，并最终聚合成高分子的碳烟[3]。在燃烧过程中，燃料中的硫被氧化成 SO_2，在 450℃以上的排气温度下，进一步地被氧化成 SO_3。SO_2 也会在氧化催化器中被氧化成 SO_3，遇水后生成硫酸，在排气冷却过程中凝结到颗粒物上[15]。可见，颗粒物中硫酸盐量由燃料和润滑油中的硫含量以及燃油和润滑油消耗量共同决定。此外，排气中的 SO_3 还对催化器转化效率和老化产生不利的影响。

汽油机排气中的颗粒物直径通常小于 80nm，其大小分布通常呈单峰结构[30]。柴油机颗粒物中碳的质量分数超过 50%。可溶性有机成分(soluble organic fraction，SOF)是吸附或浓缩到碳烟上的重质烃，它一部分来自于润滑油，一部分来自于未燃燃油。在低负荷、低排气温度时，柴油机排气颗粒物中的 SOF 很高[52-55]。图 1-4 给出了柴油机排气颗粒物的显微放大结构[56]。典型的柴油机颗粒物主要是球形直径为 15～40nm 的原始颗粒凝聚物，其中，由碳、微量金属灰分组成的原始颗粒物直径为 15～30nm 的分形凝聚物[57]。重型柴油机的原始颗粒物大小为 30～300nm (积聚模态)[46]。内燃机典型颗粒物大小质量和数量加权分布如图 1-5 所示[31]。图 1-5 中，M 和 N 分别表示颗粒物的质量和数量。

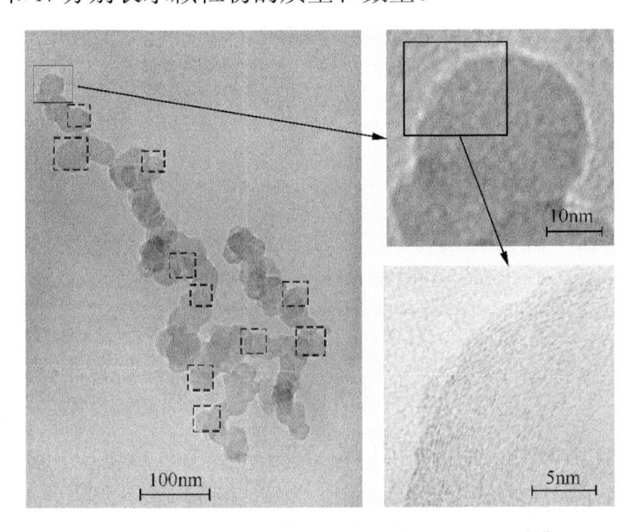

图 1-4　柴油机排气颗粒物的显微放大结构[56]

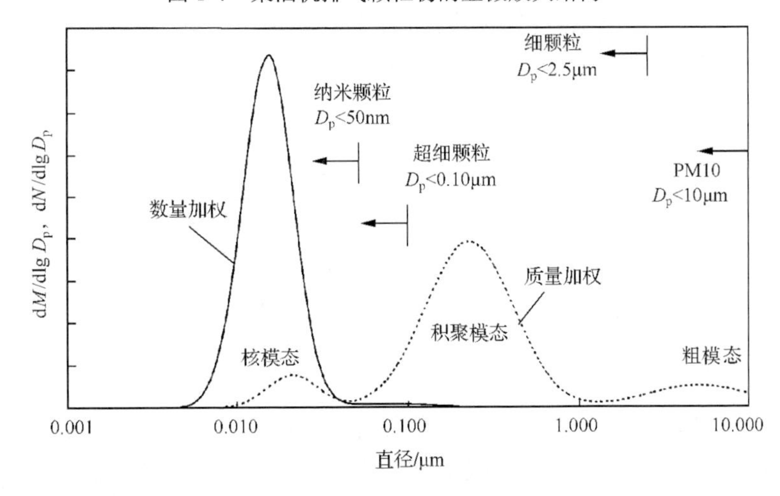

图 1-5　内燃机典型颗粒物大小的质量和数量加权[31]

2. 柴油机碳烟的生成

传统柴油机气缸内混合气是非均匀的。喷油后，在柴油机气缸中形成浮起的、部分预混合的湍流扩散火焰。因此，柴油机在燃烧过程中产生的碳烟显著依赖于在喷油射流浮起部分卷吸的空气和燃料中的含氧量，而较少依赖于燃料中烃的组成和结构。在预混和扩散火焰中，燃料成分在碳烟生成方面都有作用，但在扩散火焰中燃料结构影响碳烟生成，而在预混火焰中，它起较重要或不重要的作用。燃料分子中的碳含量越高，越有可能生成碳烟。相反，燃料中的氧能减少燃料生成碳烟[51]。在燃烧过程中保留下来进入排气的碳烟受控于排气门开启前缸内有没有时间混合和在浓混合气区燃烧生成的碳烟量。有两个可能的路径使燃烧过程中产生的碳烟保留下来[58]：一是排气门打开，碳烟没有充足的时间完全烧掉；二是在外围区的部分火焰熄灭了。当采用 EGR 或稀释时，火焰更容易熄灭，导致碳烟排放的增加。

碳烟是颗粒物的一部分，其生成过程极其复杂。在高温和缺氧环境下，燃油分子经过热解生成不饱和前趋物，如乙炔。碳烟前趋物的生成是纯燃料热解率与羟基氧化燃料和碳烟前趋物率竞争的结果。这就是随着温度的增加，预混合火焰中碳烟少和扩散火焰中碳烟多的原因[51]。乙炔再聚合生成聚乙烯，通过环闭合最终生成多环芳香烃分子，经成核，在前驱的气相分子添加作用下，颗粒物凝聚和表面生长，外形大小增加。表面生长填充了凝聚分子间的空隙，使凝聚的颗粒物呈球形的基本碳(primary soot particle)。大多数基本碳大小为 20～70nm。不同基本碳粒继续凝聚，生成链状聚结物。不同的聚结物聚结在一起，形成更大的聚结物。当表面生长停止后，球形颗粒物的生长也就停止了[33,51]。碳烟一旦生成，它只能在一定程度上被氧化，颗粒物氧化率大小依赖于其初始结构。其中曲率层状结构能显著地增加颗粒物的氧化率[59]。图 1-6 给出了柴油机中碳烟生成的基本过程示意图[51]，柴油机的颗粒物就是由聚结在一起形成的长链结构的球形基本碳组成的。

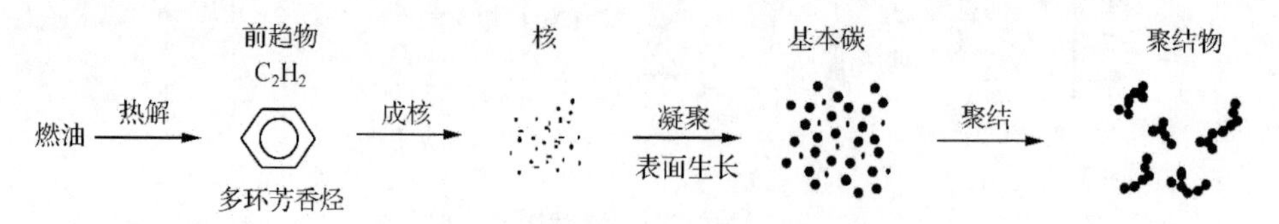

图 1-6　柴油机中碳烟生成的基本过程示意图[51]

柴油机基本碳颗粒物直径与氧化时的温度和时间相关。当柴油机的最高火焰温度增加时，基本碳颗粒物直径减小。喷油提前，初级碳颗粒物直径减小，因为碳烟氧化得多[60]。

碳烟的生成受到混合气浓度、温度和压力的影响。在扩散火焰中，压力改变火焰结构和热扩散率，而且热扩散率的变化与压力相反[61]。图 1-7 给出了在乙烯-空气混合气火焰中 C/O 体积比和温度对碳烟体积分数的影响[62]。可见，随着 C/O 体积比的增加，碳烟体积分数增大。碳烟的体积分数与温度的依存度呈铃形。它由两个因素决定[63]：一是碳烟的生成需要在高温下生成游离的前趋物如 C_3H_3；二是在高温环境下，碳烟前趋物会发生热解和氧化反应。因此，碳烟的生成温度限制在 1000～2000K。

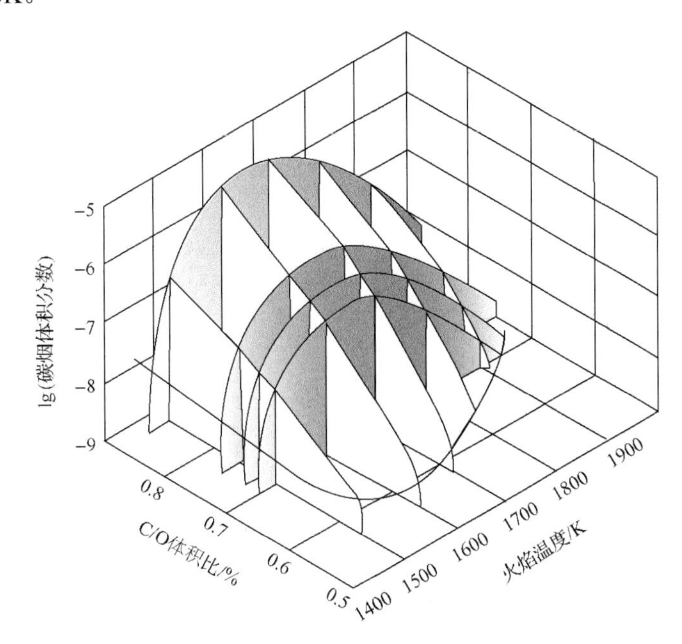

图 1-7　乙烯-空气混合气火焰中碳烟体积分数与 C/O 体积比和温度的关系[62]

在没有排气后处理器时，排气中的挥发性成分可能会浓缩到固体颗粒物上。凝结导致颗粒物浓度的减少和直径的增加。为了满足柴油机排放标准，排气系统中会安装各种后处理器如氧化催化器、颗粒过滤器和 NO_x 催化器等，每一个催化器都会影响颗粒物的成分和结构。在一些条件下，安装排气后处理器的汽车，由于核模态颗粒物的生成，促进了排气中超细颗粒物的增加[64-66]。由于氧化催化器的作用，核态颗粒物还会进一步提高。但氧化催化剂或涂敷有氧化催化剂的颗粒过滤器也能氧化掉部分或全部的有机成分，减少催化器后可浓缩的组分[46]。如果轻型柴油汽车只安装一个氧化催化器或只使用 350×10^{-6} 硫含量的传统柴油，其颗粒物排放呈一个单峰对数积聚态分布。但如果同时使用 350×10^{-6} 硫含量的传统柴油和氧化催化器，颗粒物直径分布中又会增加一个核态颗粒物峰[67,68]，其主要成分是硫酸盐[69]。

安装在排气系统中的颗粒过滤器能显著地减少颗粒物的质量(>90%)，尤其是积聚模态颗粒物、元素碳和有机碳[70]。但是，当颗粒过滤器去除了用于浓缩的固体颗粒物时，排气中的挥发性成分没有可浓缩的表面，以气态形式通过颗粒过滤器，核模态颗粒物可能变得更多。在高超饱和时，甚至可能导致挥发性成分通过均匀成核方式形成新的颗粒物，导致大量核模态颗粒物的出现，并由其决定颗粒物数量，如图 1-8 所示[46]。此外，颗粒过滤器前的颗粒物主要是元素碳，而颗粒过滤器后主要是半挥发性颗粒物。颗粒过滤器的再生也会影响排气中颗粒物的特性，甚至产生新的二次污染物。

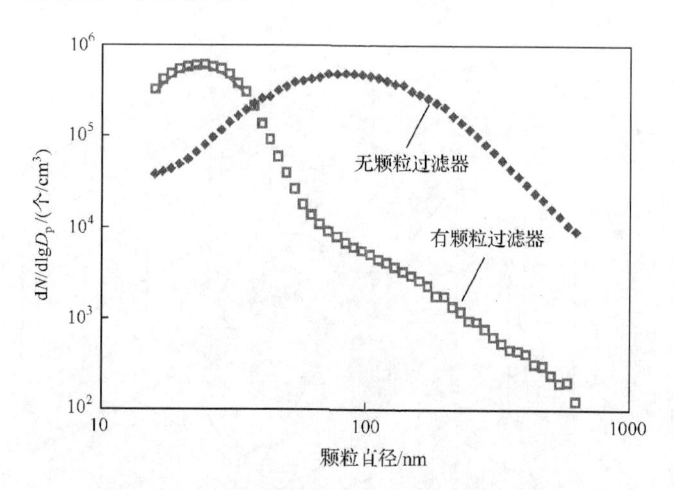

图 1-8　典型重型柴油机颗粒物大小分布[46]

颗粒物采样样品中不仅包含了燃烧过程中生成的颗粒物，而且也有排气和取样管冷却形成的二次颗粒物。因此，颗粒物中不同组分的量依赖于内燃机的运行工况、后处理器和采样方式(取样位置、温度和稀释度等)。废气稀释条件决定了浓缩成分如半挥发性有机物、硫酸盐和水的分压与蒸气压比。因此，稀释条件也强烈地影响饱和的气相成分的量，导致新的颗粒物生成或通过表面浓缩到已形成的颗粒物上长大[44,71,72]。

内燃机颗粒物排放是滤纸过滤下来的固态和可溶性有机物的总质量。颗粒物排放水平与采样方式有关，因此，各国对采样都有要求，我国已于 2018 年 1 月 1 日实施的《轻型汽车污染物排放限值及测量方法(中国第五阶段)》(GB 18352.5—2013)。其中，颗粒物取样装置由安装在稀释通道的取样探头、颗粒物导管、过滤器、取样泵、流量调节器和测量单元组成，取样的具体要求如下。

(1) 取样的稀释排气应在滤纸接触面上游和下游 20cm 范围内，并保持温度低于 52℃，而在再生试验的情况下，温度应低于 192℃。

(2) 颗粒物取样应收集在位于取样稀释排气气流中的过滤器内的单一滤纸上。

(3) 滤纸材料是带碳氟化合物涂层的玻璃纤维滤纸或以碳氟化合物为基体的薄膜滤纸。

在对滤纸进行预处理和称重期间，GB 18352.5—2013 要求称重室应满足下列条件：①温度保持在 295K±3K (22℃±3℃)；②相对湿度保持在 45%±8%；③露点温度保持在 9.5℃±3℃。

3. 汽油机颗粒物排放特征

汽油机颗粒物研究分为两个阶段。20 世纪 70 年代，美国开展了汽油机颗粒物早期的研究，一部分原因是大气中的硫酸盐气溶胶，另一部分原因是加铅汽油的使用。从 20 世纪 90 年代中期开始，人们对汽油机颗粒物的研究兴趣又开始增长，一部分原因是汽油机颗粒物排放量与柴油机间的差别在缩小，另一部分原因是生物医学研究发现颗粒物对环境和人有负面影响。由于汽油中四乙基铅（$(C_2H_5)_4Pb$）抗爆添加剂的停用，目前汽油机颗粒物主要由碳烟、有机成分、灰分和硫酸盐组成。当然，由于喷油系统和后处理系统的不同，这些颗粒物成分的比例也会有所差别。

汽油机颗粒物在形成和特性等方面与柴油机相近。因此，下面只介绍汽油机颗粒物的排放特征。

就具有复杂形状和含有多种化学物质的单个颗粒物而言，进气道喷油汽油机排出的颗粒物类似于柴油机[31,73]。进气道喷油汽油机中非均匀的气相颗粒物成核可能比均相的更明显。但是核成长和过后氧化导致了颗粒物在理论燃空比时最低，而在浓和稀的混合气下有所增加[74]。直喷汽油机排出的颗粒物介于进气道喷油汽油机和柴油机之间。直喷汽油机中的燃烧经历两个阶段：一是形成碳烟的火焰前锋传播，这种火焰可以用羟基、CH 和 CO-O 产生的化学紫外光测到；二是在第一个火焰过后废气中的碳烟氧化火焰的传播[75]，这种火焰可以用碳烟炽热红外光测出。直喷汽油机在分层燃烧模式下，在缸内出现当地过浓混合气区或油滴时，形成了与柴油机相似的碳烟生成条件，在使用均质混合气的直喷汽油机中，颗粒物的生成机理与柴油机略有不同。为了保证足够的混合气形成时间，分层混合气模式必须限制在中低转速和负荷下[76]。均质与分层混合气切换过程会改变直喷汽油机颗粒物排放的特点。由于在混合气形成和燃烧方面的差异，直喷汽油机颗粒物排放高于进气道喷油汽油机。富油区的燃烧仍然是颗粒物的主要来源，但由于高压汽油喷雾贯穿度增大，直喷汽油机气缸中的富油区在活塞头部和气缸套处。

汽油机排出的积聚模态颗粒物是多分散单个球的积聚物，在形貌上与柴油机的略有不同。其显微结构是准石墨的：一部分呈无定形，一部分呈晶体状[77]。除了怠速，直喷汽油机碳烟的晶体结构比柴油机的有序性低，而且随运行工况的变化不大[78]。汽油的挥发性高于柴油，因此，汽油机颗粒物中的有机成分少于柴油机。

现代汽油机排出的颗粒物主要来自于冷起动和急加速工况[79]。在稳态、巡航或小负荷工况下，装有 TWC（three way converter，TWC）的进气道喷油汽油机的颗粒物排放低。但在冷起动、暖机、加速和全负荷等工况下，汽油机要使用浓混合气。此外，在高速大负荷时，为了防止后处理器过热，也会采用加浓来限制汽油机的排气温度。在这些使用浓混合气的工况下，燃油蒸发不完全且不可靠，在燃烧室壁面上形成油膜，形成有碳烟的油池火焰[80]，或者以油滴形式进入气缸，在当地形成能产生颗粒物的浓混合气，导致汽油机颗粒物排放的增加。液体油膜或油池燃烧是汽油机颗粒物含有机成分多的原因之一。

4. 内燃机颗粒物数量分布特征

从汽车排出的颗粒物数量分布可用单峰、双峰或三峰对数正态分布来描述。汽车排出的颗粒物数量分布特征依赖于内燃机的类型(汽油机和柴油机)、燃料特性、排气后处理装置和汽车运行工况(运行模式、负荷和速度)[44,81-83]、试验方法(底盘测功机试验、道路测量、地面固定的测量和现场测量)和大气条件(温度、风速或湿度)[84-86]。

对于直喷汽油机，喷油器的安装位置影响气缸内燃油湿壁位置和湿壁油量。侧置式直喷喷油器产生气缸套湿壁主要是在低速时喷雾仅随滚流逐渐向下偏转引起的，而中置式直喷喷油器产生更多的气缸套湿壁是发生在高速时的，此时喷雾有强烈的偏转。汽油直接积聚在活塞头部和气缸套上，因此，冷却水和燃烧室壁面温度强烈地影响壁面引导燃烧系统直喷汽油机颗粒物数量分布特征，表现为纳米颗粒物排放与温度有最大的依赖性。而冷却水和燃烧室壁面温度对空气引导燃烧系统直喷汽油机颗粒物数量的影响不大，空气引导燃烧系统直喷汽油机在冷起动和高加速时排出的颗粒物最多。与壁面引导和空气引导燃烧系统直喷汽油机不同，喷油引导燃烧系统直喷汽油机的纳米颗粒物来自超稀混合气燃烧和容积熄灭，而不是来自于壁面油膜或燃油湿壁。在新欧洲驾驶循环(new European driving cycle, NEDC)中，使用理论燃空当量比混合气的现代 YF Sonata 自然吸气式壁面引导燃烧系统直喷汽油机、使用理论燃空当量比混合气的奥迪 A5 TFSI Quattro 涡轮增压空气引导燃烧系统直喷汽油机和使用超稀混合气的宝马 330i 自然吸气式喷雾引导燃烧系统直喷汽油机排气中的颗粒物数量浓度分别为 1.48×10^{12} 个/km、6.03×10^{11} 个/km 和 3.17×10^{12} 个/km[87]。

图 1-9 给出了当前火花点火发动机的颗粒物数量排放水平[88]。可以看出，进气道喷油汽油机，特别是自然吸气汽油机在满足颗粒物数量排放要求方面没有挑战。一些涡轮增压进气道喷油汽油机不能满足颗粒物数量排放标准要求。直喷汽油机在满足颗粒物数量排放方面面临挑战。其中，在 NEDC 测试中，冷起动在内燃机颗粒物数量排放中占据主要的比例，加速会引起颗粒物数量峰值的出现。在冷和热起动条件下，加速过程对内燃机颗粒物数量排放的影响敏感。

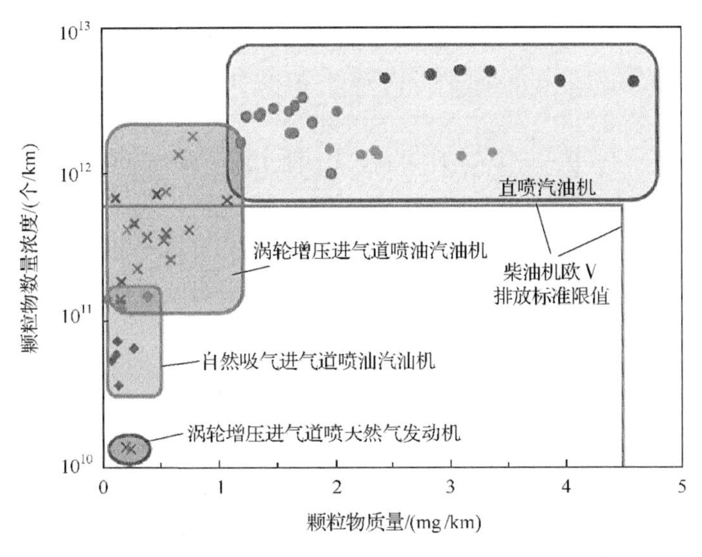

图 1-9　当前火花点火发动机颗粒物数量排放水平[88]

图1-10给出了不同后处理技术方案下重型柴油机颗粒物数量和颗粒物质量水平[89]。图 1-10 中，SCRT 指排气系统中安装了 NO_x 选择催化器和颗粒过滤器，选择性催化还原(selective catalytic reduction，SCR)指排气系统中安装了选择性催化器。可见，在不采用柴油机颗粒过滤器(diesel particulate filter，DPF)时，降低颗粒物质量的手段对减少颗粒物数量排放的作用很小。DPF 方案不但能降低颗粒物数量水平，而且能减少颗粒物数量排放。由于 DPF 状态的不同，所以重型柴油机的颗粒物数量在更大的范围内变化。其中，DPF 上碳烟或灰分高时颗粒物数量小。

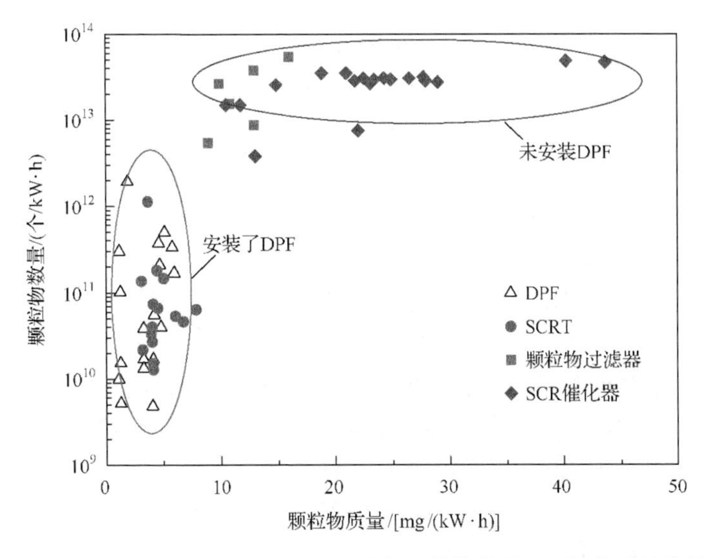

图 1-10　安装不同排气后处理器时，柴油机颗粒物数量和颗粒物质量的关系[89]

目前，装有直喷汽油机的轻型汽车的颗粒物数量浓度为10^{12}～10^{13}个/km，装有颗粒过滤器的轻型柴油汽车的颗粒物数量浓度为10^{10}～10^{11}个/km[90-92]。

1.2 汽车和内燃机排放标准简介

在第二次世界大战后，经济和人口的增长、快速的郊区化以及一些公共交通的关闭，使人们更加依赖于个人车辆出行。因此，美国的轿车和卡车数量急剧上升，公路数量也同步增加。城市大气环境问题逐渐暴露出来。在20世纪50年代，美国加利福尼亚州(简称加州)的研究人员发现，机动车排放是洛杉矶空气污染的主要贡献者，第一次建立了空气污染与汽车之间的联系。1965年，美国加州实施了第一个汽车排放标准。1967年，美国加州成立了加州空气资源委员会(California Air Resources Board，CARB)。1968年，美国实施了汽车排放标准。1970年，成立了美国环境保护署(U.S. Environmental Protection Agency，EPA)。在这一年，美国国会通过了具有里程碑意义的《清洁空气法》(*Clean Air Act*)，并授予新成立的EPA保护与改善国家空气质量和平流层臭氧层的法定权利。1972年，美国实施了联邦测试循环(federal test procedure，FTP)，即FTP-72，对乘用汽车和轻型卡车排放进行标准的驾驶循环论证。在1973年，EPA颁布了满足《清洁空气法》的汽车制造和试验排放标准，以控制汽车、重型卡车和公交车、建筑和农场设备、机车和船舶，甚至草坪和花园设备排出的污染物。在《清洁空气法》的监管下，美国大多数新生产的乘用车排放物比20世纪60年代减少了98%～99%，而且燃油更加清洁。从1973年开始，美国汽油中的铅含量逐渐减少。在FTP-72基础上，通过添加505s的热起动，形成了FTP-75，并从1975年开始实施，对乘用车和轻型卡车进行排放论证。此后，虽然美国对汽车测试循环进行了修正，但测试循环仍然叫FTP-75。1977年，美国国会对《清洁空气法》进行了修订。1990年，美国又颁布了《清洁空气法修正案》[93]。1995年以后，美国完全禁止了加铅汽油的使用。此后，虽然美国人口和车辆的行驶里程均增加了，但美国的空气质量更好了。许多现代汽车技术——发动机电子控制、排气后处理和车载故障诊断技术的应用，不但使汽车清洁，而且使它的性能、可靠性和耐久性得到提高。其中，汽车排气催化转化器被认为是最大的环保发明之一。

在欧洲，对轻型汽车的排放要求是从20世纪70年代初开始的，而对重型汽车的排放要求则是在20世纪80年代末进行的。

虽然汽车给交通和经济发展带来了很大的帮助，但是汽车排出的有害排放物也在污染大气环境。因此，世界各国根据自身的道路和驾驶情况，先后制定了符合本国或地区特点的汽车和内燃机测试方法与排放标准。其中，美国排放体系和欧洲联盟排放体系被各国广泛引用。中国参照了欧洲联盟的排放测试体系，制定自己的测试方法和排放限值。

欧洲联盟的轻型车排放标准适合最大总重量≤3500kg的M1类、M2类和N1类汽车。其中，M1类车是指包括驾驶员座位在内，座位数不超过九座的载客汽车；M2类车是指包括驾驶员座位在内，座位数超过九座，最大设计总质量不超过5000kg的载客汽车；N1类车是指最大设计总质量不超过3500kg的载货汽车。

重型车发动机排放标准适合所有最大许用满载重量超过3500kg汽车的发动机，包括柴油机、火花点火天然气或液化石油气发动机。

下面简单介绍欧洲联盟的轻型车和重型车发动机测试方法及排放限值。

1.2.1　轻型汽车排放测试方法及排放限值

轻型汽车排放测试是在底盘测功机上进行的。汽车排放测试循环有城市驾驶循环(urban driving cycle，UDC)+市郊驾驶循环(extra-urban driving cycle，EUDC)、NEDC和世界统一轻型车测试循环(worldwide harmonized light vehicles test cycle，WLTC)三种。

UDC+EUDC从1992年的欧Ⅰ排放标准开始采用。它由4个重复的UDC 15和1个EUDC(图1-11)组成。UDC是以法国巴黎的路况为基准制定的，它的主要特征是低车速、低发动机负荷和低排气温度。在试验前，汽车要在20～30℃的试验温度下停放至少6小时，然后起动，允许怠速40s。

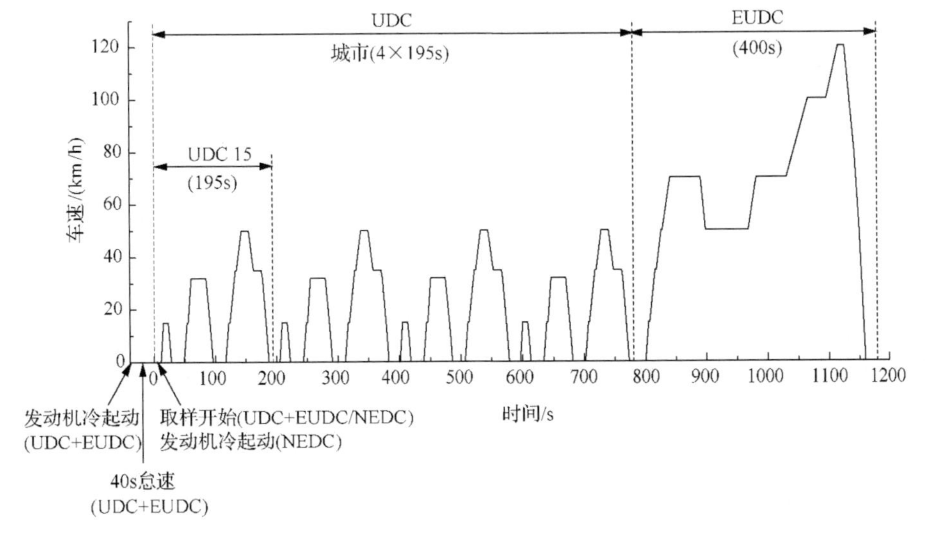

图1-11　UDC+EUDC/NEDC汽车速度[94]

NEDC测试是从2000年实施的欧Ⅲ排放标准时开始采用的。它由4个重复的UDC 15来表征城市驾驶条件如巴黎或罗马，再加1个EUDC。NEDC测试取消了怠速，即发动机在0s起动，同时取样排放物。图1-11对比了UDC+EUDC和NEDC测试中汽车的速度曲线[94]。可见，两者的差别就在于是否从汽车起动时开始取样。

在驾驶测试循环中，采用定容取样技术采样和分析排气成分，并把每一种排放物的浓度单位转换成 g/km。

表 1-2 对比了 UDC 15、EUDC 和 NEDC 测试循环中的参数[95]。

表 1-2　欧洲测试循环特征参数[95]

参数	UDC 15	EUDC	NEDC[a]
距离/km	0.9941	6.9549	10.9314
总时间/s	195	400	1180
怠速时间/s	57	39	267
平均车速(包括停车)/(km/h)	18.35	62.59	33.35
平均车速(不包括停车)/(km/h)	25.93	69.36	43.10
最大车速/(km/h)	50	120	120
平均加速度[b]/(m/s^2)	0.599	0.354	0.506
最大加速度[b]/(m/s^2)	1.042	0.833	1.042

注：a. 4 个重复的 UDC 15 加上 1 个 EUDC。
b. 用中心差分法计算。

欧洲联盟打算从 2017 年 9 月欧Ⅵc 排放标准实施时采用 WLTC 在底盘测功机上测试轻型汽车排放和燃油消耗。它是世界统一轻型车测试程序(worldwide harmonized light vehicles test procedures, WLTP)的一部分。WLTP 包括几个 WLTC，适用于不同额定功率(W)/整车净重(kg)比(power-to-mass ratio, PMR)的汽车。测试循环也与最大车速有关。

表 1-3 给出了除驾驶员，不超过 8 个座位的乘用汽车(M1)欧洲排放标准。

表 1-3　乘用汽车欧洲排放标准[95]

阶段	实施日期	CO/(g/km)	HC/(g/km)	HC+NO_x/(g/km)	NO_x/(g/km)	颗粒物质量/(g/km)	颗粒物数量/(个/km)
柴油机							
欧Ⅰ排放标准†	1992.07	2.72(3.16)	—	0.97(1.13)	—	0.14(0.18)	—
欧Ⅱ排放标准, IDI	1996.01	1.0	—	0.7	—	0.08	—
欧Ⅱ排放标准, DI	1996.01[a]	1.0	—	0.9	—	0.10	—
欧Ⅲ排放标准	2000.01	0.64	—	0.56	0.50	0.05	—
欧Ⅳ排放标准	2005.01	0.50	—	0.30	0.25	0.025	—
欧Ⅴa 排放标准	2009.09[b]	0.50	—	0.23	0.18	0.005[f]	—
欧Ⅴb 排放标准	2009.09[c]	0.50	—	0.23	0.18	0.005[f]	6.0×10^{11}
欧Ⅵ排放标准	2014.09	0.50	—	0.17	0.08	0.005[f]	6.0×10^{11}

续表

阶段	实施日期	CO/(g/km)	HC/(g/km)	HC+NO_x/(g/km)	NO_x/(g/km)	颗粒物质量/(g/km)	颗粒物数量/(个/km)
汽油机							
欧 I 排放标准†	1992.07	2.72(3.16)	—	0.97(1.13)	—	—	—
欧 II 排放标准	1996.01	2.2	—	0.5	—	—	—
欧III排放标准	2000.01	2.30	0.20	—	0.15	—	—
欧IV排放标准	2005.01	1.0	0.10	—	0.08	—	—
欧 V 排放标准	2009.09[b]	1.0	0.10[d]	—	0.06	0.005[e,f]	—
欧VI排放标准	2014.09	1.0	0.10[d]	—	0.06	0.005[e,f]	6.0×10^{11}[e,g]

注：†括号中的值是产品一致性限值。

a. 到1999年9月30日(此后，直喷(direct injection, DI)发动机必须要满足非直喷(indirect injection, IDI)发动机限值)。

b. 2011 年 9 月 30 日时适用所有的车辆。

c. 2013 年 1 月时适用所有的车辆。

d. 非甲烷 HC＝0.068g/km。

e. 仅适用于直喷发动机。

f. 用颗粒物质量测量程序为 0.0045g/km。

g. 离欧VI排放标准实施日期第一个 3 年里，6.0×10^{12} 个/km。

1.2.2　重型车发动机排放测试方法及排放限值

重型车发动机有稳态测试循环和瞬态测试循环排放标准。

重型车发动机的稳态测试方法也在发展中。在欧 I 排放标准和欧 II 排放标准执行期间，重型车发动机采用欧洲经济委员会(Economic Commission of Europe，ECE)第 49 号法规 13 点工况测试法(ECE R49)，在发动机测功机上进行测试。

从2000年实施欧III排放标准开始，重型车发动机采用欧洲稳态循环(European stationary cycle，ESC)以及欧洲瞬态循环(European transient cycle，ETC)和欧洲负载响应(European load response，ELR)试验，并用 ESC 和 ETC 一起替换了早期的 R49 测试循环。ETC 由城市街道、乡间道路和高速公路驾驶三部分组成。每一个部分时间长度为 600s。ESC 具有高负荷率和很高的排气温度。ELR 发动机测试用于测量重型车柴油机的烟雾不透明度。

重型车发动机的 ESC 测试在测功机上进行。测试时发动机转速定义如下。

(1) 高转速(n_{hi})：它是在高于额定转速后的功率曲线上达到最大净功率 70%时的转速。

(2) 低转速(n_{lo})：它是在低于额定转速的功率曲线上达到最大净功率 50%时的转速。

测试用的发动机转速由式(1-11)～式(1-13)计算：

$$A = n_{lo}+0.25\,(n_{hi}-n_{lo}) \tag{1-11}$$

$$B = n_{lo}+0.50\,(n_{hi}-n_{lo}) \tag{1-12}$$

$$C = n_{lo}+0.75\,(n_{hi}-n_{lo}) \tag{1-13}$$

在进行排放认证测试时，认证人员可能会增加附加的测试点，如图 1-12[95]所示。图 1-12 中，圆圈内的数字表示工况号，圆圈外的百分数表示权重。其中，工况 1 运行 4min，其余 12 个工况点均运行 2min。

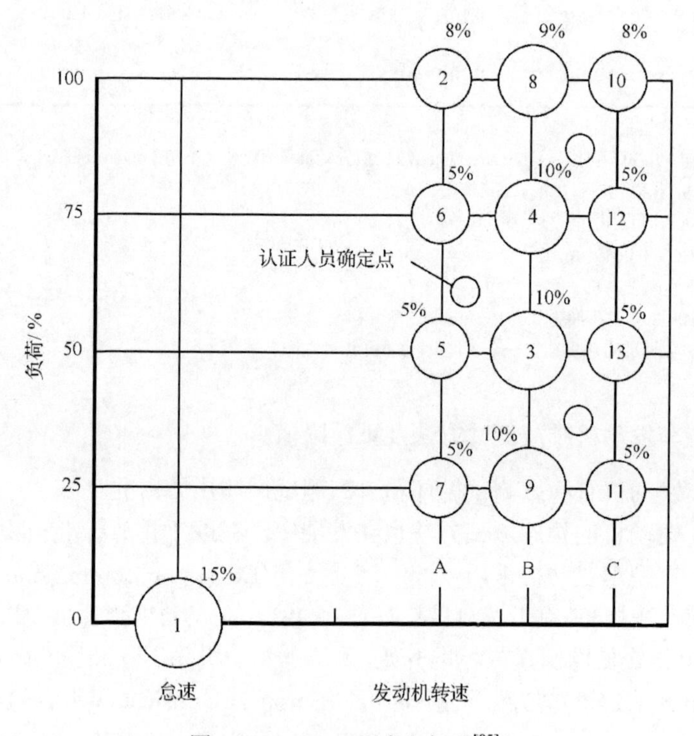

图 1-12　ESC 工况点和权重[95]

从欧Ⅵ排放标准开始，重型柴油机的排放按照世界统一的稳态循环(world harmonized stationary cycle，WHSC)和能反映实际商用车模式的世界统一的瞬态循环(world harmonized transient cycle，WHTC)进行测量。WHTC 包括了冷、热起动，覆盖了欧洲联盟、美国、日本和澳大利亚的典型驾驶情况。它包括了几个倒拖片段，整个测试时间共计 1800s。

表 1-4 给出了欧洲重型柴油机稳态测试排放标准，表 1-5 给出了欧洲重型柴油机和气体机瞬态测试排放标准。

表 1-4　欧洲重型柴油机稳态测试排放标准[95]

阶段	实施日期	试验方法	CO/[g/(kW·h)]	HC/[g/(kW·h)]	NO_x/[g/(kW·h)]	颗粒物质量/[g/(kW·h)]	颗粒物数量/[个/(kW·h)]	烟度/(1/m)
欧Ⅰ排放标准	1992，≤85 kW	ECE R49	4.5	1.1	8.0	0.612	—	—
	1992，>85 kW		4.5	1.1	8.0	0.36	—	—
欧Ⅱ排放标准	1996.10		4.0	1.1	7.0	0.25	—	—
	1998.10		4.0	1.1	7.0	0.15	—	—
欧Ⅲ排放标准	2000.10	ESC & ELR	2.1	0.66	5.0	0.10[a]	—	0.8
欧Ⅳ排放标准	2005.10		1.5	0.46	3.5	0.02	—	0.5
欧Ⅴ排放标准	2008.10		1.5	0.46	2.0	0.02	—	0.5
欧Ⅵ排放标准	2013.01	WHSC	1.5	0.13	0.40	0.01	8.0×10^{11}	—

注：a. 对于每缸排量<0.75L，额定转速>3000r/min 的发动机，颗粒物数量=0.13g/(kW · h)。

表 1-5　欧洲重型柴油机和气体机瞬态测试排放标准[95]

阶段	实施日期	试验方法	CO/[g/(kW·h)]	NMHC/[g/(kW·h)]	CH_4[a]/[g/(kW·h)]	NO_x/[g/(kW·h)]	颗粒物质量[b]/[g/(kW·h)]	颗粒物数量[e]/[个/(kW·h)]
欧Ⅲ排放标准	2000.10	ETC	5.45	0.78	1.6	5.0	0.16[c]	—
欧Ⅳ排放标准	2005.10		4.0	0.55	1.1	3.5	0.03	—
欧Ⅴ排放标准	2008.10		4.0	0.55	1.1	2.0	0.03	—
欧Ⅵ排放标准	2013.01	WHTC	4.0	0.16[d]	0.5	0.46	0.01	6.0×10^{11}

注：a. 仅适用于气体机(欧Ⅲ排放标准～欧Ⅴ排放标准，天然气机；欧Ⅵ排放标准，天然气+液化石油气机)。

b. 在欧Ⅲ排放标准～欧Ⅳ排放标准阶段不适用于气体机。

c. 对于每缸排量<0.75L，额定转速>3000 r/min 的发动机，颗粒物质量=0.21g/(kW · h)。

d. 柴油机是总 HC。

e. 适用于柴油机，颗粒物数量是火花点火发动机的。

除了汽车和重型车发动机的排放限值，从 2005 年 10 月开始，欧洲联盟还对汽车排放耐久时间提出了要求，如表 1-6 所示。

表 1-6　汽车排放耐久时间[95]

汽车类型[a]	耐久时间[b]	
	欧 4～欧 5	欧 6
N1 和 M2	100000km/5 年	160000km/5 年
N2 N3≤16t M3　Ⅰ类、Ⅱ类、A 类和 B 类≤7.5t	200000km/6 年	300000km/6 年
M3>16t M3　Ⅲ类和 B 类>7.5t	500000km/7 年	700000km/7 年

注：a. 质量指最大技术许可质量。

b. km 或年限以较早者为准。

参 考 文 献

[1] Flagan R C, Seinfeld J H. Fundamentals of Air Pollution Engineering[M]. Englewood Cliffs: Prentice-Hall Inc, 1988.

[2] Stone R. Introduction to Internal Combustion Engines[M]. London: Macmillan Press Ltd, 1999.

[3] Schäfer F, van Basshuysen R. Reduced Emissions and Fuel Consumption in Automobile Engines[M]. Wien: Springer-Verlag, 1995.

[4] Ishizawa S. An experimental study on quenching crevice widths in the combustion chamber of a spark-ignition engine[J]. Symposium (International) on Combustion, 1996, 26 (2) : 2605-2611.

[5] Cheng W K, Hamrin D, Heywood J B, et al. An overview of hydrocarbon emissions mechanisms in spark-ignition engines[C]. Fuels and Lubricants Meeting and Exposition Philadelphia, Pennsylvania, 1993.

[6] Alkidas A C. Combustion-chamber crevices: The major source of engine-out hydrocarbon emissions under fully warmed conditions[J]. Progress in Energy and Combustion Science, 1999, 25 (3) : 253-273.

[7] Alkidas A C, Drews R J, Miller W F. Effects of piston crevice geometry on the steady-state engine-out hydrocarbons emissions of a S.I. engine[C]. Fuels & Lubricants Meeting & Exposition, Toronto, 1995.

[8] Eng J A. The effect of spark retard on engine-out hydrocarbon emissions[C]. Powertrain & Fluid Systems Conference and Exhibition, San Antonio, 2005.

[9] Kaiser E W, Siegl W O, Russ S G. Fuel composition effects on hydrocarbon emissions from a spark-ignition engine-is fuel absorption in oil significant? [C]. Fuels & Lubricants Meeting & Exposition, Toronto, 1995.

[10] Eng J A, Leppard W R, Najt P M, et al. Experimental hydrocarbon consumption rate correlations from a spark ignition engine[C]. International Fall Fuels & Lubricants Meeting & Exposition, Tulsa, 1997.

[11] Olivera I B, Hochgreb S. Effect of operating conditions and fuel type on crevice HC emissions: Model results and comparison with experiments[C]. International Fuels & Lubricants Meeting & Exposition, Toronto, 1999.

[12] Eng J A, Leppard W R, Najt P M, et al. The interaction between nitric oxide and hydrocarbon chemistry in a spark ignition engine[C]. International Fall Fuels & Lubricants Meeting & Exposition, Tulsa, 1997.

[13] Wang X, Wasterdahl D, Jingnan H, et al. On-road diesel vehicle emission factors for nitrogen oxides and black carbon in two Chinese cities[J]. Atmospheric Environment, 2012, 46: 45-55.

[14] Lee T, Park J, Kwon S, et al. Variability in operation-based NO_x emission factors with different test routes, and its effects on the real-driving emissions of light diesel vehicles[J]. Science of the Total Environmental, 2013, 461: 377-385.

[15] Mollenhauer K, Tschoeke H. Handbook of Diesel Engines[M]. Heidelberg: Springer-Verlag, 2010.

[16] Zeldovich Y B. The oxidation of nitrogen in combustion and explosions[J]. Acta Physio-Chimica, URSS, 1946, 21 (4) : 577-628.

[17] Lavoi G A, Heywood J B, Keck J C. Experimental and theoretical study of nitric oxide formation in internal combustion engines[J]. Combustion Science and Technology, 1970, 1 (4) : 313-326.

[18] Zhao H. Advanced Direct Injection Combustion Engine Technologies and Development: Volume 2 Diesel engines[M]. Cambridge: Woodhead Publishing Limited and CRC Press LLC, 2010.

[19] Fenimore C P. Formation of nitric oxide in premixed hydrocarbon flames[J]. Symposium (International) on Combustion, 1971, 13 (1) : 373-380.

[20] Bowman C T. Kinetics of pollutant formation and destruction in combustion[J]. Progress in Energy and Combustion Science, 1975, 1 (1) : 33-45.

[21] Sutton J A, Fleming J W. Towards accurate kinetic modelling of prompt NO formation in hydrocarbon flames via the NCN pathways[J]. Combustion and Flame, 2008, 154: 630-636.

[22] Iverach D, Kirov N Y, Haynes B S. The formation of nitric oxide in fuel-rich flames[J]. Combustion Science and Technology, 1973, 8(4): 159-164.

[23] Iverach D, Basden K S, Kirov N Y. Formation of nitric oxide in fuel-lean and fuel-rich flames[J]. Symposium (International) on Combustion, 1973, 14(1): 767-775.

[24] Haynes B S, Iverach D, Kirov N Y. The behavior of nitrogen species in fuel rich hydrocarbon flames[J]. Symposium (International) on Combustion, 1975, 15(1): 1103-1112.

[25] Kašpar J, Fornasiero P, Hickey N. Automotive catalytic converters: Current status and some perspectives[J]. Catalysis Today, 2003, 77(4): 419-449.

[26] Harrison R M, Shi J P, Xi S, et al. Measurement of number, mass and size distribution of particles in the atmosphere[J]. Philosophical Transactions of the Royal Society A Mathematical, Physical and Engeering Science, 2000, 358: 2567-2580.

[27] Hussein T, Glytsos T, Ondráček J, et al. Particle size characterization and emission rates during indoor activities in a house[J]. Atmospheric Environment, 2006, 40(23): 4285-4307.

[28] Kulmala M, Vehkamäki H, Petäjä T, et al. Formation and growth rates of ultrafine atmospheric particles: A review of observations[J]. Journal of Aerosol Science, 2004, 35(2): 143-176.

[29] von Bismarck-Osten C, Birmili W, Ketzel M, et al. Characterization of parameters influencing the spatio-temporal variability of urban particle number size distributions in four European cities[J]. Atmospheric Environment, 2013, 77: 415-429.

[30] Vu T V, Delgado-Saborit J M, Harrison R M. Review: Particle number size distributions from seven major sources and implications for source apportionment studies[J]. Atmospheric Environment, 2015, 122: 114-132.

[31] Kittelson D B. Engines and nanoparticles: A review[J]. Journal of Aerosol Science, 1998, 29(5): 575-588.

[32] Walsh M P. PM2.5: Global progress in controlling the motor vehicle contribution[J]. Frontiers in Environmental Science and Engineering, 2014, 8(1): 1-17.

[33] van Setten B A A L, Makkee M, Moulijn J A. Science and technology of catalytic diesel particulate filters[J]. Catalysis Reviews: Science and Engineering, 2001, 43(4): 489-564.

[34] Brown D M, Wilson M R, MacNee W, et al. Size dependent proinflammatory effects of ultrafine polystyrene particles: A role for surface area and oxidative stress in the enhanced activity of ultrafines[J]. Toxicology and Applied Pharmacology, 2001, 175(3): 191-199.

[35] Oberdörster G, Sharp Z, Atudorei V, et al. Translocation of inhaled ultrafine particles to the brain[J]. Inhalation Toxicology, 2004, 16(6-7): 437-445.

[36] Somers C M, McCarry B E, Malek F, et al. Reduction of particulate air pollution lowers the risk of heritable mutations in mice[J]. Science, 2004, 304(5673): 1008-1010.

[37] Penner J E, Chuang C C, Grant K. Climate forcing by carbonaceous and sulfate aerosols[J]. Climate Dynamics, 1998, 14(12): 839-851.

[38] Jacobson M Z. Strong radiative heating due to the mixing state of black carbon in atmospheric aerosols[J]. Nature, 2001, 409(6821): 695-697.

[39] Shi J P, Mark D, Harrison R M. Characterization of particles from a current technology heavy-duty diesel engine[J]. Environmental Science & Technology, 2000, 34(5): 748-755.

[40] Lloyd A C, Cackette T A. Diesel engines: Environmental impact and control[J]. Journal of the Air Waste & Management Association, 2001, 51(6): 809-847.

[41] Kayes D, Hochgreb S. Mechanisms of particulate matter formation in spark ignition engines. 1. Effect of engine operating conditions[J]. Environmental Science & Technology, 1999, 33(22): 3957-3967.

[42] Williams A. Combustion of Liquid Fuel Sprays[M]. Boston: Butterworth Publishing, 1990.

[43] Eastwood P. Particulate Emissions from Vehicles[M]. The Atrium: John Wiley & Sons Ltd, 2008.

[44] Shi J P, Harrison R M. Investigation of ultrafine particle formation during diesel exhaust dilution[J]. Environmental Science & Technology, 1999, 33(21): 3730-3736.

[45] Tobias H J, Beving D E, Ziemann P J, et al. Chemical analysis of diesel engine nanoparticles using a nano-DMA/Thermal desorption particle beam mass spectrometer[J]. Environmental Science & Technology, 2001, 35(11): 2233-2243.

[46] Burtscher H. Physical characterization of particulate emissions from diesel engines: A review[J]. Journal of Aerosol Science, 2005, 36(7): 896-932.

[47] Meyer N K, Ristovski Z. Ternary nucleation as a mechanism for the production of diesel nanoparticles: Experimental analysis of the volatile and hygroscopic properties of diesel exhaust using the volatilization and humidification tandem differential mobility analyzer[J]. Environmental Science & Technology, 2007, 41(21): 7309-7314.

[48] Schneider J, Hock N, Weimer S, et al. Nucleation particles in diesel exhaust: Composition inferred from in situ mass spectrometric analysis[J]. Environmental Science & Technology, 2005, 39(16): 6153-6161.

[49] Agarwal A K. Biofuels(alcohols and biodiesel)applications as fuels for internal combustion engines[J]. Progress in Energy and Combustion Science, 2007, 33(3): 233-271.

[50] Maricq M M. Chemical characterization of particulate emissions from diesel engines: A review[J]. Journal of Aerosol Science, 2007, 38(11): 1079-1118.

[51] Tree D R, Svensson K I. Soot processes in compression ignition engines[J]. Progress in Energy and Combustion Science, 2007, 33(3): 272-309.

[52] Stanmore B R, Brilhac J F, Gilot P. The oxidation of soot: A review of experiments, mechanisms and models[J]. Carbon, 2001, 39(15): 2247-2268.

[53] Sharma M, Agarwal A K, Bharathi K V. Characterization of exhaust particulates from diesel engine[J]. Atmospheric Environment, 2005, 39(17): 3023-3028.

[54] Sarvi A, Lyyranen J, Jokiniemi J, et al. Particulate emissions from large-scale medium-speed diesel engines: 1. Particle size distribution[J]. Fuel Processing Technology, 2011, 92(10): 1855-1861.

[55] Tighe C J, Twigg M V, Hayhurst A N, et al. The kinetics of oxidation of diesel soots by NO_2[J]. Combustion and Flame, 2012, 159(1): 77-90.

[56] Lapuerta M, Martos F J, Herreros J M. Effect of engine operating conditions on the size of primary particles composing diesel soot agglomerates[J]. Journal of Aerosol Science, 2007, 38(4): 455-466.

[57] Matti M M. Chemical characterization of particulate emissions from diesel engines: A review[J]. Journal of Aerosol Science, 2007, 38(11): 1079-1118.

[58] Dec J E, Kelly-Zion P L. The effects of injection timing and diluent addition on late combustion soot burnout in a DI diesel engine based on simultaneous 2-D imaging of OH and soot[C] SAE 2000 World Congress, Detroit, 2000.

[59] Vander Wal R L, Tomasek A J. Soot oxidation: Dependence upon initial nanostructure[J]. Combustion and Flame, 2003, 134(1-2): 1-9.

[60] Mathis U, Mohr M, Kaegi R, et al. Influence of diesel engine combustion parameters on primary soot particle diameter[J]. Environmental Science & Technology, 2005, 39(6): 1887-1892.

[61] Glassman I. Combustion[M]. San Diego: Academic Press, 1996.

[62] Böhm H, Hesse D, Jander H, et al. The influence of pressure and temperature on soot formation in premixed flames[J]. Symposium (International) on Combustion, 1988, 22(1): 403-411.

[63] Warnatz J, Maas U, Dibble R W. Combustion Physical and Chemical Fundamentals, Modeling and Simulation, Experiments, Pollutant Formation[M]. Heidelberg: Springer-Verlag, 2006.

[64] Vaaraslahti K, Virtanen A, Ristimaki J, et al. Nucleation mode formation in heavy-duty diesel exhaust with and without a particulate filter[J]. Environmental Science & Technology, 2004, 38(18): 4884-4890.

[65] Kittelson D B, Watts W F, Johnson J P, et al. On-road evaluation of two diesel exhaust aftertreatment devices[J]. Journal of Aerosol Science, 2006, 37(9): 1140-1151.

[66] Biswas S, Hu S, Verma V, et al. Physical properties of particulate matter (PM) from late model heavy-duty diesel vehicles operating with advanced PM and NO_x emission control technologies[J]. Atmospheric Environment, 2008, 42(22): 5622-5634.

[67] Maricq M M, Chase R E, Xu N, et al. The effects of the catalytic converter and fuel sulfur level on motor vehicle particulate matter emissions: Light duty diesel vehicles[J]. Environmental Science & Technology, 2002, 36(2): 283-289.

[68] Vogt R, Scheer V, Casati R, et al. On-road measurement of particle emission in the exhaust plume of a diesel passenger car[J]. Environmental Science & Technology, 2003, 37(18): 4070-4076.

[69] Scheer V, Kirchner U, Casati R, et al. Composition of semi-volatile particles from diesel exhaust[C]. 2005 SAE World Congress, Detroit, 2005.

[70] Biswas S, Verma V, Schauer J J, et al. Chemical speciation of PM emissions from heavy-duty diesel vehicles equipped with diesel particulate filter (DPF) and selective catalytic reduction (SCR) retrofits[J]. Atmospheric Environment, 2009, 43(11): 1917-1925.

[71] Abdul-Khalek I, Kittelson D, Brear F. The influence of dilution conditions on diesel exhaust particle size distribution measurements[C]. International Congress and Exposition, Detroit, 1999.

[72] Mathis U, Ristimäki J, Mohr M, et al. Sampling conditions for the measurement of nucleation mode particles in the exhaust of a diesel vehicle[J]. Aerosol Science and Technology, 2004, 38(12): 1149-1160.

[73] Kayes D, Hochgreb S. Mechanisms of particulate matter formation in spark-ignition engines. 2. Effect of fuel, oil, and catalyst parameters[J]. Environmental Science & Technology, 1999, 33(22): 3968-3977.

[74] Kayes D, Hochgreb S. Mechanisms of particulate matter formation in spark-ignition engines. 3. Model of PM formation[J]. Environmental Science & Technology, 1999, 33(22): 3978-3992.

[75] Kuwahara K, Ueda K, Ando H. Mixing control strategy for engine performance improvement in a gasoline direct injection engine[C]. International Congress and Exposition, Detroit, 1998.

[76] Reif K. Gasoline Engine Management Systems and Components[M]. Wiesbaden: Springer Vieweg, 2015.

[77] Zerda T W, Yuan X, Moore S M, et al. Surface area, pore size distribution and microstructure of combustion engine deposits[J]. Carbon, 1999, 37(12): 1999-2009.

[78] Lee K, Choi S, Seong H. Particulate emissions control by advanced filtration systems for GDI engines[C]. DoE Annual Merit Review Meeting, Washington, 2014.

[79] Maricq M M, Podsiadlik D H, Chase R E. Gasoline vehicle particle size distributions: Comparison of steady state, FTP, and US06 measurements[J]. Environmental Science & Technology, 1999, 33(12): 2007-2015.

[80] Witze P O, Green R M. LIF and flame emission imaging of liquid fuel films and pool fires in an SI engine during a simulated cold start[C]. International Congress & Exposition, Detroit, 1997.

[81] Li T, Chen X, Yan Z. Comparison of fine particles emissions of light duty gasoline vehicles from chassis dynamometer tests and on-road measurements[J]. Atmospheric Environment, 2013, 68: 82-91.

[82] Myung C L, Park S. Exhaust nanoparticle emissions from internal combustion engines: A review[J]. International Journal of Automotive Technology, 2012, 13(1): 9-22.

[83] Agarwal A K, Gupta T, Lukose J, et al. Particulate characterization and size distribution in the exhaust of a gasoline homogeneous charge compression ignition engine[J]. Aerosol and Air Quality Research, 2015, 15(2): 504-516.

[84] Charron A, Harrison R M. Primary particle formation from vehicle emissions during exhaust dilution in the roadside atmosphere[J]. Atmospheric Environment, 2003, 37(29): 4109-4119.

[85] Carpentieri M, Kumar P. Ground-fixed and on-board measurements of nanoparticles in the wake of a moving vehicle[J]. Atmospheric Environment, 2011, 45(32): 5837-5852.

[86] Casati R, Scheer V, Vogt R, et al. Measurement of nucleation and soot mode particle emission from a diesel passenger car in real world and laboratory in situ dilution[J]. Atmospheric Environment, 2007, 41(10): 2125-2135.

[87] Choi K, Kim J, Myung C L, et al. Effect of the mixture preparation on the nanoparticle characteristics of gasoline direct-injection vehicles[J]. Proceedings of the Institution of Mechanical Engineers Part D: Journal of Automobile Engineering, 2012, 226(11): 1514-1524.

[88] Sabathil D, Koenigstein A, Schaffner P, et al. The influence of DISI engine operating parameters on particle number emissions[C]. SAE 2011 World Congress & Exhibition, Detroit, 2011.

[89] Johnson T V. Review of vehicular emissions trends[J]. SAE International Journal of Engines, 2015, 8(3): 1152-1167.

[90] Kapus P, Jansen H, Ogris M, et al. Reduction of particulate number emissions through calibration methods[J]. MTZ Worldwide, 2010, 71(11): 22-27.

[91] Myung C L, Lee H, Choi K, et al. Effects of gasoline, diesel, LPG, and low-carbon fuels and various certification modes on nanoparticle emission characteristics in light-duty vehicles[J]. International Journal of Automotive Technology, 2009, 10(5): 537-544.

[92] Wu X S, Daniel R, Tian G H, et al. Dual-injection: The flexible, bi-fuel concept for spark ignition engines fuelled with various gasoline and biofuel blends[J]. Applied Energy, 2011, 88(7): 2305-2314.

[93] EPA. U. S. Environmental Protection Agency[EB/OL]. https://www.epa.gov[2017-07-29].

[94] Giakoumis E G. Driving and Engine Cycles[M]. Cham: Springer International Publishing AG, 2017.

[95] Diese/Net. Emission Standards[EB/OL]. https://www.dieselnet.com/standards [2017-07-30].

第 2 章　设计和控制参数对汽油机排放的影响

随着汽车排放标准的日益严厉，从 20 世纪 80 年代开始，利用安装在排气管中的 O_2 传感器进行混合气浓度闭环控制的进气管或进气道喷油汽油机开始使用 TWC。进入 20 世纪 90 年代，汽油机电子控制系统日益完善，电控进气道汽油喷射系统开始大量取代化油器，成为汽油机的主要供油装置。到 20 世纪 90 年代中后期，装有缸内直喷燃油系统的汽油机开始商业化生产。

与压燃式柴油机相比，火花点火汽油机在成本和排放方面有相当大的优势，但是其热效率低。使用 TWC 是满足超低汽车排放标准的关键技术，但是要满足汽车 CO_2 排放或燃油消耗法规，火花点火汽油机将面临更大的挑战。

影响汽油机有害排放物和燃油消耗的主要因素如下。

(1) 设计参数，如气缸盖和燃烧室结构(包括火花塞的安装位置、喷油系统、喷油器的安装位置、气门数、排量)，行程/缸径比(stroke/bore，S/B)，压缩比以及进、排气道形状等。

(2) 运行控制参数，包括混合气的形成方式、点火时刻、喷油时刻、直喷汽油喷油持续期和次数以及相邻喷油之间的时间间隔、气门定时、EGR 方式等。

(3) 新型燃烧方式。

(4) 后处理技术。

汽车排放特性在很大程度上受到过渡工况及其运行时间长短和后处理器性能的影响。因此，汽车排放特性受到测试循环的影响。其中，冷起动、加减速过程中汽油机排放的控制是需要解决的难点之一。本章重点讨论前三个因素对具有电子控制燃油喷射系统的进气道喷油汽油机和缸内直喷汽油机排放特性的影响。汽油机后处理技术将在第 3 章中讨论。

2.1　汽油机混合气的形成

混合气的形成方式对汽油机燃烧和排放有非常重要的影响。目前，汽油机混合气形成方式主要有多点进气道喷油和缸内直喷汽油两种。对于进气道喷油汽油机来说，混合气的形成从燃油喷入进气道开始，一直持续到进气和压缩阶段。直喷汽油方式则在缸内通过一次或多次喷油来形成可燃混合气。因此，直喷汽油的时刻和次数以及相邻喷油之间的时间间隔在控制缸内混合气的分布特性方面有更大的灵活性。混合气的形成特点与汽油机工况有密切的关系。因此，汽油机缸内混合气需要满足一些基本要求，如在点火时刻在火花塞附近形成可点燃的混合气；在非稳态工况汽油机要有良好的动态响应，并排出少量的有害排放物；在冷起动时，汽油机 HC 和颗粒物排放低等。

进气道喷油汽油机的喷油压力一般在 0.3～0.4MPa。直喷汽油机的喷油压力较高，目前，大多数直喷燃油系统的喷油压力在 15～25MPa。未来直喷汽油的压力将达到 35MPa，甚至更高，以满足越来越严厉的汽油机颗粒物排放目标。

2.1.1 进气道喷油汽油机混合气的形成

进气道喷油汽油机的供油系统有三种。

(1)有燃油回流的供油系统。在这个供油系统中，共轨燃油管上连接了一个机械式压力调节器，用于保证在不同的进气歧管压力或负荷下喷油器和进气管间的压力差。这样，供油系统中多余的燃油经压力调节器由回油管流回油箱。但这些受到发动机部件加热的燃油回到油箱，会引起油箱中燃油温度的升高，导致在油箱中形成的燃油蒸气增加。为了减少由油箱排出的燃油蒸气，油箱通风系统与活性炭罐相连，将燃油存储在活性炭罐中，最后通过进气管参与缸内的燃烧，以减少汽车蒸发物排放。

(2)无回油供油系统。在无回油供油系统中，燃油压力调节阀布置在油箱中或者它的附近，取消了回油管。在这种供油方式中，燃油压力调节器没有用进气歧管中的压力作参考，因此，喷油压力与负荷无关。这就要求汽油机的电子控制单元(electronic control unit，ECU)计算出各工况下所需要的供油量，将喷入进气道的燃油量供给到油轨中。由于油泵供给的多余燃油直接回到了油箱，所以回流燃油的加热量大大低于有回油管的供油系统，大幅减少汽油蒸发排放物。由于这个原因，无回流的供油系统在当今进气道喷油汽油机中占据主导地位。

(3)按需求控制的供油系统[1]。在这个供油系统中，油泵只供给汽油机需要燃烧的燃油量和燃油压力。此时，燃油压力由压力传感器监控，并由 ECU 通过闭环控制。用控制 ECU 时钟模块的方法改变油泵的工作电压，控制油泵的体积供油量。供油系统中有一个泄压阀，以防止超载燃油切断或发动机关闭时过高燃油压力的产生。因此，在按需求控制(demand-controlled)的供油系统中，没有过多的燃油被压缩，油泵所需的供油能力最小。这样，这种供油系统能降低汽油机的燃油消耗，并进一步降低油箱中的燃油温度。在热起动时，这种供油系统能通过增加燃油压力，防止气泡的生成。为了满足增压汽油机的要求，通过增加燃油压力来扩大满负荷时喷油器的计量范围，而通过降低燃油压力来扩大小负荷时喷油器的计量范围。此外，还能用燃油压力来诊断燃油系统的状态。根据喷油脉宽与喷油量之间的对应关系，该系统为精确地测量喷油量提供了可能。

进气道喷油汽油机中混合气的形成是复杂的。图 2-1 给出了进气道喷油汽油机混合气形成及影响因素[1]。当燃油从喷油器中喷出后，经过初次破碎及与空气的相互作用破碎成更小的油滴，进入进气道中，在进气门打开后随着空气进入燃烧室。在燃油从喷油器中喷出到着火燃烧前，燃油一直在与空气进行混合。如果在进气门开时，进气管中的压力高于燃烧室中的压力，那么在气门缝隙中的空燃混合气和壁面上的油膜就会以高的速度流入燃烧室内。如果在进气门打开时，进气管中的压力小于燃烧室内的压力，则残留在气缸内的上一个循环热废气就会倒流到进气道中。一方面，这股气流促进壁面油膜和油滴的形成，另一方面，热的废气也会促进燃油的蒸发。这个过程在冷起动、暖机和催化器加热阶段尤其重要。

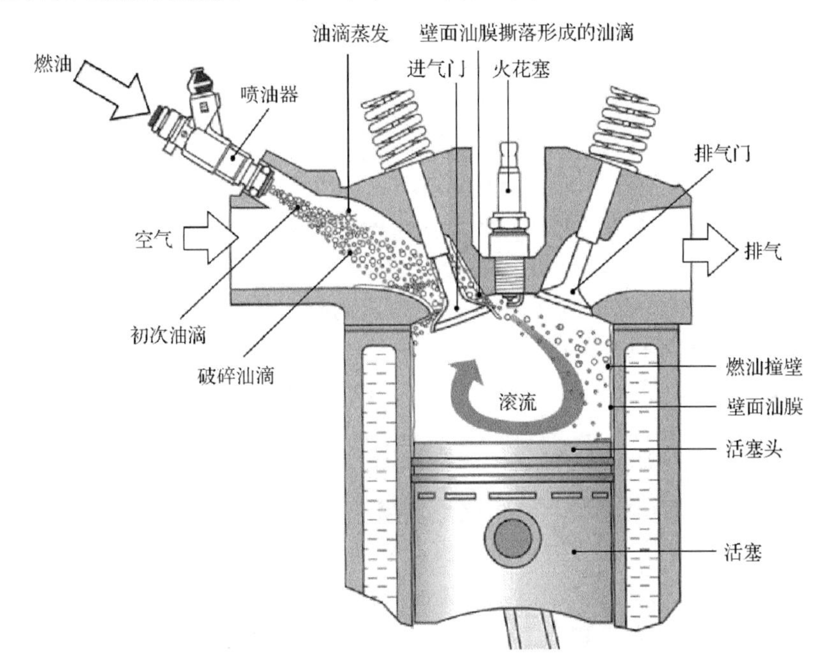

图 2-1　进气道喷油汽油机混合气形成及影响因素[1]

气缸内的气体流动是由发动机转速、进气道几何形状、进气门开启时刻和气门升程曲线共同决定的。有时根据发动机运行工况，用滚流控制阀改变气缸内的气体流动方向，其目的是在可用的时间内引入必需的空气，在点火时刻在燃烧室内形成好的均质混合气。强烈的气缸内气体流动促进混合气的均匀性和 EGR 的兼容性，获得低的汽油机燃油消耗和 NO_x 排放。但是，强烈的气体流动会减少全负荷时缸内的新鲜充量，导致汽油机最大扭矩和最大功率的下降。因此，滚流控制只在汽油机中低转速和负荷区使用。

进气道喷油汽油机混合气的形成受到汽油机壁面温度、喷雾特性、喷油时刻、喷油方向和空气流动这些因素的共同影响。然而在冷起动阶段，喷油器喷出的燃油经过初次破碎，只有很少一部分燃油在进气道中蒸发，而大部分燃油以壁面油膜的形式在进气过程中被吸卷入进气中。因此，实际混合气形成主要是在气缸中进行的。而在汽油机热机起动时，大部分喷出的汽油和一些在进气道壁面上的油膜在进气道中已经蒸发。因此，喷油时刻对冷机起动时汽油机原始 HC 排放有很大的影响。

2.1.2　直喷汽油机混合气的形成

第一个安装了现代直喷汽油机的汽车由日本三菱汽车公司于 1996 年投放到日本汽车市场，并于 1997 年进入欧洲汽车市场。在 2000 年，德国大众汽车公司第一个安装了直喷汽油机的 Lupo 汽车开始投放市场。在 2002 年，奥迪汽车公司也开始使用直喷汽油机。其中，三菱汽车公司和大众汽车公司的直喷汽油机采用壁面引导燃烧系统，而奥迪汽车公司的直喷汽油机采用空气引导燃烧系统。但直到 2008～2009 年，直喷汽油机汽车的市场份额才开始增加。到 2020 年，直喷汽油机可能占到汽油车市场 50%～60%的份额[2]。

与传统的进气道喷油汽油机相比，直喷汽油机在部分负荷时采用节气门全开和分层燃烧方式，可以大大地提高直喷汽油机的热效率。另外，直喷汽油可以降低缸内混合气的温度，提高了汽油机的抗爆性，有助于提高直喷汽油机的压缩比。同时，用质调节方式控制汽油机的动力输出，也使发动机在循环间的过渡过程较易控制。除此之外，稀燃也有利于燃料充分燃烧。因此，直喷汽油机的燃油经济性较同排量进气道喷油汽油机大为改善。在降低直喷汽油机油耗的各个因素中，泵气损失减少是最大贡献者，占到 10%，稀燃贡献了 7.5%，低的传热损失和高压缩比分别贡献了 2%和 3%[3]。

但是，与进气道喷油汽油机相比，直喷汽油机的喷油时间窗口很短。因此，其缸内混合气的形成至关重要。直喷汽油机的燃油系统分为低压燃油回路和高压燃油回路，从本质上说，直喷汽油机的低压燃油回路与进气道喷油汽油机相同。现有的高压油泵需要越来越高的供油压力以防止热起动时在油路中生成气泡，因此，可变低压燃油供给系统的优点就显现出来了。按需求控制的低压系统就特别适合，因为在汽油机每一个运行工况点的压力可以预先设置。直喷汽油机高压燃油回路由高压油泵、高压油轨、燃油压力传感器和压力控制阀或压力限制阀(与系统有关)组成。出于安全性考虑，在第一代汽油高压供油系统的油轨上，安装了机械式压力限制阀，在第二代汽油高压供油系统中，限压阀集成在高压油泵中。当燃油压力高于允许的压力时，燃油通过限压阀流回低压燃油回路。

直喷汽油机的燃烧系统按照喷油器和火花塞的相对位置以及混合气的组织方式分为三种，如图 2-2 所示[4]。一是壁面引导燃烧系统(wall-guided combustion system)。此时，喷油嘴远离火花塞，利用特殊形状的活塞表面配合气流运动，将燃油导向火花塞，并在火花塞间隙附近形成适合点燃的混合气。该系统的主要特点是利用接近于垂直的进气道产生强烈的进气滚流，将通过壁面的燃油卷起并与空气混合，形成分层混合气。二是空气引导燃烧系统(air-guided combustion system)。

它通过进气道产生强烈的进气涡流或滚流，将喷油嘴喷出的燃油与空气进行混合，形成分层混合气。在壁面或空气引导的燃烧系统中，喷油器通常安装在两个进气门之间。通过喷出的燃油与活塞头部凹坑间的相互作用(壁面引导)或通过空气引导作用(空气引导)将燃油导向火花塞。喷油器侧置式安装的直喷汽油机分层燃烧过程中实际上包含了壁面引导和空气引导过程，这依赖于喷油器的安装角和喷油量，如图 2-2(a)～图 2-2(c)所示。三是喷雾引导燃烧系统(spray-guided combustion system)。在喷雾引导燃烧系统直喷汽油机中，喷油器安装在燃烧室中心，火花塞位于喷雾的边缘。喷油器与火花塞间的距离短而且喷油与点火间的时间短，燃烧相位好(燃烧快，循环波动小)。喷雾引导燃烧系统的优点是燃油不需要经过活塞或空气流的迂回就能直接运动到火花塞电极附近，但是其缺点是混合气形成的时间短。为了在恰当的时刻点燃混合气，喷雾引导燃烧系统中火花塞与喷油器的位置要精确地布置，而且喷雾的方向也要精确。因此，在一些工况下，热的火花塞受到相对冷的燃油的影响，会承受相当大的热应力。当整个燃烧室内为稀薄混合气时，仍能保证在火花塞周围形成可点燃的混合气。在喷雾引导燃烧系统中，喷油器的喷雾特性起决定性的作用，喷油器必须产生形态稳定和重复率高的喷雾，甚至是在高背压或流动的条件下也需要满足这个要求。

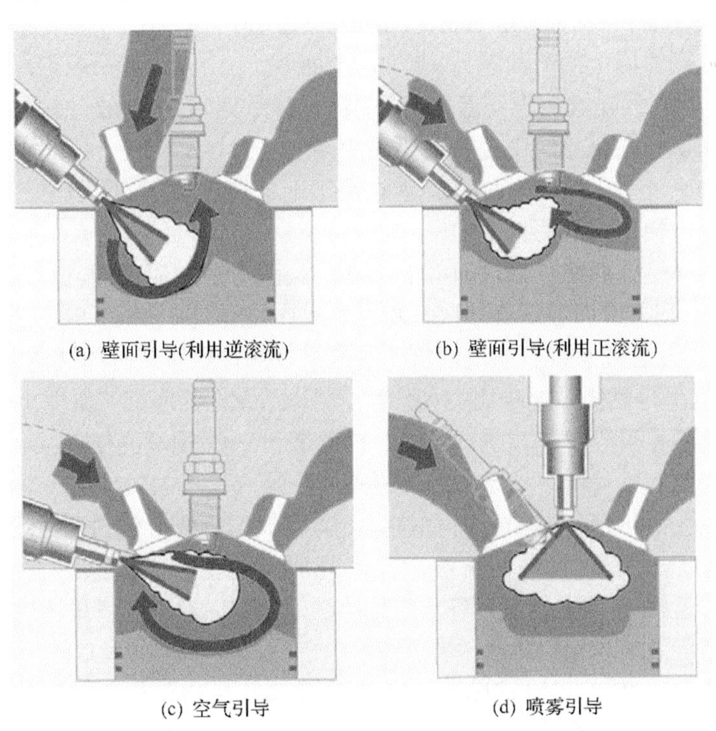

(a) 壁面引导(利用逆滚流)　(b) 壁面引导(利用正滚流)

(c) 空气引导　(d) 喷雾引导

图 2-2　直喷汽油机缸内混合气的形成[4]

对于壁面引导燃烧系统的直喷汽油机来说，在大多数情况下需要用特定形状的活塞头引导喷油来形成可点燃的混合气。因此这种汽油机要组织适度的涡流或滚流气体运动，而且喷油方向指向活塞。这样，在怠速时，壁面引导燃烧系统直喷汽油机的燃油几乎都撞击到活塞凹坑；在高负荷时，由于喷油持续期长，即使喷油时刻早，仍然有一部分燃油直接撞击到活塞凹坑，甚至在空气引导燃烧系统中也是如此。当燃油打湿了活塞头部表面时，黏附在活塞表面上的燃油蒸发速度较慢。当火焰前锋面到达相对较冷的活塞头部表面时，由于淬熄，火焰不能传播，此时未蒸发的燃油就不能燃烧，导致 HC 排放增大[1]，同时导致燃油沉积物的增加。与壁面引导燃烧系统不同，空气引导燃烧系统能防止燃油与燃烧室壁面接触，并有效地促进燃油与空气的混合，减少 HC 排放。在理想情况下，空气引导燃烧系统能消除燃烧室壁面上的燃油沉积物。空气引导燃烧系统成功与否取决于喷油方向和进气系统产生的特定的气流运动，这个特定的气流运动要维持到压缩行程中后期以确保把混合气输送到火花塞。

在壁面/空气引导燃烧系统中，喷油时刻必须能让活塞将混合气安全地引导到火花塞处。这个传输过程通常由燃烧室内的气流运动来辅助。喷油时刻与活塞的位置相关，因此，喷油时刻依赖于转速，这样就很难在很大的汽油机转速/负荷范围内来协调喷油和点火时刻。因此，在实际使用时，壁面引导燃烧系统直喷汽油机不可能达到理论上的节油潜力。此外，壁面/空气引导燃烧系统需要借助涡流和/或滚流，把混合气输送到火花塞电极处，因此导致充气效率和汽油机性能的降低。当然，壁面引导燃烧系统中也有很明显的空气流引导混合气。因此，把壁面引导燃烧系统与空气引导燃烧系统很清楚地区分开是不现实的。壁面/空气引导燃烧系统被称为第一代直喷汽油机。

喷雾引导燃烧系统直喷汽油机于 2006 年由德国宝马和梅赛德斯-奔驰汽车公司引入市场。在喷雾引导燃烧系统直喷汽油机中没有气体流动和喷油方向的限制，因此，喷雾引导燃烧系统直喷汽油机的进气道以满足全负荷时的性能来优化设计。与壁面/空气引导燃烧系统相比，喷雾引导燃烧系统在活塞或气缸壁上几乎没有燃油湿壁，使喷雾引导燃烧系统直喷汽油机碳烟和 HC 排放降低[5]。此外，在燃烧过程适当设计的条件下，喷雾引导燃烧系统直喷汽油机的效率高于其他分层燃烧系统，并能获得比壁面/空气引导燃烧系统直喷汽油机低得多的燃油消耗。其中，喷雾引导燃烧系统直喷汽油机的燃油消耗比壁面引导燃烧系统直喷汽油机低 4%～7%[6]，主要原因是在压缩行程后期，缸内的空燃混合气质量改进了，使直喷汽油机的燃烧效率和相位得到改善。

在上述三种直喷汽油机燃烧系统中，喷雾引导燃烧系统是所有未来技术的基础，如越来越强化的汽油机，低成本、灵活燃料、有效和可靠的分层燃烧，可控自燃（controlled auto-ignition，CAI）以及在很高的平均有效压力（brake mean effective pressure，BMEP）下的可靠燃烧。

实际上，不管直喷汽油机采用哪种燃烧系统，其混合气形成方式都与负荷和转速密切相关。图 2-3 给出了一种直喷汽油机在不同转速和负荷下所采用的混合气[1]。在压缩过程中喷油形成分层混合气的条件下，喷油时刻是决定混合气分层形式的重要因素。在分层混合气燃烧模式下，理论燃空当量比混合气仅在火花塞处出现，缸内平均混合气浓度是稀的。分层混合气只能在直喷汽油机中低转速和负荷范围内使用，因为在高负荷时，碳烟和/或 NO_x 排放急剧增加，使用分层混合气直喷汽油机的燃油消耗比使用均质混合气时低的优点消失了。但在低负荷区，使用分层混合气的直喷汽油机排气温度下降，仅靠排气本身已经不能维持催化器的工作温度。因此，直喷汽油机使用分层混合气的最高转速大约是 3000r/min，高于这个转速，直喷汽油机就不能形成充分均匀的分层混合气了。与壁面引导燃烧系统相比，喷雾引导燃烧系统中喷油器与火花塞接近，不需要活塞表面来引导喷出的燃油。这样，混合气的形成独立于活塞的运动，可以在压缩冲程后期形成可燃混合气，因此，喷雾引导燃烧系统直喷汽油机使用分层混合气的运行区域更大，其热效率更高[7]。但是，混合气的分层程度总体上受到浓混合气中产生的极高颗粒物排放和喷雾形成的混合气外侧产生的高 NO_x 排放的限制[8]。在分层混合气条件下，负荷增加将导致直喷汽油机碳烟和 NO_x 排放升高。减少碳烟的生成就需要加速混合气的形成，提高喷油压力是一种可行的方案。目前共轨系统的压力达到 25MPa，但这个喷油压力水平还不能适应高度分层混合气的需要[8]。因为直喷汽油机火花塞间隙处有理论燃空当量比混合气或略浓于理论燃空当量比的混合气，所以在高 EGR 率水平下采用分层混合气时，直喷汽油机仍能维持稳定的燃烧。因此，在分层混合气条件下使用高 EGR 率是降低直喷汽油机 NO_x 排放和提高其燃油经济性的有效手段。

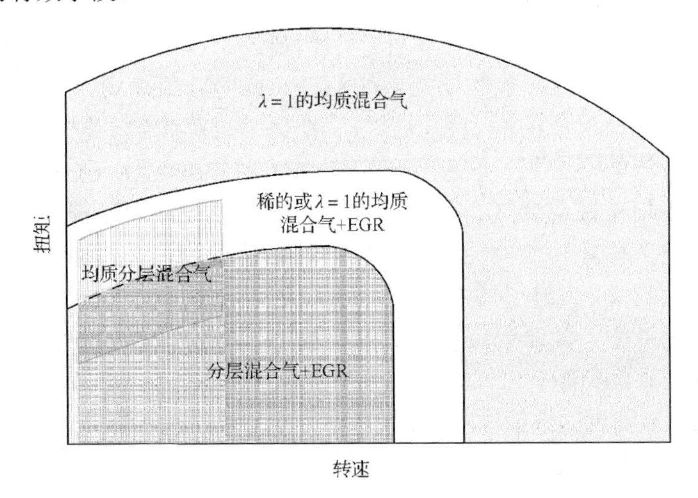

图 2-3　直喷汽油机在不同运行条件下对混合气的要求[1]

在起动阶段使用分层混合气，在压缩过程中将燃油喷入气缸内。其优点在于燃油喷入已经压缩和加热的空气中，这样，燃油蒸发得更多，而不像在冷的周围环境下喷油时，很大比例的燃油以油膜的形式存在于燃烧室内，而没有参与燃烧。这样，在分层混合气条件下起动时，直喷汽油机所需要喷入的燃油量迅速减小，可以大大降低在冷起动时的 HC 排放。由于在冷起动时，催化器还没有工作，分层充量起动模式是低排放直喷汽油机采用的一个重要运行方式。为了在尽可能短的时间内促进混合气的形成，在起动阶段形成分层混合气的喷油压力为 3～4MPa，这个压力在起动马达转动时就可以由高压油泵产生。为了减少冷起动阶段的颗粒物排放，美国德尔福公司采用 8MPa 的起动喷油压力和压缩过程中的单次喷油形式，并让混合气接近于理论燃空当量比，因为在起动阶段提高喷油压力对颗粒物数量排放没有太大的正面影响，反而会使起动时间加长[9]。为了在冷起动阶段尽快把催化剂加热到工作温度，还可以使用均匀分开(homogeneous- split)模式的均质分层。借助于压缩过程中第二次喷油对直喷汽油机燃烧的稳定作用，可以把点火时刻推迟到上止点后(after top dead center，ATDC) 15～30° CA，这样，大部分燃烧放热能不再影响扭矩的增加，而使排气温度上升，使催化器在起动后的几秒内就能正常工作[1]。

在高速和大负荷区，直喷燃油在进气过程中喷入气缸，以保证有充足的时间在缸内形成均质混合气。在这个区域，通常采用 $\lambda=1$ 的均质混合气。但为了在全负荷时保护催化器或增加功率，在部分运行区，直喷汽油机也会在略浓一点的混合气($\lambda<1$)条件下运行。

在稀燃条件下，三效催化剂不能高效地把 NO_x 还原掉，导致高的汽油机 NO_x 排放。而稀燃 NO_x 催化器价格昂贵，它的再生又会导致直喷汽油机燃油经济性的恶化。因此，在分层和均质混合气之间增加一个过渡区，即均匀分层稀混合气区(图 2-3)。此时节气门全开，泵气损失小，因此直喷汽油机燃油消耗低于 $\lambda\leqslant1$ 的均质混合气条件下的燃油消耗。此时，整个燃烧室内充满了在进气过程中喷入汽油形成的均匀稀混合气。在压缩过程中第二喷入汽油，在火花塞周围形成较浓的混合气，这部分分层混合气容易被点燃，生成的火焰能传播到缸内剩余的均质稀混合气。在分层和均匀模式间转换的过程中，均质分层模式要使用许多个循环，这就能让汽油机管理系统更好地在过渡工况调整扭矩。由于可以转换到 $\lambda>2$ 的很稀混合气，所以直喷汽油机的 NO_x 排放也减少了。在这个过渡区域中，低速稳定运行工况下使用二次喷油，也可以获得比分层燃烧条件下低的碳烟排放。

不同类型汽油机的性能比较如表 2-1 所示。

表 2-1　直喷汽油机与进气道喷油汽油机性能对比[10]

混合气形成方式		现在的状态	优点	存在的问题	要求
均质混合气		产业化(份额在增加)	功率和扭矩大，冷起动 HC 排放低，节油 3%～5%	—	—
分层混合气	壁面引导燃烧系统	产业化(份额在减小)	节油 8%～12%	NO_x 排放，高硫燃油，碳烟	稀燃 NO_x 后处理器
	喷雾引导燃烧系统	产业化(部分车型)	节油约 20%	失火	喷油器

直喷汽油机的明显缺点是小负荷时 HC 排放高、中等负荷时 NO_x 排放高、缸内局部过浓混合气容易产生颗粒物，以及在无节气门分层充量燃烧条件下排气温度低。与稀燃直喷汽油机相比，使用理论燃空当量比混合气的直喷汽油机的颗粒物排放对燃料和测试循环更敏感。在分层燃烧条件下，活塞头部的湿壁、油池火焰和冒烟是壁面引导燃烧系统直喷汽油机的重要问题，而消除间断式的失火是喷雾引导燃烧系统直喷汽油机需要解决的问题[10]。此外，直喷汽油机润滑油稀释也是一个需要关注的问题。

2.2　不同控制参数对汽油机排放的影响

混合气浓度、点火和喷油时刻以及气门定时对汽油机排放都有影响。其中，混合气浓度和点火时刻是现代汽油机最重要的控制参数。

2.2.1　混合气浓度和点火时刻

影响汽油机 HC 排放及其组分的因素主要有三个[11]：一是在火焰到达缝隙或润滑油膜前的气缸压力；二是火焰过后的燃气温度，它影响燃烧时存储在气缸和排气系统中未燃物质的百分比，在火焰过后的燃烧增加时，非燃料 HC 排放与来自燃油的 HC 排放比例增大；三是 λ，它主要控制火焰过后废气中的含氧量，由此影响火焰过后的燃烧过程。压缩比和点火时刻对汽油机 HC 排放的影响主要通过上述路径起作用。此外，火焰过后 HC 的氧化受到氧化过程和传输的影响。未燃燃油向热的已燃气体传输，在那里快速地生成中间产物。靠近壁面的冷区对中间产物起缓冲作用，阻碍它快速地被氧化。因此，缸内氧化过程很大程度上受控于扩散率。燃气温度是决定氧化水平和扩散与反应间控制转换的关键因素[12]。

汽油机火焰过后气缸中残留的 HC 要被氧化掉，需要满足三个条件[13,14]：一是在已燃气体中要有充足的 O_2(＞4000×10^{-6})；二是在发动机可用的时间尺度里发生氧化反应，温度必须要接近 1500K；三是在高于 1500K 的温度中停留足够长的时间(＞10ms)，以便燃油与燃烧产物混合。实际上，这几个条件是很难同时满足的。因此，在不同的工况下，汽油机排气中总会有原始 HC 排放。

对于使用均质混合气的汽油机来说，能实现稳定燃烧的混合气浓度只能在有限的 λ 范围内变化。图 2-4 给出了不同 λ 下汽油机的 HC 排放特性图 2-4 中，BTDC (before top dead center) 表示上止点前。

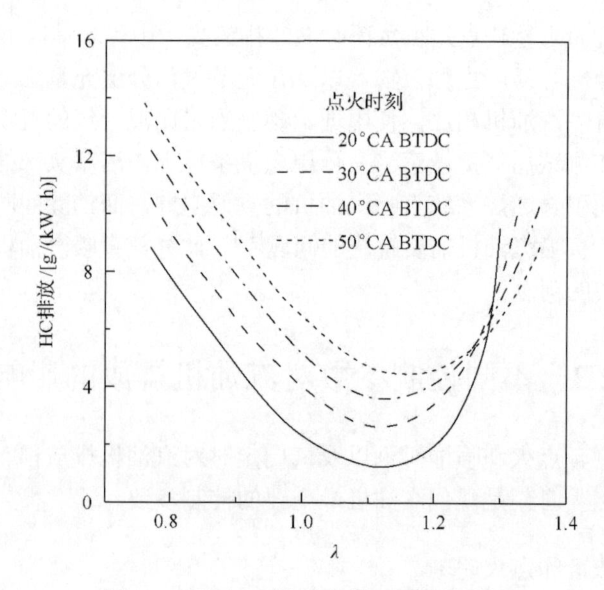

图 2-4　不同 λ 下汽油机的 HC 排放特性

可以看出，在固定的点火时刻下，λ 对汽油机 HC 排放有较大的影响。在 $\lambda<1$ 时，不完全燃烧导致汽油机 HC 排放的增大，而且随着混合气变浓，HC 排放逐步增大。而在 $\lambda>1$ 时，汽油机 HC 排放最低值在 $\lambda=1.1\sim1.2$ 时出现。当 $\lambda>1.2$ 后，由于汽油机燃烧稳定性下降，所以随着 λ 的增大，HC 排放迅速增加，这是燃烧室末端未燃燃油量增大的结果。在极稀的混合气条件下，燃烧速度低甚至导致失火，引起汽油机 HC 排放的急剧上升[1]。就点火时刻来说，增大点火时刻会引起汽油机 HC 排放的增大，因为点火时刻提前使汽油机排气温度降低，不利于膨胀和排气过程中 HC 的氧化[15]。

图 2-5 给出了点火时刻对一款福特进气道喷油汽油机 HC 排放排气温度与最高火焰温度的影响[16]，MBT(minimum advance for best torque)表示获得最大扭矩的最小时刻，即最佳点火时刻。可以看出，把点火时刻逐步提前到 40°CA BTDC，

HC 排放增加，但把点火时刻提前到 40°CA BTDC 以前，HC 几乎维持不变，因为排气温度减少不超过 1%～2%，依赖于 Arrhenius 方程的 HC 氧化率变化较小。推迟点火时刻，火焰过后燃气的温度升高，未燃燃油的氧化率提高，因此，汽油机的 HC 排放减少。另外，在没有 EGR 的条件下，推迟点火时刻，最大气缸压力降低，减少了缝隙中 HC 的存储量，也会降低未燃燃油在 HC 排放中的比例[11]。

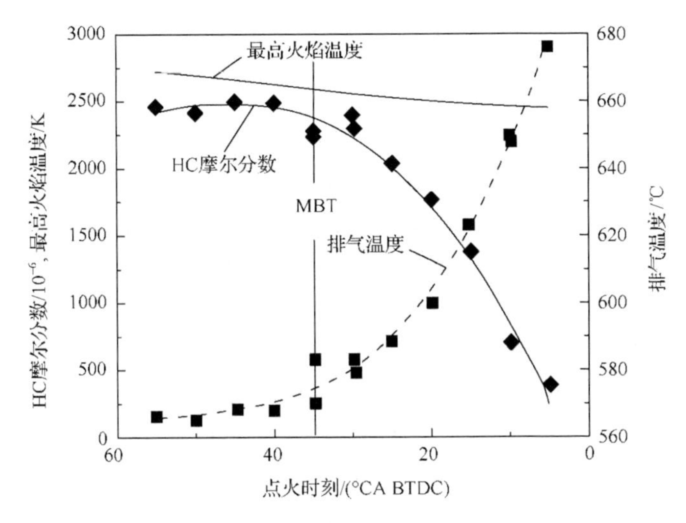

图 2-5　点火时刻对进气道喷油汽油机 HC 排放、排气温度和最高火焰温度的影响[16]

直喷汽油机的稀燃极限主要依赖于点火时刻火花塞处的 λ 和缸内平均 λ。在直喷汽油机中，通过分层混合气形成方式在火花塞电极附近形成可点燃的混合气，汽油机可以在比均质混合气条件下更大的平均 λ 下运行。在分层混合气燃烧模式下，直喷汽油机 HC 排放本质上依赖于混合气的形成过程。避免直喷汽油机喷出的燃油沉积在气缸壁和活塞头部形成油膜是很重要的，因为油膜通常不能完全燃烧，会导致高的 HC 排放。但极稀混合气导致慢的火焰传播速度，以至于在排气门打开时仍然在燃烧，HC 排放降低[1]。

在怠速时，采用直喷方式喷油比采用进气道喷油时汽油机的 HC 排放低[17]。但在部分负荷采用分层混合气时，直喷汽油机与进气道喷油汽油机 HC 排放的差别更加明显，因为在分层条件下，进入缝隙中的燃油更少。直喷汽油机在部分负荷采用分层混合气燃烧时，其 HC 排放高的主要原因[18]如下。

(1) 在火焰由浓混合气向稀混合气传播的过程中，会在分层区外侧极稀的区域淬熄，导致大量的未燃 HC 残留在废气中，这是部分负荷时直喷汽油机 HC 排放高的主要原因。

(2)喷雾在活塞头部和/或气缸壁引起的湿壁，在气缸中产生过浓的混合气区域。

(3)低的燃烧温度减少了 HC 在火焰过后的氧化。

(4)低的排气温度降低了催化器的转化效率。

(5)低的排气温度显著地减小了 HC 在排气道中的氧化。

在采用分层混合气的部分负荷时，直喷汽油机 HC 排放可能主要来源于火焰淬熄和湿壁，而缝隙效应是进气道喷油汽油机 HC 排放的主要来源[19]。

Leidenfrost 效应是影响直喷汽油机活塞头部油膜蒸发的重要因素。因此，沸点比活塞头部温度高约 20K 的燃料产生最低的 HC 排放；沸点比活塞头部温度低得多的燃料，产生很高的 HC 排放，可能的原因是蒸汽层阻碍了油膜的蒸发[20]。此外，汽油机中湿壁位置对 HC 排放有显著的影响，其中，排气门下的气缸套和活塞头部上的燃油湿壁会引起汽油机 HC 排放的大幅增加。喷油时刻影响逃脱燃烧的油膜量，当壁面上的油膜能保持到膨胀和排气冲程时，油膜的组成逐步转变成重组分，并控制着油膜的蒸发历程[21]。

在小负荷时，采用节气门和均质混合气形式来替代分层混合气形式，能减少直喷汽油机的 HC 排放。但利用节气门节流方式来减少直喷汽油机在小负荷时的 HC 排放依赖于燃烧系统，因为节气门节流往往能减少淬熄产生的 HC 排放，但由活塞头部和气缸壁上的液体燃油形成过浓混合气燃烧，实际上可能使 HC 排放增加[18]。

在低负荷时使用 EGR，也会显著地增加直喷汽油机的 HC 排放。如果使用高压缩比，直喷汽油机的 HC 排放还会进一步地增加，因为 HC 被压缩进缝隙中了[22]。适当的 EGR 率可以减少直喷汽油机的 HC 排放，其主要原因是[18]：长的燃烧持续期、迟的燃烧相位和高的焰后氧化。

总体来说，直喷汽油机在怠速时的 HC 排放略有增加，在部分负荷时有显著的增加。在高速部分负荷时，HC 排放增加的原因是直喷汽油机混合气的形成时间比进气道喷油汽油机短，导致油滴表面的扩散燃烧。此外，在高转速时，混合气的形成与燃烧时间缩短也是直喷汽油机 HC 排放增大的原因[1]。

图 2-6 给出了不同 λ 下使用均质混合气的汽油机 CO 排放。可以看出，CO 排放主要受 λ 的影响。在 $\lambda<1$ 时，CO 排放随着混合气变浓而迅速增加，因为混合气中缺少 O_2。而在稀燃条件下，汽油机的 CO 排放极低，在这种情况下，CO 的唯一来源是不均匀混合气的不完全燃烧，点火时刻对 CO 排放的影响很小。

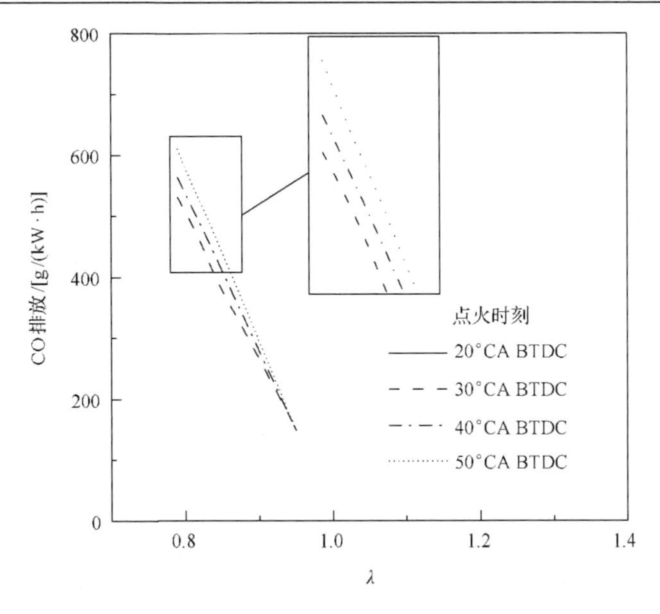

图 2-6　不同 λ 下使用均质混合气的汽油机 CO 排放

图 2-7 给出了不同 λ 下使用均质混合气的汽油机 NO_x 排放。可以看出，在相同的点火时刻下，NO_x 排放在 λ=1.05～1.1 时达到最大，使用浓的或稀的混合气，由于燃烧温度降低，NO_x 排放均降低。点火时刻提前在整个 λ 范围内导致 NO_x 增加。在相同的 λ 下，点火时刻提前，汽油机 NO_x 排放增加，这是因为点火时刻提前促进燃烧温度的升高，把 NO_x 生成量向高 NO_x 化学平衡值处移动，更重要的是，它也加速了 NO_x 的生成速度。特别是在使用理论空燃比混合气时，点火时刻提前，

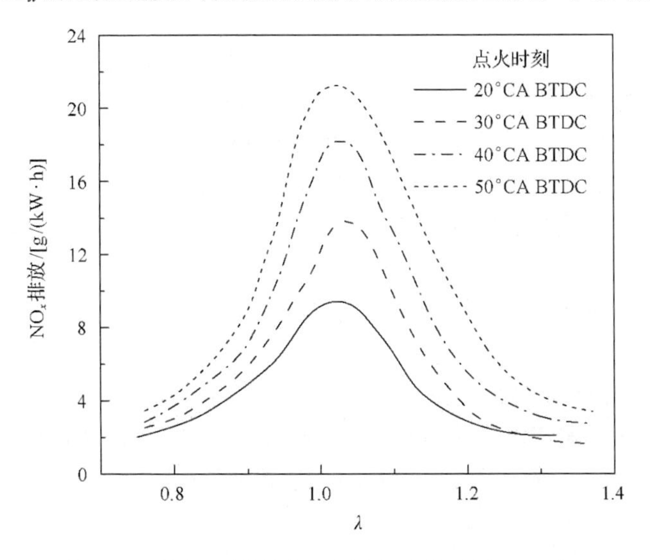

图 2-7　不同 λ 下使用均质混合气的汽油机 NO_x 排放

缸内最大温度升高，导致 NO_x 排放大幅提高。但是推迟点火时刻会使汽油机的燃油消耗增大。

随着混合气变稀，传统进气道喷油汽油机的原始 NO_x 排放降低。然而，对于使用分层混合气的直喷汽油机来说，在分层混合气的核心区仍然存在理论燃空当量比混合气或比理论燃空当量比略稀的混合气，在反应区仍然存在高温。因此，即使在稀的平均 λ 和低的温度条件下，直喷汽油机仍然产生高的 NO_x 排放。另外，在相同的负荷下，采用分层稀燃混合气的直喷汽油机进气量高于进气道喷油汽油机，也会使气缸中的气体温度升高，NO_x 排放加大。在怠速时，直喷汽油机的 NO_x 排放也会大大高于进气道喷油汽油机，因为当地仍有理论燃空当量比混合气，并以比进气道喷油汽油机高的放热速率放热[18]。此外，直喷汽油机的抗爆震能力强，采用高压缩比能显著地改善它的燃油经济性，这又会引起 NO_x 排放的上升。

转速对汽油机 NO_x 排放的影响需要考虑 NO_x 生成的时间和气缸内的残余废气率这两个因素：转速增加，NO_x 生成的时间缩短，NO_x 排放有减少的趋势；但当转速增加时，残余废气往往下降，这又会抵消转速增大对 NO_x 排放减少的作用[1]。

汽油机的 HC、CO 和 NO_x 排放物不能在同一 λ 条件下达到最低值。在 λ 略大于 1 的区域，HC、CO 和燃油消耗低，但 NO_x 达到最大。因此，汽油机的排放控制与燃油经济性改善之间存在明显的矛盾关系。使用分层稀燃汽油机的直喷汽油机由于 λ 高，其 NO_x 排放比 $\lambda=1$ 的运行点下的 NO_x 排放低，因为仅有部分空气参与了燃烧，此时，汽油机的燃油消耗率最小。

实际上，点火时刻受到很多因素的影响，而且点火时刻与汽油机的动力性、经济性、抗爆震性以及排放品质之间的关系十分复杂。对排放控制最佳的点火时刻只能部分实现，因为它还受燃油经济性、驾驶性等的限制。提前点火时刻，会提高功率、降低燃油消耗，但 HC(图 2-4)和 NO_x(图 2-7)排放增加。过早的点火时刻会引起汽油机的爆震。推迟点火时刻引起排气温度的上升。为了保证发动机的动力性、经济性以及排放，点火时刻应随汽油机负荷和转速的改变而变化。负荷越小，燃烧室内残余的废气越多，混合气变得越稀，导致燃烧速度更加缓慢，因此点火时刻需要提前。

传统进气道喷油汽油机的点火时刻与运行工况点有密切的关系。在部分负荷的中间区域，点火时刻以优化效率为目标。图 2-8 给出了进气道喷油汽油机在不同运行工况下的点火时刻[23]。可以看出，随着转速的增加和负荷的减小，点火时刻逐步提前。在低速和低负荷区，点火时刻又显著地提前，因为在这个区域使用了外部 EGR。此外，在大约 4500r/min，接近全负荷区，点火时刻又被推迟了，因为在这里消耗最大的空气量，容易发生爆震。

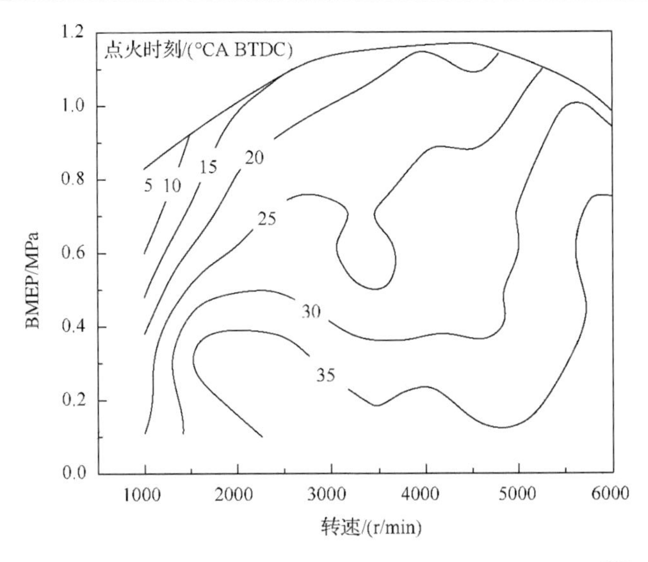

图 2-8　进气道喷油汽油机在不同运行工况下的点火时刻[23]

图 2-9 给出了进气道喷油汽油机的 λ 脉谱图[23]。这台汽油机安装了 TWC，所以在大部分运行区域，通过电子控制系统将 λ 维持在理论燃空当量比，以获得高的催化转化效率。在全负荷和高速下，采用了浓混合气，其主要目的是通过防止极高的排气温度出现来保护催化器，并获得最高的汽油机功率。在额定功率下，λ 大约为 0.8。

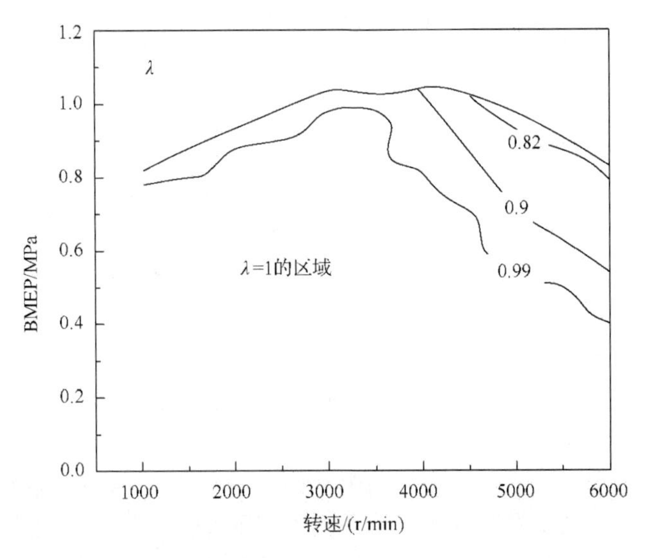

图 2-9　进气道喷油汽油机在不同运行工况下的 λ[23]

图 2-10 给出了典型涡轮增压直喷汽油机在不同工况下的 λ[24]。

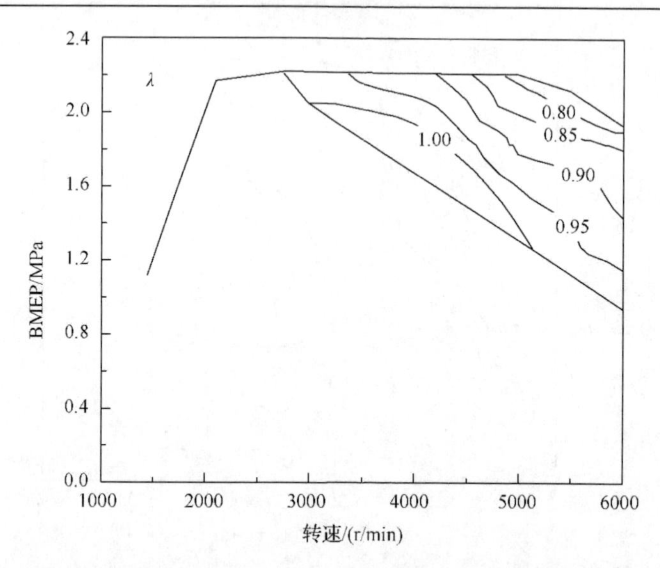

图 2-10　典型涡轮增压直喷汽油机在不同运行工况下的 λ[24]

对比图 2-9 和图 2-10 可以发现，汽油机采用的排放控制策略不同，所以不同汽油机所采用的 λ 在 BMEP-转速平面里的分布区域和大小也不同。

2.2.2　喷油时刻

喷油时刻是影响进气道喷油汽油机 HC 排放的因素。进气时同时喷油，一些燃油在没有经过蒸发的情况下直接进入燃烧室，被空气流带到了排气门侧，如图 2-1 所示。

在冷起动时，在进气门开启情况下喷油，壁面上形成的油膜不能蒸发，也不能参与燃烧，这些未燃烧的燃油排入排气道中，导致进气道喷油汽油机 HC 排放的升高。在冷起动时，在进气前的喷油能显著地减少 HC 排放。此时，喷油器喷出的燃油进入燃烧室中心，避免了不期望的排气门侧油膜的生成[1]，因此，进气时喷油方式已很少用于冷起动工况。在进气门开启情况下喷油，也会导致稳态工况下汽油机 HC 排放的增加[25-27]。进气时喷油方式用于正常或热机状态下，以提高汽油机的功率，因为燃油的蒸发在很大程度上发生在燃烧室内，能够增加新鲜充量。此外，在燃烧室内的燃油蒸发吸热，冷却了缸内充量，有助于减少爆震。

图 2-11 给出了在进气门开启前的喷油角度对进气道喷油汽油机 HC 排放的影响。可见，在部分负荷时，大的提前喷油角度使汽油机 HC 排放降低。而在全负荷时，最低的 HC 排放所对应的喷油角度不同于部分负荷[15]。因此，需要通过电控系统标定，在汽油机的整个运行范围内获得最佳的喷油时刻，优化混合气的形成，这不但能降低进气道喷油汽油机的 HC 排放，还能改善催化器的起燃，提高冷起动阶段催化器的转化效率。

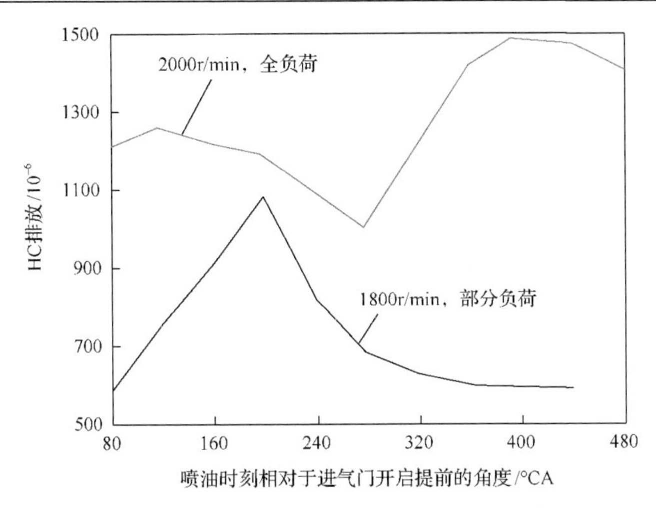

图 2-11　进气道喷油时刻对汽油机 HC 排放的影响[15]

气缸内的气体流动和喷油时刻均影响直喷汽油机的 HC 排放，甚至在早的喷油时刻下也是如此[28]，因为气体流动和喷油时刻影响气缸内燃油的湿壁量和位置。在进气过程初期喷油时，在排气门下和活塞头部产生最大燃油湿壁的喷油时刻会产生最高的 HC 排放。在压缩过程中喷油时，随着喷油时刻逐步提前，燃油湿壁量减少，HC 排放降低。采用迟的喷油时刻，则其原始 HC 排放随着喷油时刻的推迟而大大增加，这是因为燃油湿壁或过度的/不足的混合或这两者的作用同时存在[28,29]。

2.2.3　气门定时

最佳的气门重叠角依赖于汽油机的负荷条件。通常，在高负荷时，汽油机的热负荷高，要求采用大气门重叠角来加大扫气。高速时要求进气门迟闭以增加进气，而要求采用排气门早开来减少排气负功，同时采用排气门晚关以增加扫气；低速时希望进气门早关以防止进气回流，而采用排气门晚开来增加膨胀功，并用排气门早关来防止废气回流。但是，气门定时固定的汽油机是不可能同时满足以上要求的，所以传统汽油机设计的配气正时是以额定功率或最大扭矩点为基准的，固定的气门定时只能选取一个折中的值。因此，固定气门定时难以同时满足汽油机低速大扭矩和最大功率时的低燃油消耗、良好的怠速性能与低排放要求。

进、排气门相位可调为汽油机动力性能、燃油经济性和排放之间的折中提供了很大的控制灵活性。对于安装了可变气门定时（variable valve timing，VVT）的汽油机来说，根据运行工况进行气门相位的调整，可以获得更好的汽油机综合性能。其中，进气门相位调节比排气门相位调节的作用更大[15]。

VVT 的控制策略应该满足以下要求[30]。

(1)在每一个转速和负荷下汽油机能实现最优运行。

(2)在不同的汽油机工作运行区能连续地转换。

(3)在最小的切换操作下，保证在快速动态调整跳跃时产生最小的偏差。

(4)有效的成本和可靠的设计。

VVT 降低汽油机燃油消耗的途径[31]如下。

(1)增加或延迟气门重叠角增加气缸内的残余废气，减少泵气损失。

(2)迟的进气门关闭，减少泵气损失。

(3)迟的排气门开启，增加膨胀功。

通过 VVT，按照欧洲驾驶循环，通常能节约约 5%的燃油。

在很大程度上，VVT 的最优控制策略依赖于汽油机排气管的结构、压缩比、相位调节极限、部分负荷时残余废气容忍度和相对于部分负荷时的燃油消耗与排放，以及节气门全开时的性能[31]。具有独立的进、排气门双 VVT 能满足在节气门全开的最大扭矩与部分负荷时燃油消耗和排放最小的合理折中。其中，大的重叠角推迟可以使汽油机获得比最大气门重叠角更低的燃油消耗[32]。

气门定时对汽油机排放也有很大的影响。在冷起动时，采用大的气门重叠角能显著地降低汽油机的 HC 排放；直喷汽油机采用迟的进气门开启时刻有助于减少排放[31]。在怠速时，节气门开度小、进气管真空度高，为了减少气缸内的残余废气量，应防止废气回流，因此，采用小的或无进、排气门重叠角，以确保燃烧稳定，并通过降低残余废气率来减少汽油机的 HC 排放；在 0.2MPa BMEP 下，推迟气门重叠角能提高进气管压力，平均泵气损失下降达 15%。另外，延长的膨胀冲程能增加汽油机热效率，并具有在自由排气前部分氧化 HC 的潜力(尽管以增加 CO 排放为代价)。提前的气门重叠角能增加有效压缩比，但推迟气门重叠角能改善已燃与未燃混合气的混合，并增加活塞下行时缸内气体的流动速度[32]。在部分负荷时，推迟进气门开启时刻有利于减小汽油机的 HC 排放。增大气门重叠角，则会由于进气真空度的存在，把排气冲程结束阶段的部分已燃废气吸入气缸，实现内部 EGR，这不但能减少汽油机的 HC 排放，还能减少它的 NO_x 排放，如图 2-12 所示[33]。与外部 EGR 一样，气门重叠角加大使汽油机 NO_x 排放减小是低的燃烧温度引起的，但 HC 排放减少主要是由于未完全燃烧燃油的再燃烧和内部 EGR，这是外部 EGR 条件下所不能实现的。此外，内部 EGR 能减少汽油机进气真空度和泵气损失，而早的进气门关闭角能明显地提高汽油机有效压缩比，使它的燃油经济性得到改善。推迟进气门开启时刻和提前排气门关闭时刻，减少了残余废气率。因此，汽油机 NO_x 排放只有较小的下降。在大负荷时，提前进气门开启时刻有助于降低汽油机的 HC 排放。

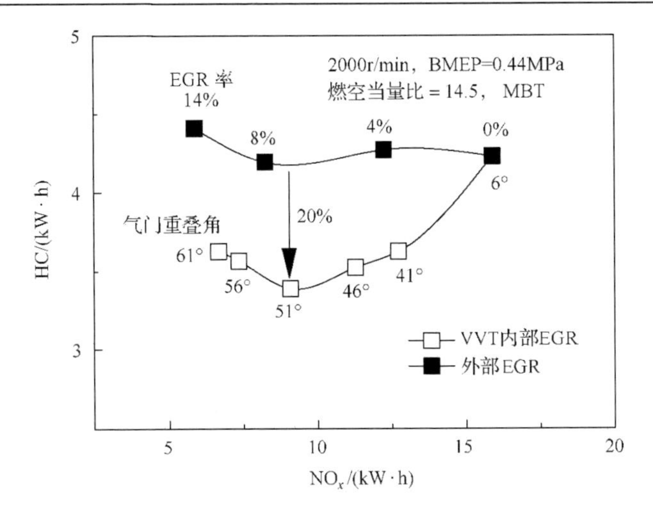

图 2-12　气门重叠角对汽油机排放的影响[33]

进、排气门双 VVT 可以优化节气门全开时汽油机的充气效率，改善增压和低转速下汽油机的瞬态响应，并能在低速部分负荷时提供内部 EGR。图 2-13 给出了 2000r/min、0.2MPa BMEP 时，VVT 改变对降低汽油机 NO_x 排放的作用[30]。图 2-13 中，对比的基准点是固定的进、排气门相位。可见，在气门重叠角增加时(早的进气门开启时刻+迟的排气门关闭时刻)，NO_x 排放迅速下降，因为大量的内部 EGR 降低了气缸内的燃烧温度。

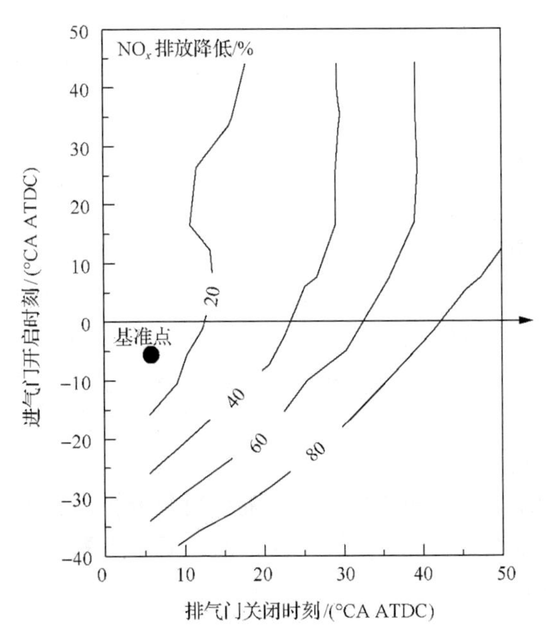

图 2-13　在 2000r/min、0.2MPa BMEP 下，VVT 改变对降低汽油机 NO_x 排放的作用[30]

图 2-14 给出了在 2000r/min、0.2MPa BMEP 下，VVT 改变对降低汽油机 HC 排放的作用[30]。可见，通过推迟排气门关闭时刻和适当地推迟进气门开启时刻能大约减少 10%的 HC 排放。但进一步地推迟进气门开启时刻会导致 HC 排放增加。太大的气门重叠角导致汽油机 HC 排放升高，因为大量的残余废气残留在气缸中，导致汽油机燃烧速度减慢和燃烧稳定性的下降。

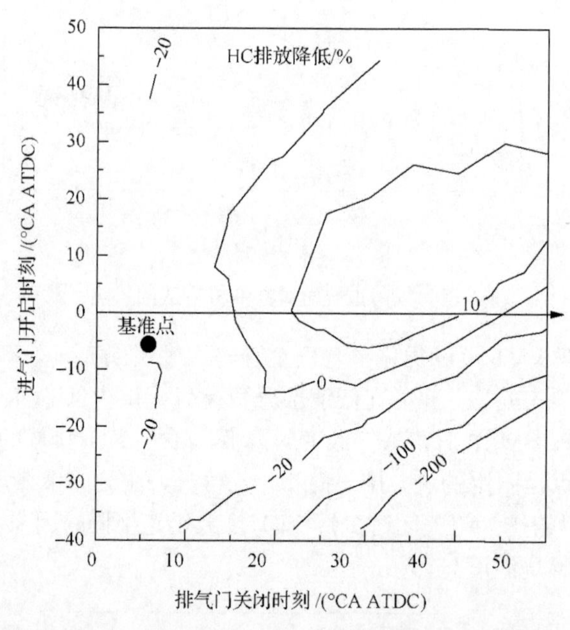

图 2-14　在 2000r/min、0.2MPa BMEP 下，VVT 改变对降低汽油机 HC 排放的作用[30]

图 2-15 给出了不同工况下，汽油机对进、排气门相位的要求[30]。可见，在起动阶段，为了获得充分的汽油机稳定燃烧，气门重叠角必须要适中；为了确保可靠的冷起动(–30℃)，进气门关闭时刻不能太迟，因为这将减少有效压缩比；要保证一定的气门重叠角，允许有足够的热废气回流来加热进气门和进气道，并在催化器起燃前保证适当的混合气形成，减少 HC 排放。在部分负荷时，采用进、排气门相位均推迟或进、排气门相位联合调整方式，可以获得相近的节油率。其中，进、排气门相位联合调整方式对稀释燃烧和爆震更敏感。因此，对于稀释燃烧的容忍度好和不易爆震的汽油机，采用进、排气门相位联合调整方式比进、排气门相位均推迟的方案更好。此外，突然从部分负荷向大负荷变化时，进、排气门相位只需要做小的运动，标定也简单，而节油效果两者相当。因此，进、排气门相位联合调整方式更受欢迎。此外，在全负荷时，采用小的气门重叠角，而在低速时采用大的气门重叠角。

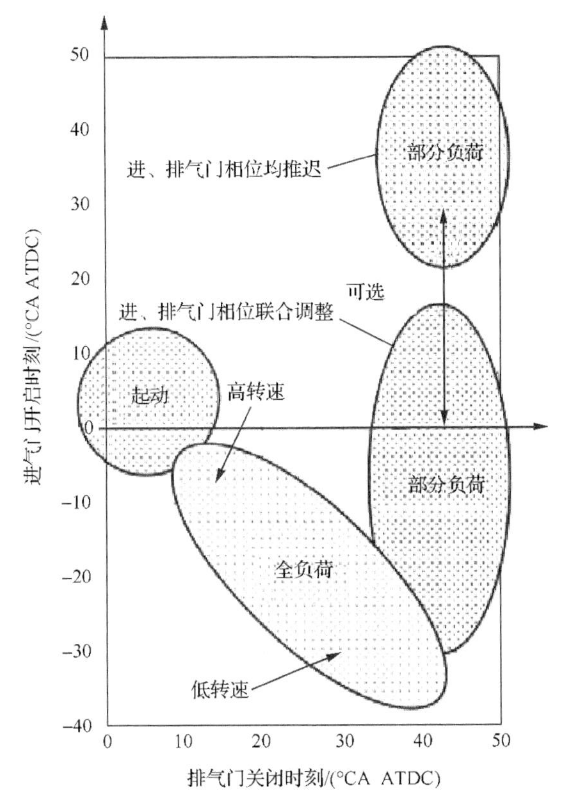

图 2-15　不同工况对进、排气门相位的要求[30]

2.3　结构参数对汽油机排放的影响

2.3.1　燃烧室形状

燃烧室形状直接影响它的面容比。采用余隙最小的紧凑型燃烧室是减少汽油机 HC 排放的理想方案，因为燃烧室的面容比小可以减少火焰的淬熄，尽管它会增加汽油机的 NO_x 排放。

燃烧室形状也会影响挤流面积大小。适当的挤流比可以在活塞上行的过程中促进气缸内混合气的形成，并提高湍流强度，加速燃烧过程，还能氧化掉从气缸壁上脱离的 HC，减小汽油机的 HC 排放。通过优化挤流面积的大小和位置，如增加活塞挤流面积 10%～15%，气缸内的气流运动增强，可以获得更高的火焰传播速度[15]。但如果汽油机活塞上有浅的避阀坑，就会增大燃烧室表面上的缝隙，使汽油机的 HC 排放增加。

2.3.2　压缩比

随着压缩比的增加，最大气缸压力增大，平均气缸温度升高，而排气温度降低，导致缝隙中存储的燃油增加和火焰过后氧化掉的 HC 减少。因此，汽油机的 HC 排放和未燃燃油 HC 排放百分比增加[11]。

在相同的运行条件下，增大压缩比会增大 NO_x 排放，如图 2-16 所示[15]。因为在高压缩比下气缸内的燃气温度更高，所以最大 NO_x 排放向更大的 λ 方向移动。但是，高压缩比汽油机的排气温度会降低，反过来会阻碍 HC 和 CO 在气缸内的氧化，使这两者排放升高。

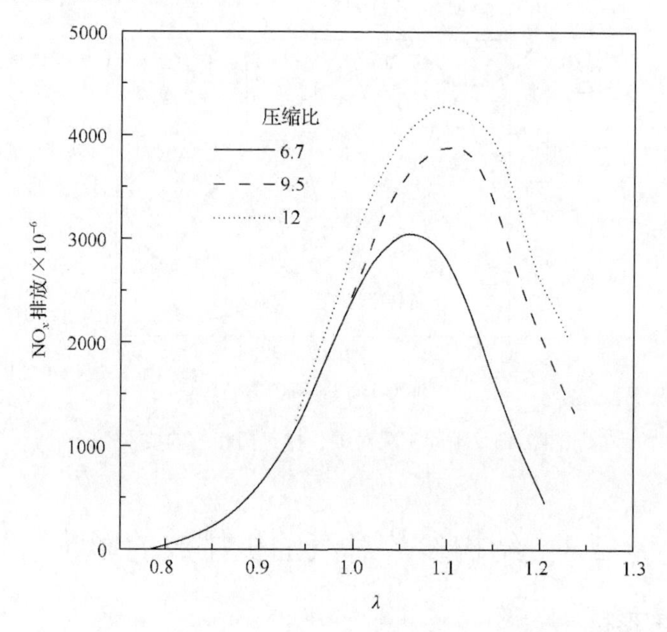

图 2-16　压缩比对汽油机原始 NO_x 排放的影响[15]

在高压缩比条件下，汽油机排气温度下降对冷起动阶段催化器的起燃有不利的影响。推迟点火时刻可能弥补这个不足。对于使用 $\lambda=1$ 混合气的汽油机来说，在高压缩比下，失火极限向稀混合气区拓展，因此，可以提高 EGR 率，不但可以降低汽油机 NO_x 排放，还能改善它的燃油经济性[15]。

2.3.3　火花塞位置

火花塞位置对汽油机排放和性能也有影响。对于每个气缸有 4 个气门或 5 个气门的汽油机来说，火花塞可以布置在气缸中心线附近，缩短火焰传播距离，加快混合气燃烧速度，降低汽油机的爆震危险，这也有利于增加汽油机的压缩比，改善其燃油经济性。因此，紧凑型燃烧室结合中置火花塞有助于减少汽油机的 HC 排放[15]。

为了保证汽油机的正常工作，应根据汽油机的工作特点选用不同类型的火花塞。火花塞一般分为热型、冷型和中型。热型火花塞有利于减少电极因沉积物造成的污损；冷型火花塞有利于避免早火。热型与冷型火花塞相互之间不能互换使用，否则会造成汽油机的 NO_x、HC 排放的增加，使用中必须严格地控制火花塞的型号。

2.3.4　行程/缸径比

行程/缸径比对汽油机热效率有大的影响。改变行程/缸径比本质上就是影响面容比。大的行程/缸径比使活塞在上止点时的面容比和传热损失降低[34]。图 2-17 给出了在上止点时，不同压缩比下行程/缸径比与面容比之间的关系[35]。可见，在相同的面容比下，把行程/缸径比从 1.2 增加到 1.5 能增加压缩比约 3 个单位。

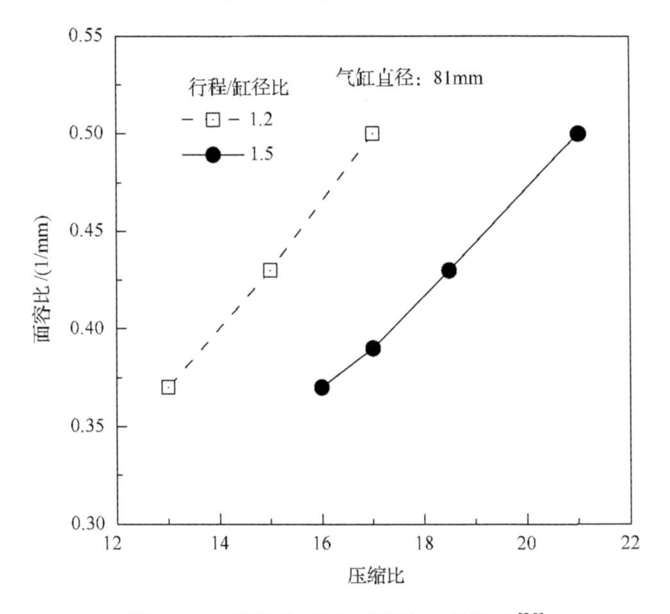

图 2-17　行程/缸径比对面容比的影响[35]

在相同的气缸排量下，行程/缸径比越大，汽油机 HC 排放和在部分负荷时的燃油消耗越低。在相同的行程/缸径比下，气缸排量越大的汽油机，其 HC 排放就越低[15]。但是，长行程汽油机的燃烧室紧凑，燃烧温度高，会使汽油机原始的 NO_x 排放增加[15]。

长行程还具有改善汽油机效率的潜力。其根本原因是在相同的面容比下，长行程能够达到更高的压缩比，而且长行程汽油机的燃烧室形状比短行程的好，这些都有利用于汽油机热效率的提高。在行程/缸径比＝1.5，压缩比为 13∶1 的稀燃汽油机的最高有效热效率约 45%。为了提高其热效率，用约 20%的冷却 EGR 率和 20∶1 的燃空当量比混合气控制汽油机的爆震和燃烧相位，在 0.9MPa BMEP、转速为 2000r/min 时获得了低的 NO_x 排放(0.3g/(kW·h))和 45%～46%的有效热效率[36]。

2.3.5　喷油器安装角度

优化喷油方向能进一步地减少进气道喷油汽油机在冷起动时的 HC 排放。如图 2-18(a)所示，当喷油器的喷油方向未优化时，燃油喷到了排气门侧的气缸壁面上，容易生成 HC 排放。当喷雾指向进气道的底部时(图 2-18(b))，燃油喷雾越来越多地输运到燃烧室中心，进一步地减少燃油沉积到排气侧，可以降低冷起动时汽油机的 HC 排放[37]。但这又使沉积在进气道内的油膜增加。因此，在负荷变化时要考虑这些累积的油膜质量。而在负荷急剧增加时，有更多的油膜会形成。因此，ECU 需要有一个油膜补偿函数，以便在很大程度上确保在不同汽油机几何尺寸和喷油方向时 λ 为 1[1]。

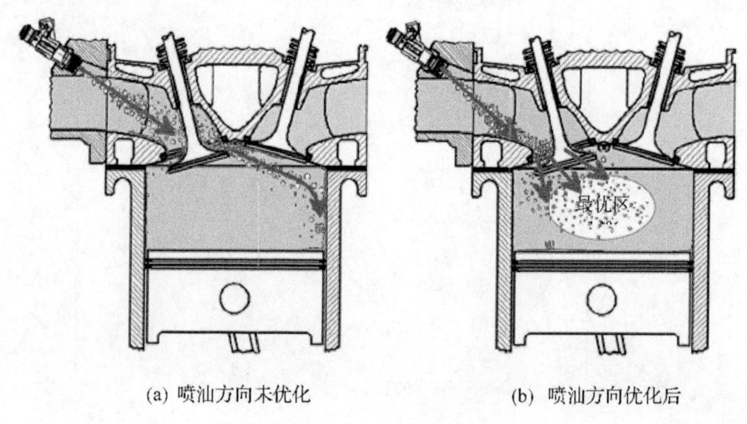

(a) 喷油方向未优化　　(b) 喷油方向优化后

图 2-18　喷油方向的优化[37]

2.4　汽油机在整个运行工况范围内的排放

前面就单一参数对汽油机排放的影响进行了讨论。实际上，汽油机是在不同的转速-负荷下运行的。受到动力性、燃油经济性、抗爆性和可靠性的限制，汽油机在不同的运行条件下，需要采用不同的喷油策略、点火时刻和 λ。因此，汽油机排放与控制策略有很大的关系。

图 2-19 给出了进气道喷油汽油机在不同工况下的 CO 排放[23]。λ 是影响汽油机 CO 排放的主要因素，因此，在 $\lambda=1$ 的区域(图 2-9)，CO 排放为 0.5%～0.8%。但是在全负荷时，由于使用浓混合气(图 2-9)，燃烧是在缺氧的条件下进行的，所以在额定功率点的最大加浓区，汽油机的 CO 排放达到最大。

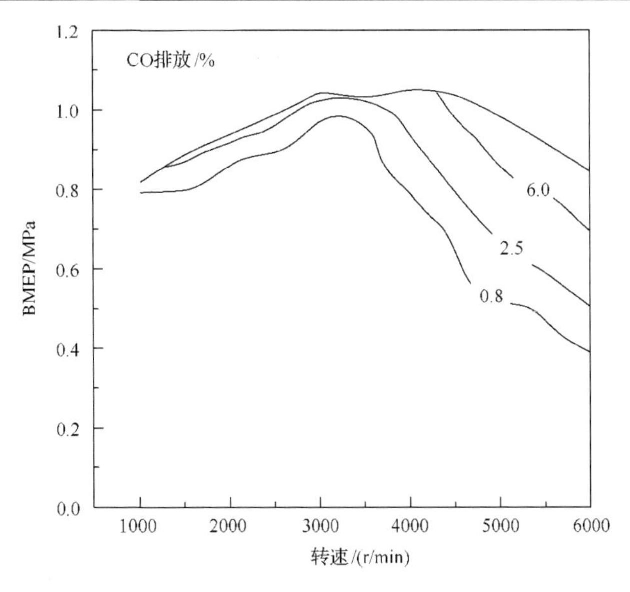

图 2-19　进气道喷油汽油机在不同工况下的 CO 排放[23]

在理论燃空当量比下工作时，汽油机的原始 NO_x 排放也受到调整参数的影响。在标定汽油机的运行图时，在一定限度内也采用推迟点火时刻，但这会导致汽油机燃油经济性下降。在部分负荷时，采用 EGR 在改善燃油经济性的同时，也能减少汽油机的原始 NO_x 排放。图 2-20 和图 2-21 分别给出了使用外部 EGR 时，汽油机的原始 NO_x 排放和 EGR 率脉谱图[23]。对比图 2-20 和图 2-21 可以看到，在最大 EGR 率运行区域，汽油机的 NO_x 排放达到最低。在不使用 EGR 的区域，在全负荷和高转速时，汽油机 NO_x 排放急剧下降是混合气加浓的结果。

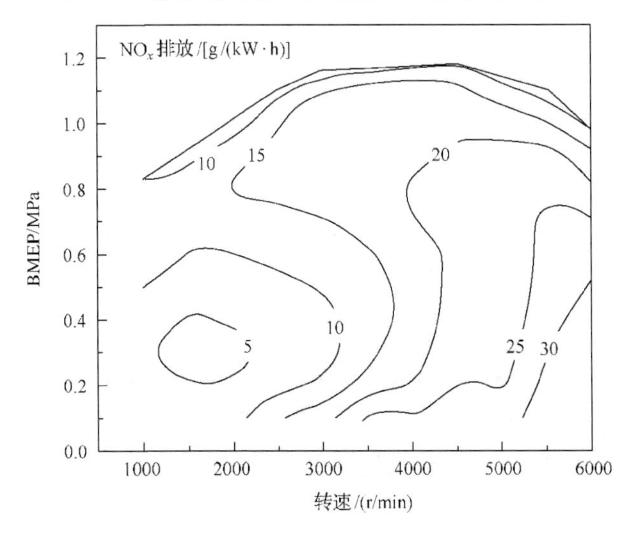

图 2-20　进气道喷油汽油机在不同运行工况下的 NO_x 排放[23]

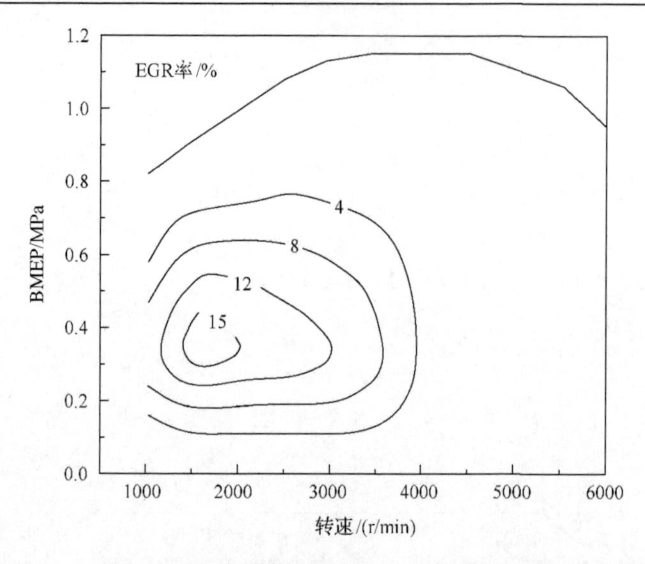

图 2-21 进气道喷油汽油机在不同运行工况下的外部 EGR 率[23]

与 NO_x 和 CO 排放不同，原始 HC 排放受到汽油机设计参数的影响。一方面是燃烧室的形式，即面容比的影响。另一方面，它又受到 VVT 的影响。利用 VVT 实现内部 EGR，对汽油机的 HC 排放控制有积极的影响，因为在排气行程末的 HC 排放峰值能被返回到气缸中燃烧掉。图 2-22 给出了装有进气 VVT 的进气道喷油汽油机在不同工况下的 HC 排放[23]。

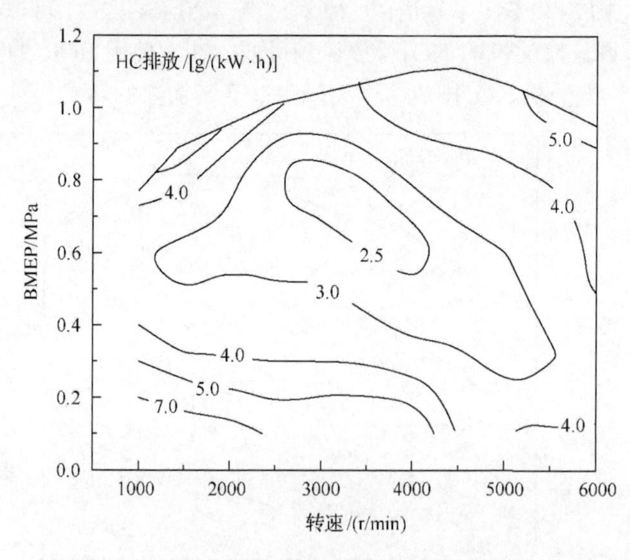

图 2-22 装有进气 VVT 的进气道喷油汽油机在不同运行工况下的 HC 排放[23]

2.5　EGR

内燃机气缸内 NO_x 的生成取决于燃烧室当地气体的最高温度、高温持续时间和 O_2 浓度，降低其中任何一个因素都可以减少内燃机的 NO_x 生成。

EGR 是降低内燃机 NO_x 排放的最有效措施之一。每一个工况下的最大 EGR 率由内燃机燃烧稳定性决定。如果对再循环废气进行冷却，还能进一步地降低内燃机的原始 NO_x 排放。

内燃机排气的主要成分是 N_2、CO_2 和 H_2O。在稀燃条件下，内燃机废气中还剩余较多的 O_2。缸内 O_2 浓度是 EGR 率和燃空当量比的函数，这就意味着 NO_x 排放的减少量是 EGR 率和燃空当量比的函数。

EGR 降低内燃机 NO_x 排放的主要原因[38-41]如下。

(1) 稀释作用。使用 EGR，减少了内燃机进气中的 O_2 浓度，使燃油的燃烧放热速度降低，导致最高燃烧温度下降。此外，EGR 还会增加传热。

(2) 热作用。内燃机废气中的 H_2O 和 CO_2 是三原子分子，在相同的压力下，其比热容高于 N_2 和 O_2。因此，采用 EGR 后，在相同的循环放热量下，气缸内的最大燃烧温度降低。

(3) 化学作用。H_2O 和 CO_2 在高温燃烧期间可能会分解，分解的产物又会参加燃烧。

内燃机 EGR 系统由 EGR 阀、蝶形阀、文丘里管、EGR 冷却器、EGR 中冷器傍通阀和 EGR 连接管道等组成。

EGR 可以通过外部环路把排出气缸的部分废气由进气管引入，即外部 EGR，或通过可变气门定时，让上一个循环的部分废气保留到下一个循环，即内部 EGR。对于涡轮增压内燃机来说，外部 EGR 可以通过高压(high-pressure, HP)EGR、低压(low pressure, LP)EGR 以及混合 EGR 几种形式实现。其中，高压 EGR 系统就是从涡轮入口前把废气引到节气门或节流阀后。低压 EGR 系统就是从涡轮出口后把废气引入压气机入口前。混合 EGR 系统是从涡轮入口前把废气引出，经中冷器冷却后，送入压气机入口端。不同的涡轮增压直喷汽油机 EGR 系统如图 2-23 所示[42]。

高压 EGR 系统的优点是既没有燃烧残留物对压气机的污染，也没有废气中凝结的水滴引起压气机的损坏，此外，也不需要设计大的压气机。对于高压 EGR 系统，理想的方案是尽可能地把 EGR 阀布置在进气道附近，以便能快速地关闭 EGR 阀，并把废气对进气管路的污染降至最低。但是，把 EGR 阀布置在进气道附近，EGR 阀上游管路的开口容积将对过渡工况下内燃机的动态响应产生不利影响。因此，在靠近 EGR 入口处再安装一个关闭阀是一个可选方案，如图 2-23(a)所示。然而，高压 EGR 系统在内燃机运行范围内的使用区域有限。

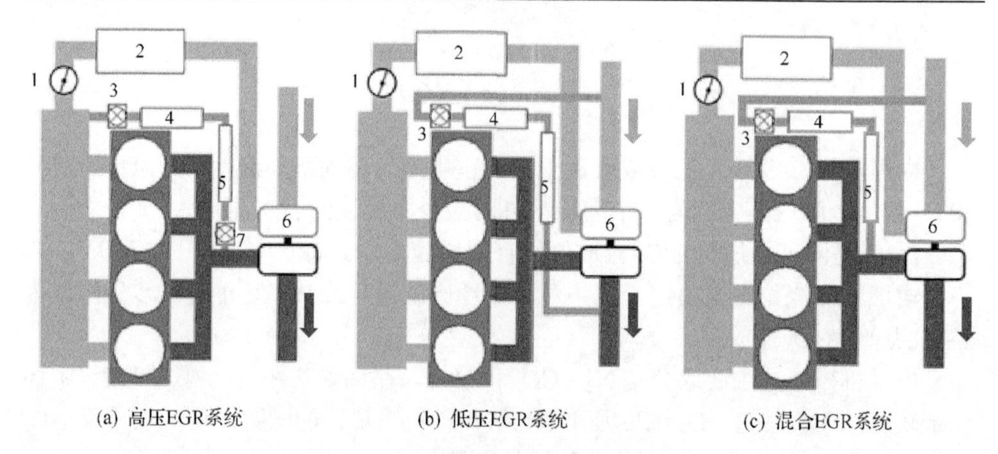

图 2-23　汽油机不同的 EGR 系统[42]

1. 节气门；2. 中冷器；3. EGR 阀；4. 二级冷却器；5. 前置冷却器；6. 涡轮增压器；7. 关闭阀

使用低压 EGR 系统有助于降低汽油机的燃油消耗。它也是满足未来汽车排放标准，如实际驾驶排放的重要技术。低压 EGR 系统对涡轮没有影响，但它对压气机有大的影响，因为所有的再循环废气都要流过压气机。废气在进入 EGR 冷却器前已降到了较低的压力和温度水平。因此，低压 EGR 系统所需的 EGR 冷却功率最小。低压 EGR 系统和混合 EGR 系统的冷却特别重要，因为压气机的效率不但受到进气质量流量大的影响，而且也受到进气温度增加的影响。对于低压 EGR 系统，为了维持高的气体质量流量率，并保护压气机材料，需要对低压 EGR 系统进行冷却，冷却介质通常是循环水。在暖机阶段，燃烧室内的温度低于正常的工作温度，开启 EGR 冷却器旁通阀，不让 EGR 流过冷却器，防止 EGR 被冷却，以改善后处理器的起燃过程。在比较低的内燃机负荷和 EGR 流量时，从低压 EGR 系统环路中流出的废气温度就是冷却水温度。在高负荷时，采用低压 EGR 系统，为了改善压气机的性能，要根据内燃机的运行条件，将废气冷却到 110～200℃，其目的是让废气足够冷，来维持通过压气机的质量流量率，并有足够的热量，防止水蒸气在进气管中凝结。在压气机出口，根据内燃机的负荷要求，再用一个中冷器将进气温度控制在 40～50℃[43]。

与高压 EGR 系统相比，低压 EGR 系统有一些固有的优点[44]。一是 EGR 可以从 TWC 的前端或后端取废气。为了满足内燃机快速燃烧和降低其泵气损失的需要，从紧凑耦合催化器上游取废气的低压 EGR 系统有很大的优点，包括较小的 EGR 阀大小、缩短达 17%的燃烧持续期(与增压和功率水平有关)、改善的汽油机效率。其中，有效比油耗(brake specific fuel consumption，BSFC)能改善 1.5%～3.5%，HC 排放能减少 15%～35%。此外，涡轮入口的排气温度能降低 7～30K。但从催化器上游取废气的低压 EGR 系统也有增大压气机和 EGR 环路沾污的可能性等缺点，尽管前置催化器氧化了排气中的一些黏稠 HC[44]。另一个缺点就是在排气中没有被催化器清除掉的 NO_x 会增加汽油机爆震的风险[45]。二是各个气缸中 EGR 分布均匀，因为空气与废气在压气机中混合。三是在一些内燃机运行区，涡轮增压器的响应得到了改善，因为增加负荷的响应起动点将从一个更高的压气机转速下开始[46]。

低压 EGR 系统和高压 EGR 系统相比，涡轮和压气机工作在不同的气体质量流量下。这就为在低到中等转速、节气门全开时允许让内燃机的工作运行线向压气机高效率区移动提供了便利。当然，附加的废气流量会导致压气机热负荷升高、物理负荷(外来的颗粒物如催化剂)和化学挑战(质量流量和浓缩物的 pH)[44]。在中到高负荷区，新鲜空气与 EGR 的温度要尽可能降低，以防止爆震。此时，排气中的热能由涡轮、EGR 冷却器和附加的空冷器带走了。而在低压 EGR 系统中，要带走这些热量，需要在低压环路中安装一个很大的 EGR 冷却器。不同涡轮增压直喷汽油机 EGR 系统的特点对比如表 2-2 所示[42]。

表 2-2　不同涡轮增压直喷汽油机 EGR 系统的特点对比[42]

特点	高压 EGR 系统	低压 EGR 系统	混合 EGR 系统
优点	压气机耐久好； 压气机效率高； EGR 死区容积最小	EGR 冷却要求低； EGR 分布均匀； 涡轮响应好	EGR 率高； EGR 分布均匀
缺点	有限的 EGR 驱动力， 特别是在低速时； 获得相同的 EGR 率困难； 需要中到高的 EGR 冷却效果	压气机的耐久性不好， 如受水滴的影响； 压气机的效率低； 压气机尺寸大； EGR 死区容积高	压气机耐久性不好， 如受水滴的影响； 压气机的效率低； 压气机尺寸大； 瞬态响应差； 需要高的 EGR 冷却能力

对于传统的集中式 EGR 系统，再循环废气到进气管的入口布置在节气门后，EGR 率可以通过电力驱动或风力驱动的 EGR 阀来控制。对于 2L 排量的汽油机来说，其典型的进气管容积为 4～5L。由于进气管容积大，所以随着负荷的增加，会出现不能接受的内燃机响应滞后。例如，在 EGR 阀开启，负荷减小时，因为必须要把进气管中的新鲜空气吸进气缸后废气才能进入气缸，在废气进入气缸之前，EGR 不能降低汽油机的 NO_x 排放。同样，在内燃机的负荷从小向大变化的加速过程中，在 EGR 阀关闭后，进气管中仍然有残余废气，引起大负荷时废气返回气缸，导致内燃机颗粒物和 HC 排放的增加。因此，在 EGR 阀关闭后的加速过程中，必须用进气吹出残留的废气后，才能提高喷油率。根据内燃机负荷和转速的不同，清空或填充进气管中的空气/废气会持续几百毫秒[47]。此外，在过渡工况中，必须要满足好的动态响应，因为在从分层混合气模式转换到均质混合气模式时，节气门关闭将在进气管中产生压力降，在 EGR 系统响应慢的情况下，会增加 EGR 率。因此，直喷汽油机选取快速响应的电子驱动 EGR 阀是合适的。在分层混合气燃烧模式下，直喷汽油机 EGR 系统的污染风险与柴油机相当，因为它有相当高的颗粒

物排放。在均质混合气模式下，高的排气温度往往会阻止这种现象的发生，但会增加暴露在高温的排气部件的热负荷状态。此外，在均质混合气模式下，对 EGR 系统的分辨率要求更加苛刻，因为在高的压力差下要使用更低的 EGR 率[47]。因此，直喷汽油机的 EGR 系统动态响应极其重要。对直喷汽油机 EGR 系统的要求如下[47]：①动态响应好；②分辨能力好；③耐热能力强；④泄漏少；⑤EGR 分配好；⑥对污染物不敏感；⑦能自行诊断；⑧成本低。

从理论上讲，汽油机外部 EGR 中的废气主要从节气门后引入，这样在汽油机的部分负荷时，吸入气缸的气体总量增加，就会减少汽油机的泵气损失。同时，较高温度的废气又在一定程度上提高了混合气的形成质量，因此在部分负荷时汽油机使用 EGR 能在一定程度上改善其燃油经济性。但实际使用 EGR 时汽油机的燃油经济性与燃烧室结构和其他参数，如压缩比等有关。

使用 TWC 的汽油机在部分负荷时使用理论燃空当量比混合气。此时使用 EGR，不会影响混合气的燃空当量比。直喷汽油机在稀燃条件下，三效催化剂不能高效工作，因此，需要使用尽可能多的 EGR 率以降低汽油机的原始 NO_x 排放。其中，最大 NO_x 排放降幅高达 70%。此时，空气流量也显著地降低。这样，高的排气温度又改善了催化器的转化效率。

图 2-24 对比了 EGR 率对不同内燃机 NO_x 排放的控制作用[18]。可以看出，在相同的 EGR 率下，EGR 降低汽油机 NO_x 排放的能力要高于柴油机的，因为汽油机排气中 CO_2 和 H_2O 浓度高于柴油机。

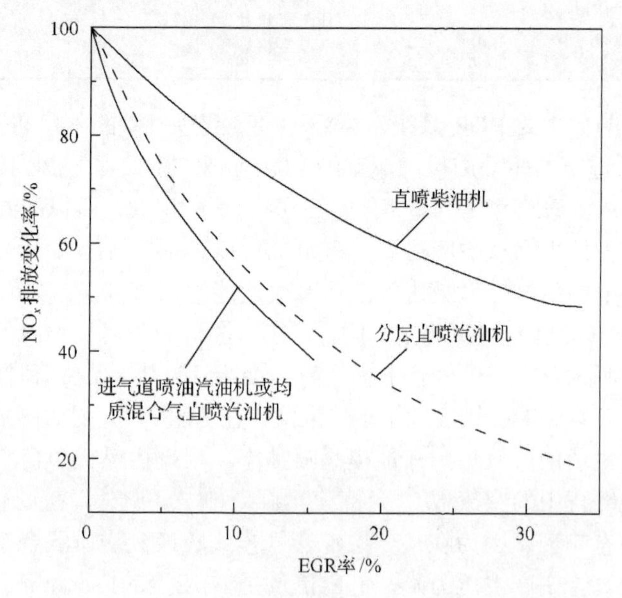

图 2-24　EGR 率对不同内燃机 NO_x 排放的控制作用[18]

图 2-25 给出了在 2000r/min、0.2MPa BMEP 下，内部 EGR 对进气道喷油汽油机排放的影响[48]。可见，增加气门重叠角，内部 EGR 率增加，汽油机的有效比(brake specific，BS) NO_x($BSNO_x$)排放减小，BSHC 和颗粒物排放变化不大，而 CO(BSCO)排放先减小，后又有所增加。汽油机颗粒物排放减小是燃烧温度降低所致，但温度的降低使汽油机 HC 排放有所增加。

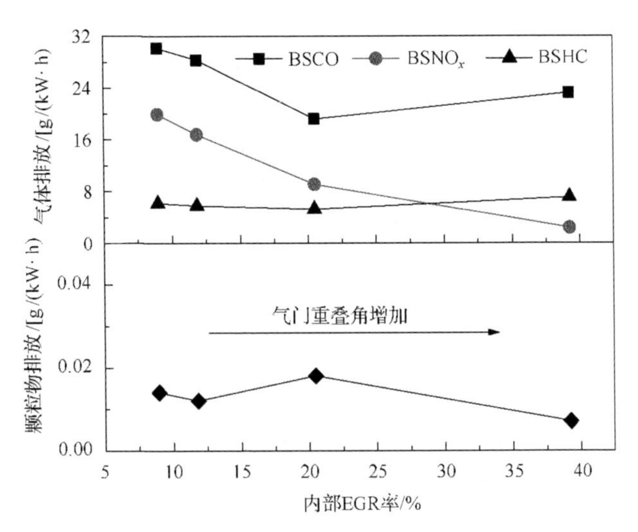

图 2-25　内部 EGR 对进气道喷油汽油机排放的影响[48]

为了满足欧Ⅴ排放标准，直喷汽油机的典型 EGR 率(质量)范围如图 2-26 所示[49]。可见，EGR 能迅速地降低直喷汽油机的 NO_x 排放，但 HC 排放大大增加，尤其是在高 EGR 率时。进气道喷油汽油机通常是在低负荷区采用 EGR 以减少节气门节流损失，此时 EGR 率约为 20%。但是，采用 EGR 后，由于气缸内残余废气系数增加，汽油机的燃烧减慢，燃烧持续期加长，循环波动增加，甚至发生失火，尤其是在怠速时。因此，随着 EGR 率的增加，汽油机的 HC 排放增大。在过高 EGR 率引起汽油机失火和不稳定燃烧的情况下，汽油机 HC 排放会大幅增加。

在直喷汽油机上的研究发现[43]，采用单次喷油时，随着 EGR 率的增加，汽油机的 HC 排放增大。如果采用二次喷油，在第二次喷油量少于循环总喷油量的 15% 时，可以减少汽油机的 CO 和 HC 排放。但如果二次喷油量超过循环总喷油量的 15%，则气缸内混合气的分层程度增加，火焰不能有效地传播，又会导致 HC 排放，特别是 CO 排放的增加。可见，对一个特定的汽油机来说，EGR 率大小要根据汽油机的燃烧稳定性、转速和负荷、混合气体的燃空当量比、NO_x 排放水平以及燃油经济性等进行综合考虑，并最终确定。

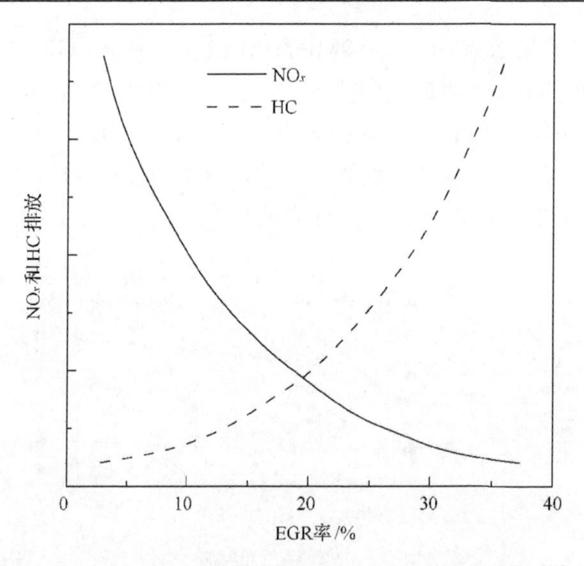

图 2-26　EGR 对直喷汽油机 NO_x 和 HC 排放的影响[49]

只要 EGR 系统或所需的压力降不会限制 EGR 率，那么最大的 EGR 率或者是受限于燃烧稳定性或者是受限于 EGR 冷却器后的 EGR 温度，其最大温度为 115℃[50]。通常，在使用均质混合气的汽油机部分负荷时，最大 EGR 率为 15%～30%。

直喷汽油机在部分负荷采用分层混合气燃烧时，它的 EGR 率与柴油机相似。而在高负荷时，直喷汽油机采用接近于理论燃空当量比的混合气。为了减少它的原始 NO_x 排放，EGR 率要达到 30%，因为它也有助于燃油的蒸发。在中等转速以上和相对高的部分负荷区，满足欧Ⅴ排放标准的直喷汽油机通常不采用 EGR，而在全负荷区，采用 $\lambda<1$ 的混合气来冷却燃烧室，如图 2-27 所示[49]。但由于汽车有害气体和 CO_2 排放标准的加严，为了满足欧Ⅵ排放标准，直喷汽油机在全负荷工况已开始采用 EGR，如图 2-28 所示[49]。

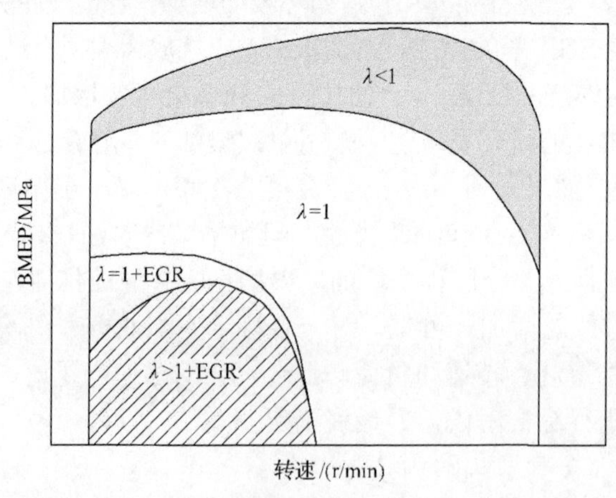

图 2-27　满足欧Ⅴ排放标准的直喷汽油机 EGR 分布区[49]

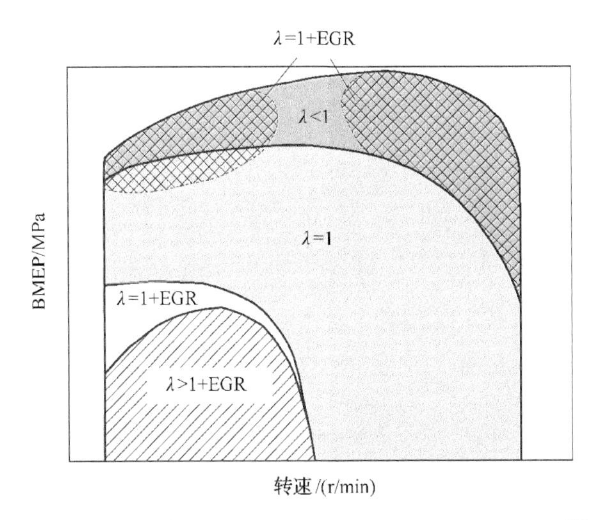

图 2-28　满足欧VI排放标准的直喷汽油机 EGR 分布区[49]

对于小型强化增压汽油机来说，在高于传统汽油机负荷以上的区域工作时，排气温度对汽油机燃油经济性有特别重要的影响。在高负荷时，小型强化增压汽油机排气温度高的原因[43]如下。

(1) 汽油机的质量流量率和能量流增加，使燃烧温度和排气系统的温度增加。

(2) 即使是设计很好的汽油机，也会发生爆震。用推迟点火时刻来防止汽油机爆震就会导致排气温度的增加。

通常，降低汽油机排气温度的手段主要是混合气加浓。但是，低 EGR 率（<10%）在降低排气温度方面的作用比燃油加浓或空气稀释的效果更好[51]。因此，在高负荷时，汽油机使用 EGR 不但能降低排气的最高温度，而且能降低其燃油消耗和有害排放物。EGR 率每增加 5%，排气温度大约降低 20℃，甚至在最高的负荷下，15%的 EGR 率也能把排气温度降低到约 800℃。由于爆震和排气温度减少，汽油机在 EGR 率≥5%的条件下能使用理论燃空当量比混合气[43]。

图 2-29 给出了使用未冷却高压 EGR 时，直喷汽油机在部分负荷时 EGR 对 BSNO 排放和 BSFC 的影响[43]。可见，使用未冷却高压 EGR 能节约汽油机燃油消耗 1%～3%，而在 BSFC 最低时的 EGR 率下，BSNO 能降低 60%～80%。在低负荷时，汽油机燃油消耗降低的主要原因是 EGR 替代空气产生低的泵气损失和进气加热。

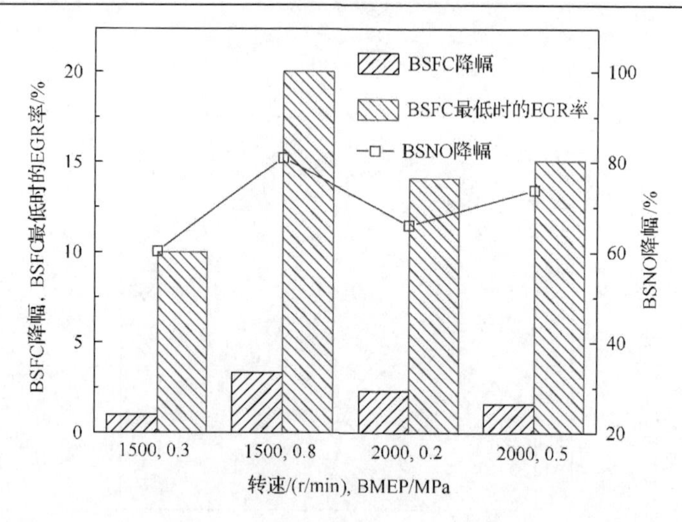

图 2-29　部分负荷时 EGR 的影响[43]

小型强化低压缩比直喷汽油机燃油经济性的优点在高负荷时往往受限，特别是在低于 2000r/min 和高于 4000r/min 的转速下[52]。在低速高负荷区，通过推迟点火时刻来防止汽油机爆震发生就会使燃烧相位处于非最优状态，增加燃油消耗。在高负荷时，虽然推迟点火时刻能避免爆震的发生，但又会导致汽油机排气温度过高。因此，为了改善汽油机在高比功率时部件的耐久性，甚至是在最佳的相位下燃烧，需要加浓混合气。混合气加浓区的出现会带来两个问题[53]：一是汽油机的燃油消耗高，因为大部分燃油以未燃或部分燃烧的形式从汽油机排出；二是汽油机的 HC 和 CO 排放高。用 EGR 代替燃油加浓能极大地改善汽油机的 CO 和 HC 排放[32]。冷却的低压 EGR 是在高比功率条件下降低汽油机爆震、减少燃油消耗和排放的手段[54,55]，因为废气稀释能减少汽油机在高速大负荷时的燃烧放热率和温度上升率，阻止爆震。低压 EGR 在低速、相对高的负荷范围内能提供足够的废气，而从催化器下游引入再循环废气，由于去除了排气中的 NO_x，低压 EGR 抵制爆震的能力更强。此外，冷却的 EGR 还能有效地降低汽油机排气温度所需要的燃油加浓[55,56]。利用冷却的 EGR 能减少全负荷时汽油机的燃油消耗达 15%～18%[50,54]，并能使用 TWC[50]，因为需要混合气加浓来保护涡轮（排气温度＜950℃）的汽油机运行区域缩小了[54]。

图 2-30 给出了在高负荷下，EGR 对直喷汽油机燃油消耗的影响[43]。可以看出，即使在最低的 EGR 率下，汽油机的燃油消耗也得到了改善。使用 5%～20% 的 EGR 率能降低高负荷时汽油机燃油消耗 5%～20%。主要原因是 EGR 的使用减小了爆震倾向，使点火时刻更接近于最佳点火角，加上燃烧相位的改进和排气温度的降低消除了混合气的过度加浓。此外，EGR 的加入使汽油机气缸内气体的温度降低，引起传热损失下降，也有利于提高汽油机燃油的转化效率。

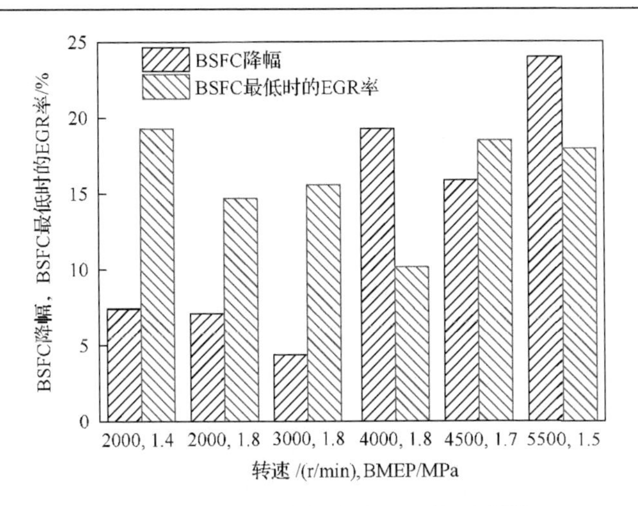

图 2-30　汽油机高负荷时 EGR 的影响[43]

图 2-31 给出了在全负荷时，EGR 对进气道喷油汽油机气体排放的影响[48]。可以看出，在不使用 EGR 时，由于采用了燃油加浓，所以汽油机 BSCO 和 BSHC 相当高。而使用 EGR 不但能降低涡轮入口的排气温度，而且也能降低汽油机的 BSCO 和 BSHC。

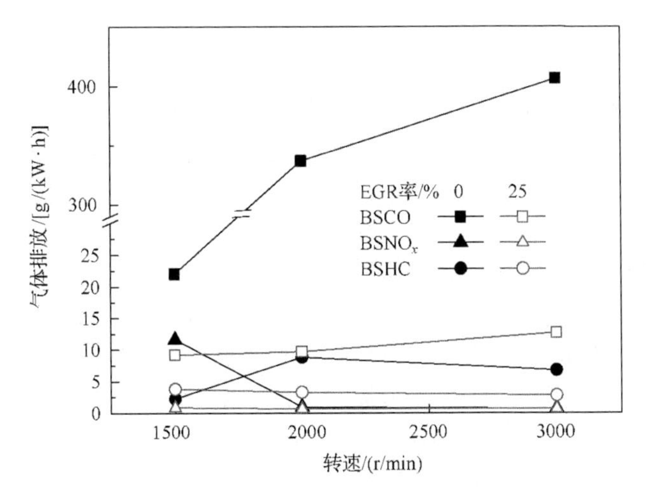

图 2-31　全负荷时，EGR 对进气道喷油汽油机气体排放的影响[48]

与比理论混合气浓 30%的条件相比，25%的 EGR 能获得相当的汽油机 NO_x 排放。但在混合气加浓条件下，汽油机颗粒物排放是 25% EGR 下的 8 倍[48]。

在决定涡轮增压直喷汽油机运行范围内 EGR 系统的配置形式时，需要综合考虑驱动 EGR 流动的压力差、EGR 冷却要求、EGR 对泵气损失的影响和用双 VVT 进行内部 EGR 的优劣[44]。总体来说，影响低压 EGR 和高压 EGR 分配比例的因素[57]如下。

(1)速度/负荷。根据 EGR 阀上的可用压力降，选取适当的 EGR 环路，提供目标 EGR 率；在高负荷时仅利用冷却的低压 EGR 避免爆震和保证各个气缸 EGR 混合均匀。

(2)爆震传感器。当在 EGR 阀处存在足够高的压力降进行低压 EGR 或高压 EGR 时，采用不发生爆震最大比例的高压 EGR；当诊断出发生初始爆震时，增加冷却低压 EGR 比例。

(3)避免压气机入口处排气中的水冷凝。在低的环境温度下，可以根据汽油机的转速、负荷、EGR 率、EGR 和空气温度预测低压 EGR 环路排气中水蒸气的冷凝。在废气中容易形成水滴的条件下，仅使用高压 EGR 系统。

综上所述，在不同的汽油机转速和负荷下，需要优化选取不同的 EGR 系统。在小负荷区，节气门开度很小，此时不需要进行 EGR 冷却，因为从热力学分析，高温 EGR 往往能减小汽油机的节流作用，这也是在低压 EGR 系统中产生低压力差的原因。在小负荷区，利用双 VVT 实现内部 EGR 是有效的。因此，在小负荷时，能使用内部 EGR 和不冷却的高压 EGR 系统。通过优化相位可以获得比废气未冷却的高压 EGR 下低 2.5% BSFC 的好处。此外，使用废气未冷却的高压 EGR，不但能防止 EGR 与空气混合后的水凝结，还能改善 EGR 在过渡过程中的控制。在中高负荷区域，可以选择低压 EGR 系统，以提供好的 EGR 冷却能力和各缸分布均匀性。在爆震极限以上的中等转速以上和中高负荷区域，使用废气冷却的低压 EGR，不但能避免燃油加浓和推迟点火，而且能维持在可接受的排气温度下，大大地提高高增压汽油机的效率。在中等速度和负荷及以上区域，混合冷却或未冷却的高压+低压 EGR 系统能略微降低泵气损失。冷却或未冷却的高压 EGR 和低压 EGR 系统能提供达 1%的燃油消耗改善，而且通过爆震诊断系统的优化控制，还能进一步地优化汽油机的燃油经济性。冷却低压 EGR 系统应该是汽油机爆震极限以上区域所选择的主要形式。采用高压 EGR 系统时汽油机的泵气损失低，并能避免在压气机的废气中水的冷凝，未冷却的高压 EGR 系统可以在汽油机暖机和过渡工况使用[44]。在高负荷时，使用冷却 EGR 和在低负荷时使用热 EGR 有助于汽油机小型化和高 BMEP 运行，反过来又能显著地减小汽油机的燃油消耗。由于在高负荷时进气压力高于排气压力，除非增加背压，否则高压 EGR 系统不能工作。但增加背压会对涡轮增压器的效率不利，并且气缸内热残余废气增大了，使汽油机的耐爆震能力降低。此时，在高速度和高负荷区，高压 EGR 系统的泵气损失优势往往被低压 EGR 系统中冷却良好和 EGR 分布均匀所抵消。因此，低压 EGR 和高压 EGR 环路的选择要根据具体发动机来确定。为了在高负荷时充分利用涡轮增压器的优点，并使汽油机的效率最大，必须要将涡轮入口处的压力降到低于进气管的压力。在高负荷区，低压 EGR 系统比高压 EGR 系统有更显著的优点，主要是因为前者能利用中冷器来减少废气和空气的温度并把废气引入压气机进口，由此提高了各缸废气分布的均匀性[43]。外部 EGR 必须充分冷却以在高负荷时有最小的爆震倾向，最高的混合气温度就是要保证在低负荷时汽油机泵气损失最小，因为充量密度减小。由于这个原因，冷却的低压 EGR 系统+未冷却的高压 EGR 系统可以通过爆震传感器的输入控制来最小化泵气损失而避免爆震。因此，在选取低压+高压 EGR 系统匹配时，要考虑低压 EGR 系统中水的冷凝对压气机叶片的伤害，因为水滴撞击铝压气机叶片将导致严重的压气机和发动机损坏，必须避免。在容易形成水滴的情况下，选择高压 EGR 系统是避免这种伤害的一种方式。另外，最大化高压 EGR 废气比例能改善 EGR 系统的过渡响应，因为高压 EGR 系统的容积总体上比低压 EGR 系统低。图 2-32 给出了一台涡轮增压直喷汽油机在不同转速和负荷下低压 EGR 和高压 EGR 环路的匹配方案[57]。

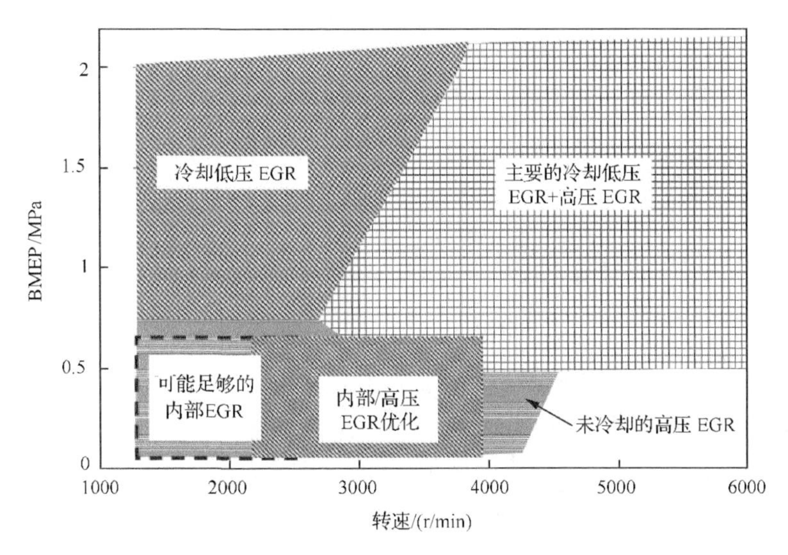

图 2-32　涡轮增压直喷汽油机的 EGR 方式选取[57]

2.6 稀燃技术

为了满足汽车排放控制的要求，在大部分工况下，汽油机的混合气浓度要维持在理论燃空当量比附近，以保持 TWC 的高转换效率。但是，使用理论燃空当量比混合气汽油机的燃油经济性比使用稀混合气差。这是因为，稀混合气的绝热指数比理论燃空当量比混合气高，使循环热效率更高，而且最高燃烧温度低，传热损失较少。此外，在相同的负荷下，稀燃汽油机的泵吸损失低于使用理论燃空当量比混合气汽油机。

当然，稀燃汽油机热效率还依赖于混合气的浓度和压缩比，如图 2-33 所示[58]。在相同的压缩比下，随着 λ 的增加，汽油机的热效率提高。在相同的 λ 下，随着压缩比的增大，稀燃汽油机的热效率增大。直喷汽油机由于汽油在气缸中蒸发吸热，能进一步地降低气缸内混合气的温度，有助于改善汽油机的抗爆震能力。因此，直喷汽油机的压缩比可以比传统进气道喷油汽油机高 1～1.5 个单位，并能获得更高的热效率。

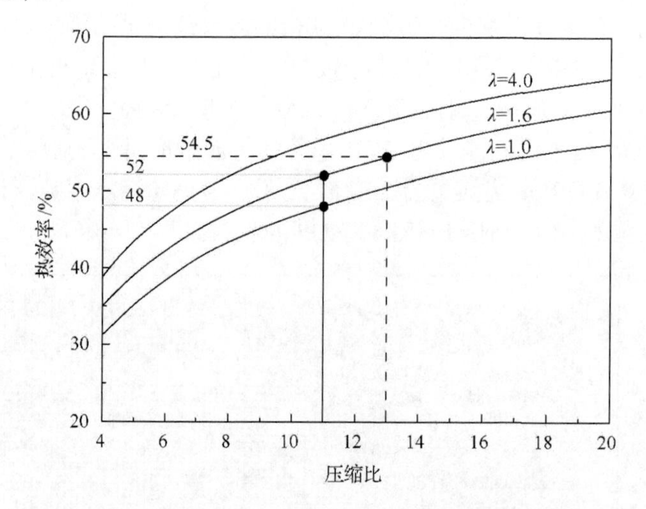

图 2-33　在理想循环下，不同压缩比和 λ 时汽油机的热效率[58]

在 $\lambda \gg 1$ 的条件下，汽油机的 NO_x 和 CO 排放显著地减少，但随着混合气浓度接近于失火极限，汽油机的燃烧稳定性变差，扭矩波动率增大，又会使汽油机的 HC 排放增大，如图 2-34 所示[15]。

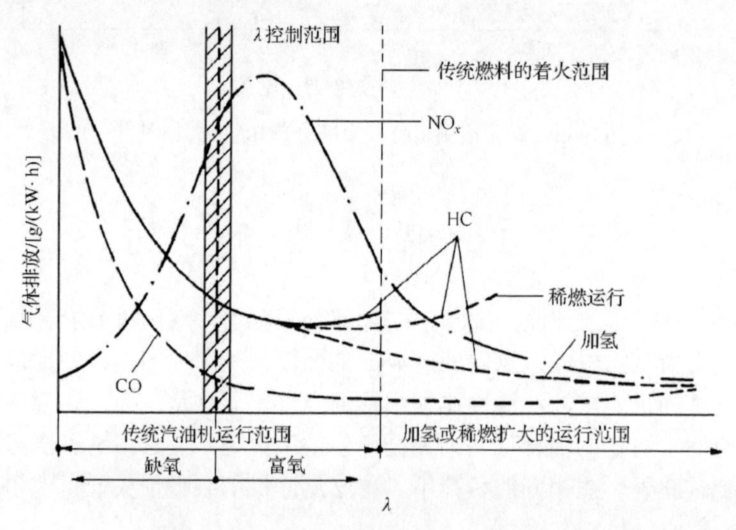

图 2-34　不同混合气浓度下汽油机的排放[15]

通常在怠速和部分负荷时，采用稀燃混合气来提高汽油机的燃油经济性。怠速时汽油机的燃烧稳定性尤其重要。为了提高直喷汽油机在稀燃条件下的燃烧稳定性，可以采用多次喷油、进气道优化、分层混合气、涡流和滚流控制等手段。在加速时，汽油机采用理论燃空当量比或浓的混合气，此时的 NO_x 排放由 TWC 来转化。

尽管 1996 年三菱汽车公司在日本市场上率先投放了使用稀燃直喷汽油机的汽车，此后世界上许多汽车公司都进行了稀燃直喷汽油机的应用，但只有商用奔驰汽油机采用了稀燃技术，主要问题是 NO_x 排放难以满足严格的汽车排放标准要求。

为了满足严格的 NO_x 排放标准要求，稀燃汽油机必须要安装紧凑的 TWC 和汽车底板下的稀燃 NO_x 催化器。与均质混合气燃烧相比，汽油机采用稀燃方式能在低速、UDC 中降低汽车燃油消耗达 20%，而在 EUDC 中能减少汽车 10%的燃油消耗[59,60]。但是，由于稀燃 NO_x 催化器价格昂贵，为了满足严格的汽车排放标准，稀燃直喷汽油机逐步被使用理论燃空当量比混合气的汽油机所替代。

近年来，由于汽车燃油经济性法规的加严，同时为了简化 NO_x 后处理系统，人们又开始进行新型燃烧系统的研究，以提高汽油机在高稀释混合气条件下的燃烧稳定性，如碗形预燃室点火(bowl prechamber ignition，BPI)系统[58]。德国马勒公司开发了利用进气道喷油在气缸中形成稀混合气和预燃室射流点火(prechamber jet ignition，PJI)的汽油机燃烧系统，如图 2-35 所示[61]。通过用火花塞点燃预燃室中相对浓的混合气，让预燃室中部分燃烧产物通过喷孔广泛地分散在主燃烧室中，引起主燃烧室中混合气的燃烧。由于火焰传播距离短，燃烧速率

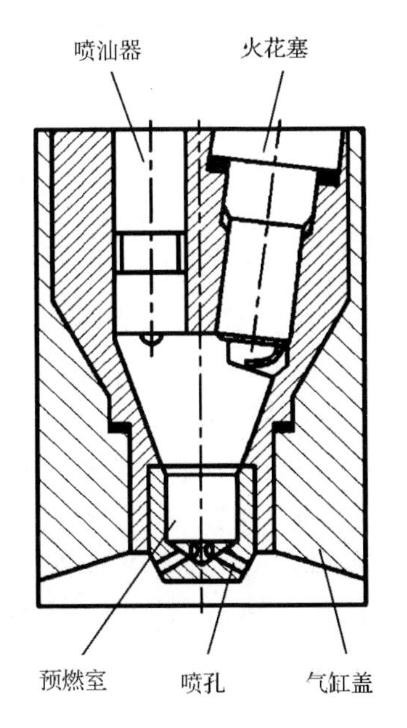

图 2-35　直喷汽油预燃室示意图[61]

高，在部分负荷时，汽油机能在 $\lambda>2$ 的超稀混合气条件下运行，并能扩大高负荷时的爆震极限。在部分负荷时，汽油机的最大指示热效率达到 41.4%，燃油经济性比普通火花点火条件下好 20%，而 NO_x 排放在 10×10^{-6} 以下。这种预燃室射流点火燃烧系统获得最高的热效率的原因是：主燃烧室中有许多分散的点火点、低传热损失、高比热比和低温燃烧[62]。此外，燃烧稳定性得到改善，所以汽油机的 HC 排放仍然很低[61]。

2.7 高能点火系统

火花点火发动机的动力性能、燃油经济性和排放水平很大程度上依赖于重复和可靠的点火系统。稀燃、混合气分层和 EGR 被广泛地用来改善汽油机在部分负荷时的燃油经济性、抑制高负荷时的爆震。虽然采用稀燃方式能提高汽油机的热效率，但当混合气燃空当量比小于 0.7 时，总体上需要更高的点火能量以确保可靠的点燃[63]。如果点火能量不足，就不能点燃混合气，汽油机就会发生失火现象，引起 HC 排放的急剧增加。所以合格的点火系统必须要保证汽油机在任何工况时都能可靠地点燃混合气。

但要在很稀的混合气条件下实现发动机的稳定燃烧，火花点火时刻受到两个因素的限制：一个是着火限制的点火时刻线，另一个是不完全火焰传播引起的点火推迟角线。其中，着火限制的点火时刻线受到引起火核淬熄因素如混合气稀释程度、湍流、温度、压缩比、火花能量与火花塞传热范围、程度和间隙等的影响；不完全火焰传播引起的点火推迟角线是由火焰传播速率慢引起的。部分燃烧线受到混合气的稀释程度、混合气温度、湍流和火花塞位置的影响[63]。图 2-36 给出了这两个限制线间的关系[64]。对于给定的点火时刻 A，随着混合气逐渐变稀，汽油机就会在 B 点进入失火发生区。对于点火时刻 E，随着混合气逐渐变稀，汽油机就会在 F 点进入部分燃烧区。对于点火时刻 C 点，随着混合气逐渐变稀，汽油机就会在 D 点进入失火或部分燃烧区。增加点火能量能改变着火极限线的位置。通过湍流或缩短火焰传播距离可以影响部分燃烧极限线。将火花塞向气缸中心安装或采用多个火花塞可以缩短火焰传播距离。

稀燃高压缩比汽油机、天然气发动机和醇类燃料发动机等都需要高能点火系统。即使使用均质混合气的汽油机，高能点火也有助于点火后初期火焰的形成，并改善汽油机对高 EGR 率的容忍度，降低 NO_x 排放。在使用 EGR 的情况下，火焰在混合气中的传播速度减慢，并且由于气缸内有大量的气体，气缸压力也会增加。因此，传统的火花点火系统不能将燃烧室内废气稀释的混合气可靠地点燃，实现火焰的传播。

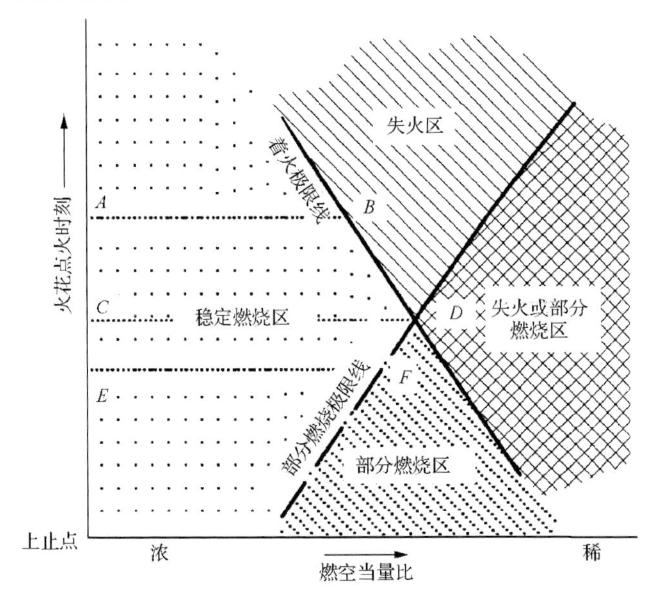

图 2-36　稀混合气燃烧的稳定和不稳定运行区[64]

提高缸内充量的运动能加速燃烧，并提高汽油机的热效率[65]。但在高湍流情况下，最小点火能量急剧增加[66]。此外，高能点火会增加火花塞腐蚀，减少它的使用寿命。因此，需要用更成熟的火花能量-时间历程控制来减少火花塞电极腐蚀，并维持其耐久性。

对直喷汽油机点火系统的要求如下。

(1) 能在大的混合气燃空当量比范围内可靠地点火。

(2) 火花塞电极放电对液相不敏感。

(3) 在气缸内主要的气流运动条件下能可靠地点火。

(4) 火花塞上的沉积物不影响点火。

(5) 点火后形成的火花位置稳定。

(6) 根据运行负荷条件，点火参数如火花持续期和火花能量可调。

实际上，改善点火过程可以采用增强等离子体击穿如采用大的点火容积或高的功率，也可以增加后续的能量供给如高的或长的持续期。高频电子谐振点火系统具有能提供连续放电的好处，放电功率也能根据发动机燃烧条件进行调整。这样，就能扩大直喷汽油机分层燃烧阶段无失火的工作窗口，并在更低的负荷和更高的 EGR 率下稳定运行。因此，使用高频电子谐振点火系统，不但能降低汽油机的 NO_x 排放，还能改善其燃油经济性[67]。

高能点火系统为汽油机在大的稀燃范围和高残余废气率条件下实现稳定燃烧提供了可能，为提高汽油机热效率提供了便利。因此，高能点火系统是近几年的研究热点之一。

先进的电晕点火系统点火极快，持续时间只有100～300μs，这为点火时刻的选择提供了很大的自由度。点火时离子流伸入燃烧室深处，初始的火焰发展和后续的燃烧率更快，因此，燃烧50%质量燃油的位置比传统火花点火时的早5～8℃A。此外，稀燃极限能扩大到$\lambda=2$，并能在EGR率超过35%的条件下工作[68]。这有助于直喷汽油机NO_x排放的降低。快速的点火与燃烧也为提高发动机燃料能量利用率提供了保障。

Briggs等[69]对比了不同点火系统在高稀释条件下点火后5ms时的火焰面积，并发现最好的点火系统展现出长的持续期和大面积的火核形成，其中冷等离子体点火系统具有这两个特点，但其价格和能量需求高于传统的点火系统。因此，开发具有冷等离子体点火系统相似性能，而价格和能量需求适中的点火系统是使用高EGR率火花点火汽油机所必需的。

持续期短的高能点火在提高发动机对高EGR率的耐受性或改善燃烧的效果方面不如持续期长的高能点火。这与低能量密度大火核比高能量密度小火核在有效地扩大稀燃极限方面有相似性[70]。与传统的单点火线圈相比，多次脉冲点火提供了以下四个优点[53]：一是在使用低阻抗/短停留时间线圈或系统工作于高初级电压时，有电流流过火花塞间隙的火花占空比几乎接近75%，并获得准连续的放电；二是在不需要借助于超大的线圈或极高的次级线圈电流情况下，火花持续时间可以加长；三是在放电的大部分期间里，保持高的火花塞间隙中电流，有助于火核的生成与稳定；四是能根据发动机运行工况，调整点火持续期，以达到最大的能量效率。长时间持续放电可能有两个好处：一是从线圈来的连续能量流可以比通常情况下更加快速地促进火核体积膨胀，并把能量传递给混合气，克服传热和火核膨胀损失，加快火核生长速率；二是连续的长持续期放电提供了火核与缸内气流场耦合的机会，增加了初始的火焰面积，在有大气体流的燃烧室中，当混合气流过火花塞间隙时，长的持续放电将点燃混合气，产生大的初始火核[53]。

2.8 汽油机低温燃烧技术

目前，汽油机低温燃烧技术主要是可控自燃（controlled auto-ignition，CAI）燃烧或均质充量压缩着火（homogeneous charge compression ignition，HCCI）燃烧。这种低温燃烧方式不同于传统的火花点火汽油机和压缩着火柴油机的燃烧。CAI燃烧是预混合气在汽油机燃烧室内多点同时自发着火燃烧，放热速率高。为了控制自燃着火时的燃烧放热速率，汽油机需要采用空气稀释或废气稀释的空气-燃油混合气。在这种燃烧方式下，气缸内的高燃烧温度大幅降低。因此，使用CAI燃烧方式的汽油机，NO_x排放极低，与安装了TWC的传统火花点火汽油机排气管中的NO_x排放相当。此外，在稀释混合气的燃烧情况下，汽油机可以不使用节气门。因此，与火花点火燃烧方式相比，CAI 汽油机能获得更高的热效率和燃油经济性，而且循环波动小。

与传统的火花点火汽油机不同，CAI 汽油机的着火是由化学反应动力学控制的。这样，CAI 汽油机的燃烧是由气缸内的初始条件以及气体流动间接控制的气缸内混合气温度、压力和组分的发展历程决定的。因此，要想在汽油机上实现 CAI 燃烧，需要满足三个基本条件：一是提供足够高的混合气温度；二是需要采用空气或废气稀释来限制 CAI 发动机的放热率；三是要有控制燃烧相位的方法。

尽管有许多方法可以实现四冲程汽油机的 CAI 燃烧，如进气加热、使用低辛烷值燃料、提高压缩比和 EGR 等，但是通过排气门早关和进气门晚开的负重叠角方法来加热缸内混合气，实现 CAI 燃烧是在工程应用上最可行的方法。在这种情况下，与传统火花点火汽油机不同，CAI 汽油机的负荷主要是由排气门关闭时刻控制的。排气门关闭时刻提前，有更多的残余废气留在缸内，导致进入气缸的新鲜充量和可燃燃油量减少，CAI 汽油机的负荷减小。而进气开启时刻推迟则以防止残余废气回流到进气道的量来确定。相反，推迟排气门关闭时刻导致残余废气量减小，让更多的新鲜充量流入气缸，使 CAI 汽油机的功率增加。

当然，负气门重叠角方法也有其缺点：一是在残余废气经历再压缩和再膨胀时，热废气就会向气缸壁传热，产生泵气损失；二是对于使用机械式可变凸轮轴调节系统的汽油机来说，在排气门关闭时刻调整的同时，排气门开启时刻也发生改变。因此，在小负荷时，在排气门关闭时刻提前的同时，排气门开启时刻也提前，导致膨胀功下降。与此同时，小负荷时进气门开启时刻推迟也会使进气门关闭时刻推迟，导致发动机有效压缩比下降。膨胀比和有效压缩比的同时下降就会抵消无节气门工作对汽油机燃油经济性改善的好处。此外，在 CAI 汽油机的高负荷区，排气门关闭时刻向上止点推迟，进气门的开启与关闭时刻也要提前，使有效压缩比增大，发动机爆震燃烧的趋向增加。

不管是进气道喷油汽油机还是缸内直喷汽油机，CAI 燃烧方式的运行范围受到小负荷时汽油机失火和部分燃烧以及高负荷时爆震的限制。因此，CAI 燃烧方式只能在传统火花点火发动机运行范围中的中低负荷和转速区使用。在 CAI 燃烧方式下，由于采用高 EGR 率，缸内混合气中的 CO_2 和水蒸气浓度显著地提高。燃烧过程中气缸内气体的平均温度降低，CAI 汽油机的 NO_x 排放大幅下降。进气道喷油 CAI 汽油机的 HC 和 CO 排放也增加。但在直喷汽油机上使用 CAI 燃烧方式时，CO 排放会大幅下降，而 HC 排放与燃油分层下的火花点火汽油机相当。随着 λ 的增加，在一个工作循环中总的放热量和气缸内气体的平均温度均降低，CAI 汽油机的HC和CO排放增加。这是因为CO转化成CO_2的最低温度是1400～1500K，在低于这个温度时，大量的 CO 就不能被氧化成 CO_2，导致 CO 排放增加。在 CAI 燃烧大负荷边界，如果不使用 EGR，只能使用很稀的空燃混合气。如果使用高 EGR 率，爆震极限可以接近 $\lambda=1$。当 CAI 燃烧接近其爆震边界时，NO_x 排放是最高的。

图 2-37 给出了进气道喷油汽油机使用 CAI 燃烧方式时 $BSNO_x$ 排放相对于使用火花点火方式下的变化百分比[71]。可以看出，使用 CAI 燃烧方式可以使汽油机的 NO_x 排放下降超过 90%，最大降幅超过 99%。当然，燃烧系统不同的汽油机，CAI 燃烧方式降低汽油机 NO_x 排放的能力会有一定的差异。然而，其 BSHC 排放大幅增加，与燃油分层的火花点火汽油机的相当，如图 2-38 所示[71]。

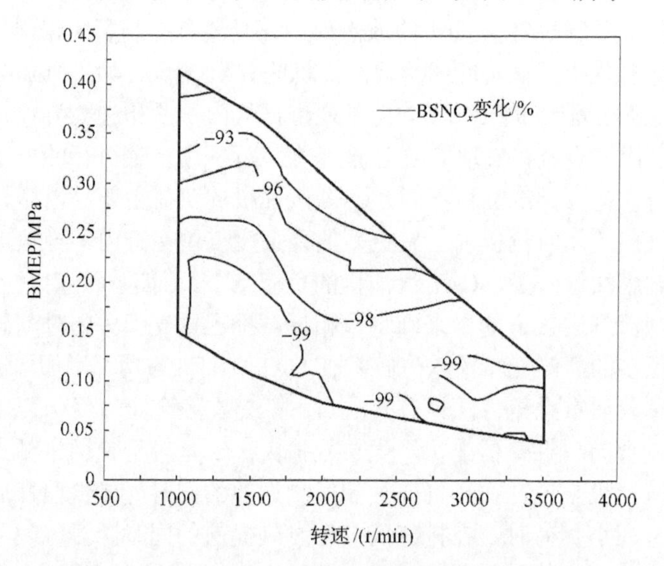

图 2-37　进气道喷油汽油机使用 CAI 燃烧方式时 $BSNO_x$ 排放相对于火花点火方式变化百分比[71]

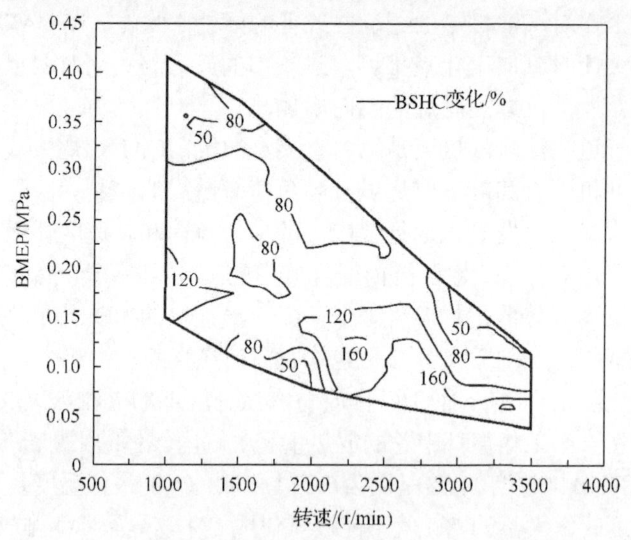

图 2-38　进气道喷油汽油机使用 CAI 燃烧方式时 BSHC 排放相对于火花点火方式变化百分比[71]

对于使用醇类燃料的 CAI 汽油机，随着醇类燃料如正丁醇掺混比例的增加，醛类和乙醇排放也增加，而芳香烃排放减少[72]。

对于直喷汽油机，在 CAI 燃烧方式下，提前喷油会导致颗粒物排放的增加，因为燃油在活塞头部的撞壁和可能的温度影响。靠近进气门开启时刻的喷油时刻能改善混合过程，增加充量的均匀性，减少 CAI 直喷汽油机的颗粒物排放。采用多次喷油时的颗粒物排放介于很早和很晚的单次喷油之间[73]。

2.9　汽油机颗粒物排放

汽油机以预混混合气燃烧为主，直喷汽油机甚至还会出现部分扩散燃烧。从本质上来说，直喷汽油机颗粒物是由于混合气形成不好，气缸内部分区域出现极浓的混合气，以及未蒸发油滴的扩散火焰燃烧引起的。燃油撞壁形成的油膜燃烧也在汽油机颗粒物形成方面起一定的作用[74]。直喷汽油机在汽油雾化后与缸内空气混合的时间比进气道喷油汽油机短得多，更容易在燃烧室内形成浓混合气区。当汽油沉积在燃烧室表面上时也会在它的表面附近形成不均匀的混合气。特别是在燃油湿润了冷的燃烧室壁面后，颗粒物大幅生成，这也是把降低汽油机颗粒物排放的重点转移到控制发动机冷起动运行阶段颗粒物排放的主要原因。此外，在冷起动和暖机阶段，壁面汽油油膜蒸发量减小，而且在低速时，它与空气的湍流混合强度低，使在燃烧室边缘生成的颗粒物在缸内的氧化受到限制。当发生油池火焰(pool fire)燃烧时，直喷汽油机的颗粒物排放急剧升高[9]。因此，直喷汽油机颗粒物排放远高于进气道喷油汽油机。对于进气道喷油汽油机，燃油蒸发和混合得到改善，沉积在进气门上的液体燃油在颗粒形成方面起着一定的作用[75]。

汽油机颗粒物的物理特性包括聚集体的尺寸和形貌、基本颗粒物大小与内部纳米结构。它的化学特性包括颗粒物的组成和黏结。与柴油机颗粒物相比，汽油机颗粒物的组成与它相似，形貌相当，大量颗粒物通常处于小粒径区[76]。但是，汽油机颗粒物排放与运行工况非常相关，大多数汽油机颗粒物不是由基本碳组成的，主要是由高碳和低碳的可挥发有机成分组成的[77,78]。在火焰淬熄和不完全燃烧的情况下，颗粒物中含有更多的可挥发性成分[9]。

气缸内液体燃料燃烧生成的颗粒物可能与下面两个过程有关[79]：一是以液态燃料形式的燃烧，不管它是以液滴形式还是气缸壁面上的油池形式；二是当地燃油的扩散燃烧。当周围温度足够高时，不管是在火焰通过时还是在火焰过后区，只要在已燃区有足够的 O_2，液体燃料就能着火燃烧。除了非均相燃烧会产生颗粒物，均相或气相燃烧，特别是在浓混合气条件下，也会产生颗粒物。

汽油机颗粒物成核受到温度、颗粒物前趋物，如液态油滴或油池、浓混合气区和不完全燃料氧化产物的影响。燃空当量比对颗粒物排放的影响受到成核、氧化和成长机理的共同作用。颗粒物成长则受到可吸附/吸收的 HC 量、颗粒物上黏附 HC 的可用表面积和与单个颗粒物可凝聚的颗粒物数量的影响。颗粒物生成强烈地依赖于 HC 浓度和温度的指数，因此，颗粒物是在火焰刚过，基本上处于最高火焰温度下生成的。在气相反应中，颗粒物的形成依赖于可用的碳烟前趋物和温度。当混合气燃空当量比增加时，火焰中的高 HC 浓度导致高碳烟前趋物浓度[16]。气态的 HC 会通过物理或化学方式黏着于颗粒物的表面，由此增加颗粒物的大小和质量。在非均相反应即油滴燃烧和油池燃烧中，颗粒物的生成依赖于液体燃油量和可用于燃烧的 O_2 以及混合气燃烧所需要的温度[16]。通过吸附/吸收的颗粒物增长主要依赖于 HC 和颗粒物表面的可用性。低温、高 HC 浓度和大表面积会增加吸附/吸收能力。只要颗粒物和蒸汽与燃烧室接触，吸附/吸收就开始了，它会在废气冷却和稀释过程中增加颗粒物的质量。在最稀和最浓的燃空当量比混合气下，凝结引起的颗粒物成长最大。在成长之前有最高的颗粒物和 HC 浓度情况下，在成长过程结束时会产生最高的颗粒物质量浓度。同样，颗粒物氧化受到当地温度和 O_2 可用性的影响，氧化会使颗粒物大小降低。

直喷汽油机颗粒物排放有三个基本特征[80]：一是在聚合体中，基本颗粒物总体上有很大的变化；二是聚合物有不同的形状，包括紧凑、开口和分支结构；三是随着燃油负载的增加，碳沉积物增加到每一个网格上。高网格负载是由于在相同的负荷时，喷入气缸的燃油更多，反过来增加了碳烟生成率和颗粒物质量。高燃空当量比混合气也会导致聚合过程的加速。影响聚合物紧凑性的因素有两个[80]：一是充当种子核的基本颗粒物的空间密度(浓度)；二是在这些颗粒物上同时/后续的表面质量成长率。在富油条件下，这两个因素将更高。颗粒物结构的曲折程度反映了燃油-空气的混合状态和由此引起的热分解化学反应[81]。

使用理论燃空当量比混合气的直喷汽油机在喷油过程中会出现液体燃油与燃烧室壁面相互作用，形成壁面油膜。尽管液体燃油与活塞和气缸套的接触可以通过适当的喷油器油束布置和喷油策略尽可能地减小，但是在所有的直喷汽油机运行工况下难以完全避免。因此，直喷汽油机会生成颗粒物，特别是在冷起动和暖机加速条件下。图 2-39 给出了使用理论燃空当量比均质混合气的直喷汽油机颗粒物来源[82]。表 2-3 给出了图 2-39 中直喷汽油机颗粒物的不同来源作用大小[82]。

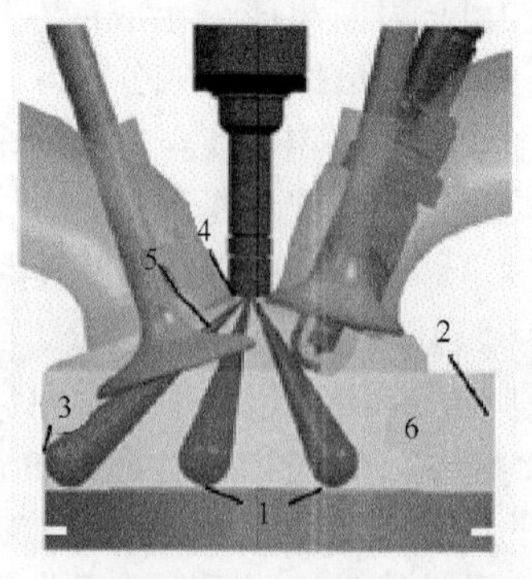

图 2-39　λ=1 均质混合气直喷汽油机颗粒物来源[82]

1. 活塞; 2. 气缸套; 3. 火焰接触面; 4. 喷油器头部; 5. 进气门; 6. 气相区

表 2-3　不同条件下，燃用 $\lambda=1$ 均质混合气直喷汽油机燃烧室中颗粒物来源的贡献[82]

序号	名称	冷起动	暖机
1	活塞	+++	++
2	气缸套	++	+
3	火焰接触面	+	0
4	喷油器头部	+	+++
5	进气门	++	+
6	气相区	0	0

注：0 表示无关；+表示相关性小；++表示相关性中等；+++表示相关性很大。

由表 2-3 可见，在喷油器头部形成的颗粒物对直喷汽油机总颗粒物排放有贡献。由于喷油器内的燃油流动、燃油破碎、喷雾和喷孔相互作用以及喷油过程中气缸内空气与燃油的相互作用，喷雾射流在径向会发生波动。这些波动会在喷油器头部产生油膜，当正常的火焰传播过来时，在喷油器头部上残留下来的燃油就会形成颗粒物。部分颗粒物会残留在喷油器头部，生成沉积物。这些沉积物会吸收更多的液体燃油，并不断增强，同时大大地增加颗粒物排放，直到沉积物的生成与消耗达到平衡。改善喷油器内的流动和喷油器头部的几何形状，能相当大地减少喷油器头部的燃油湿润量。使喷油器头部燃油湿润最少是减少直喷汽油机颗粒物量漂移的一种可能措施。

直喷汽油机中颗粒物的形成机理如下。

1) 非均质混合气

与进气道喷油汽油机相比，直喷汽油机混合气的形成时间少，即使在部分负荷采用分层燃烧模式时，混合气总体上很稀，但在压缩过程中很迟的喷油意味着用于油滴蒸发的时间少，在点火时气缸中存在油滴和从喷油嘴来的油丝，使气缸中空燃混合气分布不均匀。即使是在进气过程中喷油形成均质混合气的直喷汽油机中，也不会有充分的混合气形成时间。这样，在着火时，气缸中也存在不能完全蒸发的燃油液滴，造成当地的浓混合气区，可能产生碳烟颗粒。此外，在点火时火花塞周围形成分层和可点燃的混合气，发生部分燃烧和失火，可能较少地受到焰后氧化的帮助。

2) 油池火焰

直喷汽油机在高压下喷油，增加了燃油喷雾撞击活塞头部、气缸壁和进气门的可能性。壁面引导燃烧系统直喷汽油机利用活塞头部的形状将燃油导向火花塞。因此，容易形成油膜[83-85]，在点火前，油膜可能不能完全蒸发，特别是在出现 Leidenfrost 效应时，传热受阻，油膜蒸发更加困难，因此，湿壁表面上的燃油蒸发主要是在膨胀或排气过程中[86,87]。特别是在冷起动和暖机时，壁面油膜不能完全蒸发，导致非预混和不完全燃烧，增加了 HC 和颗粒物排放。因此，颗粒物形成主要来自分布于浓混合气区的预混燃烧和活塞表面上液体燃油的油池火焰燃烧[88,89]。在预混合气的燃烧过程中，活塞头部的油膜被点着，形成油池火焰，并以扩散方式燃烧，形成碳烟[88]。直喷汽油机中的油池火焰显著地依赖于燃烧室的几何形状和参数标定。其中，喷油器的位置和在点火时油膜蒸发的时间是影响油池火焰的主要因素[88]。因此，燃烧室结构、活塞头部温度和喷油器类型对油膜的形成有很大的作用。此外，油池火焰对喷油时刻有很强的依赖性。Seong[90]发现，在冷却水温≤40℃时，直喷汽油机的颗粒物质量和颗粒物数量显著增加，其中冷机过渡工况下的颗粒物数量比热机过渡工况下多10～15倍，比稳态工况多4～5倍。

3) 喷油嘴出口附近的扩散燃烧

在热机、均质混合气燃烧条件下，直喷汽油机颗粒物主要来源于不均匀混合气和喷油器头部的扩散火焰。这与压力室残存的燃油和喷油嘴头部的燃油湿润有关。在喷油过程中引起燃油吸附到喷油器头部的沉积层中，而在做功行程中正常的火焰传播过后释放出来而不能完全燃烧，这通常发生在燃烧上止点后的20～80°CA[91]。

影响直喷汽油机颗粒物排放的因素如表2-4所示[92]。

表2-4　影响直喷汽油机颗粒物排放的因素[92]

运行边界	运行液体	硬件
发动机运行状态(稳态和动态)	燃料	喷油器类型
温度	润滑油	喷油泵
标定，包括两级增压系统的空气路径选取、增压压力调整、气门定时(回流和扫气)、充量运动、喷油策略(喷油压力、次数和时刻)、燃空当量比和点火时刻	喷雾贯穿度及喷雾与气缸套、活塞和气门的相互作用 燃料进入润滑油、沉积物和磨损	燃烧室几何形状 活塞组，包括气缸套变形、死区、含润滑油体积、活塞环的充填能力、切向力和剥离效率、活塞、活塞环和气体动力学以及润滑油的输运

表2-5给出了直喷汽油机颗粒物数量的形成机理及影响因素[93]。

表2-5　影响直喷汽油机颗粒物数量的机理及因素[93]

工况	颗粒物数量形成机理	标定策略	影响硬件
冷起动	不充分的混合气形成 油滴凝聚 燃油湿壁	高的起动燃油压力 多次喷油 优化喷油策略	活塞几何形状 喷油器 高压燃油泵 油轨容积 燃烧室几何形状 快速同步凸轮齿轮
催化器加热	不充分的混合气形成 不正确的喷油时刻 燃油湿壁 分层效应	优化喷油策略 多次喷油 油轨压力 凸轮轴位置 点火时刻	活塞几何形状 喷油器 高压油泵 燃烧室几何形状 凸轮轴

续表

工况	颗粒物数量形成机理	标定策略	影响硬件
冷起动过渡	不充分的混合气形成 不正确的喷油时刻 燃油湿壁 分层效应 混合气过浓	喷油参数的动态标定 多次喷油 油轨压力 凸轮轴位置 点火时刻	活塞几何形状 喷油器 高压油泵 燃烧室几何形状 凸轮轴
暖机过渡和稳态	不充分的混合气形成 不正确的喷油时刻 燃油湿壁 分层效应 混合气过浓	稳态喷油策略 多次喷油 油轨压力	活塞几何形状 喷油器 高压油泵 燃烧室几何形状 可切换的水泵

除了优化燃烧室和喷雾几何形态，气门定时和升程以及喷油参数也必须优化以避免燃油湿壁、辅助燃油的蒸发和分布[94]。表 2-6 给出了影响直喷汽油机燃油湿壁的相关参数[95]。

表 2-6　影响直喷汽油机燃油湿壁的相关参数[95]

参数＼来源	活塞/缸套	进气门	喷油器头
喷油和气门正时	++	+	—
运行点/负荷	++	+	0
部件温度	++	+	+
喷油器设计(包括喷孔方向)	++	+	++
油轨压力	++	+	++
喷油器处的全流场	—	0	++
燃油成分、馏程曲线	++	+	++

注：+表示有作用；++表示作用大；0 表示无作用；—表示无关系。

调整喷油时刻、喷油量、喷油次数、喷油压力和喷油器位置[96,97]，改变燃料特性和成分，如降低高沸点芳烃含量和提高燃料的含氧量[98-102]以及使用颗粒后处理装置[103-107]均能在一定程度上降低直喷汽油机的颗粒物排放。

2.9.1　混合气浓度和点火时刻对汽油机颗粒物排放的影响

混合气浓度是影响汽油机颗粒物排放的重要因素之一。图 2-40 给出了福特和 Satum2 台汽油机在 2000r/min，进气管压力为 0.04MPa，无 EGR，进气门关闭喷油和最佳点火时刻(MBT)下，不同进气道喷油汽油机颗粒物数量和质量随着混合气燃空当量比的变化趋势[16]。可以看出，进气道喷油汽油机颗粒物数量和质量浓度在燃空当量化≈1 时最低。当燃空当量化在 0.7～1.3 时，颗粒物数量和浓度分别变化 1 和 2 个量级[16]。当燃空当量化从 0.7 增加到 1.1 时，气缸中的温度升高。当燃空当量化从 1.1 增加到 1.3 时，气缸中的温度降低。尽管在燃空当量化＝1.1 时，气缸内的温度达到最大值，但可用的 O_2 浓度在最小的燃空当量化时达到最大，并且随着燃空当量化的增加而单调减少。温度和可用 O_2 的竞争结果是被氧化的颗粒物在最稀的燃空当量化时达到最大，而且随着燃空当量化的增加，被氧化的颗粒物数量单调减小。可用的碳烟前趋物和温度共同作用的结果是由气相反应生成颗粒物的峰值在燃空当量化＝1.2 处发生，并在燃空当量化＝1.2 两侧单调地减少。而在燃空当量化＜1 的条件下，随着燃空当量化的减少，液相汽油燃烧是颗粒物增加的原因[79]。液相汽油着火燃烧生成颗粒物，而火焰过后气体中的 O_2 浓度随着燃空当量化的增加而线性减少，因此，由非均质气相反应生成的颗粒物浓度随着燃空当量化的增加而单调减少[16]。颗粒物的氧化遵循 Arrhenius 方程。因此，颗粒物的氧化依赖于当地的 O_2 浓度和温度。高度依赖于亚结构的聚集表面积直接影响非均相颗粒物的氧化率[81,108]。图 2-40 就是颗粒物生成、吸附、吸收、凝结和氧化的最终浓度。

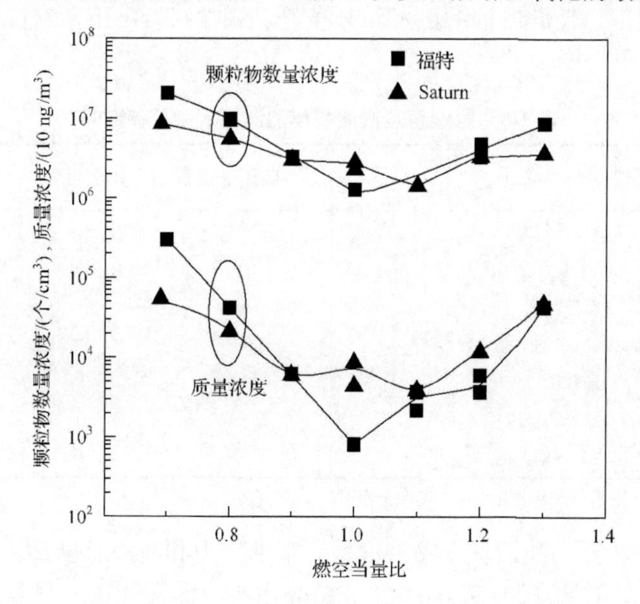

图 2-40　进气道喷油汽油机颗粒排放与混合气燃空当量比的关系[16]

在理论燃空当量比和无 EGR 条件下，随着负荷的增加，吸入气缸的新鲜充量增加，而残余废气率减少。因此，进气道喷油汽油机的颗粒物浓度随着负荷的增加而单调上升[109]。高进气流量和低进气道回流率导致进气温度的下降。这不但增加了气相燃油浓度，而且增加了液相燃油量，因为低的进气道/进气管温度不利于液相燃油的蒸发[110]。因此，随着负荷的增加，最高气缸燃烧温度和压力增加，成核的颗粒物数量也增加。而低的残余废气率和高的气缸压力导致气缸中 O_2 浓度升高。液相燃油着火和后续碳烟生成的可能性强烈地依赖于 O_2 浓度，因此，在高负荷时高 O_2 浓度能进一步地增加通过液相燃油燃烧成核的颗粒物数量。反过来，随着负荷的增加，气缸和排气温度以及 O_2 分压增大，促进了颗粒物的氧化。高的负荷也会导致汽油机排气中 HC 摩尔浓度的下降，由此引起排气中可吸附/吸收的 HC 蒸气浓度下降。但是，随着负荷的增加，进气道喷油汽油机的颗粒物数量上升，这表明成核率的增加大大地超过了颗粒物氧化率的增加和成长率的减少[16]。

在进气管压力保持不变的条件下，增加汽油机转速导致气体(缸内和排气)温度升高和停留时间缩短。高的最大气缸燃烧温度能增加颗粒物的生成和氧化，但短的停留时间又会限制颗粒物的氧化持续时间。因此，这些竞争性的因素反映在颗粒物数量和浓度上升与下降依赖于转速及负荷的变化趋势[16]。

在固定的转速下，负荷的增加意味着循环喷油量增加，进气道喷油汽油机的颗粒物排放增加。然而在低转速时，这个现象被长的燃烧时间所削弱，因为长的燃烧时间促进颗粒物的氧化，所以负荷大小对进气道喷油汽油机颗粒物排放的影响不大。在负荷固定时，随着转速的增加，颗粒物数量单调减小，因为高的气缸内和排气温度都会显著促进颗粒物的氧化。在固定的中等负荷(BMEP＝0.6MPa)时，随着 λ 的增加，颗粒物浓度减小。特别是在 λ＝1.1 时，颗粒物排放比理论燃空当量比下低一个量级。这是因为：①在稀混合气下，更有效的燃烧阻碍了关键中间产物芳香烃的生成；②颗粒物氧化更完全。当转速增加时，颗粒物氧化的时间缩短，此时低 O_2 浓度的作用更加明显，导致汽油机颗粒物排放增加[111]。高的气缸内温度改善了燃油的蒸发，减少了扩散燃烧和颗粒物前驱物的生成。缺氧和低的气缸内温度使燃料的蒸发和颗粒物的氧化更加困难。在高速时缩短的颗粒物滞留时间又会恶化这一过程，导致颗粒物排放升高。EGR 不会改变颗粒物的分布特性，但使用 EGR 时，低的缸内燃烧温度和 O_2 浓度大幅地增加进气道喷油汽油机颗粒物浓度[81,108]。

由于直喷汽油机混合气的形成方式不同于进气道喷油汽油机，所以 λ 对直喷汽油机颗粒物排放的影响不同于进气道喷油汽油机。图 2-41 给出了直喷汽油机在

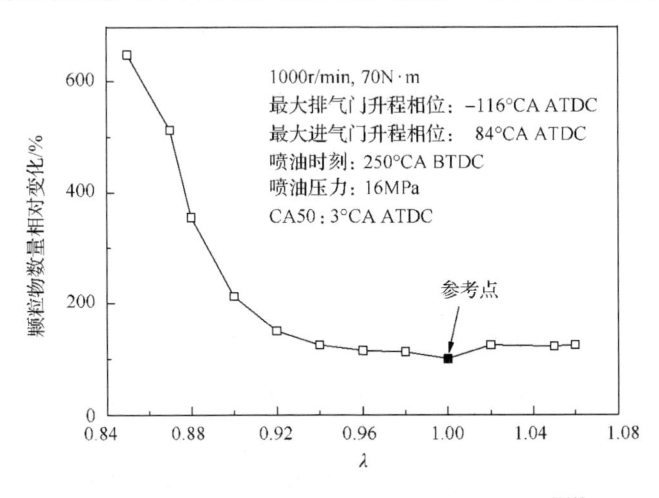

图 2-41　直喷汽油机颗粒物排放与 λ 间的关系[112]

1000r/min、70N·m 扭矩时，λ 对颗粒物排放的影响[112]。图 2-41 中，CA50 是指燃烧 50%燃油所对应的曲轴转角。可以看出，在 $\lambda<1$ 时，随着混合气浓度的增加，颗粒物数量逐步逐步增大。特别是当 $\lambda<0.9$ 时，颗粒物数量迅速地增加。

点火时刻对汽油机颗粒物排放的影响是火焰和火焰过后温度对成核和氧化竞争作用以及 HC 浓度对颗粒物吸附/吸收影响的结果。点火时刻影响缸内最高燃烧温度和排气温度，从而影响颗粒物前驱物的生成和颗粒物的氧化。图 2-42 给出了点火时刻对进气道喷油汽油机颗粒物排放的影响[16]。可以看出，在点火时刻为 5～40°CA BTDC 的范围内，随着点火时刻的提前，汽油机颗粒物数量和质量浓度均增加。而点火时刻早于 40°CA BTDC 后，提前点火时刻，进气道喷油汽油机的颗粒物排放下降。点火时刻提前，最高温度增加，增加了与 Arrhenius 反应率相关的颗粒物成核率[79]，同时增加的火焰过后氧化也会减少颗粒物的浓度。此外，点火时刻提前，排气温度降低，减缓了火焰过后的 HC 氧化，剩下可被颗粒物吸附/吸收的 HC 更多。当火花点火时刻早于 40°CA BTDC 时，成核率增加，气缸内的氧化率也增大，排气中颗粒物氧化率近似不变，可用于表面增长的 HC 排放保持不变。因此，进气道喷油汽油机颗粒物氧化率的增加大于成核率的增加。

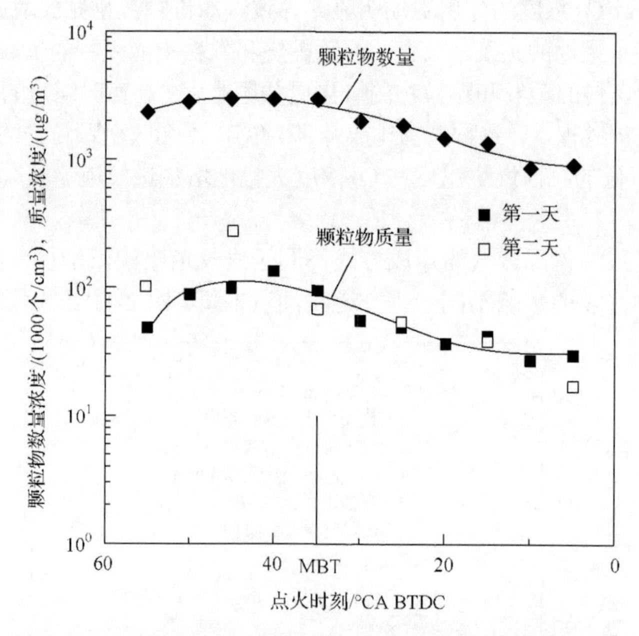

图 2-42 点火时刻对进气道喷油汽油机颗粒排放的影响[16]

在使用浓混合气工况下，进气道喷油汽油机会产生大量的颗粒物排放。随着汽油机比功率的增加，在整个发动机的负荷-转速区中使用浓混合气区的百分比显著增大。此外，混合气加浓还会改变排气颗粒物的组成。但在全负荷、无 EGR 的浓混合气条件下，颗粒物中的可溶性有机成分(soluble organic fraction，SOF)少于部分负荷、理论燃空当量比混合气条件下的颗粒物中的 SOF。随着转速和燃空当量比的增加，颗粒物中的固体成分增加，颗粒物数量显著增加[48]。

2.9.2　喷油时刻对汽油机颗粒物排放的影响

不管是进气道喷油汽油机还是直喷汽油机，喷油时刻都通过燃油在缸内的分布和混合气浓度不均匀性来影响其颗粒物排放。

图 2-43 给出了无 EGR 下，燃油撞击进气门时刻对一款福特进气道喷油汽油机 HC 和颗粒物排放的影响[16]。图 2-43 中，AITDC 表示进气上止点后。可以看出，在大多数进气门关闭期间喷油时，HC 和颗粒物排放对喷油时刻不敏感。但是在进气门开启(intake valve opening，IVO)前 23°CA 喷油，汽油机 HC 排放比进气门关闭(intake valve closing，IVC)时喷油的平均 HC 排放高 10%，而此时的颗粒物数量和质量浓度是进气门关闭期间的 5 倍。在进气门开启期间喷油，HC 排放比进气门关闭期间高 67%，而颗粒物数量或质量浓度增加大约 3 个量级。在进气冲程中间喷油，汽油机的 HC 和颗粒物排放有一个波谷，因为在进气门开启前足够早的进气门关闭时喷油，燃油在进气道中停留足够长的时间，允许燃油蒸发。因此，有较少的液体燃油进入燃烧室，结果产生较少的 HC 排放。类似地，允许有足够蒸发时间的喷油时刻可能降低汽油机颗粒物排放，原因是缺少产生碳烟的油滴或油池火焰燃烧的液体燃油。相比之下，在进气门开启时喷油，燃油短路，在蒸发之前就进入燃烧室。与进气门关闭时喷油相比，通过开启的进气门进入气缸

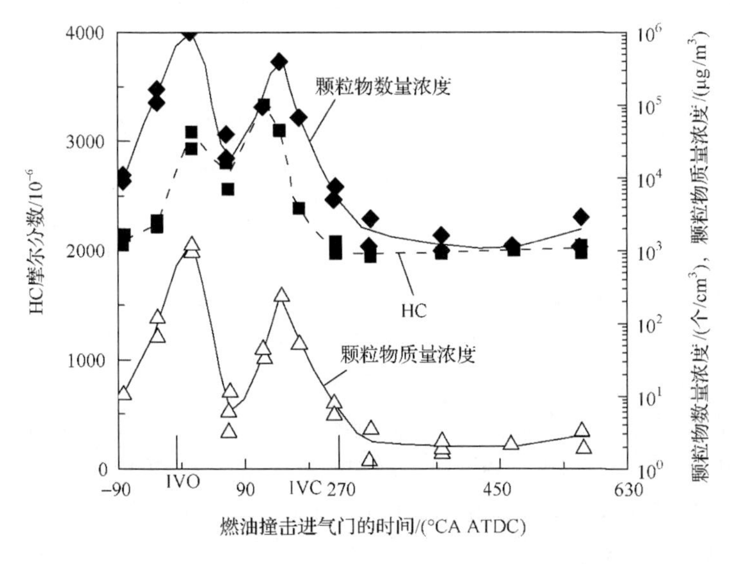

图 2-43　进气道喷油汽油机 HC 和颗粒物排放与喷油撞击进气门时间的关系[16]

的燃油，在火花点火时有多达 7 倍的燃油以液相存在[113]。在进气门开启喷油时，有部分燃油没有在火焰中完全氧化，导致汽油机的 HC 排放增高。而颗粒物排放则是通过油滴燃烧或液体燃料核态颗粒池形式产生的。不能完全燃烧的液体燃料生成的 HC，通过吸附或吸收到已生成的颗粒物上，对颗粒物质量的增加起着不重要的作用。此外，喷油时刻对气缸温度的影响和对缸内 O_2 浓度的不显著影响使它对颗粒物氧化率的影响可以忽略不计。在 AITDC 为 50～70°CA 时，进气道喷油汽油机 HC 和颗粒物排放出现波谷是喷油进入快速流动空气中的结果，因为高的相对速度导致从进气到油滴传热率的升高，提高了燃油的蒸发率[114,115]。此外，燃油喷入快速的空气流中可能促进油滴破碎[114,115]，增加表面积/容积比，由此增加蒸发率。

当燃油经济性和排放标准变得越来越苛刻时，发动机和汽车制造商必须要持续地精细化进气道喷油汽油机的主要设计参数，以满足这些要求。但是，在寻求改善燃油经济性的同时，先进的燃油管理和燃烧策略的灵活性正在达到它的固有设计极限。这就促使发动机制造商去开发和使用直喷汽油机。

喷油时刻是影响直喷汽油机混合气形成和碳烟排放的标定参数之一。喷油时刻影响燃油蒸发时间和燃烧室内当地燃油的分布形式。直喷汽油机形成均质混合气的可用时间少，因此，它的碳烟排放高于进气道喷油汽油机。此外，一些燃油撞击到活塞和气缸壁上，形成油膜或油池，并以扩散燃烧方式着火和燃烧。因此，选取适当的喷油时刻、同时避免喷雾和活塞或喷雾与气缸壁的接触是减小直喷汽油机颗粒物排放的必然要求。

喷油时刻对直喷汽油机碳烟生成有显著的影响。喷油时刻太早，活塞离喷油器太近，燃油撞击到活塞上产生湿壁。在正常燃烧前后，在活塞头部上的燃油通过油池火焰扩散方式燃烧，导致颗粒物数量增加。但是，如果喷油时刻推迟太多，缸内的气流运动衰减，燃油喷雾将撞向气缸套，而且燃油与空气的混合时间缩短，也会增加颗粒物数量，并导致润滑油稀释。因此，直喷汽油机的喷油时刻窗口受到活塞和气缸套撞壁的限制，用于喷油、燃油蒸发和混合的时间是有限的。

图 2-44 给出了喷油时刻对直喷汽油机颗粒物排放的影响[112]。可以看出，喷油时刻早时，直喷汽油机的颗粒物排放高，在喷油时刻为 290°CA BTDC 时达到最小值，当喷油时刻迟于 290°CA BTDC 时，颗粒物数量又开始增加。碳烟排放在更晚的时刻出现主要是因为燃油蒸发时间少，导致混合气分布不均匀。与颗粒物数量相比，滤纸式烟度单位(fliter smoke number，FSN)变化不敏感，主要原因是：喷油时刻早时，如 310°CA BTDC，燃油湿壁产生许多大的颗粒物，而在 290°CA BTDC 时的颗粒物数量最少，在 210°CA BTDC 时的颗粒物数量比 290°CA BTDC 时多，但颗粒物直径分布形状与 290°CA BTDC 时相同，而且颗粒物直径小于 310°CA BTDC 下喷油的颗粒物直径，所以小颗粒物更容易从滤纸中通过。

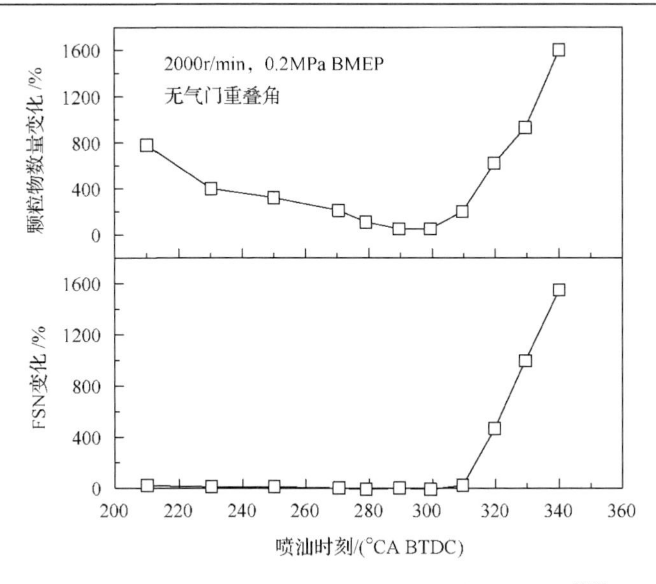

图 2-44　喷油时刻对直喷汽油机颗粒物排放的影响[112]

图 2-45 给出了在燃用不同研究法辛烷值(research octane number，RON)燃料时，喷油时刻对直喷汽油机原始颗粒物排放的影响[94]。图 2-45 中，E20 表示乙醇体积分数为 20%的汽油。可见，喷油时刻对直喷汽油机颗粒物排放有很大的影响。尽管 E85 的喷油容积增加了 30%，但是喷油时刻仍然对使用 E85 时直喷汽油机的颗粒物排放有调节作用。

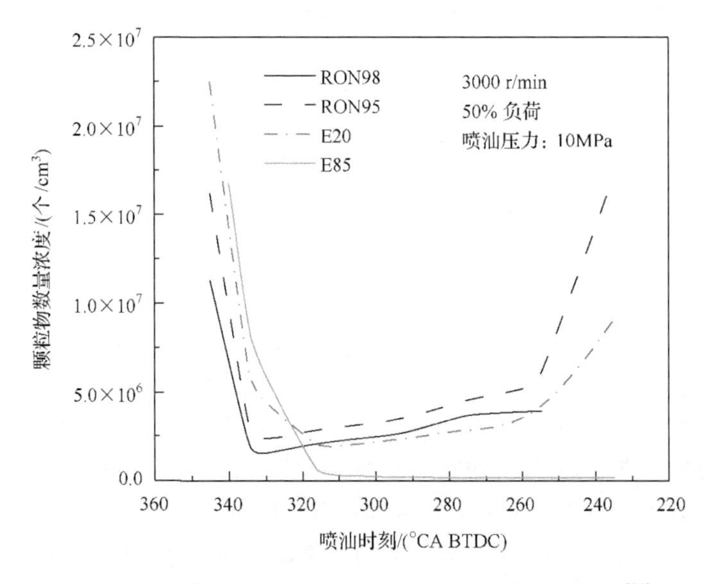

图 2-45　喷油时刻对直喷汽油机原始颗粒物排放的影响[94]

图 2-46 给出了燃烧 50%燃油时刻(CA50)对直喷汽油机颗粒物排放的影响[112]。可以看出，随着 CA50 的推迟，颗粒物数量显著地下降。其主要原因是：燃烧相位推迟，在膨胀和排气过程中缸内气体的温度上升，颗粒物过后氧化增加。

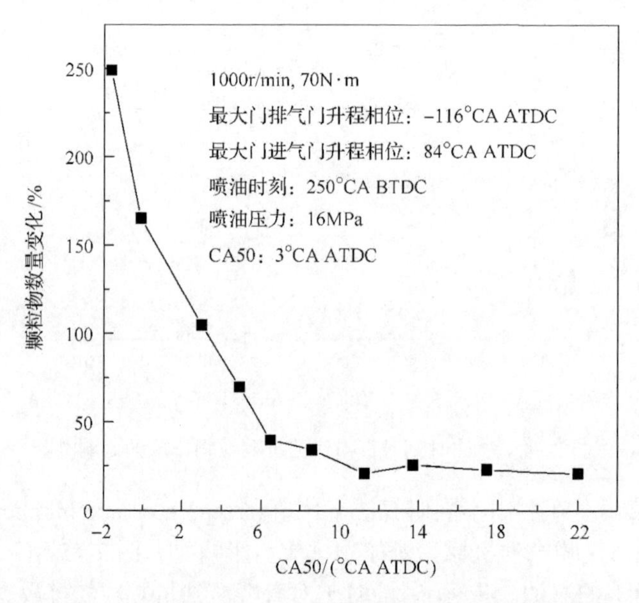

图 2-46 CA50 对直喷汽油机颗粒物排放的影响[112]

在影响直喷汽油机颗粒物排放的因素中，λ 的影响大。在浓混合气条件下，燃油不完全燃烧产生很高的颗粒物数量。因此，应该让 λ 保持在 1 燃烧。λ 小幅度地偏离 1 不会显著地增加颗粒物排放，如图 2-41 所示。但在实际直喷汽油机运行时，喷油时刻比 λ 的影响更大。喷油时刻的稍微偏离可能引起撞壁或混合气分布不均匀。因此，优化喷油时刻对于减少颗粒物数量是有意义的。迟的燃烧相位虽然有减少颗粒物的潜力，但是它对燃油经济性是不利的。在冷却水温低时，优化喷油压力是很有效的办法[112]。

2.9.3 EGR 对汽油机颗粒物排放的影响

对于进气道喷油汽油机来说，在理论燃空当量比下，随着 EGR 率的增加，进气道/进气管温度增加，提高了液体燃油的蒸发率，而再循环废气替换新鲜空气以维持进气管内的压力。这样，在高的燃油蒸发率和低的新鲜空气量的共同作用下，缸内液相燃油浓度减少了[16]。颗粒物成核强烈地依赖于气相和液相燃油浓度以及温度[79]，因此，随着 EGR 率的增加，颗粒物成核量迅速减小。但随着 EGR 率的增加，颗粒物的氧化率减小，而成长率增大。特别是最高排气温度和 O_2 浓度的减小会导致颗粒物氧化降低[79,116]。另外，当 EGR 率增加时，排气中的 HC 浓度增加，可用于吸附/吸收的气相 HC 量增加。然而，EGR 率增加时，可用于颗粒物成长的气相

HC 指数增长被颗粒物核上的表面积减小所抵消。因此，在使用 EGR 时，进气道喷油汽油机颗粒物核的减少大大地超过了颗粒物氧化的减少和潜在增加的成长率。

EGR 也是减少使用理论燃空当量比混合气直喷汽油机原始颗粒物排放的一个手段。EGR 能显著地阻止颗粒物成核，在一定程度上克服火焰过后颗粒物氧化的减少和聚积潜力的增加。冷却的外部 EGR 在 25%的 EGR 率下能减少 50%以上颗粒物质量和 38%固体颗粒物数量。但是，挥发性的颗粒物取决于发动机的转速和负荷。在小负荷和低温燃烧条件下，内部 EGR 比外部冷却 EGR 在降低颗粒物质量和数量方面更有效，但 EGR 会增加挥发性原始颗粒物[117]。

图 2-47 给出了高速巡航，16kW 下有、无 EGR 时直喷汽油机颗粒物质量和燃油经济性的关系[117]。可以看出，在 2000r/min 时，颗粒物质量从无 EGR 时的约 5mg/(kW·h)减到了有EGR时的约2mg/(kW·h)，而且燃油消耗降低了 10g/(kW·h)。

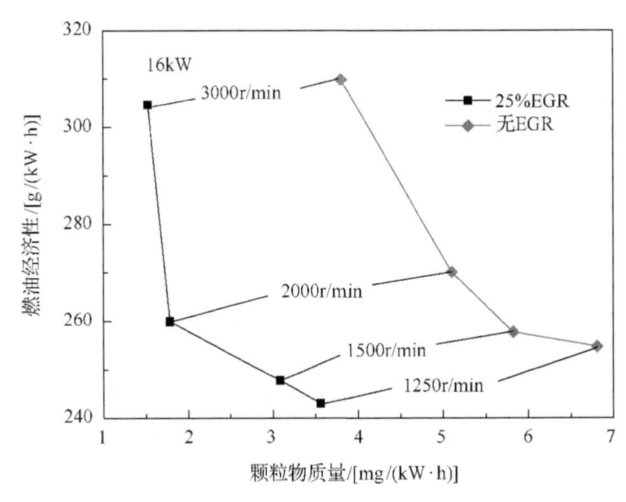

图 2-47　有、无 EGR 时直喷汽油机颗粒物质量与燃油经济性间的关系[117]

在 2000r/min、0.2MPa BMEP 的条件下，采用内部 EGR 能减少直喷汽油机碳烟质量和固体颗粒物数量，然而，冷却的外部 EGR 实际上导致碳烟质量和固体颗粒物数量的大幅上升，因为热的内部废气带来的温度升高对减少颗粒物排放有积极作用[117]。此外，当使用内部 EGR 时，颗粒物的几何平均直径也比使用冷却的外部 EGR 小。因此，从降低直喷汽油机颗粒物排放的角度来说，在小负荷时，使用内部 EGR 比使用外部 EGR 更好。但利用外部 EGR 会使直喷汽油机的燃烧稳定性恶化，HC 排放增加。主要原因是热的内部 EGR 有助于燃油的蒸发，高的充量温度也有助于燃烧，并能提高火焰过后气体的温度[117]。

未来直喷汽油机满足颗粒物排放最困难的运行区是高速和高负荷区，因为此时要用燃油加浓来控制排气最高温度，确保涡轮的安全，尤其是小型强化汽油机。使用浓混合气会显著增加汽油机的颗粒物排放。在燃油加浓区使用 EGR 有两个好处[117]：

一是 EGR 能减轻发动机的爆震，使汽油机能在更靠近 MBT 处工作；二是稀释自身能吸收更多的热量。这样，就可以用 EGR 降低排气温度来取代典型燃油加浓运行区。

此外，利用 EGR 来减少汽油机的燃烧温度，消除加浓的需要，可以大大地减少汽油机的颗粒物质量和数量。EGR 也能减小部分负荷时的颗粒物排放，特别是 50%以下负荷区。EGR 使用引起的缸内燃烧温度降低，对抑制颗粒物的生成作用超过了氧化颗粒物的作用，导致颗粒物排放的减少。但在低负荷时，SOF 增加，主要是因为焰后温度降低和 HC 排放增加。

在不同负荷下，汽油机使用的最大 EGR 率要在减少爆震与涡轮增压器性能间进行权衡。在部分负荷和理论燃空当量比条件下，汽油机颗粒物中含有大量的 SOF。SOF 可以在催化器中去除。在全负荷、冷却 EGR 的情况下，汽油机颗粒物减少的主要原因是使用理论燃空当量比混合气，EGR 导致的温度降低是颗粒物排放减少的次要原因[48]。

2.9.4　喷油压力对直喷汽油机颗粒物排放的影响

缸内混合气的形成质量决定了直喷汽油机原始颗粒物排放水平。混合气形成时间短和喷雾与壁面相互作用是直喷汽油机颗粒物排放高的主要原因。优化喷油过程，促进燃油与空气的混合，在缸内形成最少的壁面油膜是实现直喷汽油机低颗粒物排放的基本要求。就减少壁面油膜来说，喷油器中心布置好于侧置式。因此，为了有效减少直喷汽油机的原始颗粒物排放，需要优化燃烧系统、喷油器特性和控制策略。

喷油系统作为燃烧系统中的一个关键总成，负责在正确的时刻把所需要质量的燃油喷入气缸中，形成破碎质量适当的喷雾。雾化后的燃油与缸内运动的气体相互作用，影响混合气的分布状态，最终决定直喷汽油机的燃烧过程和排放特性。

自从 20 世纪 90 年代中后期直喷汽油机汽车进入商业应用以来，它的高压燃油系统发生了快速的变化。第一代支持分层燃烧的燃油系统的最大喷油压力为 10MPa。由于直喷汽油机广泛采用涡轮增压，需要流量范围大的喷油器，这就需要选配各种喷油压力的燃油系统。增加燃油压力的一个趋动力是更好地雾化燃油，并改善混合气的形成，特别是在喷雾引导燃烧系统引入后。另外，欧Ⅵc 排放标准对汽油机颗粒物的质量和数量限值提出了严格的要求。因此，需要提高直喷汽油机的喷油压力[118]。

增加喷油压力的优点是[119,120]：缩短喷油持续时间，缩小燃油粒径分布范围，促进混合气的形成，混合气的分层质量和燃烧持续期，减少直喷汽油机的 HC、NO_x 和碳烟排放。研究发现[121]，喷油策略、喷油压力和内部 EGR 能降低直喷汽油机在冷起动和暖机时 80%～90%的颗粒物数量以及热起动时 60%的颗粒物数量，但是燃油消耗增加 0～5%。

图 2-48 给出了不同直径的油滴在不同空气温度下蒸发所需要的时间[122]。可见，初始的燃油液滴直径越小，则燃油完全蒸发所需要的时间就越短。这就意味

着汽油机的转速越高，提高喷油压力对于改善燃油混合气形成的作用增大。

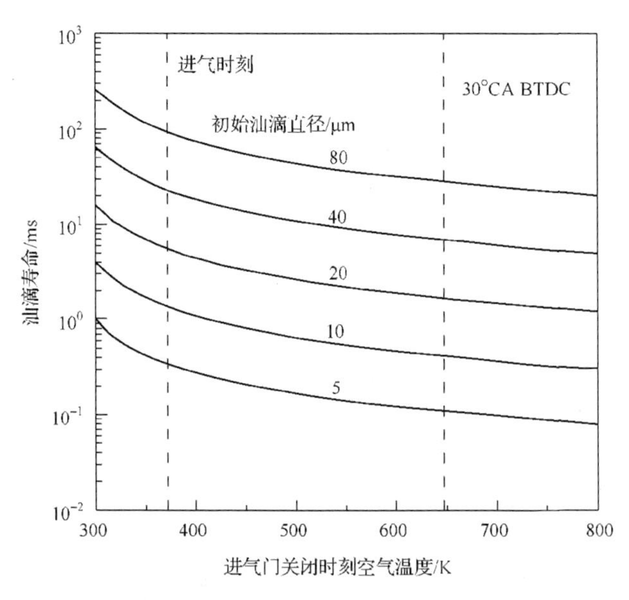

图 2-48　油滴直径和空气温度对油滴寿命的影响[122]

图 2-49 对比了不同喷油系统中喷油压力对燃油油滴直径的影响[123]。可以看出，随着喷油压力的提高，直喷汽油机喷油器喷出的燃油油滴直径逐渐减少。与进气道喷油器相比，高压直喷汽油喷油器形成的燃油油滴直径更小，但空气辅助进气道喷油器能在一定程度上降低燃油的 Sauter 平均直径。

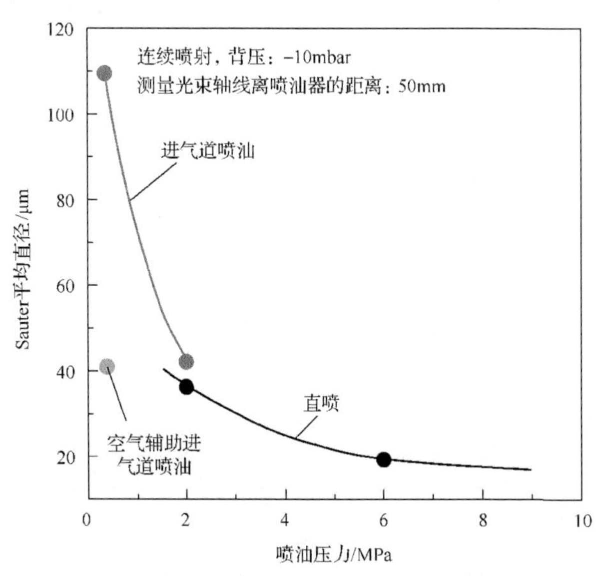

图 2-49　喷油压力与燃油油滴直径间的关系[123]

图 2-50 给出了不同直喷燃油压力下喷油持续期和燃烧特征参数的变化趋势[119]，CA10、CA90、CA95 分别为燃烧 10%、90%、95%燃油所对应的曲轴转角。可以看出，提高喷油压力，可以缩短喷油持续期，而点火时刻向上止点推迟，因为喷油持续期极短，需要一定时间来形成可点燃的混合气。在高喷油压力下，混合气形成时间缩短，而且有更多的燃油聚积在一起，燃烧比在低喷油压力下快。因此，燃烧 50%质量燃油的点火时刻可以向后推，而且燃烧持续期缩短，可以获得热力学上更好的点火时刻。

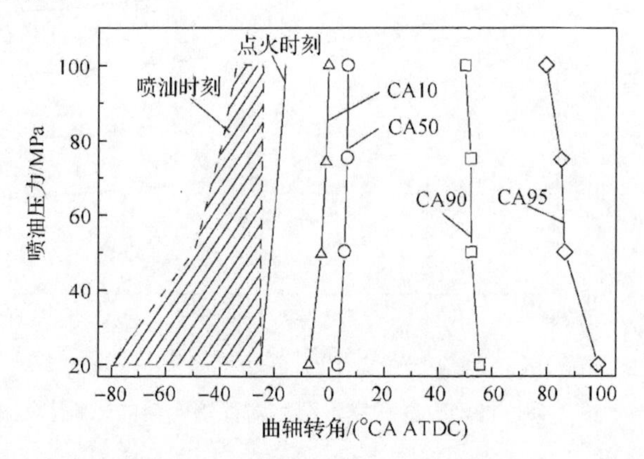

图 2-50　喷油压力对直喷汽油机点火时刻与燃烧特性的影响[119]

图 2-51 对比了不同喷油压力下直喷汽油机的滤纸式烟度水平[123]。可以看出，提高喷油压力能显著地减少直喷汽油机碳烟排放。而碳烟降幅受到点火时刻的影响。但在高喷油压力下，点火时刻对直喷汽油机碳烟排放的影响较小。

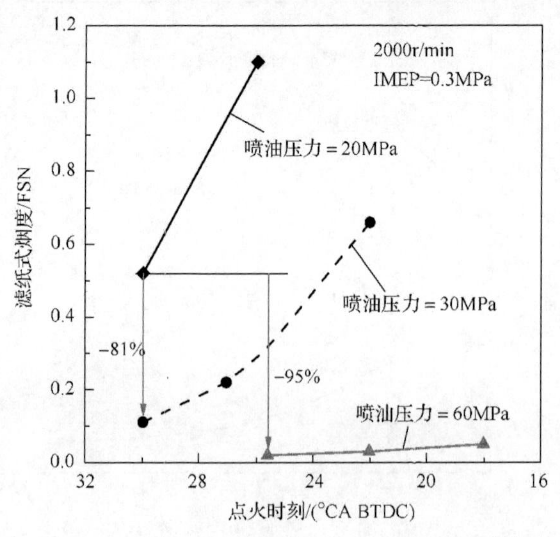

图 2-51　喷油压力对直喷汽油机烟度的影响[123]

图 2-52 给出了喷油压力对油滴 Sauter 平均直径和直喷汽油机颗粒物数量的影响[82]。可见，提高喷油压力，可以减少雾化后的油滴 Sauter 平均直径，使燃油更容易蒸发，同时从周围卷吸来的空气增加。这样，燃油液滴与空气运动的跟随性更好，使在活塞和气缸套上生成颗粒物的液体油膜减少。因此，提高喷油压力，能降低直喷汽油机的颗粒物数量。

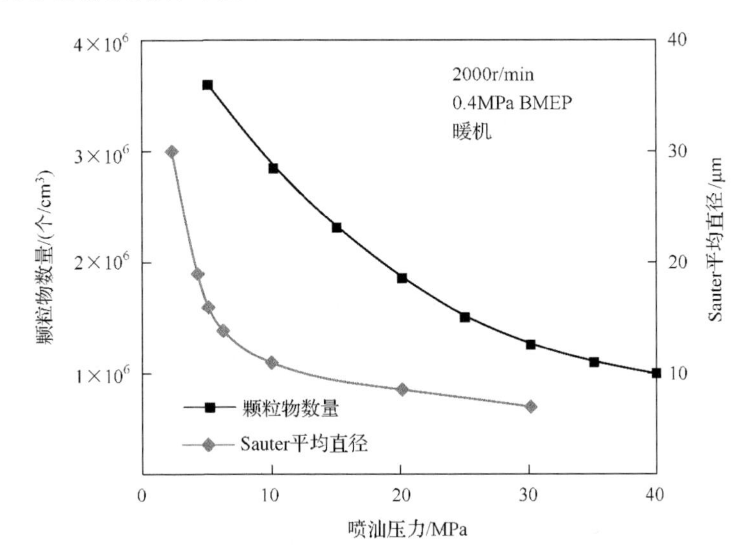

图 2-52　喷油压力对油滴 Sauter 平均直径和直喷汽油机颗粒物数量的影响[82]

Piock 等的研究发现[118]：不管气流运动和喷油器特性如何，随着喷油压力的增加，直喷汽油机的颗粒物排放下降。在 20～40MPa 的喷油压力下，气流运动增强，颗粒物排放下降，因为燃油均匀性得到改善。在任何喷油压力下，喷油器的流量特性显著影响直喷汽油机颗粒物排放，但在喷油压力增大和气流运动增强的共同作用下，其影响作用逐步减小。此外，高喷油压力下喷油器头部处扩散燃烧和结焦沉积物的减小，也有助于直喷汽油机颗粒物质量和数量的降低。图 2-53 对比了直喷汽油喷油器结焦对直喷汽油机颗粒物数量的影响[124]。可见，喷油器头部的结焦会使直喷汽油机的颗粒物排放大大提高。因此，如何减少直喷汽油喷油器头部的结焦是一个值得关注的问题。

德国大众汽车公司新开发的可停缸 1.5L EA211 TSI evo 第四代 4 缸直喷汽油机的最大喷油压力达到了 35MPa，并能在一个工作循环里喷油 5 次，已于 2017 年投放市场[125]。德国博世公司根据市场发展、法规和终端用户的要求(发动机和驾驶性能、燃油消耗和舒适性)，开发了新一代直喷汽油供给系统。该直喷汽油系统能提供 35MPa 的最大喷油压力，减少了喷油器头部湿润产生的颗粒物，喷油器的动态响应好，缩短了多次喷油时相邻喷油间的时间间隔。这种直喷汽油系统在实际驾驶排放(real driving emissions，RDE)条件下，能降低汽车颗粒物数量大约 80%[82]。

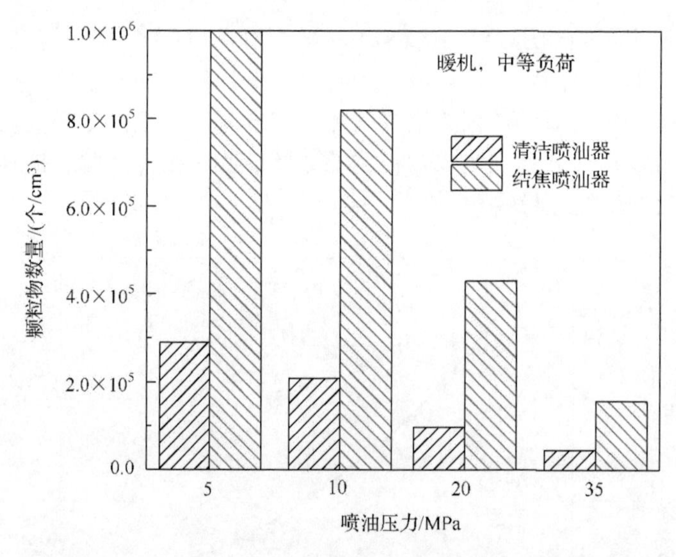

图 2-53　喷油器结焦对直喷汽油机颗粒物数量的影响[124]

目前的研究结果表明[8]：喷油压力在 50～60MPa 可以满足未来的汽车排放标准，甚至在不使用汽油机颗粒过滤器的条件下也能满足。

2.9.5　降低直喷汽油机颗粒物生成的措施

减少直喷汽油机颗粒物排放就是通过优化喷油器喷孔位置、发动机充量运动和多次喷油相结合的方法大幅地减少活塞头部和气缸套燃油湿壁。先进的直喷汽油系统还能进一步地优化燃油计量范围和燃油混合气的形成，大幅降低直喷汽油机的颗粒物排放。

降低直喷汽油机颗粒物生成的主要手段如下。

1) 空气供给系统的优化匹配

进气系统是影响汽油机新鲜空气进气量、缸内空气运动水平和火焰前锋传播速度的重要因素。它要提供一定运动水平、温度可控的充足新鲜空气。气门定时机构通过优化进排气门重叠角，间接地控制进气量以及空气与残余废气的混合。在小负荷时，采用热的内部 EGR，能促进缸内燃油的蒸发，减少汽油机颗粒物数量排放[9]。涡轮增压直喷汽油机在大负荷时的循环喷油量大，容易引起燃油撞壁。因此，涡轮增压直喷汽油机通常采用很高的缸内气体滚流运动，以保证到进气冲程后期缸内仍然有高的气体运动能，这不但能改善燃油与空气的混合，还能帮助燃油喷雾偏离活塞和气缸套[93]。

2) 燃油供给的优化匹配

提高缸内混合气形成质量能降低直喷汽油机颗粒物排放。混合气的形成质量很大程度上依赖于燃油雾化、蒸发及其与空气的混合。增加喷油压力、能灵活地多次喷油、最小化燃油湿壁和控制燃油温度是对燃油供给系统的基本要求。喷油器结构和喷雾方向是影响直喷汽油机颗粒物排放的重要因素。

影响直喷汽油机缸内混合气形成的电磁阀式多孔喷油器主要参数有：喷孔数和形状、喷雾分布形式、喷孔位置和喷射角度、静态流量率、最小喷油持续期、喷孔的加工方法激光切割或腐蚀和喷孔的几何形状(直孔或阶梯孔)。由于在空气卷吸、精确的小喷油量和多次喷油方面的优势，压电晶体喷油器比电磁阀式喷油器在降低直喷汽油机颗粒物排放方面有更大的优势。但是压电晶体喷油器成本高，而且只能用于喷油器中置的燃烧系统中。满足欧Ⅵ排放标准直喷汽油机汽车颗粒物数量的汽油喷油器必须要满足高的喷油雾化质量，避免喷出燃油束的相互作用[93]。

减少直喷汽油机颗粒物排放的关键在于减小燃油在燃烧室内的撞壁，特别是活塞处于冷态时。喷油时刻早产生的燃油湿壁或喷油晚使混合气形成时间缩短都会导致直喷汽油机颗粒物数量的增加。任何能加速壁面和活塞升温的手段都将有助于减少直喷汽油机颗粒物[93]，特别是核态颗粒物[9]。在冷起动时，联合高压燃油与多次喷油，通过改善燃油雾化和湿壁特性能减少直喷汽油机颗粒物的产生，并能改善其燃烧稳定性。在冷起动和暖机阶段，多次喷油策略可以减少燃油撞壁(活塞头部和气缸套)，并使燃烧初始阶段的混合气均匀。优化喷油时刻和利用精确的多次喷油脉冲控制燃油分配比例是减少直喷汽油机颗粒物排放很重要的标定参数[126,127]。

在低速和小负荷时，喷油压力对直喷汽油机颗粒物排放有很大的影响。提高喷油压力，可以改善混合气形成质量，降低直喷汽油机的颗粒物数量，同时能减少核态颗粒物数量，但对积聚态颗粒物数量几乎没有影响[9]。对于自然吸气、喷油器侧置的直喷汽油机来说，采用单次喷油，在低速高负荷时容易产生颗粒物，因为在喷油压力固定时，喷雾贯穿度正比于喷油持续期。在一个特定的喷油器流量率下，喷油持续期又由达到确定燃空当量比下的负荷所需的喷油量决定。在高负荷时，循环喷油量增加，大的喷油持续期导致喷雾贯穿度增加。在低速大负荷工况下，涡轮增压直喷汽油机的循环喷油量很高，而在低速时有效的空气运动不足以使高贯穿度燃油喷雾从气缸套和活塞上偏转，导致高的碳烟排放。但在高速下，空气运动能高，即使喷雾贯穿度大，高的空气滚流运动也能减少燃油撞壁，改善混合气的质量，因此高速工况下直喷汽油机的碳烟排放低。

在NEDC的市郊循环阶段，发动机已经完全暖机，但汽车速度高，而且比城市循环中有更长的加速阶段。喷油量的增加会加长喷油持续期，容易在活塞头部产生燃油撞壁。增加喷油压力能减小油滴直径，有利于燃油蒸发，然而喷雾贯穿度加大，容易发生燃油撞击活塞和/或气缸套的现象。为了解决这两个矛盾，可以采用高压燃油+多次喷油。激光钻孔技术的出现为在相同的喷油压力下，减少喷油贯穿度和改善燃油雾化质量提供了可能。它也可以灵活地改变单个喷孔的直径，从而控制每个油束的贯穿度，避免燃油撞壁[93]。研究表明[93,128,129]，高滚流气道可以改变燃油油束方向，燃烧室凹坑能改进直喷汽油机燃烧稳定性，并限制燃油湿壁量，优化的滚流能减少气缸套上 20%的燃油质量。

对于一个特定直喷汽油机的运行工况点，均质混合气可以通过在进气过程中的 1 次均质喷油(homogeneous single injection，HOM1)或 2 次均质喷油(HOM2)来形成。在进气过程中的 HOM 2 可以比 HOM1 时降低达 40%的颗粒物质量和数量。把 1 次喷油分成多次，可以减少喷雾的贯穿度，避免喷雾间的相互作用，并减少壁面油膜的形成。采用在进气过程中 1 次喷油+压缩过程中 1 次喷油(homgeneous splitz，HSP2)时，在喷油时高的燃烧室温度和高的湍流能改善混合气的均匀性，还可以进一步地减少直喷汽油机颗粒物排放。与 HOM1 相比，HSP2 方式下直喷汽油机的颗粒物数量能减少 55%，而颗粒物质量减少 75%，如图 2-54 所示[92]。

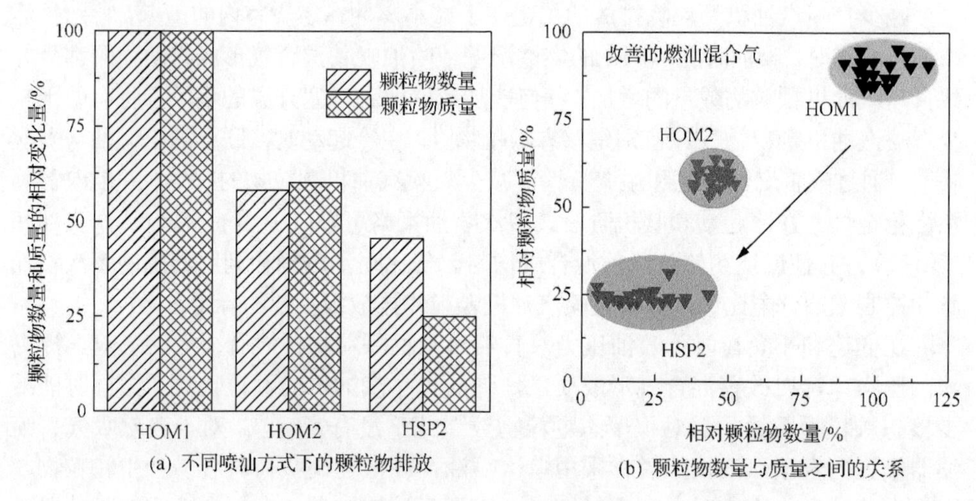

(a) 不同喷油方式下的颗粒物排放　　(b) 颗粒物数量与质量之间的关系

图 2-54　喷油策略对直喷汽油机颗粒物排放的影响[92]

直喷汽油机要满足欧Ⅴ排放标准和欧Ⅵ排放标准，其燃油供给系统要满足一些基本要求，如表 2-7 所示。

表 2-7　满足欧Ⅴ排放标准和欧Ⅵ排放标准直喷汽油机汽车颗粒物排放的硬件和功能要求对比[93]

参数	欧Ⅴ排放标准	欧Ⅵ排放标准
多孔喷油器喷孔数/个	6～7	6～7
喷雾贯穿度/mm	80	70～80
喷雾的相互作用	无可见的单个喷雾	无可见的单个喷雾
油滴 Sauter 平均直径	在>6MPa 的喷油压力下<20μm	在>6MPa 的喷油压力下<20μm
最小喷油量/(mg/s)	6	3～4
最大工作压力/MPa	15	20
静态流量率/(mL/s)	自然吸气：15，涡轮增压：20	自然吸气：15，涡轮增压：20
其他要求	—	每循环 4 次喷油，高的初始喷油压力，在起动时多次喷油的驱动功能

此外，优化喷油时刻、喷油压力和喷油次数能显著地减少过渡工况下直喷汽油机的颗粒物排放[93]。减少直喷汽油机颗粒物排放和润滑油稀释需要仔细地设计进气运动、优化活塞头上的燃烧室形状、喷油器位置和喷雾方向。

3) 燃烧系统

为了在冷起动时能稳定地燃烧，并减少排放，在直喷汽油机活塞头上设计一个浅坑以便于形成分层混合气[130]。对于涡轮增压直喷汽油机，还要优化进气道的流通能力以改善功率，同时要形成一定强度的缸内气体流动，以提高燃烧放热速率，防止爆震。但是高气体流通能力的进气道通常会导致缸内气流运动能量降低。因此，进气道的设计需要权衡气体流通能力和气流运动能量这两点。可变气流控制装置可以解决高负荷时的流量和低负荷时高气流动能的需要。但在涡轮增压汽油机中，流通能力不是很重要，充量的运动却是重要的。要用高的滚动能加速涡轮增压汽油机的燃烧，减缓爆震增加的风险。但是高滚流也会增加传热损失，对汽油机燃油经济性不利。在高负荷时，由于从气缸壁上吸收的热量增加，也可能增大汽油机的爆震倾向。

适当的燃烧室壁面温度能使燃烧室内的润滑油膜最小，防止由通风系统引入的进气系统沉积物和润滑油残留物。此外，在燃烧室内要组织优化的缸内充量运动，实现充足的空气与汽油混合，防止浓混合气区的出现，提供高的充量温度，并推迟点火时刻[9]。

在动态过程中，优化混合气形成是特别重要的。通过最小化油膜形成和在进气门开启期间同步喷油可以获得好的动态响应[15]。因此，必须要对喷油器的喷孔分布和喷雾形态进行优化评估，以减少燃油撞壁和油束与燃烧系统内其他部件的干涉。

2.10 燃料特性对汽油机排放的影响

燃料的挥发性、芳香烃、烯烃和硫含量、氧含量和苯含量影响汽油机的颗粒物排放。燃料特性减小汽油机排放能力从大到小的顺序是硫含量、蒸汽压、馏程特性、轻的烯烃和芳香烃含量[131]。低挥发性汽油产生更多的颗粒物排放，因为黏附在活塞上的燃油和残留物会以扩散火焰方式燃烧。芳香烃具有沸点高、蒸汽压低和环形结构，所以汽油中的芳香烃含量越高，汽油机排出的颗粒物越多[132]。表 2-8 给出了汽油成分对轻型汽油汽车排放的影响[133]。

表 2-8 汽油成分对轻型汽油汽车排放的影响[133]

汽油特性	无催化剂	欧Ⅰ排放标准	欧Ⅱ排放标准	欧Ⅲ排放标准	欧Ⅳ排放标准	欧Ⅴ排放标准/欧Ⅵ排放标准	备注
铅↑	Pb、HC↑	当催化剂老化时，CO、HC 和 NO_x 排放急剧增加					—
硫↑（50～450 $\times 10^{-6}$）	SO_2↑	CO、HC 和 NO_x 排放均增加 15%～20%					车载诊断（OBD）系统可能不正常

续表

汽油特性	无催化剂	欧Ⅰ排放标准	欧Ⅱ排放标准	欧Ⅲ排放标准	欧Ⅳ排放标准	欧Ⅴ排放标准/欧Ⅵ排放标准	备注
烯烃↑	—	1,3-丁二烯增加，HC 活性和 NO_x 增大，欧Ⅲ排放标准汽车的 HC 少量增加					有潜在的沉积物生成
芳香烃↑	HC 和 NO_x 可能增加	排气中的苯和 HC↑、NO_x↓、CO↑					进气门和燃烧室沉积物往往增加
苯↑		苯和可蒸发排放增加					—
乙醇↑，达到 3.5%O_2	低的 CO 和 HC，略微高的 NO_x(在含氧量高于 2%时)	对装有 O_2 传感器和自适应学习系统的新车影响最小					除非调整 RVP，否则可蒸发排放增加，可能影响燃油系统的部件，存在沉积物问题的可能，燃油经济性稍有恶化
MTBE↑，达到 2.7%O_2	低的 CO 和 HC，高的醛类排放	对装有 O_2 传感器和自适应学习系统的新车影响最小					有污染地下水的风险
馏程特性 T50 和 T90↑	可能的 HC↑	HC↑					—
MMT↑	锰↑	可能堵塞催化器					O_2 传感器和 OBD 系统可能损坏；轻型汽车可能不能正常运行
RVP↑	—	蒸发性 HC↑					亚洲国家的气温高，它是一个最重要的参数
控制沉积物的添加剂↑	—	可能有益于 HC 和 NO_x 排放的控制					有助于减少喷油器、化油器、进气门和燃烧室上的沉积物

注：↑表示增加；↓表示下降；RVP 表示 Reid 蒸汽压力；T50 表示馏出 50%汽油的温度；T90 表示馏出 90%汽油的温度；MTBE 表示甲基叔丁基醚；MMT 表示甲基环戊二烯三羰基锰。

燃料中的硫含量是影响汽油机颗粒物排放和催化器寿命的重要成分。因此，欧洲联盟对汽油中的硫含量有明确的规定。具体的实施时间和限值如下[134]。

1994 年 10 月：汽油的最大含硫质量为 0.2%。

2000 年 1 月：汽油的最大含硫质量为 150×10^{-6}。

2005 年 1 月：汽油的最大含硫质量为 50×10^{-6}。

2009 年 1 月：汽油的最大含硫质量为 10×10^{-6}。

2.11　汽油机冷起动时的排放控制

在冷起动时，汽油机的循环水、进气道和气缸壁面的温度均很低，可燃混合气的形成困难。对于进气道喷油汽油机来说，喷油后，沉积在进气道和气缸壁上的燃油不能迅速蒸发，因此不能参加下一个循环的燃烧。为了确保汽油机稳定运转，需要在冷起动阶段供给更多的燃油。在排气行程，这些未燃的燃油就进入排气系统，不但不能做功，反而使汽油机的原始 HC 和 CO 排放急剧增加。此时催化器尚未起燃，不能有效地氧化掉这些有害排放物，导致汽油机在冷起动时的排放大幅增加。随着汽车排放标准的加严，冷起动时汽油机的排放已成为汽车排放控制不可缺少的环节。在 NEDC 下，汽油机冷起动阶段需要控制的主要排放物是 HC 和颗粒物。在 FTP-75 下，低的环境温度会增加汽油机的 CO、HC 和颗粒物排放，而在 EPA US06，即补充的联邦测试循环(supplemental federal test procedure，SFTP)下，环境温度对这些排放的影响较小。

2.11.1　HC 排放控制

轻型汽车在 FTP-75 下，超过 80%的总 HC 排放是在冷起动阶段产生的[135]。图 2-55 给出了一款安装了 1.4L 涡轮增压进气道喷油汽油机的 2013 Dodge Dart 轿车在 FTP-75 下的累积总 HC 排放变化趋势[136]。可见，大部分 HC 排放是在冷起动阶段排出的。因此，控制冷起动时汽油机的 HC 排放极其重要。

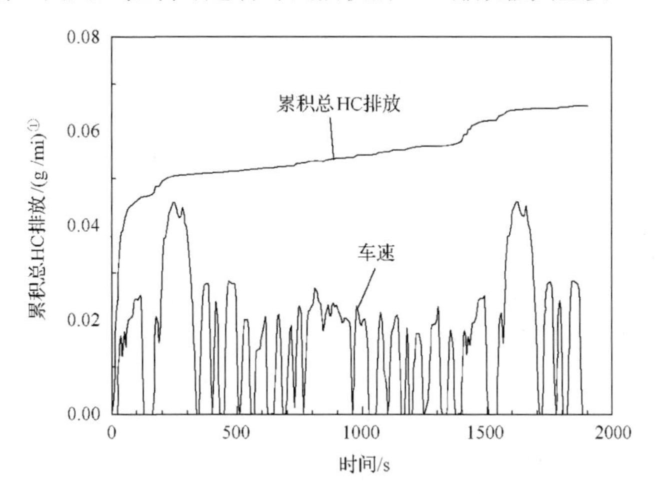

图 2-55　2013 Dodge Dart 轿车在 FTP-75 下的累积总 HC 排放[136]

进气道喷油汽油机将汽油直接喷到进气道和进气门背面，并利用这些区域的高温帮助汽化。但在冷起动时，为了保证其起动性，需要喷射比形成理论燃空当量比混合气浓的燃油量，导致进气道和气缸湿壁严重，大量液态燃油沉积在进气道和进气门背面，在进气门开启时，随着空气流入气缸，不可避免地导致缸内局部混合气过浓或过稀，伴随着气门重叠期间高的内部 EGR 率，低的混合气燃烧速率导致不完全的火焰传播。气门打开时喷油虽然有利于快速起动，但大量燃料直接碰撞气缸壁，会引起燃油湿壁。在气缸壁上的燃料在膨胀冲程后期和排气冲程中蒸发，随着排气排出，形成 HC 排放。在压缩和燃烧过程中，部分未燃 HC 被压缩到燃烧室的缝隙区，在膨胀过程中又释放出来，也会形成未燃 HC 排放。冷

① 1mi=1.609 344km。

起动时汽油机的壁面淬熄严重，也会导致汽油机 HC 排放增加。当然，缸内液态燃油和水的存在，可能会使火花塞点火失效，导致汽油机 HC 排放急剧增加。此外，排气门泄漏也是 HC 排放的来源之一。

对于进气道喷油汽油机来说，影响冷起动 HC 排放的主要原因如下[137]。

(1) 失火。气缸内燃油的成功燃烧依赖于火花点火和稳定的火焰前锋发展。而有效的点火取决于火花间隙处的可燃混合气与火花放电的一致性。如果在电极间隙处存在液相燃油，就会引起点火失败。当火花塞间隙中的混合气浓度不在点火极限时，火花也不可能点燃混合气。另外，着火循环中凝结在电极间的水蒸气也可能引起点火失败，这在冷起动时发生的可能性更大。火焰前锋面的稳定性依赖于适当的废气稀释混合气的浓度。因此，在第一个着火循环后，为了保证燃烧稳定，需要使用浓一点的混合气以补偿水蒸气对混合气的稀释。

(2) 不完全的火焰传播。在冷起动时，不适当的点火时刻、充量不均匀或有高的残余废气率都可能会在燃烧室有些区域出现容积火焰淬熄，导致不完全的火焰传播。废气稀释导致的部分燃烧甚至失火会引起汽油机原始 HC 排放的增加。

(3) 燃油湿壁。在冷起动阶段，气缸壁是冷的。这样，在前几个汽油机工作循环中，液体燃油引起的湿壁量很大，而且新鲜的充量也不能得到前一个着火循环中缸内残余热废气的加热。燃油湿壁量依赖于燃油雾化与喷油时刻，并且会发生在燃烧室内的不同位置。气缸燃油壁湿程度依赖于液体燃油的雾化、缸内气体和气缸壁的温度、燃油挥发性和液体燃油的蒸发时间。燃油湿壁使冷起动阶段喷油量的精确控制变得很困难。因此，进气道喷油汽油机采用更多的喷油量来补偿湿壁和燃油蒸发能力的下降。

(4) 浓混合气。在冷起动阶段，由于进气温度相当低、马达拖动转速低，不利于燃油的输运和混合气的形成，加上在低速时，气缸漏气和传热损失大，压缩温度和压力都低，而且在起动过程中汽油机要经历加速和减速这些过渡工况。因此，在冷起动阶段通常需要使用浓混合气以便于点燃。在进气过程中沉积在气缸壁面上的液体燃油蒸发，也会在气缸内形成局部的浓混合气，膨胀行程后期的不完全氧化，导致汽油机的 HC 和 CO 排放上升。

(5) 燃油-空气混合气的缝隙存储与释放。汽油机燃烧室中的缝隙包括气缸套环隙、气门座缝隙、火花塞螺纹和气缸垫缝隙等。其中，主要的缝隙为活塞环隙。在冷起动时，活塞与气缸套间的间隙更大，允许有更多的未燃燃油进入活塞环隙。

(6) 液相和气相燃油引起的润滑油稀释。在冷起动时，从气缸壁面上脱附的气相燃油氧化受限于与 O_2 的不充分混合和低的缸内气体温度。在润滑油中有高溶解性的液相燃油时，汽油机会产生高的 HC 排放[138]。在汽油机暖机条件下，在进气、压缩和火焰达到气缸壁面前的早期膨胀阶段，大多数气相燃油被吸收到润滑油膜中。燃油中的轻质馏分可能在膨胀和排气阶段脱附并扩散到气缸的气体中，但是重质馏分被吸附在润滑油中，并有可能进入油底壳[139]。

(7) 壁面淬熄。与暖机后的发动机相比，火焰在壁面的淬熄对冷起动时汽油机的 HC 排放有更大的作用。火焰淬熄距离随着壁面温度的升高而减小[140]。因此，在冷起动时，由壁面淬熄产生的汽油机 HC 排放比暖机后高。

(8) 焰后氧化差。在主燃烧后燃烧室内剩余 HC 的焰后氧化会在气缸和排气道中进行[141,142]。

直喷汽油机混合气的形成方式不同于进气道喷油汽油机。直喷汽油机在压缩过程中喷油，此时缸内的温度上升，燃油更容易蒸发。由于采用分层混合气，燃油计量更精确，所以直喷汽油机在冷起动时的喷油量比进气道喷油汽油机低得多，如图 2-56[143]所示。因此，在冷起动阶段直喷汽油机的 HC 排放比进气道喷油汽油机低得多[18]。涡轮增压直喷汽油机由于采用低的压缩比，所以在正常的运行工况下，其原始 HC 和 NO_x 排放下降，但由于最高燃烧温度下降，其原始 CO 排放略有增加。然而在冷起动时，涡轮增压直喷汽油机的排气管和涡轮存在热惯性，它们会从排气中吸收热量，从而推迟催化器的起燃，有可能使排放接近限值。采用分开式喷油能在缸内形成均质稀混合气并在火花塞周围形成分层可点燃混合气，甚至能在 20～30°CA ATDC 的点火时刻下稳定燃烧。这就能在催化器起燃前阶段消耗最少的燃油，而在排气门打开前提供最热的废气，克服了涡轮的热惯性，加速了催化剂的起燃[144]。

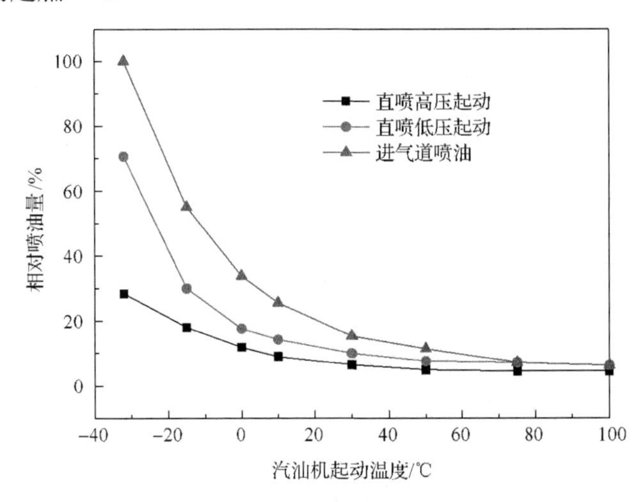

图 2-56　冷起动时不同汽油机喷油量对比[143]

在各种影响汽油机冷起动时 HC 排放的因素中，按其对 HC 排放贡献率从大到小排序为失火、不完全的火焰传播、燃油湿壁、浓混合气、混合气的缝隙存储和释放、燃油及其蒸气对润滑油的稀释、壁面淬熄和焰后氧化差。其中，失火、不完全的火焰传播、浓混合气和燃油湿壁是汽油机冷起动时 HC 排放高的主要原因。因此，提高汽油机起动初始几个循环中的稳定燃烧，减少失火和不完全的火焰传播对于降低冷起动时汽油机 HC 排放有非常重要的作用。

降低冷起动阶段汽油机 HC 排放必须要联合精确的燃油计量、有效的缸内燃烧和高效的催化后处理系统来实现。降低冷起动时汽油机 HC 排放的机内措施如下。

(1)优化汽油机喷油时刻、火花点火时刻和能量、进气管压力，在点火时刻火花塞周围有可点燃的混合气，并能让火焰稳定地传播到整个燃烧室；在推迟点火时刻时，缸内要有适当的湍流，确保火焰完全传播；通过控制点火时刻，在排气门打开前让火焰传遍整个燃烧室。

(2)减少湿壁可减少活塞环缝隙中的燃油、燃油对润滑油的稀释、膨胀和排气过程中燃油蒸气的脱附。对于直喷汽油机，优化喷油设计参数(雾化、喷雾锥角和喷油方向)和喷油时刻可减少燃油湿壁。

(3)采用稀薄分层燃烧技术。在低速时，通过关闭 4 气门汽油机的一个进气门，形成强涡流以稳定燃烧。

(4)优化活塞环设计，降低活塞环缝隙处燃油蒸汽的存储与释放，如将第一道活塞环上移。

(5)在冷起动着火后的第一个减速过程中，控制进气歧管压力下降幅度，以避免上一个着火循环的残余废气极度稀释可燃混合气。

在冷起动时，汽油机燃烧不稳定受混合气的形成质量、残余废气率、混合气温度、转速和火花点火时刻等的影响。直喷汽油机缺少形成均质混合气所需要的时间，因此，在点火时刻前缸内混合气是分层的。这样，在低速和高负荷时，缸内空气运动减弱，导致燃烧效率和稳定性均恶化。直喷汽油机要想获得与进气道喷油汽油机一样的均质混合气有两种方法：一种是利用强烈的缸内气体运动；另一种是把预混均质混合气引入缸内。前者是大多数直喷汽油机所采用的典型手段，但它又会由于进气流量的限制降低了全负荷时的扭矩。在每个气缸分别安装一个进气道喷油器和一个直喷喷油器是一种解决方案。进气道和缸内同时喷油可以改善燃油的扩散，形成比进气道喷油汽油机更加均匀的混合气。因此，进气道喷油+直喷的汽油机燃烧放热速率高于进气道喷油汽油机，并能降低其循环波动。进气道喷油+直喷喷油器同时喷油能优化低速时汽油机的燃烧。与传统的直喷汽油机相比，进气道喷油+直喷约能减少汽油机怠速时 20%的 HC 排放[145]。

冷起动阶段汽油机 HC 排放的后处理技术将在第 3 章中介绍。

2.11.2 颗粒物排放控制

轻型汽车在 NEDC 的不同阶段均会排出颗粒物。燃料的蒸发性和氧含量是影响汽油机颗粒物数量的因素[91]。在 ECE 15 期间，低车速和长怠速时间，阻碍了燃烧室内温度的增加。在低气缸温度时，气缸内有更多的壁面油膜产生，尤其是壁面引导燃烧系统直喷汽油机，燃油直接喷到活塞头部，形成壁面油摸，引起颗粒物生成量的增加。因此，第一个 ECE 15 是总排气中纳米颗粒物数量的最大贡献者，在没有安装颗粒过滤器时汽油机颗粒物数量达到排气中总纳米颗粒物数量的 63%[146]。同样，在 FTP-75 下，直喷汽油机和进气道喷油汽油机会在冷起动阶段排出大部分黑色固体颗粒物[103]。

图 2-57 给出了装有排量为 1.6L 的进气道喷油和直喷汽油机的同一款汽车在底盘测功机上按照 NEDC 得到的颗粒物数量 [93]。可见，这两台汽油机在冷起动和冷态过渡工况下的颗粒物数量是最高的，因为冷的汽油机和空气减少了燃油的蒸发率，使混合气的形成质量恶化。对于进气道喷油汽油机，在 NEDC 300s 后，汽油机已经暖机，颗粒物数量尖峰大幅降低。然而，尽管在暖机后活塞是热的，因为没有足够的时间让所有的燃油蒸发和空气混合，加上缸内存在燃油撞壁现象，直喷汽油机在加速期间的颗粒物数量仍然很高。

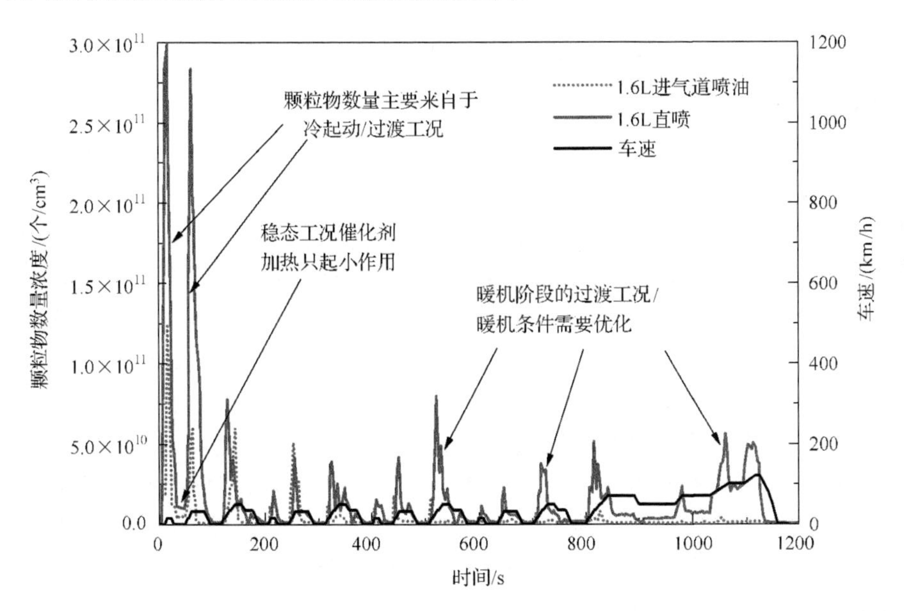

图 2-57　在 NEDC 下，欧Ⅴ排放标准进气道喷油和直喷汽油机汽车颗粒物数量对比[93]

直喷汽油机在冷起动阶段以及催化器加热阶段排出大量的颗粒物，因为大多数燃烧能量存储在排气中，燃烧室加热慢，发动机还没有达到工作温度。这样，与冷燃烧室壁面接触的燃油液滴不能完全蒸发，燃油蒸气又浓缩成液体，导致汽油机颗粒物排放升高。其中，过渡工况近似贡献了总颗粒物排放的 60%，而且大部分是在第一个 ECE 15 内排出的。在第一个 ECE 15 后，汽油机的冷却水温度大约为 60℃，汽油机燃烧室表面足够热，喷油蒸发质量改善，汽油机的颗粒物数量在其余的 ECE 15 和 EUDC 中迅速下降[9]。签于此，本节主要讨论直喷汽油机颗粒物的机内控制技术。

直喷汽油机冷起动的标定特别重要。减少汽油机颗粒物数量的重点就是通过发动机管理来控制空气和喷油策略(喷油次数、时刻、喷油量和压力)，改善燃油雾化、空气与燃油的混合质量，使气缸内空燃混合气的不均匀最小化，同时减少活塞和气缸套上的燃油湿壁[111,147]。在冷起动和加速运行时，直喷汽油机过高的纳米颗粒物可以通过先进的喷油系统、发动机控制策略、多孔喷油器和多次喷油来显著地降低。任何能缩短暖机的措施都有助于降低直喷汽油机颗粒物质量和数量，因为加速暖机有助于减少活塞表面、气缸套壁面以及沉积物层油膜中存储的液态燃油。可切换的电动水泵是实现快速暖机的一种措施，它有助于改善直喷汽油机燃油经济性和颗粒物排放[93]。

高的排气温度和 O_2 过剩是燃烧结束后颗粒物在燃烧室和排气系统中继续氧化所需要的。如果汽油机的控制参数满足这两个关键要求，就能降低汽油机颗粒物排放。与进气道喷油汽油机相比，直喷汽油机可以采用更迟的点火时刻来加热催化剂，从而减少催化器的起燃时间，实现在一个驾驶循环中降低排放的目的，加快催化器起燃可以通过多次喷油来完成。此时，大部分燃油在进气过程早期喷入气缸形成均质混合气，剩余的燃油在压缩过程后期喷入气缸，以在火花塞处形成分层的可点燃浓混合气。使用略稀于理论燃空当量比的混合气有助于燃油在催化器中的放热，而在火花塞处产生的浓混合气可以在更迟的点火时刻下实现比均质混合气更稳定的燃烧。因此，在起动后的第一个怠速阶段，将点火时刻推迟到 20～25°CA ATDC 来增加排气中的热流量，并在第一个 ECE 15 中维持 λ 在 1.05～1.1，加快催化器的起燃[9,93]。为了在冷起动时获得低的汽油机颗粒物数量，第一次喷油必须是高质量的，以促进混合气形成。这可以通过尽可能地提高第一次喷油时的燃油压力、优化喷油策略以及最小化燃油撞壁来实现。为了避免燃油压力高导致过长的直喷汽油机倒拖时间，燃油系统的硬件要很好地匹配和优化，以加快供油系统中燃油压力上升率。虽然高的喷油压力有助于改善燃油雾化质量、减小油滴直径、增加燃油蒸发、提高可燃混合气的质量、减少颗粒物排放，但增大的喷雾贯穿度也会增加燃油湿壁，并稀释气缸壁上的润滑油膜[91,148]。因此，在优化喷油压力减小颗粒物排放时，需要考虑喷油雾化质量和撞壁间的矛盾关系。在催化器加热阶段，采用多次喷油除了能稳定燃烧、减少湿壁、降低排放和燃油消耗，还能显著地减少直喷汽油机颗粒物排放[91,94]。在特定的汽油机负荷和转速下，推迟点火时刻使燃烧推迟和排气温度升高，有助力于降低颗粒物排放。然而，推迟点火时刻会导致汽油机燃油消耗的增加，因此推迟点火时刻只用在催化器的起燃阶段[93]，在催化剂达到 600℃后，结束点火时刻推迟[9]。

在冷起动和催化器加热后，下一个降低颗粒物排放的挑战发生在快速的暖机阶段，特别是减少燃烧室和活塞头部颗粒物的生成[93]。在暖机阶段，采用在进气晚期和压缩后期的两次喷油，以形成合适的混合气，降低汽油机颗粒物排放[9]。此外，还要避免燃油撞击活塞头部和燃烧室其他表面。利用空气滚流运动来减少活塞上的燃油撞壁可以降低颗粒物的排放，用空气导向方法产生高滚流已在涡轮增压直喷汽油机中得到应用[93]。研究发现[149,150]，在 NEDC 中，一些最新的直喷汽油机采用机内措施就能满足 6×10^{11} 个/km 的颗粒物排放限值。

参 考 文 献

[1] Reif K. Gasoline Engine Management Systems and Components[M]. Wiesbaden: Springer Vieweg, 2015.

[2] Fraidl G K. Gasoline engines 2020 200g/kWh with stoichiometric EGR[C]. Hyundai Kia International Powertrain Conference, Namyang, 2014.

[3] Alkidas A C, El Tahry S H. Contributors to the fuel economy advantage of DISI engines over PFI engines[C]. SAE Powertrain & Fluid Systems Conference & Exhibition, Pittsburgh, 2003.

[4] Reif K. Ottomotor-Management im Überblick[M]. Wiesbaden: Springer Fachmedien, 2015.

[5] Koch T, Schänzlin K, Boulouchos K. Characterization and phenomenological modeling of mixture formation and combustion in a direct injection spark ignition engine[C]. SAE World Congress, Detroit, 2002.

[6] VanDerWege B A, Han Z, Iyer C O, et al. Development and analysis of a spray-guided DISI combustion system concept[C]. SAE Powertrain & Fluid Systems Conference & Exhibition, Pittsburgh, 2003.

[7] Kneifel A, Buri S, Velji A, et al. Investigations on supercharging stratified part load in a spray-guided DI SI engine[J]. SAE International Journal of Engines, 2008, 1(1): 171-176.

[8] Spicher U, Magar M, Hadler J. High pressure gasoline direct injection in spark ignition engines-efficiency optimization through detailed process analyses[J]. SAE International Journal of Engines, 2016, 9(4): 2120-2128.

[9] Piock W, Hoffmann G, Berndorfer A, et al. Strategies towards meeting future particulate matter emission requirements in homogeneous gasoline direct injection engines[J]. SAE International Journal of Engines, 2011, 4(1): 1455-1468.

[10] Drake M C, Haworth D C. Advanced gasoline engine development using optical diagnostics and numerical modeling[J]. Proceedings of the Combustion Institute, 2007, 31(1): 99-124.

[11] Kaiser E W, Rothschild W G, Lavoie G. Storage and partial oxidation of unburned hydrocarbons in spark-ignited engines-effect of compression ratio and spark timing[J]. Combustion Science and Technology, 1984, 36(3-4): 171-189.

[12] Wu K C, Hochgreb S. The role of chemistry and diffusion on hydrocarbon post-flame oxidation[J]. Combustion Science and Technology, 1997, 130(1-6): 365-398.

[13] Eng J A, Leppard W R, Najt P M, et al. The interaction between nitric oxide and hydrocarbon chemistry in a spark ignition engine[C]. International Fall Fuels & Lubricants Meeting & Exposition, Tulsa, 1997.

[14] Eng J A. The effect of spark retard on engine-out hydrocarbon emissions[C]. Powertrain & Fluid Systems Conference & Exhibition, San Antonio, 2005.

[15] Schäfer F, van Basshuysen R. Reduced Emissions and Fuel Consumption in Automobile Engines[M]. Wien: Springer-Verlag, 1995.

[16] Kayes D, Hochgreb S. Mechanisms of particulate matter formation in spark-ignition engines. 1. Effect of engine operating conditions[J]. Environmental Science & Technology, 1999, 33(22): 3957-3967.

[17] Chambon P, Huff S, Norman K, et al. European lean gasoline direct injection vehicle benchmark[C]. SAE World Congress & Exhibition, Detroit, 2011.

[18] Zhao F, Lai M-C, Harrington DL. Automotive spark-ignited direct-injection gasoline engines[J]. Progress in Energy and Combustion Science, 1999, 25(5): 437-562.

[19] Johnson T. Gasoline vehicle emissions-SAE 1999 in review[C]. SAE World Congress, Detroit, 2000.

[20] Huang Y, Alger T, Matthews R D, et al. The effects of fuel volatility and structure on the HC emissions from piston wetting in DISI engines[C]. SAE World Congress, Detroit, 2001.

[21] Chin S T, Lee C-F F. Numerical investigation of the effect of wall wetting on hydrocarbon emissions in engines[J]. Proceedings of the Combustion Institute, 2002, 29: 767-773.

[22] Kaiser E W, Siegl W O, Brehob D D, et al. Engine out emissions from a direct-injection spark-ignition (DISI) engine[C]. International Spring Fuels & Lubricants Meeting & Exposition, Dearborn, 1999.

[23] van Basshuysen R, Schäfer F. Internal Combustion Engine Handbook Basics, Components, Systems, and Perspectives[M]. Warrendale: SAE International, 2004.

[24] Zhao H. Advanced Direct Injection Combustion Engine Technologies and Development: Volume 2 Diesel engines[M]. Cambridge: Woodhead Publishing Limited and CRC Press LLC, 2010.

[25] Alkidas A C. The effects of fuel preparation on hydrocarbon emissions of a S.I. engine operating under steady-state conditions[C]. Fuels & Lubricants Meeting & Exposition, Baltimore, 1994.

[26] Ladommatos N, Rose D W. Results of a computer model of droplet thermodynamic and dynamic behaviour in the port of a port-injected engine[C]. International Congress & Exposition, Detroit, 1996.

[27] Arcoumanis C, Gold M R, Whitelaw J H, et al. Droplet velocity/size and mixture distribution in a single-cylinder four-valve spark-ignition engine[C]. International Congress and Exposition, Detroit, 1998.

[28] Alger T, Hall M, Matthews R D. The effects of in-cylinder flow fields and injection timing on time-resolved hydrocarbon emissions in a 4-Valve, DISI engine[C]. International Spring Fuels & Lubricants Meeting & Exposition, Paris, 2000.

[29] Stovell C, Matthews R, Johnson B E, et al. Emissions and fuel economy of a 1998 Toyota with a direct injection spark ignition engine[C]. International Spring Fuels & Lubricants Meeting & Exposition, Dearborn, 1999.

[30] Kramer U, Phlips P. Phasing strategy for an engine with twin variable cam timing[C]. SAE World Congress, Detroit, 2002.

[31] Cairns A, Todd A, Hoffman H, et al. Combining unthrottled operation with internal EGR under port and central direct fuel injection conditions in a single cylinder SI engine[C]. Powertrains, Fuels and Lubricants Meeting, San Antonio, 2009.

[32] Cairns A, Blaxill H, Irlam G. Exhaust gas recirculation for improved part and full load fuel economy in a turbocharged gasoline engine[C]. SAE World Congress, Detroit, 2006.

[33] Moriya Y, Watanabe A, Uda H, et al. A newly developed intelligent variable valve timing system-continuously controlled cam phasing as applied to a new 3-liter in-line-6 engine[C]. International Congress & Exposition, Detroit, 1996.

[34] Tsuchida H, Hiraya K, Tanaka D, et al. The effect of a longer stroke on improving fuel economy of a multiple-link VCR eEngine[C]. Powertrain & Fluid Systems Conference & Exhibition, Rosemont, 2007.

[35] Ikeya K, Takazawa M, Yamada T, et al. Thermal efficiency enhancement of a gasoline engine[J]. SAE International Journal of Engines, 2015, 8(4): 1579-1586.

[36] Nakata K, Nogawa S, Takahashi D, et al. Engine technologies for achieving 45% thermal efficiency of S I engine[J]. SAE International Journal of Engines, 2015, 9(1): 179-192.

[37] Samenfink W, Albrodt H, Frank M, et al. Strategies to reduce HC-emissions during the cold starting of a port fuel injected gasoline engine[C]. SAE World Congress, Detroit, 2003.

[38] Ladommatos N, Abdelhalim S M, Zhao H, et al. The dilution, chemical and thermal effects of exhaust gas recirculation on diesel engine emissions-part 1: Effect of reducing inlet charge oxygen[C]. International Spring Fuels & Lubricants Meeting, Dearborn, 1996.

[39] Ladommatos N, Abdelhalim S M, Zhao H, et al. The dilution, chemical and thermal effects of exhaust gas recirculation on diesel engine emissions-part 2: Effect of carbon dioxide[C]. International Spring Fuels & Lubricants Meeting, Dearborn, 1996.

[40] Ladommatos N, Abdelhalim S M, Zhao H, et al. The effects of carbon dioxide in EGR on diesel engine emissions[J]. Proceedings of the Institution of Mechanical Engineers, Part D: Journal of Automobile Engineering, 1998, 212(1): 25-42.

[41] Maiboom A, Tauzia X, Hetet J F. Experimental study of various effects of exhaust gas recirculation(EGR) on combustion and emissions of an automotive direct injection diesel engine[J]. Energy, 2008, 33(1): 22-34.

[42] Ganser J, Blaxill H, Cairns A. Hochlast-AGR am turboaufgeladenen Ottomotor[J]. MTZ-Motortechnische Zeitschrift, 2007, 68(7-8): 564-569.

[43] Alger T, Chauvet T, Dimitrova Z. Synergies between high EGR operation and GDI systems[J]. SAE International Journal of Engines, 2008, 1(1): 101-114.

[44] Roth D, Sauerstein R, Becker M, et al. Application of hybrid EGR systems to turbocharged GDI engines[J]. MTZ Worldwide, 2010, 71(4): 12-17.

[45] Hoffmeyer H, Montefrancesco E, Beck L, et al. CARE-catalytic reformated exhaust gases in turbocharged DISI engines[J]. SAE International Journal of Fuels and Lubricants, 2009, 2(1): 139-148.

[46] Siokos K, Koli R, Prucka R, et al. Assessment of cooled low pressure EGR in a turbocharged direct injection gasoline engine[J]. SAE International Journal of Engines, 2015, 8(4): 1535-1543.

[47] Blank H, Dismon H, Kochs M W, et al. EGR and air management for direct injection gasoline engines[C]. SAE World Congress, Detroit, 2002.

[48] Alger T, Gingrich J, Khalek I, et al. The role of EGR in PM emissions from gasoline engines[C]. SAE World Congress & Exhibition, Detroit, 2010.

[49] Flaig B, Beyer U, André M O. Exhaust gas recirculation in gasoline engines with direct injection[J]. MTZ Worldwide, 2010, 71(1): 22-27.

[50] Ganser J, Blaxill H, Cairns A. High-load EGR in a turbocharged gasoline engine[J]. MTZ Worldwide, 2007, 68(7-8): 16-18.

[51] Cairns A, Blaxill H, Irlam G. Exhaust gas recirculation for improved part and full load fuel economy in a turbocharged gasoline engine[C]. SAE World Congress & Exhibition, Detroit, 2006.

[52] Schwarz C, Schunemann E, Durst B, et al. Potentials of the spray-guided BMW DI combustion system[C]. SAE World Congress, Detroit, 2006.

[53] Alger T, Gingrich J, Mangold B, et al. A continuous discharge ignition system for EGR limit extension in SI engines[J]. SAE International Journal of Engines, 2011, 4(1): 677-692.

[54] Edwards S, Müller R, Feldhaus G, et al. The reduction of CO_2 emissions from a turbocharged DI gasoline engine through optimised cooling system control[J]. MTZ Worldwide, 2008, 69(1): 12-17.

[55] Takaki D, Tsuchida H, Kobara T, et al. Study of an EGR system for downsizing turbocharged gasoline engine to improve fuel economy[C]. SAE World Congress & Exhibition, Detroit, 2014.

[56] Kumano K, Yamaoka S. Analysis of knocking suppression effect of cooled EGR in turbo-charged gasoline engine[C]. SAE World Congress & Exhibition, Detroit, 2014.

[57] Roth DB, Keller P, Becker M. Requirements of external EGR systems for dual cam phaser turbo GDI engines[C]. SAE 2010 World Congress & Exhibition, Detroit, 2010.

[58] Kettner M, Fischer J, Nauwerck A, et al. The BPI flame jet concept to improve the inflammation of lean burn mixtures in spark ignited engines[C]. SAE World Congress, Detroit, 2004.

[59] Kemmler R, Enderle C, Waltner A, et al. The lean-combustion gasoline engine - a concept with global application[C]. 34th Vienna Motor Symposium, Vienna, 2013.

[60] Johnson T. Vehicular emissions in review[J]. SAE International Journal of Engines, 2014,7(3): 1207-1227.

[61] Attard W P, Blaxill H. A lean burn gasoline fueled pre-chamber jet ignition combustion system achieving high efficiency and low NO_x at part load[C]. SAE World Congress, Detroit, 2012.

[62] Attard W P, Blaxill H. A gasoline fueled pre-chamber jet ignition combustion system at unthrottled conditions[J]. SAE International Journal of Engines, 2012, 5(2): 315-329.

[63] Dale J D, Checkel M D, Smy P R. Application of high energy ignition systems to engines[J]. Progress in Energy and Combustion Science, 1997, 23(5-6): 379-398.

[64] Quader A.What limits lean operation in spark ignition engines-flame initiation or propagation?[C]. Automobile Engineering Meeting, Dearborn, 1976.

[65] Takahashi D, Nakata K, Yoshihara Y, et al. Combustion development to achieve engine thermal efficiency of 40% for hybrid vehicles[C]. SAE World Congress & Exhibition, Detroit, 2015.

[66] Huang C C, Shy S S, Liu C C, et al. A transition on minimum ignition energy for lean turbulent methane combustion in flamelet and distributed regimes[J]. Proceedings of the Combustion Institute, 2007, 31(1): 1401-1409.

[67] Heise V, Farah P, Husted H, et al. High frequency ignition system for gasoline direct injection engines[C]. SAE World Congress & Exhibition, Detroit, 2011.

[68] Burrows J, Lykowski J, Mixell K. Corona ignition system for highly efficient gasoline engines[J]. MTZ Wordwide, 2013, 74(6): 38-41.

[69] Briggs T, Alger T, Mangold B. Advanced ignition systems evaluations for high-dilution SI engines[J]. SAE International Journal of Engines, 2014, 7(4): 1802-1807.

[70] Alger T, Mehta D, Roberts C, et al. Laser ignition in a pre-mixed engine: The effect of focal volume and energy density on stability and the lean operating limit[C]. Powertrain & Fluid Systems Conference & Exhibition, San Antonio, 2005.

[71] Zhao H, Li J. Performance and analysis of a 4-stroke multi-cylinder gasoline engine with CAI combustion[C]. SAE World Congress, Detroit, 2002.

[72] He B Q, Liu M B, Yuan J, et al. Combustion and emission characteristics of a HCCI engine fuelled with n-butanol-gasoline blends[J]. Fuel, 2013, 108: 668-674.

[73] Misztal J, Xu H M, Wyszynski M L, et al. Effect of injection timing on gasoline homogeneous charge compression ignition particulate emissions[J]. International Journal of Engine Research, 2009, 10(6): 419-430.

[74] Drake M C, Fansler T D, Lippert A M. Stratified-harge combustion: Modelling and imaging of a spray-guided direct-injection spark-ignition engine[J]. Proceedings of the Combustion Institute, 2005, 30(2): 2683-2691.

[75] Witze P O, Green R M. LIF and flame-mission imaging of liquid fuel films and pool fires in an SI engine during a simulated cold start[C]. International Congress & Exposition, Detroit, 1997.

[76] Schreiber D, Forss A, Mohr M, et al. Particle characterisation of modern CNG, gasoline and diesel passenger cars[C]. 8th International Conference on Engines for Automobiles, Capri, 2007.

[77] Kittelson D B. Engines and nanoparticles: A review[J]. Journal of Aerosol Science, 1998, 29(5-6): 575-588.

[78] Price P, Stone R, OudeNijeweme D, et al. Cold start particulate emissions from a second generation DI gasoline engine[C]. JSAE/SAE International Fuels & Lubricants Meeting, Kyoto, 2007.

[79] Kayes D, Hochgreb S. Mechanisms of particulate matter formation in spark-ignition engines. 3. Model of PM formation[J]. Environmental Science & Technology, 1999, 33(22): 3978-3992.

[80] Gaddam C, Vander Wal R L. Physical and chemical characterization of SIDI engine particulates[J]. Combustion and Flame, 2013, 160: 2517-2528.

[81] Vander Wal R L, Tomasek A J. Soot oxidation: Dependence upon initial nanostructure[J]. Combustion and Flame, 2003, 134(1-2): 1-9.

[82] Pauer T, Yilmaz H, Zumbrägel J, et al. New generation Bosch gasoline direct-injection systems[J]. MTZ Worldwide, 2017, 78(7-8): 16-23.

[83] Davy M H, Williams P A, Anderson R W. Effects of injection timing on liquid-phase fuel distributions in a centrally-injected four-valve direct-injection spark-ignition engine[C]. International Fall Fuels and Lubricants Meeting and Exposition, San Francisco, 1998.

[84] Alger T, Hall M, Matthews R D. Effects of swirl and tumble on in-cylinder fuel distribution in a central injected DISI engine[C]. SAE World Congress, Detroit, 2000.

[85] Alger T, Huang Y, Hall M, et al. Liquid film evaporation off the piston of a direct injection gasoline engine[C]. SAE World Congress, Detroit, 2001.

[86] Stanglmaier R H, Li J, Matthews R D. The effect of in-cylinder wall wetting location on the HC emissions from SI engines[C]. International Congress and Exposition, Detroit, 1999.

[87] Li J, Matthews R D, Stanglmaier R H, et al. Further experiments on the effect of in-cylinder wall wetting on HC emissions from direct injection gasoline engines[C]. International Fuels & Lubricants Meeting & Exposition, Toronto, 1999.

[88] Stevens E, Steeper R. Piston wetting in an optical DISI engine: Fuel films, pool fires, and soot generation[C]. SAE World Congress, Detroit, 2001.

[89] Drake M C, Fansler T D, Solomon A S, et al. Piston fuel films as a source of smoke and hydrocarbon emissions from a wall-controlled spark-ignited direct-injection engine[C]. SAE World Congress, Detroit, 2003.

[90] Seong H J. Fundamental understanding of GDI particulate emissions and their mitigation using a particulate filtration system[C]. Hyundai Kia International Power Train Conference 2015, Hwaseong Fortress, 2015.

[91] Berndorfer A, Breuer S, Piock W, et al. Diffusion combustion phenomena in GDI engines caused by injection process[C]. SAE World Congress & Exhibition, Detroit, 2013.

[92] Lensch-Franzen C, Gohl M, Mink T, et al. Fluencing factors on particle formation under real driving conditions[C]. Internationaler Motorenkongress, Wiesbaden, 2016.

[93] Whitaker P, Kapus P, Ogris M, et al. Measures to reduce particulate emissions from gasoline DI engines[C]. SAE World Congress & Exhibition, Detroit, 2011.

[94] Kannapin O, Guske T, Preisner M, et al. Reducing particulate emissions-new challenge for spark-ignition engines with direct injection[J]. MTZ Worldwide, 2010, 71(11): 16-20.

[95] Hammer J, Busch B. Aspects on injection pressure for diesel and gasoline DI engines[C]. Internationaler Motorenkongress 2014 Antriebstechnik im Fahrzeug, Wiesbaden, 2014.

[96] Sementa P, Vaglieco B M, Catapano F. Thermodynamic and optical characterizations of a high performance GDI engine operating in homogeneous and stratified charge mixture conditions fueled with gasoline and bio-ethanol[J]. Fuel, 2012, 96: 204-219.

[97] Maricq M M, Szente J J, Adams J, et al. Influence of mileage accumulation on the particle mass and number emissions of two gasoline direct injection vehicles[J]. Environmental Science & Technology, 2013, 47(20): 11890-11896.

[98] Aikawa K, Sakurai T, Jetter J J. Development of a predictive model for gasoline vehicle particulate matter emissions[C]. SAE Powertrains Fuels & Lubricants Meeting, San Diego, 2010.

[99] Khalek I A, Bougher T, Jetter J J. Particle emissions from a 2009 gasoline direction injection engine using different commercially available fuels[C]. SAE Powertrains Fuels & Lubricants Meeting, San Diego, 2010.

[100] Botero M L, Mosbach S, Kraft M. Sooting tendency of paraffin components of diesel and gasoline in diffusion flames[J]. Fuel, 2014, 126: 8-15.

[101] Chan T W. The impact of isobutanol and ethanol on gasoline fuel properties and black carbon emissions from two light-duty gasoline vehicles[C]. SAE World Congress & Exhibition, Detroit, 2015.

[102] Karavalakis G, Short D, Vu D, et al. Evaluating the effects of aromatics content in gasoline on gaseous and particulate matter emissions from SI-PFI and SIDI vehicles[J]. Environmental Science & Technology, 2015, 49(11): 7021-7031.

[103] Chan T W, Meloche E, Kubsh J, et al. Black carbon emissions in gasoline exhaust and a reduction alternative with a gasoline particulate filter[J]. Environmental Science & Technology, 2014, 48(10): 6027-6034.

[104] Saito C, Nakatani T, Miyairi Y, et al. New particulate filter concept to reduce particle number emissions[C]. SAE World Congress & Exhibition, Detroit, 2011.

[105] Chan T W, Meloche E, Kubsh J, et al. Evaluation of a gasoline particulate filter to reduce particle emissions from a gasoline direct injection vehicle[C]. SAE International Powertrains, Fuels & Lubricants Meeting, Malmo, 2012.

[106] Chan T W, Meloche E, Kubsh J, et al. Impact of ambient temperature on gaseous and particle emissions from a direct injection gasoline vehicle and its implication on particle filtration[C]. SAE World Congress & Exhibition, Detroit, 2013.

[107] Richter J M, Klingmann R, Spiess S, et al. Application of catalyzed gasoline particulate filters to GDI vehicles[C]. SAE World Congress, Detroit, 2012.

[108] Song J, Alam M, Boehman A L, et al. Examination of the oxidation behavior of biodiesel soot[J]. Combustion and Flame, 2006, 146(4): 589-604.

[109] Fox J W, Cheng W K, Heywood J B. A model for predicting residual gas fraction in spark-ignition engines[C]. International Congress and Exposition, Detroit, 1993.

[110] Posylkin M, Taylor A M K P, Vannobel F, et al. Fuel droplets inside a firing spark-ignition engine[C]. Fuels & Lubricants Meeting & Exposition, Baltimore, 1994.

[111] Arsie I, Iorio S D, Vaccaro S. Experimental investigation of the effects of AFR, spark advance and EGR on nanoparticle emissions in a PFI SI engine[J]. Journal of Aerosol Science, 2013, 64: 1-10.

[112] Sabathil D, Koenigstein A, Schaffner P, et al. The influence of DISI engine operating parameters on particle number emissions[C]. SAE World Congress & Exhibition, Detroit, 2011.

[113] Meyer R, Heywood J B. Evaporation of in-cylinder liquid fuel droplets in an SI engine: A diagnostic-based modeling study[C]. International Congress and Exposition, Detroit, 1999.

[114] Ladommatos N, Rose D W. A model of droplet thermodynamic and dynamic behaviour in the port of a port-injected engine[C]. International Congress and Exposition, Detroit, 1996.

[115] Gelfand B E. Droplet breakup phenomena in flows with velocity lag[J]. Progress in Energy and Combustion Science, 1996, 22 (1) : 201-265.

[116] Park C, Appleton J P. Shock-tube measurements of soot oxidation rates[J]. Combustion and Flame, 1973, 20 (3) : 369-379.

[117] Hedge M, Weber P, Gingrich J, et al. Effect of EGR on particle emissions from a GDI engine[C]. SAE World Congress & Exhibition, Detroit, 2011.

[118] Piock W F, Befrui B, Berndorfer A, et al. Fuel pressure and charge motion effects on GDI engine particulate emissions[C]. SAE World Congress & Exhibition, Detroit, 2015.

[119] Buri S, Busch S, Kubach H, et al. High injection pressures at the upper load limit of stratified operation in a DISI engine[C]. Powertrains, Fuels and Lubricants Meeting, San Antonio, 2009.

[120] Kapus P, Jansen H, Ogris M, et al. Reduction of particulate number emissions through calibration methods[J]. MTZ Worldwide, 2010, 71 (11) : 22-27.

[121] Winkler M. Particle number emissions of direct injected gasoline engines[C]. IQPC Advanced Emission Control Concepts for Gasoline Engines 2012, Stuttgart, 2012.

[122] Anderson W, Yang J, Brehob D D, et al. Understanding the thermodynamics of direct injection spark ignition (DISI) combustion systems: An analytical and experimental investigation[C]. International Fall Fuels & Lubricants Meeting & Exposition, San Antonio, 1996.

[123] van Basshuysen R. Ottomotor mit Direkteinspritzung: Verfahren, Systeme, Entwicklung, Potenzial[M]. Wiesbaden: Springer Vieweg, 2013.

[124] Liebl J, Beidl C. Internationaler Motorenkongress 2015 Mit Nutzfahrzeugmotoren – Spezial[M]. Wiesbaden: Springer Fachmedien, 2015.

[125] Demmelbauer-Ebner W, Persigehl K, Görke M, et al. The new 1.5-l four-cylinder TSI engine from Volkswagen[J]. MTZ Worldwide, 2017, 78 (2) : 16-23.

[126] Fan Q, Bian J, Lu H, et al. Effect of the fuel injection strategy on first-cycle firing and combustion characteristics during cold start in a TSDI gasoline engine[J]. International Journal of Automotive Technology, 2012, 13 (4) : 523-531.

[127] Hassaneen A E, Samuel S, Whelan I. Combustion instabilities and nanoparticles emission fluctuations in GDI spark ignition engine[J]. International Journal of Automotive Technology, 2011, 12 (6) : 787-794.

[128] Choi K, Kim J, Myung C L, et al. Effect of the mixture preparation on the nanoparticle characteristics of gasoline directinjection vehicles[J]. International Journal of Automobile Engineering, 2012, 226 (11) : 1514-1524.

[129] Ohm I Y. Effects of intake valve angle on combustion characteristic in an SI engine[J]. International Journal of Automotive Technology, 2013, 14 (4) : 529-537.

[130] Yi J, Wooldridge S, Coulson G, et al. Development and optimization of the Ford 3.5L V6 EcoBoost combustion system[C]. SAE World Congress & Exhibition, Detroit, 2009.

[131] Sawyer R F. Reformulated gasoline for automotive emissions reduction[J]. Symposium (International) on Combustion, 1992, 24 (1) : 1423-1432.

[132] Kim Y, Kim Y, Kang J, et al. Fuel effect on particle emissions of a direct injection engine[C]. SAE World Congress & Exhibition, Detroit, 2013.

[133] Walsh M P. PM2.5: Global progress in controlling the motor vehicle contribution[J]. Frontiers in Environmental Science and Engineering, 2014, 8(1): 1-17.

[134] Fuel regulations. https://www.dieselnet.com/standards/eu/fuel.php.

[135] Morita K, Sonoda Y, Kawase T, et al. Emission reduction of a stoichiometric gasoline direct injection engine[C]. Powertrain & Fluid Systems Conference and Exhibition, San Antonio, 2005.

[136] Ball D, Negohosian C, Ross D, et al. Comparison of cold start calibrations, vehicle hardware and catalyst architecture of 4-cylinder turbocharged vehicles[C]. SAE/KSAE 2013 International Powertrains, Fuels & Lubricants Meeting, Seoul, 2013.

[137] Heneina N A, Tagomorib M K. Cold-start hydrocarbon emissions in port-injected gasoline engines[J]. Progress in Energy and Combustion Science, 1999, 25(6): 563-593.

[138] Gatellier B, Trapy J, Herrier D, et al. Hydrocarbon emissions of SI engines as influenced by fuel absorption-desorption in oil films[C]. International Congress & Exposition, Detroit, 1992.

[139] Frottier V, Heywood J B, Hochgreb S. Measurement of gasoline absorption into engine lubricating oil[C]. International Springs Fuels & Lubricants Meeting, Dearborn, 1996.

[140] Cleary D J, Farrell P V. Single-surface flame quenching distance dependence on wall temperature, quenching geometry, and turbulence[C]. International Congress and Exposition, Detroit, 1995.

[141] Trinker F H, Kaiser E W, Siegel W O, et al. Effect of engine operating parameters on hydrocarbon oxidation in the exhaust port and runner of a spark-ignited engine[C]. International Congress and Exposition, Detroit, 1995.

[142] Norris M G, Hochgreb S. Extent of oxidation of hydrocarbons desorbing from the lubricant oil layer in spark-ignition engines[C]. International Congress & Exposition, Detroit, 1996.

[143] Achleitner E, Bäcker H, Funaioli A. Direct injection systems for Otto engines[C]. World Congress, Detroit, 2007.

[144] Zhao H. Advanced Direct Injection Combustion Engine Technologies and Development Volume 1, gasoline and gas engines[M[.Cambridge: Woodhead Publishing Limited and CRC Press LLC, 2010.

[145] Ikoma T, Abe S, Sonoda Y, et al. Development of V-6 3.5-liter engine adopting new direct injection system[C]. SAE World Congress & Exhibition, Detroit, 2006.

[146] Choi K, Kim J, Ko A, et al. Size-resolved engine exhaust aerosol characteristics in a metal foam particulate filter for GDI light-duty vehicle[J]. Journal of Aerosol Science, 2013, 57: 1-13.

[147] Myung C L, Kim J, Choi K, et al. Comparative study of engine control strategies for particulate emissions from direct injection light-duty vehicle fueled with gasoline and liquid phase liquefied petroleum gas(LPG)[J]. Fuel, 2012, 94: 348-355.

[148] Kim Y, Kim Y H, Jun S Y, et al. Strategies for particle emissions reduction from GDI engines[C]. SAE World Congress & Exhibition, Detroit, 2013.

[149] Heiduk T, Kuhn M, Stichlmeri M, et al. The New 1.8 l TFSI engine from Audi - part 2: Mixture formation, combustion method and turbocharging[J]. MTZ Worldwide, 2011, 72(7-8): 58-64.

[150] Merdes N, Enderle C, Vent G, et al. The new turbocharged four-cylinder gasoline engine by Mercedes-Benz[J]. MTZ Worldwide, 2011, 72(12): 17-22.

第 3 章　汽油机排气后处理

用催化器减少内燃机排气中的有害物是 20 世纪成功保护环境最伟大的事件之一[1]。随着汽车和内燃机排放标准的日趋严厉，排气后处理技术在有效降低汽车和内燃机有害排放物方面发挥着越来越重要的作用。它也是解决内燃机动力性、燃油经济性和有害排放物之间矛盾关系的必然选择。

评价排气后处理器性能的指标主要有催化转化效率、燃空当量比特性、起燃温度特性、空速特性、流动特性和催化剂的耐久性等[2]。

催化转化效率(η_i)的定义为

$$\eta_i = \frac{C(i)_1 - C(i)_2}{C(i)_1} \times 100\% \tag{3-1}$$

式中，$C(i)_1$ 表示后处理器入口处污染物 i 的浓度；$C(i)_2$ 表示后处理器出口处污染物 i 的浓度。

催化转化效率受到催化剂配方(活性)、催化器结构(直径、长度和蜂窝密度等)、涂敷层表面积(依赖于蜂窝密度)、催化剂在涂敷材料中的分散形式、气体的流动特性以及催化剂的抗老化能力等的综合影响。气流流动不好或不流动的区域催化转化效率低，还会导致排气背压增加，甚至使催化器部分区域烧毁。因此，从 2000 年开始，国际上开始重视对催化器入口处流场均匀性的研究。

与催化器催化转化效率密切相关的一个参数是空速(space velocity，SV)。空速是标准状态下排气的体积流量与催化器体积的比值，其计算公式为[2]

$$\mathrm{SV} = \frac{\dot{V}_g}{V} \tag{3-2}$$

式中，$\dot{V}_g$ 表示排气的体积流量；V 表示催化器的体积。

低的空速意味着排气在催化器中滞留的时间长，反应物与催化剂的接触概率增加，可以提高催化转化效率，但低的空速又受到催化器安装空间和成本的限制。三效催化剂的典型空速大约为 100000h^{-1}[3]。因此，催化器的体积必须要与发动机气缸容积在一个数量级上，以提高催化器的催化转化效率。

催化器的催化转化效率还与排气温度密切相关。催化剂只有达到一定温度才能开始工作，即起燃(light off)。通常把催化器转换效率为 50%时所对应的催化器入口温度称为起燃温度(light-off temperature)。催化器的起燃温度依赖于催化剂配方、催化器的热容量(依赖于壁厚、质量密度和载体材料(金属和陶瓷))、催化器封装、排气管结构和催化器安装位置等。典型的催化器起燃温度为 250～300℃[4,5]。TWC 的起燃温度因催化剂配方的不同而不同。TWC 高效和可靠的理想工作温度范围是 400～800℃[6]。

催化器内的气流分布影响催化器的起燃特性。不均匀的气流分布可以缩短催化器的起燃时间。当然，催化器的起燃温度越低，则越有利于在低排气温度时降低发动机的排放。催化器直径大，催化器的起燃会稍有推迟，但是起燃后，由于催化器的体积大和空速低，相同配方的大直径催化器的催化转化效率更高。

燃空当量比特性是催化转化效率随着燃空当量比变化的曲线。通常，在氧化性氛围即富氧条件下，催化剂对 CO 和 HC 有高催化转化效率，而在还原性氛围即富油条件下，催化剂对 NO_x 有高催化转化效率。催化剂对 CO、HC 和 NO_x 都有高催化转化效率的燃空当量比区间就是 TWC 的高效转化窗口。这个窗口在理论燃空当量比附近。

评价内燃机排气后处理器必须要综合考虑催化转化效率、流动压力损失、耐久性(热稳定性和中毒)、安装空间(体积大小)和成本等。为了满足内燃机排放和燃油经济性的要求，排气后处理器应该有较高的转化效率、较低的气体流动阻力和较长的使用寿命。此外，排气后处理器还应当具有较小的体积、足够的机械强度、较高的耐热性、不生成新的污染物、维修方便和较低的成本等特性。

3.1　催化器的组成

催化器主要由蜂窝载体、涂层、催化剂、膨胀垫和金属外壳等组成。涂敷了催化剂的载体安装在金属壳中。

催化器的蜂窝载体要有高的机械和热刚性、能承受高的热负荷冲击，陶瓷载体是最常用的催化剂载体。整体式陶瓷蜂窝载体大多是由堇青石($2MgO \cdot 2Al_2O_3 \cdot 5SiO_2$)，通过挤压和焙烧制造出来的。堇青石整体式载体的软化点高于 1300℃，生产成本低，已经在后处理器中得到相当广泛的应用。但是，陶瓷蜂窝载体的温度不应该大大地超过 900℃，以防止催化剂的烧结而恶化其耐久性[7]。在制备催化器时，堇青石的特性要与催化剂载体或涂层的热膨胀特性相匹配。陶瓷材料极其脆弱，而且还要承受不同的热膨胀率，因此，陶瓷载体通过膨胀垫固定在金属壳内。膨胀垫一方面起到密封作用，另一方面起到绝热作用。当催化器温度超过 310℃时，膨胀垫膨胀产生压力，将催化器牢固地固定在催化器壳内[8]。

20 世纪 70 年代末，金属箔整体式催化剂载体被开发出来以替代陶瓷载体。金属载体具有高的几何表面积、容易焊接在排气管内、不会出现陶瓷那样的热裂纹等优点[8]。金属载体由厚度为 0.04～0.06mm 的耐热铁素体波纹状薄钢板卷绕并在高温下焊接而成。薄的金属薄膜为每个表面提供了许多通道，减少了排气阻力，具有优化高性能发动机的优点。其中，铁素体铬钢载体能承受1000℃以上的温度[7]。此外，由于金属载体的膨胀系数与外壳相似，又对温度变化的敏感性很低，所以安装金属载体催化器没有特殊的要求。但是，大多数薄片带状铁基合金暴露在高温有腐蚀的排气中会出现耐久性问题。铁-铬-铝铁素体钢通过在其表面形成氧化铝膜而具有理想的抵抗腐蚀作用[8]。金属载体的主要优点是高热传导性和低热容量，允许紧凑型催化器快速起燃，并能减少催化器的起燃时间。当然，金属蜂窝是无孔隙的，涂层的黏附困难，因此，需要采用FeCrAl等合金作为涂层固定中心[9]。典型的陶瓷和金属整体式载体物理特性如表3-1所示[8]。

表3-1　典型陶瓷和金属整体式载体物理特性对比[8]

特性参数	陶瓷	金属
壁厚/mm	0.15	0.04
蜂窝密度/(目/in^2)①	400	400
流通面积/%	76	92
比表面积/(m^2/L)	2.8	3.2
相对体积质量/(g/L)	410	620
无壳重量/(g/L)	550	620
导热系数/[cal/(s·cm·K)]	3×10^{-3}	4×10^{-2}
比热容/[kJ/(kg·K)]	0.5	1.05
密度/(kg/L)	2.2～2.7	7.4
热膨胀/K^{-1}	0.7×10^{-6}	0～15
最大工作温度/℃	1200～1300	1500

影响排气背压的一个因素是载体的蜂窝密度和壁厚。催化剂载体单个蜂窝的壁厚应该控制在一个合适的极限值内以保证它有足够的流通横截面，减少排气背压升高对内燃机功率和燃油经济性的不利影响。金属载体的壁厚小，增大了催化剂载体的自由流通面积，因此，气体流动的压力损失小，如图3-1所示[7]。通常，催化器载体的蜂窝密度在200～500目/in^2，蜂窝载体的比表面积小于2～4m^2/L[10]，但这不允许获得高的贵金属扩散。陶瓷载体对机械应力高度敏感，孔隙率相对较低的整体式陶瓷蜂窝本身不适合做催化剂支撑[11]，因此，通常在载体通道中涂敷一层厚度为20～150μm的高比表面积催化活性材料[12]。涂层比表面积通常为100m^2/g[13]。与陶瓷载体相比，金属载体催化器的流通面积大、排气背压低、转化效率高、寿命长、体积小、起燃时间短，并能承受高的温度。在发动机起动后，

① 1in=2.54cm。

金属载体催化器能快速地起燃。但是由于催化器的热质量低和传热快，所以在小负荷时金属催化器冷却快。由于这个原因，金属催化器要尽量靠近发动机安装。

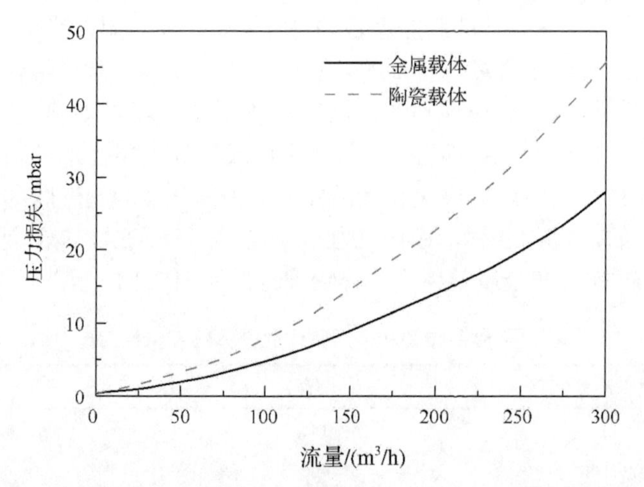

图 3-1　相同尺寸陶瓷载体和金属载体上的气体压力损失对比[7]

与载体材料不同，涂层有很大的比表面积，用于扩散贵金属，并把它束缚在载体上，同时增加储氧容量，吸收毒物，维持催化剂的性能。此外，高的涂层比表面积能减少铂族金属晶体的表面浓度，阻止高温烧结。实际的催化反应是在扩散到涂层中的贵金属小颗粒(典型为 1～10nm)表面进行[14]的。因此，涂层材料对催化剂的活性有很大的影响。最常用的涂层由 Al_2O_3、ZrO_2 和 CeO_2 组成。选择 Al_2O_3 是因为它有高的比表面积和在排气水液条件下相对好的热稳定性，其中 γ-Al_2O_3 是各种 Al_2O_3 晶体结构中表面积最高的。但 γ-Al_2O_3 暴露在高温下，会发生不理想的相变和涂层特性的改变。多孔的 γ-Al_2O_3(比表面积为 100～200m^2/g)在大约 900℃时开始转变成 δ-Al_2O_3，在大约 1000℃转变成 θ-Al_2O_3，最后在 1200℃以上的温度下变成 α-Al_2O_3(比表面积约为 5m^2/g)[15]。但是，δ-Al_2O_3 和 θ-Al_2O_3 也可以用在高温场合，如紧凑耦合催化剂，因为它们比 γ-Al_2O_3 的热稳定性更好。在三效催化剂中会遇到 1000℃以上的高温，因此，必须要防止过渡型 Al_2O_3 转变成 α-Al_2O_3(比表面积通常小于 10m^2/g)。为此，需要在 γ-Al_2O_3 上浸透稳定剂如镧、钡、锶和铈等，或者采用溶胶-凝胶技术来改善催化剂表面的稳定性。这些添加剂稳定过渡型 Al_2O_3 的精确机理依赖于稳定剂量和合成条件。BaO 与 La_2O_3 是应用最广和有效的稳定剂[10]。

CeO_2 是第一个商用的催化器储氧材料。至少从技术的角度看，在涂层中 CeO_2 的各种功能里，O_2 的存储与释放是最重要的一个。实际上，OBD 技术就是根据储氧能力(oxygen storage capacity，OSC)来监控的。从 1995 年开始，CeO_2-ZrO_2 混合氧化物已经开始逐步替代纯 CeO_2 在三效催化剂中作储氧材料[16]，主要原因是前者有高热稳定性。CeO_2-ZrO_2 双氧化物具有如下的能力[10]。

(1)促进贵金属扩散。

(2)增加 Al_2O_3 支撑材料的热稳定性。

(3)促进水煤气转化和蒸汽重整反应。

(4)提高界面金属支架点的催化活性。

(5)利用晶格氧，促进 CO 氧化。

(6)分别在稀和浓的混合气条件下存储和释放 O_2。

CeO_2-ZrO_2 混合氧化物中 CeO_2 浓度对比表面积和 OSC 影响如图 3-2 所示[17]。

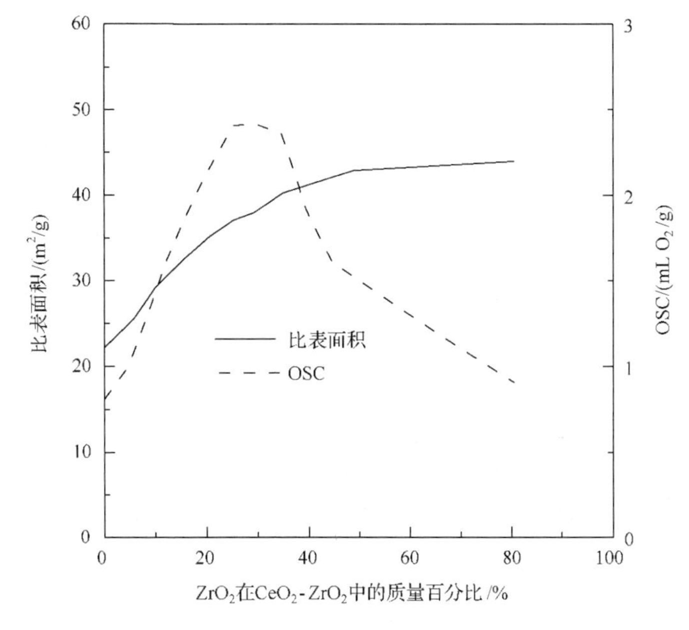

图 3-2　在大气中，900℃温度下老化 6h 后 CeO_2-ZrO_2 载体的热稳定性和储氧能力[17]

可见，ZrO_2 渗入 CeO_2 的晶格后，OSC 和比表面积都有了重大改善，在 CeO_2 多的一侧(60%～70%)是最有效的储氧材料，但这是对问题简单化的一个观点，真实情况比这个复杂得多。对 CeO_2-ZrO_2 混合氧化物的一些定性和总体评价是：①在中间比例下，CeO_2 和 ZrO_2 容易出现相分离，这可以通过适当加入低价格的添加剂来延缓或阻止；②在氧化性氛围下，相分离明显，而在还原性氛围下，有利于促进相均匀分布[18]；③在还原性氛围下，催化剂烧结伴随的比表面积下降很明显，特别是与氧化性氛围下的相比[19]。

与 CeO_2 相比，CeO_2-ZrO_2 混合氧化物的一个显著性能就是在合适的温度内甚至是高度烧结的情况下，能容易地释放大量的 O_2。CeO_2 的最大氧释放温度约为 900℃，而添加了摩尔比为 40% ZrO_2 到 CeO_2 晶格制备的高度烧结 $Rh/Ce_{0.6}Zr_{0.4}O_2$

混合氧化物，其最大释放氧温度降低到约 400℃[20]。此外，CeO_2-ZrO_2 不但能稳定 CeO_2 在高温下的晶体结构，还能增强水煤气转化反应和烃蒸气重整反应的催化活性[21,22]。

催化剂涂层在优化排气背压方面起着主要的作用，因为 TWC 中通道的水力直径减小将导致排气背压增加[23]。生产厂家已开发出低背压涂层催化剂，而且有很好的催化转化效率[24]。

催化剂配方是影响催化转化效率的重要因素。贵金属与涂层材料中各种成分的相互作用极大地影响了贵金属的活性。因此，从原理上讲，首先要考虑的问题是贵金属的选取和它在涂层上的附着。与其他金属相比，贵金属(Pt、Pd 和 Rh)在大多数运行条件下仍然保持不变，而且没有挥发性的氧化物生成引起金属损失。因此，从它们引入催化器后，一直用作汽车发动机的催化剂[25]。很明显，Rh、Pt 和 Pd 是 TWC 的主要组成。

Pt、Pd 和 Rh 在高空速下有足够高的催化活性，而且对硫有可接受的容忍度。此外，它们与最常用的支撑材料间的有害作用较低[14]。其中 Rh 具有促进 NO 分解的专一性，主要用于促进还原反应，提高 NO 的去除率。Pd 和 Pt 是用于促进氧化反应的金属，尽管 Rh 也有好的氧化活性。Pd 从 20 世纪 90 年代中期开始已经广泛地用于 TWC 中，因为它能促进 HC 的氧化[26]，并有好的热稳定性[27]。实际上，国际催化剂市场对 Pd 有一个很大的需求，因为增加低温下 TWC 效率的简单方法就是增加贵金属的添加量，特别是 Pd，它在长时间内是这三个贵金属中最便宜的。但是，除了市场所要考虑的成本，高的贵金属添加量可能容易引起高温烧结，导致 TWC 的失活[10]。因此，贵金属的选取和添加量是催化转化效率与贵金属市场价格的折中。

尽管在催化器中，Pt、Pd 和 Rh 充当 O_2 和 HC 的吸附点，但 Pt 有相对低的表面氧覆盖[28]，而有最高的氧化活性[28,29]。贵金属对 HC 氧化显示出不同的活性，主要依赖于它们各自的氧化状态。Pt 对于 HC，特别是饱和烃，有高的氧化活性。Pt 对高分子量 HC 也展现出比 Pd 更高的转化性能。而 Rh 对饱和烃的氧化活性低于 Pt 和 Pd[30]。Pd 对于 CO 和不饱和烃的催化活性高于 Pt[28,31]。此外，Pd 在浓混合气条件下有充足的还原 NO_x 活性[32]。

Pt 是最稳定的，但是长时间暴露在高温氧化性氛围中，它会通过氧化物迁移过程烧结；Pd 比 Pt 更容易形成稳定的氧化物，并且在氧化反应中有催化活性；在热的氧化性氛围中，Rh 容易形成 Rh_2O_3[13]。Pd 催化剂的主要缺点是低的活性和对催化剂中毒，尤其是硫中毒更加敏感。Pd 比 Pt 更容易与铅作用形成 Pd-Pb 固溶体[33,34]。

第一个汽车催化器是 Pt 基催化剂。20 世纪 70 年代末，引入了 Rh 作为催化剂来还原 NO_x 而不生成 NH_3。早期的 TWC 中 Pt 和 Rh 的重量比约为 5∶1[5,33]。但是，全球的 Pt 存储量有限，因此，在催化剂方面所做的主要努力是替代或减少 Pt 和 Rh 在 TWC 中的使用。到了 20 世纪 80 年代末，由于汽油中的铅含量已足够低，用 Pd 部分替代 Pt 和 Rh 已成为可能。催化剂中高的贵金属涂敷量，尤其是 Pd 总体上能降低 TWC 的起燃温度[33,35]。此外，高涂敷和合适的 Pd 能达到高的 NO_x 还原效果[36,37]。在一定程度上，Pd 以 $2PdO \leftrightarrow 2Pd+O_2$ 的方式进行储氧，也是它作为 TWC 的优势[35]。另外，Pd 和 CeO_2 相互作用导致金属 Pd 或 Pd-Ce 合金的形成，使其失去了 TWC 活化中心的作用。在 Pd/CeO_2 催化剂中，这两个都是理想的，它能促进 O_2 的储存能力并有效地改善催化性能[38,39]。

Pt、Pd 和 Rh 可以分开或联合成二金属或三金属催化剂。不同的贵金属也可以独立地添加到不同的涂敷材料中以优化特定的催化功能或避免生成低活性的合金。例如，Pd 在高温和氧化性氛围下以 PdO 的形式分散到 Pd-Rh 表面[40-42]，抑制在 Rh 上进行的 NO_x 还原反应[33,43]。此外，Pd 和 Rh 通过合金的形成引起它们各自失活，使 Pd 和 Rh 联合催化剂没有长期的稳定性[32]。因此，在高温条件下，通过物理方法把 Pd 和 Rh 催化剂分散到不同层中更合适。

在贵金属中添加贱金属也能改善催化剂的性能，如将 Ba 加到 Pt 催化剂中，能削弱 HC 的吸附能力，促进 HC 的氧化[44]。在低温时，MoO_3 可以促进 Pt 对 NO_x 的还原活性和选择性[45]。

催化器载体内部放大结构如图 3-3 所示[7]，Rh(*x*)是 Rh 以不同化合物形式存在时，分子中的原子个数。

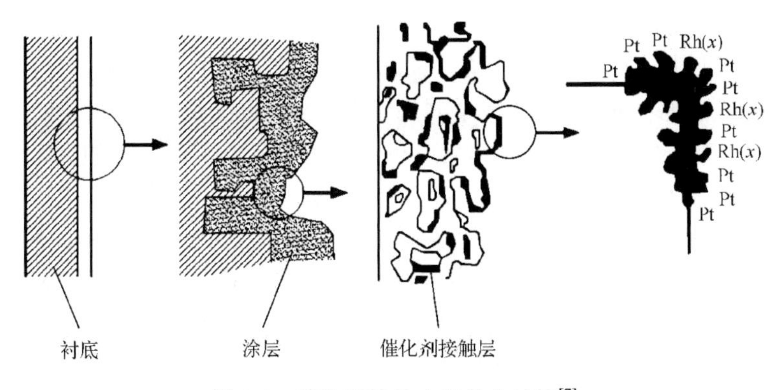

图 3-3　催化器载体内部放大结构[7]

目前，汽油机排气后处理器主要有 TWC、稀燃 NO_x 催化器、颗粒过滤器(gasoline particulate filter，GPF)和 HC 吸附催化器。本章主要介绍前面三种排气后处理器。

3.2　汽油机 TWC

1979 年，汽车上第一次安装了 TWC。在 TWC 或者汽油机氧化催化器中，Pd[46]或 Rh[47]作为唯一的催化剂成分比在柴油机氧化催化器中更常见。但是，采用 Pt/Rh 可以获得比单个催化剂更好的三效转化效果。因此，在 20 世纪 80 年代初期，Pt/Rh TWC 得到了应用[8]。1981 年，TWC 中引入了储氧材料以补偿闭环控制发生作用前短时间内排气中 O_2 浓度的波动[32]。通过在涂层中加入高热稳定的 CeO_2，第一个 Pt/Rh 基 TWC 能在排气成分波动时让催化剂表面处的成分接近于理论燃空当量比。优化蜂窝密度、几何面积和载体的比热容还能进一步提高 TWC 的转化效率[48]。从 2000 年开始，TWC 的起燃温度已经下降了 35℃，而贵金属的成本则下降了 60%以上[49]。目前，TWC 是汽油机上应用最有效和最广泛的排气后处理器。它还在持续发展，以进一步降低汽油机的有害排放物。

尽管大多数商用 TWC 含有一种或更多种微量元素，但是它们都含有不同比例的铂族金属、Al_2O_3 和 CeO_2[8]。目前，TWC 主要是由 0.1%～0.15%贵金属(Pt 和/或 Pd 和 Rh，Pt/Pd=1～5)、与 γ-Al_2O_3 涂层混合的 CeO_2 或 CeO_2-ZrO_2[48]以及各种支撑稳定剂、活性促进剂和选择性改进剂组成的联合体[8]。

TWC 中不同催化剂的功能是不同的。其中，Pt 主要氧化 HC 和 CO，Rh 用于还原 NO_x，Pd 和 Pt 一样，在 TWC 中用来氧化排气中的 HC 和 CO，特别是在冷起动时。在贵金属家族中，Pd 通常比 Pt 和 Rh 便宜。但是，与 Pt 和 Rh 相比，Pd 耐铅和硫的能力较差[4]。随着催化剂的改进，高性能和低成本的 Pd/Rh 三效催化剂已经开发出来了。此时，催化剂的性能与自由 Rh^0 量相关，即依赖于 Pd/Rh 比。其中，Pd∶Rh≈1 是最优的比例[50]。由于 Pt 和 Rh 成本的提高和 Rh 的缺乏，最少化铂族金属用量和成本优化的铂族金属比一直是一个技术发展方向。Pt、Pd 和 Rh 的价格会改变 TWC 中不同贵金属的使用比例。因此，开发 Pd 作为唯一活性成分的 TWC 有了发展动力。Pd TWC 可以获得更好的 HC 去除能力[51]。Pd 基催化剂有助于氧化 HC 和 CO，但它不能还原 NO_x。虽然 Pd 较容易硫中毒或铅中毒，但由于现在汽油中的铅接近于零，而且硫含量已大幅降低，从 2002 年起，Pd/Rh 三效催化转化器已成为一种选择[48]。但是，由于柴油机中使用 Pt 作为催化剂，推高了 Pt 的价格，又迫使 Pd 在 TWC 中的使用。目前，大多数现代 TWC 采用 Pd/Rh 催化剂。从 2003 年开始，Rh 的价格已增加了 10 倍，因此，迫使人们开发对 NO_x 活性高的低 Rh TWC[48]。当然，通过添加促进剂，特别是碱土和镧氧化物可以调整 Pd 的催化特性，提高 TWC 的转化效率[52]。

对于三金属的双层 TWC，由于 Pt 和 Pd 在氧化性氛围下催化效果最好，所以把它们涂敷在双层 TWC 的底层，这样在顶层的 Rh 就暴露在所有的还原性组分中，并在扩散到底层的氧化性催化剂前将 NO_x 还原[53]。如果更好地管理分界面，Rh 对 NO_x 的还原性能会更好。在沸石中的 Pd 可以给出好的冷起动 NO_x 控制，并吸附 HC[54]。

由于汽车排放标准的加严，TWC 安装位置向汽油机处前移以减小起燃时间。但这又会使催化剂承受高的最大温度和大的热负荷。如果使用以前的催化剂配方，就会引起铂族金属的烧结，涂层材料比表面积损失，导致催化剂的失活。这是用TWC 控制汽油机排放的薄弱环节。因此，在高温运行时，汽油机只能燃用浓混合气以控制排气温度来保护 TWC。最近在改进 TWC 热稳定性方面有了大的进展。通过改善 Al_2O_3 和 CeO_2 的稳定性，减小由热老化引起的负面相互作用，能使 TWC 承受 1050℃的 Pd/Rh 和 Pt/Rh 配方已经开发出来了[55]。

尽管 TWC 的商业化应用已经超过 30 年，但由于对其基本作用机理的认识和汽车排放标准的加严，尤其是美国加州的低排放汽车(low emission vehicle，LEV) Ⅲ标准，改进 TWC 转化效率的技术一直在发展。研究发现[56]，把所有的 Pd 涂敷在催化剂载体的前端 20%范围内，则能降低 50%的起燃温度。为了防止 Rh 中毒，把 Rh 涂敷在催化剂载体的后端 20%范围内。对于 CeO_2-ZrO_2 涂层，CeO_2 浓的区域(CeO_2 与 ZrO_2 摩尔比为 0～0.4)释放 O_2 快，而 CeO_2 浓的配方(0.8～1.2)能存贮更多的 O_2，因此适合布置在载体的后半部。为了平衡 Rh 的氧化作用和储氧材料间的不利影响，并充分利用储氧材料对催化剂烧结的阻碍，优化了 Rh 在储氧材料上的分布，并开发了高储氧的 CeO_2-ZrO_2 材料。通过这种手段，可以把 Pt 的涂敷量减少一半而不会牺牲催化转化性能[57]。

与其他材料相比，γ-Al_2O_3 具有高的比表面积、好的热稳定性和化学稳定性，特别适合金属的扩散，是一个受欢迎的 TWC 涂层支撑材料。在 γ-Al_2O_3 中通常还添加 1%～2%的 La_2O_3 和/或 BaO 稳定剂[4]。通过在蜂窝载体上涂敷复合 γ-Al_2O_3，可以增大催化器的有效面积。在通常情况下，涂敷量是 1.5～1.5g/in^2 或占成品蜂窝催化剂的 10%～15%[4]。因此，必须要改善 γ-Al_2O_3 骨架的稳定性，并抑制它发生相变[6]。改善 TWC 高温老化后性能的关键因素是热稳定性和 CeO_2-ZrO_2 储氧材料的应用[58-61]。但是 γ-Al_2O_3 吸收催化毒物，就会降低催化剂的高活性。

在 TWC 涂层中添加 CeO_2 有几个作用[4,8,62,63]：①在浓混合气下，促进水煤气重整反应($CO+H_2O \rightarrow H_2+CO_2$)，生成 H_2，并提供储氧，改善浓混合气条件下 NO_x 的还原性能；②增加涂层的热稳定性，在高温下，它起到稳定 Al_2O_3 表面的作用，稳定铂族金属的扩散，特别是 Pt；③存储与释放 O_2 和氢，促进贵金属的氧化还原反应，在氧化条件下从 Ce^{4+}(CeO_2)转变成还原条件下的 Ce^{3+}(Ce_2O_3)，并释放 O_2，使吸附到催化剂上的 CO 和 HC 氧化；④形成表面和空间的空位。

CeO_2 容易结晶和烧结，因为颗粒物的成长和表面的损失导致它储存 O_2 和释放 O_2 的能力快速下降[6]。添加特定的添加剂如 La_2O_3、ZrO_2 和 Y_2O_3 可以阻止 CeO_2 结晶和烧结。通过与 ZrO_2 的联合，CeO_2 的储氧效能大大地增强[64]。与 Pt/CeO_2 相比，Pt/CeO_2/ZrO_2 对 CO 的氧化动力学能力也增强了，特别是在高温条件下[65]。与相似成分的传统 CeO_2/ZrO_2 相比，在相同的老化条件下，Al_2O_3/CeO_2/ZrO_2 有高比表面积和储氧能力[66]，尤其是在低温下[67]。热稳定性好的新材料还能进一步地改善贵金属在支撑材料上的扩散，降低催化剂的起燃温度。为了更多地减少冷起动时汽油机的HC排放，应改善HC存储成分以增加HC捕捉效率和HC释放温度[67]。

3.2.1　TWC的工作原理

由于汽油机在不同工况下使用不同浓度的混合气，所以在 TWC 中进行的主要化学反应也有所不同。

(1)在 $\lambda<1$ 时，主要进行以下反应：

$$HC + H_2O \rightarrow CO + CO_2 + H_2 \tag{3-3}$$

$$CO + H_2O = CO_2 + H_2 \tag{3-4}$$

当温度≥650℃时：

$$NO + CO \rightarrow N_2 + CO_2 \tag{3-5}$$

$$NO + H_2 \rightarrow N_2 + H_2O \tag{3-6}$$

(2)在 $\lambda=1$ 时，进行以下化学反应。

氧化反应：

$$2CO + O_2 = 2CO_2 \tag{3-7}$$

$$CO + H_2O = CO_2 + H_2 \tag{3-8}$$

$$2C_xH_y + (2x + 0.5y)O_2 = yH_2O + 2xCO_2 \tag{3-9}$$

还原反应：

$$2NO+2CO=2CO_2+N_2 \tag{3-10}$$

$$2NO_2+4CO=4CO_2+N_2 \tag{3-11}$$

$$2NO+2H_2=2H_2O+N_2 \tag{3-12}$$

$$2NO_2+4H_2=4H_2O+N_2 \tag{3-13}$$

$$C_xH_y+(2x+0.5y)NO=0.5yH_2O+xCO_2+(x+0.25y)N_2 \tag{3-14}$$

其他反应：

$$2H_2+O_2=2H_2O \tag{3-15}$$

$$2.5H_2+NO=NH_3+H_2O \tag{3-16}$$

(3) 在 $\lambda>1$ 时，进行以下化学反应：

$$2CxHy+(2x+0.5y)O_2{=}2xCO_2+yH_2O \tag{3-17}$$

$$2CO+O_2{=}2CO_2 \tag{3-18}$$

由式(3-3)～式(3-18)可知，NO_x 还原需要 H_2、CO 和 HC 等作为还原剂。当空气过量时，还原剂首先与氧反应，不能还原排气中的 NO_x。当空气不足时，CO 和 HC 不能被完全氧化。

在催化器的起燃阶段，通常是 CO 先开始反应，接下来是 HC 和 NO_x 的反应。当催化器温度升高后，化学反应变快。此时，总体催化器效率就由孔内扩散和/或传质控制。

燃空当量比对 TWC 效率的影响如图 3-4 所示[10]。在 TWC 中的燃空当量比存在一定程度的波动，因此，CO、HC 和 NO_x 的转化效率仍高于 95%。可见，要想使 TWC 对汽油机排气中的 NO_x、HC 和 CO 进行高效转化，必须要保证汽油机的混合气浓度在理论燃空当量比附近。因此，需要借助电控燃油喷射系统、O_2 传感器和闭环反馈控制，以精确地控制 $\lambda\approx1$。其中，由 O_2 传感器感受混合气的浓度，由电控单元调节喷油脉宽，保证汽油机在理论燃空当量比混合气附近工作。

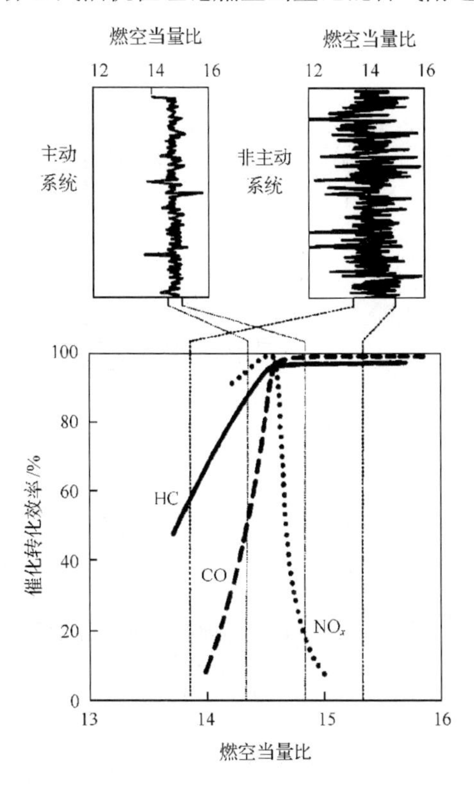

图 3-4　TWC 效率与燃空当量比比的关系[10]

欧Ⅵ排放标准更加接近于真实的驾驶条件。为了满足欧Ⅵ排放标准，在动态驾驶条件下汽油机 TWC 转化效率变得重要了。具有高动态储氧能力的 CeO_2-ZrO_2 和耐热能力的新型 TWC 能防止汽油机在 $\lambda>1$ 的排气阶段 NO_x 急增。目前，在高动态驾驶条件下有更好 CO/NO_x 转化效率的催化器已经开发出来了[68]。

排气 O_2 传感器有两种类型，即开关型和宽域型 O_2 传感器。

开关型 O_2 传感器根据固体电解质的电偶氧浓度电池(galvanic oxygen concentration cell)原理工作。ZrO_2 和 Y_2O_3 混合物用作气体可渗透的固体电解质，实质上起纯氧导体作用。如果固体电解质两侧连上多孔电极，而且其中一侧的 O_2 浓度高于另一侧，则两极间就会有电压输出。这个电压就可以表征排气中的 O_2 浓度[7]。排气中 O_2 浓度依赖于 λ。因此，排气中 O_2 浓度可以反映混合气的燃空当量比。

图 3-5 给出了开关型 O_2 传感器结构简图[69]，V 为正负极间电动势，YSZ(yttria-stabilized zirconia)为 Y_2O_3 稳定的 ZrO_2。开关型 O_2 传感器是一个一端封闭的陶瓷电极管(ZrO_2)，内外表面是极薄的铂金属层电极。流经外侧铂金属层的排气被催化，并迅速达到化学平衡。大气与电极管的内腔相通，起参比气的作用。在陶瓷电极管的外面有一个透气陶瓷保护层，以防止电极管污染。当开关型 O_2 传感器达到理想的温度后，闭环系统开始工作。开关型 O_2 传感器不能在高于 900℃的温度下长时间工作。

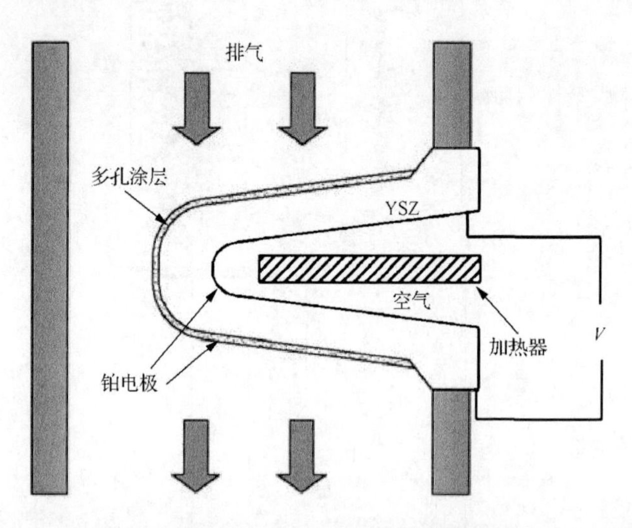

图 3-5　开关型 O_2 传感器结构简图[69]

电极管材料 ZrO_2 在 300℃以上时发生下列反应。

阳极反应：

$$O_2 + 4e^- \leftrightarrow 2O_2^- \tag{3-19}$$

阴极反应：

$$2O_2^- \leftrightarrow O_2 + 4e^- \tag{3-20}$$

当电极管两端的 O_2 浓度不同时，就会在电极管内外两极间产生电压。正负极间的电动势(V)为

$$V = \frac{RT}{4F}\ln\frac{P_{O_2}}{P'_{O_2}} \tag{3-21}$$

式中，R 表示气体常数；F 表示法拉第常数；T 表示绝对温度：P_{O_2} 表示阳极端 O_2 压力；P'_{O_2} 表示阴极端 O_2 压力。

在 λ=1 时，排气中的 O_2 浓度突然改变，在开关型 O_2 传感器两侧的 O_2 浓度差就会在两个边界间产生电压。开关型 O_2 传感器的输出电压依赖于排气中的 O_2 浓度。在 $\lambda<1$，电压为 0.8～1V，在 $\lambda>1$ 时，电压约为 0.1V，电压在 0.45～0.5V 是从浓到稀的转变点。不同 λ 下陶瓷元件的温度影响氧原子的导电能力和输出电压。此外，当混合气的成分改变时，电压改变的响应时间也强烈地依赖于温度。

图 3-6 给出了开关型 O_2 传感器在不同温度时，电极管上的输出电压和排气中的 O_2 分压与 λ 之间的关系。可见，当 λ 从 0.99 变为 1.01 时，O_2 分压上升了几个量级。此时，开关型 O_2 传感器上的电压迅速降低。这个转变不依赖于温度，可以用作 λ 调节系统的反馈控制。

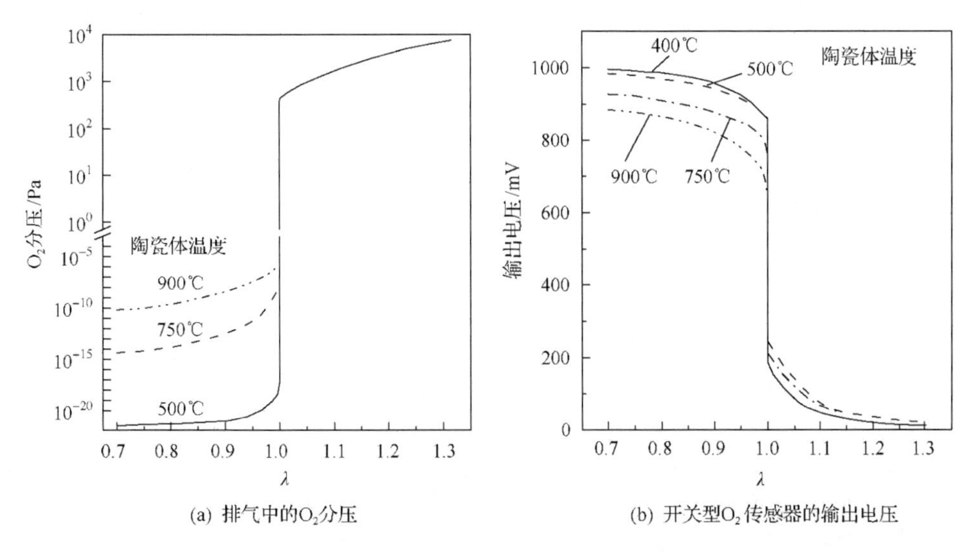

图 3-6　开关型 O_2 传感器特性

除了排气中的 O_2 浓度，陶瓷体温度是影响氧离子导电的另一个重要参数。输

出电压在很大程度上受到陶瓷体温度的影响。当陶瓷体温度在 300℃以下时，传感器的响应时间在 1s 以上，而在 600℃附近的最佳工作温度时，传感器的响应时间小于 50ms；电压信号以 0.5Hz 或 1Hz 的频率反馈给电控单元，以调节燃空当量比[70]。温度对电极管的导电性能和开关型 O_2 传感器上 Pt 的催化作用有很大影响，而且开关型 O_2 传感器对 λ 变化的反应时间也与温度有很大的关系。在低温时，由于 Pt 催化剂活性低，在三相边界区难以产生氧离子，而在高温区，用于固体电解的 O_2 分压变窄。因此，为了克服温度对开关型 O_2 传感器工作时间和电压变化的影响，在开关型 O_2 传感器中安排一个电加热器，并用保护套来降低排气流过 O_2 传感器的流量以减少陶瓷体温度的波动，确保开关型 O_2 传感器在最佳的工作温度区。由于在低温下传感器内三相边界下 O_2 电离困难，而在高温下，适合固体电极行为的 O_2 分压范围狭窄，开关型 O_2 传感器的运行温度范围通常在 400～700℃[69]。使用电加热器的目的就是保证 ZrO_2 的温度在 700℃左右。快速加热开关型 O_2 传感器，让它在发动机起动后约 20s 的时间内开始工作，以降低和稳定汽油机的排放。

但是，开关型 O_2 传感器在大约 350℃以上的温度下对氧离子是导电的。因此，利用开关型 O_2 传感器作为闭环控制的电控系统，在低于大约 350℃前是不工作的。因此，在冷起动时，发动机只能采用开环控制[70]。闭环控制只能在稳定状态下使用，在冷起动和过渡工况下，反馈控制不起作用。此时，汽油机混合气的燃空当量比只能根据前馈进行控制[71]。用前馈方法控制混合气燃空当量比的精度很大程度上依赖于进气量预测的精度。

在使用理论燃空当量比混合气的汽油机排气系统中，催化器前燃空当量比的变化为理论燃空当量比±0.5，而在催化后，燃空当量比的变化范围大幅下降[69]。排气管中燃空当量比的振荡性质意味着催化以近似 0.5Hz 或 1Hz 的频率交替变浓和变稀。因此，汽油机在浓混合气条件下工作时，要求提供少量的 O_2 来消耗 CO 和 HC。这就要求催化器活性表面有一定的蓄氧能力。在 TWC 中，Ce_2O_3 在提供 O_2 移动和存储方面起着重要的作用[4]。

在排气为富氧条件下：

$$2Ce_2O_3+O_2=4CeO_2 \tag{3-22}$$

在排气为缺氧条件下：

$$2CeO_2+CO=Ce_2O_3+CO_2 \tag{3-23}$$

催化剂总的储氧能力与其添加的 CeO_2 量呈正相关。通过 O_2 的存储过程，可以使排气的 λ 接近于 1，消除 λ 调节系统的波动。

与 CeO_2 相比，CeO_2-ZrO_2 混合物的开发极大地改善了 TWC 的储氧能力和比表面积[72]。

如果开关型 O_2 传感器安装在催化器的上游，它就要承受排气高温和由此产生的高应力，这就降低了开关型 O_2 传感器的控制精度。将开关型 O_2 传感器安装在催化器后，虽然它所承受的热应力大幅减小，但是由于气体传输时间的影响，它的动态响应慢，调节混合气浓度的响应也慢。在许多系统中，为了更加精确地控制排气中的 O_2 浓度，安装了几个开关型 O_2 传感器，如在催化器前后各装一个开关型 O_2 传感器，这种双开关型 O_2 传感器能够获得高的混合气燃空当量比控制精度[70]。此外，后置开关型 O_2 传感器可以监控前置开关型 O_2 传感器的状态，补偿修正前置开关型 O_2 传感器的误差。通过 OBD 对比这两个开关型 O_2 传感器的信号来监测催化器的老化程度。当然，开关型 O_2 传感器必须要安装在能测量出所有气缸排气成分的地方。V 型发动机有时安装 2 套开关型 O_2 传感器。

开关型 O_2 传感器长期使用时出现的主要问题有[69]：①当开关型 O_2 传感器暴露在高温下的时间足够长时，由于电极上 Pt 颗粒物晶粒长大，三相边界的总长度会显著地减少，使得其响应迟缓；②排气中的 H_2S、SO_2 和 Pb 会使 Pt 催化剂的活性下降。

宽域 O_2 传感器不仅能精确地测量 $\lambda=1$ 时的燃空当量比，还能测量稀的($\lambda>1$)和浓的($\lambda<1$)混合气。与电控技术相结合，在 $0.7<\lambda<\infty$ 范围内，宽域 O_2 传感器能输出无误的连续电信号，如图 3-7 所示[70]。图 3-7 中，在浓混合气区的斜率大于在稀混合气区。这就意味着在浓混合气条件下 H_2 和 CO 的扩散能力高于稀混合气时 O_2 的扩散能力，因为质量轻的气体比质量重的气体的扩散系数大[69]。宽域 O_2 传感器不但能用于控制理论燃空当量比混合气，还能控制稀/浓混合气。因此，这种宽域 O_2 传感器不但能用于稀燃汽油机的闭环控制，还能用于柴油机的闭环控制。

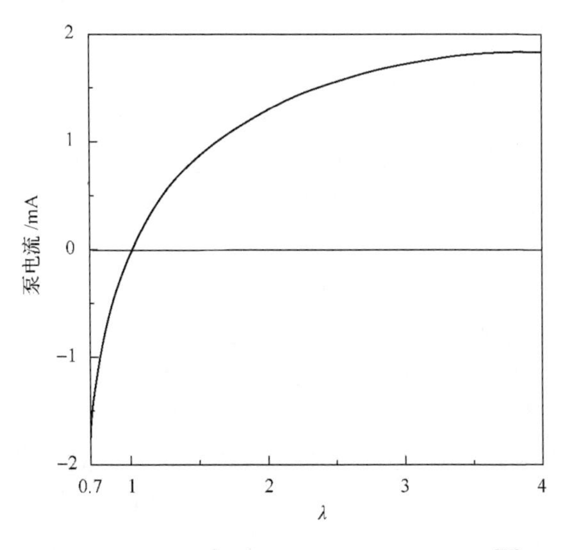

图 3-7 宽域 O_2 传感器的泵电流与 λ 的关系[70]

宽域 O_2 传感器由 ZrO_2 陶瓷制造。它是 Nernst 浓度电池（与开关型 O_2 传感器相同）和传输氧离子的氧泵单元的联合体，在传感器内集成了一个电加热器，让传感器迅速地达到 650～900℃的工作温度，快速地减少排气温度对传感器输出信号的影响。

宽域 O_2 传感器不仅能测量出 λ 值，而且还能测出混合气浓度偏离 $\lambda=1$ 的大小。因此，当混合气浓度偏离理论燃空当量比时，λ 控制的反应会更快，这就能提高汽油机控制系统的动态响应[70]。

3.2.2 TWC 失活

催化器安装在发动机排气管路中，因为受到排气热冲击和排气中各种有害成分的影响，催化剂的活性将下降，即失活。催化剂的失活过程是物理和化学特性共同作用的结果。催化剂的失活不但使其催化转化效率下降，而且还会改变最大催化转化效率窗口[7]。催化剂的失活虽然不可避免，但可以减缓或防止，一些不利后果还可以避免。随着时间的推移，催化剂的活性和/或选择性损失是催化器使用时所面临的一个重要问题。因此，认识催化剂失活的化学和物理作用机理，对于设计高效和耐久性好的催化剂来说是极其重要的。

催化剂失活通常分为中毒、结焦、烧结和相变四类。催化剂的相变、毒物吸收、结焦、机械和热冲击都会严重地影响催化剂的结构和纹理特性、金属扩散、O_2 存储和氧化还原活性[73,74]。此外，催化剂被覆盖和挥发引起的活性成分损失、侵蚀和磨损也会引起催化剂失活[75]。催化剂失活机理主要有化学、机械和热力失效这几种形式[76]。热失活仍然是导致催化剂失活的根本问题[77]。高温烧结是催化剂的主要失活机理[73,78]。

由热引起的金属比表面积损失、贵金属涂层比表面积急剧下降和烧结引起的孔结构坍塌是催化剂热老化失活的几种形式。在这些过程中，涂层凝聚，形成越来越大的颗粒物。通常活性表面的减少首先从催化器入口处出现。与此同时，贵金属晶体长大，导致活性贵金属表面积进一步减小。

烧结是引起催化剂失活的严重问题之一。烧结通常是指催化剂的结构改变使活性比表面积损失。烧结降低了涂敷支撑材料的表面能，通过表面材料的输运来减少扩散和/或消除支撑材料内的孔。当孔被阻挡时，贵金属颗粒物被包在其中，不与反应物接触，因此，烧结降低了催化剂的总体活性[29]。高温是引起催化剂烧结的主要原因[75]，烧结总体上发生在高温度下（如＞500℃），而且在有水条件下烧结会加快[76]。在大约 800℃时，会发生发动机润滑油和燃料添加剂烧结现象。超过 1000℃时，会发生贵金属烧结，Al_2O_3 涂层自身出现分离[7]。在高温下，γ-Al_2O_3 经历连续和不可逆相变[79]。通常，Pt 的烧结发生在 600℃以上的温度下，并且随着温度的升高和暴露在高温中时间的增加，烧结现象加重[29,80]。不同于Pt，Pd在还原性或惰性氛围中烧结更快[29]。活泼贵金属的烧结也受改变催化剂颗粒物表面能的其他条件如反应环境[81]、金属纳米的形状和成分[82]、金属扩散[83]、金属在载体上的涂敷[84]以及载体与金属间的相互作用[85]的影响。其中，对催化剂最不利的是在Rh-Al_2O_3界面生成铝酸铑[86]。总体上，烧结是一个热力驱动的过程，在本质上，它是一个物理过程。烧结既能在支撑金属催化剂中发生，也能在未支撑催化剂中发生。前者通过小的金属晶体集聚和聚结成大的和低面容比的大晶体，引起活性表面减小[75]。热诱导的催化剂失活来自：①催化剂晶体长大体催化剂比表面积减小，由涂层坍塌引起的涂层面积减少和活性相晶体坍塌使催化剂比表面积降低；②催化剂相化学转变为非催化剂相。虽然烧结贵金属和Al_2O_3能显著地改善800～1000℃时催化剂的热老化，但这会使活性比表面积减少。当催化剂的温度超过1000℃时，催化剂的热老化急剧增加，它的活性大大降低。尽管催化剂材料需要高的耐热能力，但是任何传统催化剂是不能满足的。因此，一个最重要的问题是如何抑制氧化物支撑材料的烧结。

贵金属的烧结总体上涉及贵金属颗粒物的移动，贵金属可能的凝聚导致贵金属扩散的减小。金属烧结受到催化剂材料和温度的影响，并在一定程度上受到化学反应氛围的影响。与中性或还原性氛围相比[87]，氧化性氛围对烧结的作用最大，尤其是在高温时[88]。烧结还有许多其他影响：①OSC促进剂的烧结导致OSC的损失，可能导致贵金属被包裹[89]；②Al_2O_3的烧结，更重要的是Rh^{3+}迁移到Al_2O_3晶格引起Rh的失活[90]。总体来说，贵金属烧结导致活性点数的减少是TWC失活的主要原因。

相变在催化剂失活方面起到很大的作用[91]。图3-8给出了催化剂中典型的氧化物支撑材料比表面积与温度的关系[92]。图3-8中括号内的数字是熔点。可见，在高温下，金属氧化物粉末的比表面积依赖于其固有的特性(熔点和相变)和一些外在因素(水蒸气压力、O_2压力和杂质)。例如，MgO有大于2500℃的高熔点，因此，在超过1000℃的工作温度下，其比表面积稳定。在相变期间，导致烧结或晶粒长大的激活原子扩散也将减小比表面积，这可以从Al_2O_3($\gamma Al_2O_3 \rightarrow \alpha Al_2O_3$，大约1100℃)和$TiO_2$(锐钛矿→金红石，大约700℃)相变转换过程看到。相变导致催化剂比表面积显著减少。

对于过渡Al_2O_3晶体来说，随着温度的升高，它按下列顺序发生晶相变化，$\gamma Al_2O_3 \rightarrow \delta Al_2O_3 \rightarrow \theta Al_2O_3 \rightarrow \alpha Al_2O_3$，对应的比表面积变化如图3-9所示[91]。过渡$Al_2O_3$的相变和比表面积损失在水蒸气存在的条件下变得更加严重[91]。因此，暴露在内燃机高温排气中的催化剂要承受更加严重的烧结。

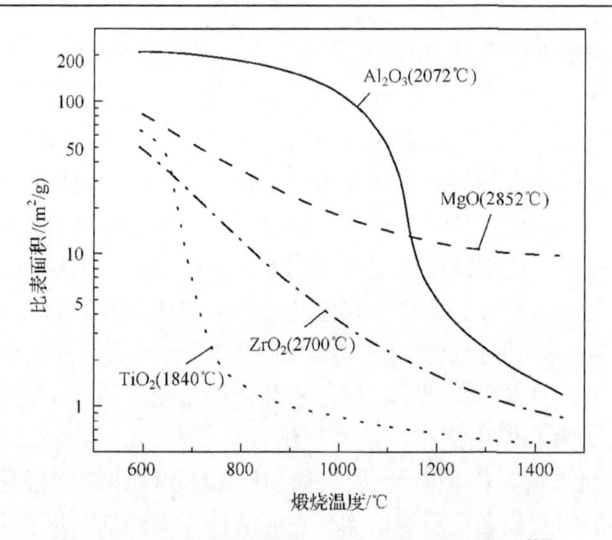

图 3-8 氧化物支撑材料比表面积的温度依赖性[92]

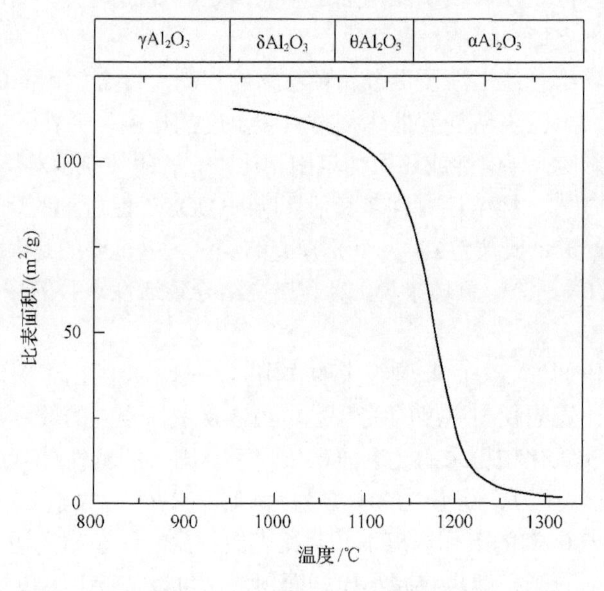

图 3-9 温度对 Al_2O_3 的相变和比表面积变化的影响[91]

在混合气未点燃的汽油机失火工况下，如果未燃燃油在排气系统中着火，催化器的温度能上升到 1400℃。这样高的温度会熔化催化剂涂层，彻底损坏催化剂。因此，点火系统必须要可靠，以防止失火现象的发生。如果发生未点火和燃烧现象，现代发动机管理系统通过中断喷油来防止未燃混合气进入排气系统[70]。为了防止催化器的热老化，在连续工作时，必须要保证催化器的温度不能超过某一特定的限值。对于陶瓷载体的催化器，这个限制温度大约是 900℃。催化剂在极高温度下工作的时间越长，它所经受的热老化程度就越大[7]。如果没有减速燃油切断措施，加速或减速是最重要的高温失活运行区。直接从节气门全开进入减速是特别危险的，因为这个过程会产生高温排气。

催化剂中毒失活是一个化学过程。中毒就是将排气中的反应物、产物或杂质通过强烈的化学反应吸附到催化剂活性位上，使催化剂的活性损失[76]。毒物通过阻挡活性位(几何作用)简单地起作用，也可能通过电子作用改变它对其他成分的吸附力。中毒也能修改活性位的化学特性或者生成新的复合物(重构)[75]，进而改变催化剂的性能。

催化剂中毒分为选择性的和非选择性的。在后者发生时，催化剂表面位均匀地吸附毒物。因此，催化剂表面的净活性是毒物化学吸附量的线性函数。而在选择性中毒条件下，毒物在一些活性位的分布，使最强活性位首先出现中毒，这可能导致催化剂活性和化学吸附毒物量间的不同关系。此外，中毒又分为可逆的或不可逆的。在可逆的中毒情况下，毒物吸附不太强，可以简单地用载气去除毒物使催化剂再生[75]。

催化剂中毒通常来源于燃料、燃料中的杂质和润滑油[93]以及发动机部件的磨损。通常与燃油相关的物质有卤化物、铅和锰；与润滑油添加剂相关的成分有磷、锌和钙[48]。燃油和润滑油中均含有硫。上述这些化学成分都会恶化 TWC 的性能[94,95]。

从 1930 年开始，铅作为低廉的辛烷值改进剂在汽油中得到了广泛的应用，但燃料中的铅不但会沉积在催化剂表面堵塞通道，而且会与催化剂反应，形成不活泼的物质，覆盖在催化器的活性粒子上，堵塞微孔，大大地降低催化器的转化效率。此外，汽油中的铅在 O_2 传感器表面形成封闭层，改变其特性。如果 O_2 传感器发生铅中毒，就会使混合气由稀向浓转换的响应恶化，导致汽油机在偏浓的混合气中工作。由于汽油中的铅对催化器性能和人体健康的不利影响，铅基添加剂的使用逐步受到了限制。日本从 1975 年即开始全部使用无铅汽油。欧洲联盟在 2000 年实施的 EN228—1999 汽油标准中铅含量限值是 5mg/L。我国于 2000 年 1 月 1 日起禁止车用含铅汽油的生产，2000 年 7 月 1 日起全面禁止车用含铅汽油的销售。

汽油中的有机硫在燃烧过程中转变成 SO_2。SO_2 吸附到催化剂表面后，阻止了催化剂对反应分子的吸附，减弱了催化剂的活性，而且在催化剂作用下，会形成稳定的硫酸盐，减弱催化剂的活性。SO_2 也会使 Pt、Pd 和 Rh 等催化剂失活，但程度较小。此外，SO_2 会被氧化或还原成其他有害物。这种相互作用和转化依赖于排气的化学计量比、温度和催化剂成分。催化剂的硫损坏将在一个像柱塞一样的方式下发生，因此，催化剂进口比出口处有更多的含硫沉积物[96]。

CeO_2 的 OSC 在 SO_2 存在的条件下受到不利的影响。然而，在 CeO_2 中添加 ZrO_2 能增强 CeO_2 抵抗硫中毒的能力，尽管有更多的硫被吸附在它的表面[97]。这可能也与 CeO_2/ZrO_2 混合氧化物比 CeO_2 有更高的 OSC 有关，因为 ZrO_2 充当了硫的清除剂。在抑制三效催化剂活性方面，硫中毒的影响比稀燃 NO_x 还原剂要低得多，因为 TWC 中能达到高的温度，可以在驾驶条件下释放催化剂上的硫[10]。

图 3-10 给出了对 TWC 中各种催化剂组分的硫酸盐脱硫过程[98]。图 3-10 中，"$+H_2$"表示在有 H_2 条件下，"$-(H_2S)g$"表示以气态 H_2S 形式去除 S，$Pt(S)_{ad}$ 表示 Pt 上吸附了 S，其他符号的意思相同，箭头表示脱硫过程。可以看出，在不同的运转条件下，催化剂上形成各种硫酸盐或吸附 SO_2 的温度是不同的。在稀燃条件下，催化剂的再生温度要低于浓混合气工况。在浓混合气条件下形成的硫酸盐在稀混合气时的再生温度也较高。在还原性氛围下，要想将硫从 Pt 和 Pd 表面脱附，需要 750℃以上的温度，但 $Ce_2(SO_4)_3$ 在 600℃以上的温度即可。在氧化性氛围、650～750℃时可将 Pt 和 Pd 表面上的硫脱附掉，在 700℃以上温度时会伴随着 $Ce_2(SO_4)_3$ 的分解。在理论燃空当量比时，需要大于 750℃的温度脱附 Pt 和 Pd 表面的硫，并分解 $Ce_2(SO_4)_3$。因此，催化器对硫的敏感性依赖于催化剂的组分、排气温度和混合气浓度。在还原性氛围、超过 800℃温度的条件下，Pt 表面上的硫可以脱附，而在高于 900℃的条件下，硫不能从 Pd 上脱附，但在氧化性氛围下，Pd 在高于 300℃、Pt 在高于 700℃的条件下能脱附掉硫。CeO_2 与 SO_3 反应生成 $Ce_2(SO_4)_3$，减少了催化器的储氧和释放能力，影响车载系统的功能和铂族/CeO_2 催化剂的性能。此外，在还原性氛围下，释放出来的 SO_2，会增加铂族催化剂表面的 SO_2，使它们中毒的可能性增大。在低温、稀燃条件下，吸附到 Pt、Pd 和 Rh

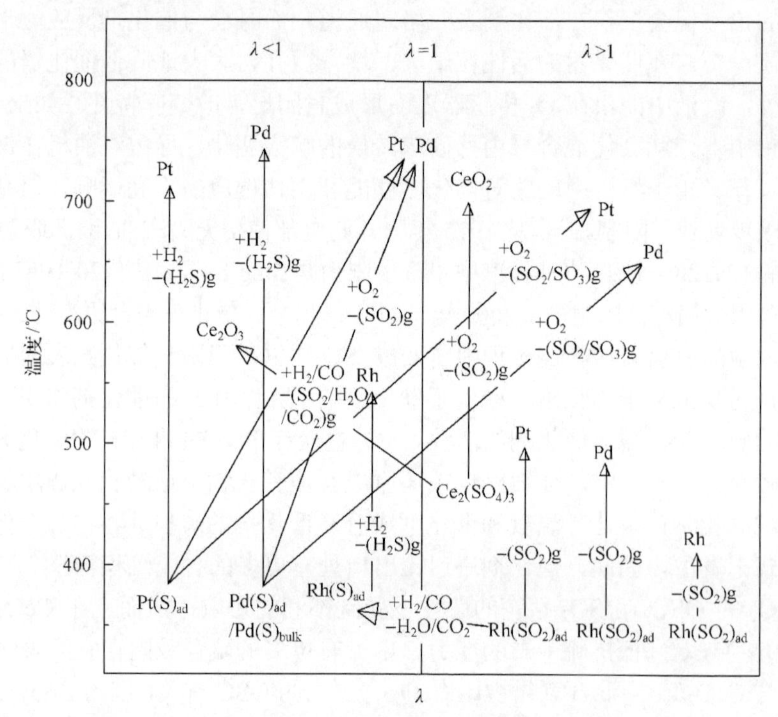

图 3-10　温度和混合气浓度对 TWC 中各催化剂组分的硫酸盐脱硫过程的影响[98]

表面上的 SO_2 将在吸附点争夺反应物，导致起燃温度升高。但在稀燃条件下，当排气温度升高时，SO_2 在催化剂表面的平衡浓度降低，对热催化器的转化效率影响减小。

为了减少燃料中的硫引起的催化剂中毒，世界各国对汽油中的硫含量进行了严格的限制。欧洲在 2000 年实施欧III排放标准时 EN228:1999 汽油标准中硫含量限值是 150×10^{-6}，到 2009 年实施欧Ⅴ排放标准时 EN228:2009 汽油标准中的硫含量已降至 10×10^{-6}。日本从 2007 年开始就将汽油中的硫含量限值降到了 10×10^{-6}。美国 Tier 3 标准要求，从 2017 年开始，汽油中的硫含量不大于 10×10^{-6}。我国国 4 汽油中的硫含量不大于为 50×10^{-6}，国 5 汽油中的硫含量不大于 10×10^{-6}。

通过联合降低汽油中的卤化物、铅和硫以及改进 TWC 配方，由汽油中的卤化物、铅和硫引起的催化剂中毒已经大大地减少了。

同样，来自润滑油中的 Zn、Ca 和 P、抗氧化剂和抗磨剂也会引起催化剂中毒。润滑油在缸内燃烧导致催化剂上含有 Zn、Ca 和 P 等的沉积物，阻止了气体和催化剂活性表面的接触，或者与催化剂中的成分反应生成不理想的产物如磷酸铈[48]。此外，催化剂也容易被润滑油中的磷毒化，生成各类盐，覆盖在催化剂表面，如磷与 Al_2O_3 反应生成熔点低的磷酸铝，使高温下催化剂比表面积损失增加，降低催化器的效率。其中，Pd 和 Rh 比 Pt 更敏感。因此，催化器的应用也应对润滑油成分特别是添加剂的成分提出新的要求。

催化剂中毒在本质上主要与汽车行驶的里程、燃油和润滑油品质有关。此时不理想的化学物质吸附到活性金属或支撑表面上，导致催化剂活性表面减小。这些吸附的化学杂质通过阻挡活性点和催化剂孔来阻碍催化剂中的质量传递或化学吸附点，从而改变表面化学物质的流动路径，由此阻止理想化学反应的发生[99]。因此，TWC 设计涉及新材料的应用。新材料不但能为铂族金属提供好的支撑，而且对热和化学失活的抵抗能力更强。此外，润滑油中的 P 浓度也被减少到可能在 TWC 上形成沉积物的极限。

结焦是在催化剂表面上通过烃的副反应(分解或浓缩)生成碳质残渣。结焦往往通过物理方式覆盖活性表面或阻塞孔道使催化剂失活。当结焦积聚在催化器孔中，孔的有效直径减小，导致孔内反应物与生成物传输阻力的增大。如果在孔的入口端结焦，它比在孔壁上形成均匀结焦的阻碍作用更大，最后导致催化器孔道的堵塞[75]。焦化和结垢属于增加反应物扩散阻力类型的中毒。

装有催化器的汽油机在实际运行时，除了要缩短冷起动时催化器的起燃时间，还要考虑如下问题：一是在交通堵塞、发动机处于空载状态时，催化器的温度会降低到最佳工作温度以下，催化转化效率大大降低，甚至无法工作，而在高速行驶时，催化器温度可能超过 800℃，使催化剂失效；二是汽油机不着火或 O_2 传感器失灵，影响催化器的正常工作；三是催化转化器在使用过程中老化，转化效率下降。因此，在实际行驶条件下，要想满足严格的汽车排放标准，必须要用 OBD 系统对各个控制用传感器的状态进行实时监控。

3.3 稀燃 NO_x 催化器

稀燃技术是提高汽油机燃油经济性的一种手段[100]。但是，在富氧条件下，排气中的 CO 和 HC 被氧化，不能用作 NO_x 还原剂。这样，传统 TWC 对 NO_x 的转化效率很低。因此，NO_x 排放控制就成为稀燃汽油机后处理系统的一个主要挑战。

降低稀燃汽油机 NO_x 排放的后处理方法主要是 NO_x 存储与还原技术。在国际上，稀燃 NO_x 催化器有不同的名称，如稀燃 NO_x 捕捉器（lean NO_x trap, LNT）、NO_x 吸附催化剂（NO_x adsorber catalyst，NAC）和 NO_x 存储与还原催化器（NO_x storage and reduction, NSR）。

为了满足汽车排放标准，日本丰田汽车公司在 20 世纪 90 年代中期发明了稀燃 NO_x 减排技术——NO_x 存储与还原催化器[101]。稀燃汽油机 NO_x 催化器的工作原理是[70,102]：在稀燃条件下，贵金属催化剂把排气中的 HC 和 CO 直接氧化成 H_2O 和 CO_2，并将 NO 转化为 NO_2，以亚硝酸盐或硝酸盐的形式存储在碱金属或碱土金属化合物组分里。随着催化剂中 NO_x 存储量的增加，NO_x 吸附催化剂对 NO_x 的吸收能力下降。为了防止过量的 NO_x 从稀燃 NO_x 催化器中逃逸，只要 LNT 后排气中 NO_x 的浓度超过设定值，就让催化剂短暂地暴露在 $\lambda<1$ 的浓混合气中，将 LNT 捕捉到的 NO_x 释放出来，并与排气中的 H_2、CO 和 HC 反应，将 NO_x 还原成 N_2。其中，HC 还原 NO_x 的速度最慢，H_2 还原 NO_x 的速度最快[70]。图 3-11 给出了稀燃 NO_x 催化器中 NO_x 存储与还原过程示意图[103]。

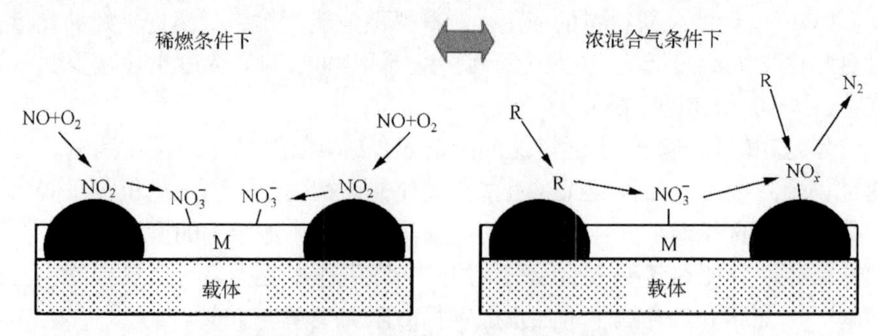

图 3-11　NO_x 存储与还原反应简图[103]

M. NO_x 存储化合物；R. H_2、CO 和 HC

汽油机采用稀燃的目的是改善它的燃油经济性。因此，LNT 在浓混合气区工作的时间要尽可能短，这就需要吸附的 NO_x 释放和还原快。

通常，LNT 中的贵金属催化剂有 Pt[104]、Pd[105]和 Rh[105,106]。其中，Pt 的负载量

通常为 1%～2%[107~109]。在 LNT 中，贵金属起着两个重要的作用：一是在稀燃条件下把 NO 氧化成 NO_2；二是在浓混合气条件下，把存储的 NO_x 还原。其中，Pt 是好的 NO 氧化催化剂，而 Pd 或 Rh 有较高的 NO_x 还原活性[104]。最近，用 Pd 作为 LNT 催化剂的研究得到了重视，这是因为 Pd 有多重催化活性[105,110,111]。首先，Pd 展现出高的三效催化活性，并在 LNT 中能比 Pt 更好地工作[112,113]。其次，Pd 比 Pt 便宜，而且在贵金属中储量丰富。在 Pt、Pd 和 Rh 中，Rh 显示出最高的 NO_x 还原能力[105,114]。二金属 LNT 催化剂如 Pd/Rh 和 Pt/Rh 也在进行应用研究[115,116]。

LNT 中 NO_x 吸附存储材料有多种。其中，Ba 基吸附存储材料是研究最多的。总体来说，Ba 的负载量在 8%～20%[117]。其他碱金属如 Na 和 K 或碱土金属如 Mg、Sr 及 Ca 也得到了研究[106,118]。碱金属/碱土金属化合物的碱度与 NO_x 捕捉性能直接相关。在 350℃下的研究发现[104,119]，碱金属或碱土金属对 NO_x 的存储能力按照下列顺序下降：K＞Ba＞Sr≥Na＞Ca＞Li≥Mg。

贵金属和碱金属/碱土金属氧化物扩散在高比表面积或大孔隙体积的载体涂层上。这些涂层还在吸收 NO_x 方面起作用[117]。涂层材料可能是单个氧化物（Al_2O_3、ZrO_2、CeO_2 和 MgO）或者混合金属氧化物（MgO-CeO_2 和 MgO-Al_2O_3）。

在稀燃条件下，NO_x 存储和氧化能力的顺序是 Pt/BaO/Al_2O_3＞Pt/Rh/BaO/Al_2O_3＞Rh/BaO/Al_2O_3[115]。最常用的一个催化剂配方是 Pt/BaO/Al_2O_3[104,120]。与 Pd 和 Pt 相比，Rh/BaO/Al_2O_3 的 NO_x 存储能力是最低的[105]。

在汽油机稀燃运行条件下，LNT 吸附 NO_x 的时间通常在 30～600s，而在浓混合气条件下的再生时间通常为 1～10s[121]。以 Pt 和 Rh 为催化剂、BaO 为吸附体的 NO_x 吸附过程如下[122,123]。

在稀混合气条件下的氧化反应为

$$2NO+O_2=2NO_2 \tag{3-24}$$

$$2BaO+4NO_2+O_2=2Ba(NO_3)_2 \tag{3-25}$$

在浓混合气条件下的还原反应为

$$Ba(NO_3)_2+5CO=BaO+N_2+5CO_2 \tag{3-26}$$

$$Ba(NO_3)_2+5H_2=BaO+N_2+5H_2O \tag{3-27}$$

当再生时间很小时，NO_x 的转化不完全。因此，在 LNT 出口会同时排出 NO 和 NO_2，而在低温（200～300℃）和长的再生时间下，由于还原，排气中有 N_2O 和 NH_3 排出[124,125]。

需要强调的是，NO_x 存储能力极大地受到排气中水和 CO_2 的影响。排气中的 CO_2 会减缓 NO_x 的吸附能力。因此，吸附过程更像是由表面碳酸盐转化成硝酸盐，因为 CO_2 在吸收点与 NO_x 进行激烈的竞争[122,126]。当然。这种竞争增加了最大浓

混合气时 NO_x 的释放率[127,128]。

LNT 存储 NO_x 的能力决定了再生前催化器在稀燃条件下运行的时间。当然，当 LNT 老化后，它的 NO_x 存储和释放能力也很重要。

影响 LNT 捕捉 NO_x 效率的因素很多，包括空速、NO_x 浓度、O_2 浓度、催化器入口温度、催化剂是否老化和 NO_x 吸附能力。图 3-12 给出了在不同条件下 LNT 效率的变化趋势[129]，AF 表示燃空当量比，可见，在相同的再生浓度和时间下，新鲜催化器比老化的催化器 NO_x 转化效率高；混合气越稀，LNT 的转化效率越低。

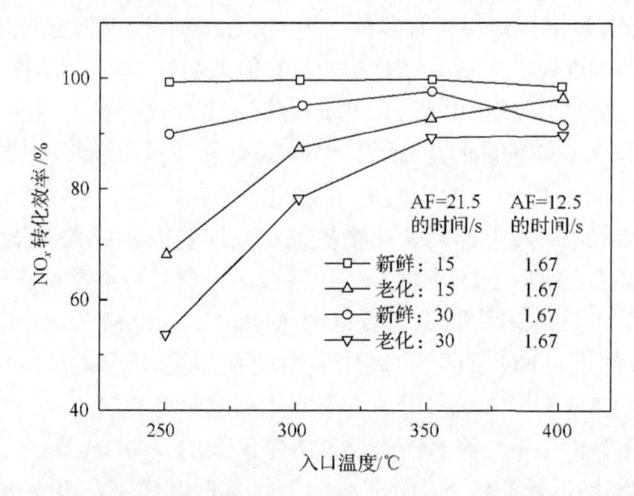

图 3-12 空速为 50000h^{-1} 时稀/浓混合气模式对 LNT NO_x 转化效率的影响[129]

LNT 最有效的工作温度范围为 250～450℃[130]。研究发现[121]：LNT 的转化效率受到排气中 NO_x 浓度和温度的影响，如图 3-13 所示。

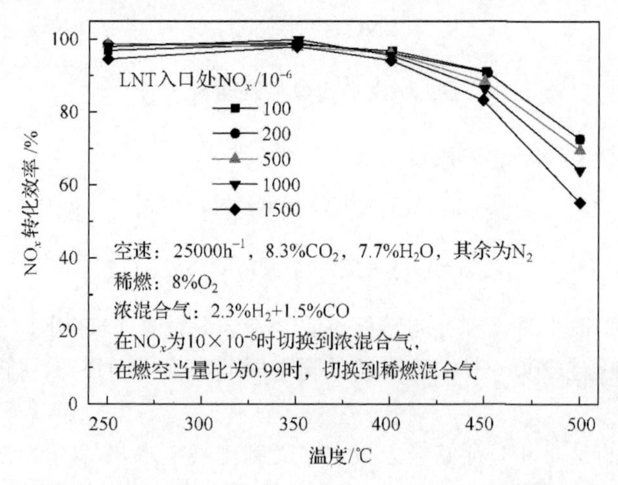

图 3-13 在不同温度和 NO_x 浓度下 LNT 在流体反应器稀/浓循环时的 NO_x 转化效率[121]

由图 3-13 可见，在中低温度区，LNT 有相当高的 NO_x 转化效率，甚至在催化剂入口 NO_x 浓度为 1500×10^{-6} 时，其转化效率也超过了 90%。然而，当温度高于 400℃时，NO_x 的转化效率下降，而且随着 NO_x 浓度的提高，NO_x 的转化效率下降。实际上，NO_x 的存储能力随着 LNT 入口处 NO_x 浓度的增加而增大。

LNT 最大效率许可工作温度较低，因此，TWC 与 NO_x 吸附催化器要分开安装。其中，TWC 作为初级催化器安装在排气系统的上游，LNT 作为主催化器安装在汽车底板下。

从化学平衡考虑，在高的气相 NO_x 浓度下，催化剂存储更多的 NO_x。但在浓混合气条件下再生时，NO_x 迅速释放，在转化成 N_2 前从催化剂逃逸。因此，在高温下，有可能导致超出汽车排放限值的高 NO_x 浓度尖锋。此外，N_2O 也显著增加，并随着 NO_x 浓度的提高而增加[121]。研究还发现[103]：在温度高于 400℃时，在稀燃氛围下的 NO_x 存储量与它在浓混合气峰值下再生时 NO_x 还原量相同，但是在低于 400℃时，前者大于后者。在 400℃以下，不同还原剂的还原能力按下列顺序下降：$H_2>CO>C_3H_6$。这就意味着不是所有的 NO_x 存储点能完全再生，甚至是用过量的 CO 和 C_3H_6 作为还原剂。但是如果供给适量的 H_2，所有 NO_x 存储点可能被完全再生。使用 CO 或 C_3H_6 作为还原剂时，被存储 NO_x 的释放率是存储 NO_x 还原效率的决定性因素。因此，在再生期间，平衡 NO_x 释放量与还原剂(CO、H_2 和 HC)就成为影响 NO_x 有效还原和 LNT 再生以及最小化过剩还原剂逃逸的重要因素。

在 LNT 的吸附与再生过程中生成的 N_2O 与还原剂和温度相关。研究表明[131]：几乎有一半的 N_2O 是在稀燃条件下生成的。在 300℃和浓混合气条件下，易于生成 N_2O 的还原剂能力顺序是 $CO\geqslant C_3H_6>H_2$，而在稀燃条件下，易于生成 N_2O 的还原剂能力顺序是 $C_3H_6>H_2>CO(\approx0)$；在 200℃和浓混合气条件下，易于生成 N_2O 的还原剂能力顺序是 $CO>H_2\geqslant C_3H_6$，而在稀燃条件下，易于生成 N_2O 的还原剂能力顺序是 $H_2>CO\geqslant C_3H_6(\approx0)$。

LNT 再生时期的选择如下[132]。

(1) 由 NO_x 传感器检测到 NO_x 逃逸，表明 LNT 吸附已达到一定水平，因此必须要进行再生。然而，NO_x 传感器只有在达到可测的 NO_x 浓度才能测量出来，所以通过这种方法开始的 NO_x 再生会引起少量 NO_x 逃逸。

(2) 在均质混合气运行期间，根据驾驶员对发动机扭矩或者诊断或者自适应的要求，确定是否在这个运行点和现在的吸附状态下进行再生。当然，LNT 再生混合气加浓会造成汽油机扭矩的变动，需要通过控制点火时刻来补偿。由于每次再生意味着燃油消耗的略微增加，当 LNT 达到高的吸附水平时必须开始再生。开始再生时的吸附阈值依赖于发动机的运行点。

判断 LNT 是否需要再生有两种方法：一种是根据各个工况点的原始 NO_x 排放，利用模型计算出累计存储的 NO_x 量[132]；另一种是利用在 NO_x 吸附催化器后

的 NO_x 传感器测量排气中 NO_x 浓度的方法。

判别 NO_x 再生是否完成的方法是：利用模型计算再生过程中减少的 NO_x 吸附量，当它达到零时，再生结束。同时，用 LNT 下游的 NO_x 传感器检测再生过程。如果这个传感器检测到浓排气时，LNT 再生结束，因为这是完全再生的标志[132]。

图 3-14 给出了 LNT 再生过程中，各个系统间的协同作用关系[133]。可见，在 LNT 再生时，混合气的浓度从分层模式下的 λ=1.95，在 3s 内，通过关闭节气门到设定位置，将混合气加浓到 λ=0.9 的均匀混合气状态。

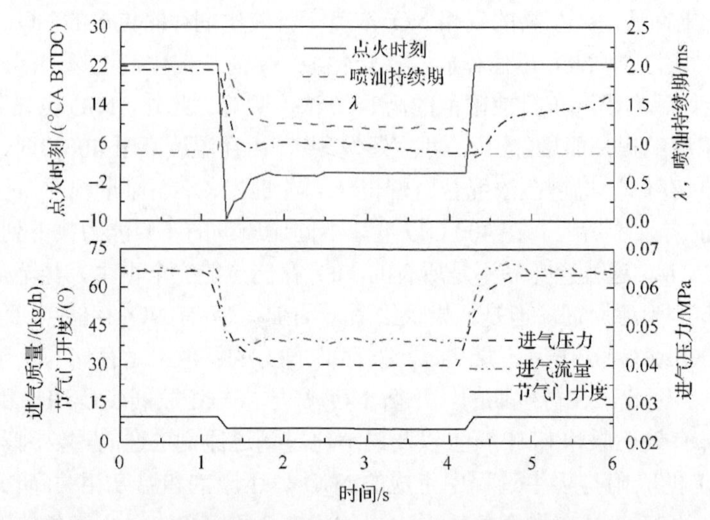

图 3-14　直喷汽油机在 LNT 再生循环时各个系统的协同[133]

图 3-15 给出了不同排气温度、浓混合气条件下释放的 NO_x 与在稀燃条件下吸

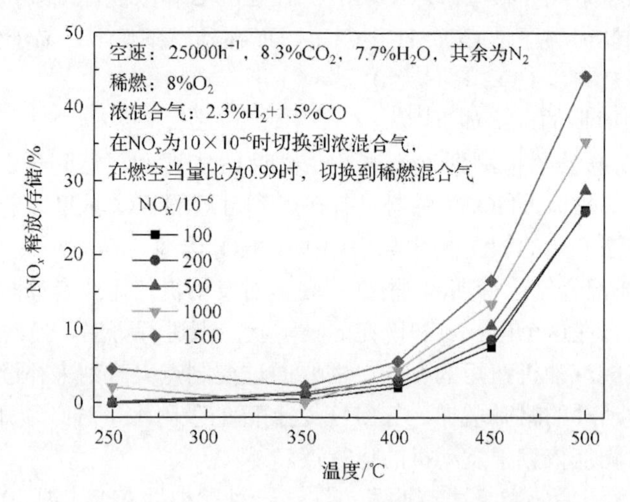

图 3-15　在不同温度和 NO_x 浓度下，LNT 在流体反应器稀燃下 NO_x 存储和在浓混合气下释放比[121]

收的 NO_x 比例[121]。可见，在高的排气温度下，释放了很大份额的 NO_x，但是在浓混合气条件下，NO_x 在没有被还原前已经从催化剂逃逸，而且入口处的 NO_x 浓度越高，在再生期间逃逸的 NO_x 也越多。

图 3-16 给出了 LNT 中 NO_x 存储和再生示意图[134]。可见，新鲜 LNT 在稀燃条件不断地吸附 NO_x。当 LNT 存储 NO_x 到一定值时，通过混合气加浓，适时地进行 LNT 的再生。再生结束后，又重新开始进行 NO_x 的存储和再生过程。

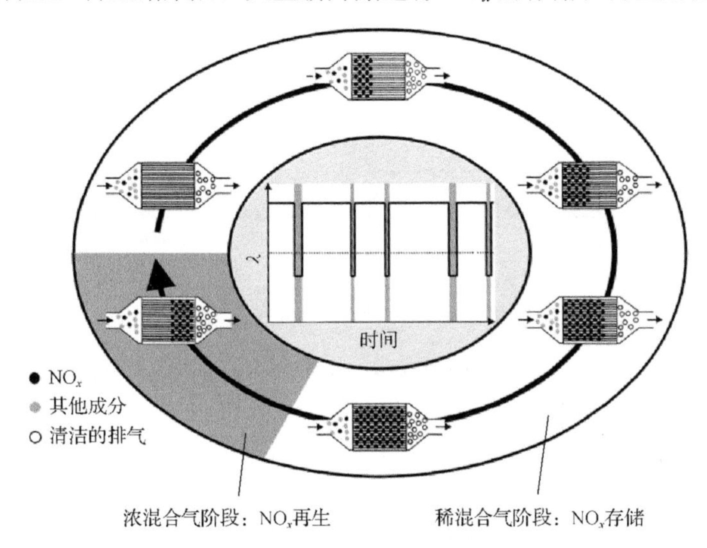

图 3-16　LNT 工作原理示意图[134]

图 3-17 给出了一款梅赛德斯-奔驰直喷汽油车在 NEDC 时，LNT 的再生策略[132]，给出了模拟的 LNT 温度和 LNT 中存储的 NO_x 量。在大约 625s 后需要进行第一次再生，因为高的 NO_x 吸附水平。在这个使用均质混合气的怠速阶段，存储的 O_2 和吸附的 NO_x 被浓的废气还原。第二个 NO_x 再生发生在加速阶段大约 830s 时。因为高的负荷点和高的 NO_x 排放，在相当低的 NO_x 吸附水平下，用 O_2 传感器自适应控制强制汽车匀速运行，保证后续等速驾驶条件下 NO_x 存储能力最优。

虽然 LNT 能在稀燃条件下去除排气中的 NO_x，但是汽油中的硫燃烧后生成的 SO_x 与 BaO 反应生成硫酸钡，影响 LNT 的性能，因为在受热状态下，在 LNT 表面上生成的硫酸盐比硝酸盐更加稳定[135]。由于硫酸钡极其耐高温，所以在 NO_x 催化器再生时只有一点分解。这样，随着 LNT 使用时间的延长，用于吸附 NO_x 的存储材料减少。此外，SO_2 经氧化后与载体反应，生成硫酸铝，也会对 LNT 的转化效率产生不利影响。因此，在使用含硫燃料时，NO_x 吸附催化器必须要经常进行脱硫。为了实现脱硫，LNT 需要在还原性氛围和超过 650℃的温度下工作，以恢复 LNT 催化剂的 NO_x 存储能力[136]。由 CO 诱发 SO_2 释放的温度≥650℃[102]。

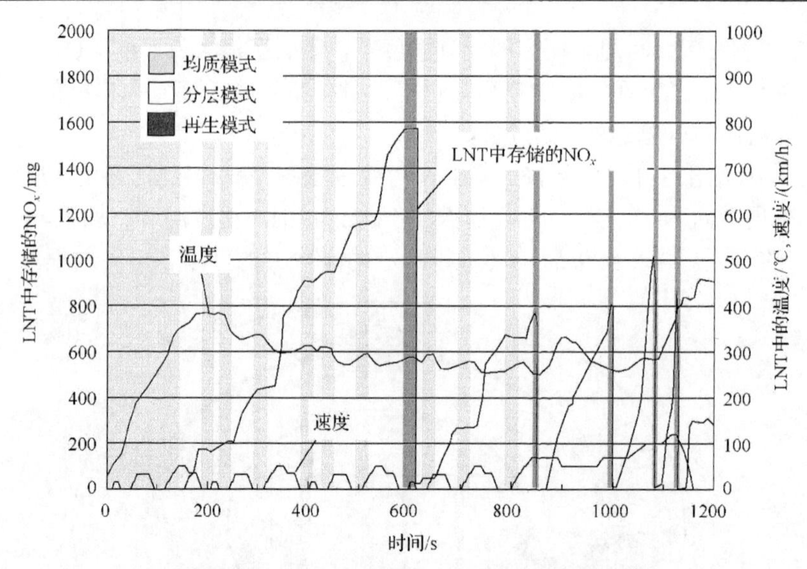

图 3-17　在 NEDC 时 LNT 的再生策略[132]

因此，需要在 $\lambda\approx1$ 的条件下对 LNT 进行加热，使催化器中的硫酸钡分解成 BaO。

除了降低燃料中的硫含量，还有提高催化剂对硫耐受力的策略[10]：①采用保护 NO_x 捕捉器的 SO_x 吸附器，并进行周期性的再生；②调整催化剂配方来提高被吸附 SO_x 的脱附效率。丰田汽车公司[137,138]通过添加 TiO_2 来保护钡基 LNT 不受硫中毒，因为它对硫有更强的耐受力。与纯 Al_2O_3 相比，添加了 LiO 的 Al_2O_3 更容易脱硫。在还原条件下，Rh/ZrO_2 的脱硫能力更强，因为它是有效的蒸汽重整催化剂。实际上，在浓混合气峰值条件下生成的 H_2 强烈地促进被吸附 SO_x 的脱离。但是需要注意，由催化剂释放的 H_2S 是不理想的。因此，在浓混合气再生时需要特别地重视调制燃空当量比历程，即在浓混合气脱硫阶段获取额外的 O_2 以释放最少的 H_2S[139]。

尽管 LNT 是有效的稀燃 NO_x 催化器，但是复杂和周期性的 LNT 再生，又会导致燃油消耗上升。高的贵金属(Pt 和 Rh)涂敷量和 NO_x 还原时生成的副产物也是它广泛应用的障碍。此外，由钡盐的烧结和铝酸钡生成引起的热失活也是 LNT 耐久性方面容易出现的一个问题[140]。

LNT 已经在欧洲部分汽油机上应用了，但是因为更加严格的 NO_x 排放标准，LNT 在美国的汽油车上还没有得到成功的应用。与柴油机相比，稀燃汽油机上应用 LNT 更大的挑战主要是高排气温度和高 NO_x 浓度(超过 1000×10^{-6})导致的高 NO_x 逃逸[141]。高排气温度减小了 NO_x 存储在催化剂表面上的稳定性。高 NO_x 浓度会更快地使可用的存储空间饱和。低的存储空间加上高的入口 NO_x 浓度需要一个大的 LNT 或者进行更频繁的再生。而体积大的 LNT 不但会增加后处理系统的成本，而且安装空间也是一个问题。

LNT 中的铂族金属具有价格高、耐热性差、易受硫中毒和需要进行主动脱硫等缺点[142,143]。因此，近年来，人们提出了新的稀燃汽油机被动 NO_x 还原后处理系统概念，如图 3-18 所示[130]。在这个后处理系统中，用几个关键的部件来实现如下功能：①在 TWC 上有效地形成 NH_3；②强的 NH_3 存储能力和在 SCR 催化剂上的高 NO_x 转化效率；③TWC 和 SCR 催化器都要有好的耐久性。该后处理系统包括一个紧凑的 TWC 和 1 个或多个 SCR 催化器。其中，紧凑的 TWC 用于氧化 HC 和 CO 以及在理论燃空当量比/浓混合气条件下还原 NO_x[136]。而在稀混合气条件下，用 SCR 催化器控制 NO_x 排放。因此，在比理论燃空当量比混合气略浓的短时间运行期间，在 TWC 中生成 NH_3，并将 NH_3 存储在下游的 SCR 催化器中，在后续的稀燃运行条件下，从 TWC 逃逸的 NO_x 就被存储在 SCR 催化器中的 NH_3 还原。其中，储氧材料的水平对紧凑 TWC 总体性能起着重要的作用[130,136]。为了克服被动 NH_3SCR 系统高效区的高温范围限制，并扩大运行窗口，采用 2 个 SCR 催化器布置方案。这样，第二个 SCR 催化器(SCR2)的工作温度将比第一个 SCR 催化器(SCR1)更低。当第一个 SCR 催化器温度太高而不能存储 NH_3 时，第二个

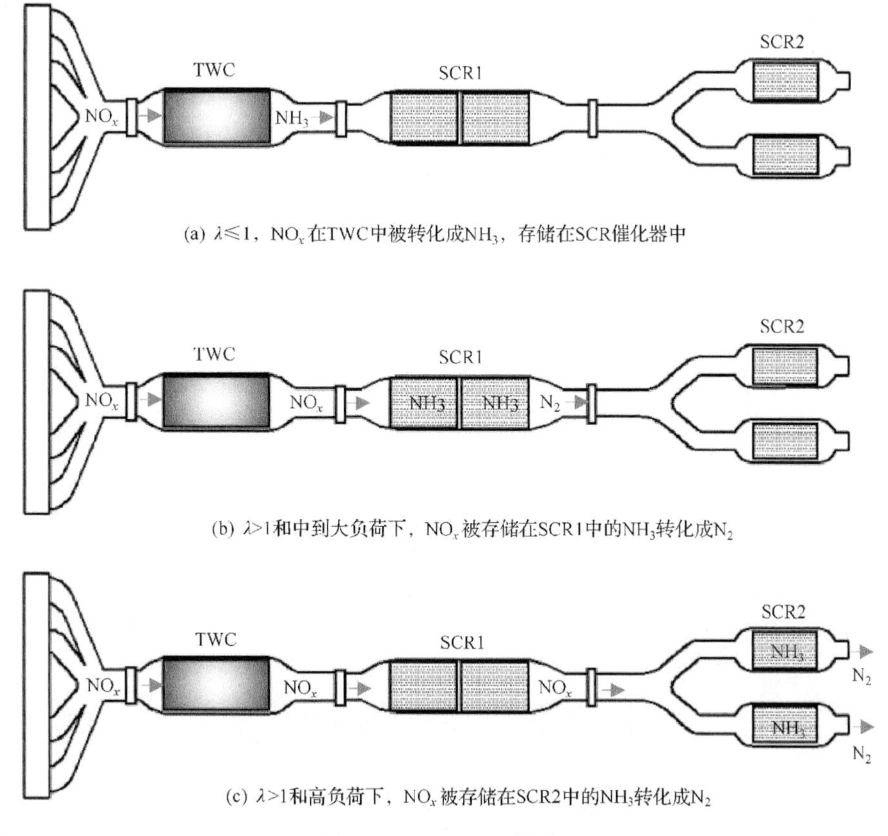

(a) $\lambda\leqslant1$，NO_x 在TWC中被转化成NH_3，存储在SCR催化器中

(b) $\lambda>1$和中到大负荷下，NO_x 被存储在SCR1中的NH_3转化成N_2

(c) $\lambda>1$和高负荷下，NO_x 被存储在SCR2中的NH_3转化成N_2

图 3-18　被动 NH_3SCR 系统概念简图[130]

SCR 催化器起作用，以此扩大 SCR 催化器高效运行的温度窗口。这个系统与别的 LNT 相关技术的主要差别是不需要 NO_x 存储。相反，NH_3 被存储在 SCR 催化剂上。因此，避免了使用昂贵的 LNT 催化剂。

研究发现[136]，TWC+SCR 催化器联合直喷汽油机减速断油和稀燃怠速策略能比使用纯理论燃空当量比混合气的直喷汽油机燃油消耗减少 11%，并能用少量贵金属材料满足 EPA Tier 2 Bin 3 汽车排放限值。很明显，在三效催化剂上涂敷的储氧材料量对 NH_3 产量以及系统的整体性能有很大影响。此外，TWC 仍然依赖于贵金属的涂敷量和储氧材料对理论燃空当量比和浓混合气条件下 HC 和 CO 浓度的控制。

将 TWC+SCR 催化器应用于理论燃空当量比混合气汽油机的好处有[144]：①减少贵金属的用量；②在变工况下有好的性能；③增加了燃空当量比控制的灵活性；④不需要尿素添加设备；⑤控制简单。但是，TWC+SCR 催化器系统还有一些不确定的问题需要解决[144]：①三效催化剂涂层配方必须要优化设计，以在略浓混合气运行条件下获得最大化的 NH_3 生成效率，并保证在理论燃空当量比时燃油恶化最小以及在浓混合气条件下最小化 CO、HC 和 NO_x 排放；②SCR 催化剂配方应该提供最强的 NH_3 存储能力和在大的温度范围内的高 NO_x 转化效率；③三效催化剂和 SCR 催化剂要有稳定的耐久性。

当然，让汽油机在浓混合气条件下运行来产生 NH_3 必将导致其燃油消耗的增加。因此，需要优化运行条件来提高 NH_3 生成效率，并最大限度地减小燃油消耗的上升，这就要求合理地设计紧凑耦合 TWC。

与传统的 TWC 或 LNT 不同，用于被动生成 NH_3 的 TWC 必须要优化 HC/CO 的氧化、理论燃空当量比/浓混合气条件下 NO_x 的还原和 NH_3 的生成。研究发现[130]，在混合气燃空当量比大于 14.6 时，由于缺少还原剂 CO/H_2，生成的 NH_3 很少。在混合气燃空当量比为 14～14.2 时，NH_3 的生成量达到最大，因为生成 NH_3 同时需要 NO_x 和 H_2/CO。在 NEDC 和催化剂老化的情况下，这种被动的 NH_3SCR 系统可以获得大于 85%的稀燃 NO_x 转化效率[130]。当然，由于排气温度低，用 HC 作为还原剂仍然是一个挑战。

在一个装有 PdTWC 的直喷汽油机上的研究表明[145]，在约 700℃，$\lambda<1$ 时，TWC 入口处的 HC、CO 和 H_2 增加；在约 700℃，$\lambda\leqslant0.96$ 时，TWC 入口处的 NO_x 与出口处的 NH_3 相等，表明所有的 NO_x 转化成了 NH_3。在 λ=0.97～1.0 时，由于还原剂 HC、CO 和 H_2 的减少，NH_3 的生成率减小，更多的 NO_x 转化成了 N_2。

3.4　汽油机颗粒物排放控制

大气中的细或超细颗粒物对环境和人体健康产生不利的影响。因此，世界上一些地区已经开始关注道路车辆对大气中颗粒物的贡献。虽然直喷技术能改善汽油机的燃油经济性，但是由于在气缸内发生燃油碰壁(活塞和气缸套)、不完全蒸发和形成不均匀混合气，其颗粒物排放高于进气道喷油汽油机[146~148]。与典型的现代柴油机相比，直喷汽油机的原始颗粒物排放比柴油机低 10～30 倍。直喷汽油机颗粒物的分形积聚特征与柴油机相似，而测试循环和发动机冷热状态对其颗粒物的形貌影响很小[149]。

颗粒物排放水平的差别导致直喷汽油机颗粒过滤材料与柴油机颗粒过滤材料的不同。按照 NEDC 认证的欧Ⅳ排放标准和欧Ⅴ排放标准直喷汽油机汽车比进气道喷油汽油机汽车的颗粒物高得多。其中，直喷汽油机颗粒物质量为 1～3mg/km，颗粒物数为(10～40)$\times 10^{11}$ 个/km[150]。直喷汽油机在轻型车中的份额大且细小颗粒物排放高，因此，欧洲联盟轻型汽油机汽车要满足欧Ⅵ排放标准颗粒数量限值。其中，欧Ⅵb 排放标准和欧Ⅵc 排放标准的汽油机汽车颗粒数量限值分别为 6×10^{12} 个/km(2014 年 9 月开始)和 6×10^{11} 个/km(2017 年 9 月开始)。但与柴油机不同，基于发动机的解决方案不容易满足汽油机汽车颗粒数量排放标准，因此，汽油机颗粒过滤器(gasoline particulate filter，GPF)是满足欧Ⅵc 排放标准和实际驾驶排放标准中颗粒数量排放的主要途径之一。是否使用 GPF 依赖于汽油机汽车的成本、燃油消耗和颗粒物排放限值。

3.4.1　GPF 的特点

直喷汽油机排气特性和颗粒物排放水平不同于柴油机。表 3-2 对比了在 NEDC 下直喷汽油机与柴油机排气的差别。

表 3-2　NEDC 下直喷汽油机和柴油机排气的差异[151]

发动机类型	颗粒物质量/(mg/kg)	颗粒数量/(个/km)	排气温度/℃	O_2 浓度/%
直喷汽油机	2～10	(1～10)$\times 10^{12}$	最大 700	0～(20)* (低)
柴油机	10～50	(10～100)$\times 10^{12}$	最大 400	10～20 (高)

注：( )* 表示减速断油期间。

由表 3-2 可知，与柴油机相比，在正常的 NEDC 下，直喷汽油机排出的颗粒物质量和数量均较低。此外，除了在减速断油期间，直喷汽油机的排气温度高，但 O_2 浓度低。

颗粒物的过滤过程是颗粒物先在过滤器壁面内积聚，并在壁面上形成颗粒层。颗粒层引起过滤效率升高[152,153]。直喷汽油机排气中颗粒物质量和数量低于柴油机，在过滤器上不容易形成颗粒层，因此，GPF 的颗粒过滤效率低。然而，原始颗粒物排放低的直喷汽油机要满足与柴油机相同的颗粒物排放限值，所以直喷汽油机所需要的颗粒过滤效率要低于柴油机颗粒过滤器(diesel particulate filter，DPF)。

DPF 和 GPF 上颗粒物负载状态的差别引起在颗粒过滤器上产生的压力降的不同，所以这两类过滤器的开发目标不同。DPF 主要是针对某一颗粒物积聚量时压力降的优化，而 GPF 的优化目标主要是在没有颗粒物的初始状态下提高过滤效率。此外，GPF 还要考虑直喷汽油机排气温度高和潜在的高速导致的体积流量率和压力降升高。

表 3-3 给出了排气条件对柴油机和直喷汽油机颗粒过滤器性能的影响。

表 3-3　排气条件与颗粒过滤器性能间的关系[151]

排气条件	GPF	DPF
过滤效率	低颗粒物质量→不形成颗粒层→过滤效率低	高颗粒物质量→形成颗粒层→过滤效率高
压力降	高排气流量率(高温和高速)→高压力降 低颗粒物质量→低压力降	低排气流量率(低温和低速)→低压力降 高颗粒物质量→高压力降
被动再生	在正常条件下，高排气温度和低 O_2 浓度→预期在断油条件下再生	低排气温度→需要主动再生

可见，不同发动机的排气状态会影响颗粒过滤器的效率和再生方式。

与柴油机相比，汽油机有很高的排气温度以及动态的排气加热和冷却温度变化。因此，GPF 承受热冲击的性能是重要的[154]。堇青石比 SiC 有更低的热膨胀系数和优越的承受热冲击性能以及在高温还原性氛围下钛酸铝开始分解等特点，因此，堇青石是适合开发低压力降和高过滤能力的 GPF 材料[155]。图 3-19 对比了 DPF 和 GPF 的颗粒过滤效率随时间的变化趋势[151]。

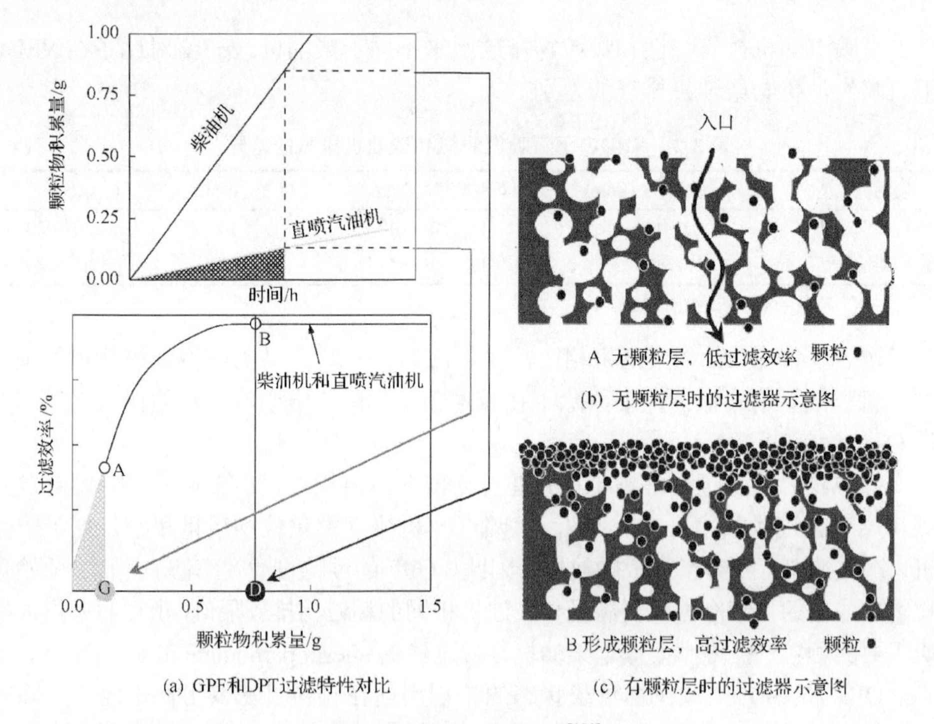

(a) GPF和DPT过滤特性对比

(b) 无颗粒层时的过滤器示意图

(c) 有颗粒层时的过滤器示意图

图 3-19　颗粒过滤机理[151]

可以看出，在颗粒过滤器处于新鲜状态下，当含有颗粒物的排气流过过滤器时，颗粒物被过滤在孔壁内。过滤效率随着颗粒物积聚量的增加而升高。到颗粒物积聚到一定量后，颗粒层就在过滤器表面堆积。颗粒层就起过滤功能，达到高的过滤效率[153]。柴油机排出更多的颗粒物，容易在过滤器壁上积聚并形成过滤层。但直喷汽油机排出较少的颗粒物，在 GPF 壁上形成较少的过滤层或不能形成过滤层。因此，GPF 在初始阶段的过滤能力是最重要的，在没有颗粒物沉积的初始压力降是关注的焦点。

3.4.2　影响 GPF 性能的因素

影响颗粒过滤效率的参数有孔隙直径、壁厚、蜂窝密度和过滤器体积[153]。除了过滤器的体积，与过滤效率相关的主要设计参数是壁厚和孔隙直径[150]。研究发现[151]，小孔隙直径和大壁厚均有利于改善 GPF 的过滤效率；低的气体流速和体积大的 GPF 能改善过滤效率。孔隙率和蜂窝密度对过滤效率仅有较小的影响[150]。与壁厚相比，蜂窝密度对过滤效率的影响较小[156]。对于涂敷有催化剂的 GPF，催化剂涂层和过滤器材料的孔隙特性是最少地增加压力降和提高过滤效率的重要影响因素。催化剂涂层极大地影响过滤器的设计，因此，涂敷催化剂的 GPF 比未涂敷催化剂的 GPF 设计更复杂[156]。

GPF 的布置位置(紧凑耦合或汽车底板下)也影响过滤效率。研究表明[151]，安装在汽车底板下的 GPF 比紧凑耦合的 GPF 过滤效率高。可能的原因是，汽车底板下的排气温度低，导致气体体积流量率和进气流速同时降低。因为颗粒过滤的一个主要机理是颗粒物的布朗扩散，它与流速和颗粒物吸附到孔壁上的时间有关，流过汽车底板下 GPF 的气流速度低，使 GPF 过滤效率提高就是这个扩散机理的结果。另一个原因是，低的排气温度使颗粒物再生量降低，有更多的颗粒物积聚在汽车底板下的 GPF 中，使过滤效率提高。但是直喷汽油机颗粒物排放低，因此，后一个影响作用较小。另外，将 GPF 布置在汽车底板下能得到更高的颗粒物质量和数量过滤效率，这可能是低温有助于 GPF 上碳饼层的形成引起的[157]。

排气系统的背压影响汽油机的燃油消耗、CO_2 排放和功率大小。为了防止燃油消耗和 CO_2 排放的增加以及功率的减小，需要减小 GPF 上的压力降，特别是高功率直喷汽油机。GPF 的蜂窝密度、壁厚和孔隙率是影响排气压力降的重要因素。随着蜂窝密度和壁厚的增加，排气压力损失增大。对于未涂敷催化剂的 GPF，随着孔隙率的增大，排气压力损失略有减小，但其机械强度下降了[150]。GPF 需要在可接受的压力降下充分地减少颗粒物数量，而对汽车排放标准限制的其他排放物仍然有高的转化效率。在 GPF 上涂敷三效催化剂是一个可选方案[158]。由于技术的进步，GPF 上的背压损失已经与 TWC 相近。排放的降低已使 GPF 替代 TWC 来满足欧Ⅵ排放标准成为可能。

GPF 初始的排气压力降受到入口处气流收缩和出口处气体膨胀的极大影响。因此，为了减少 GPF 初始的排气压力降，必须要增加它的正面开口面积(open frontal area，OFA)[152]。图 3-20 给出了冷流测试条件下，不同壁厚和蜂窝密度(正面开口面积)下气体流量对 GPF 初始排气压力降的影响[151]。

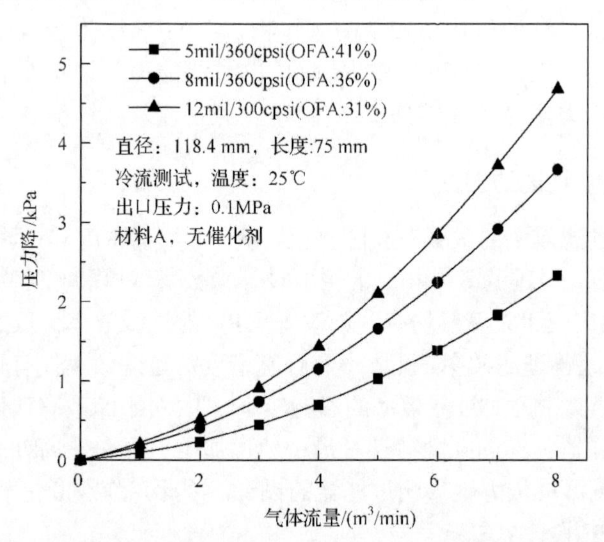

图 3-20　不同 GPF 壁厚和蜂窝密度下气体流量对排气压力降的影响[151]

可见，将蜂窝结构从 12mil/300 cpsi(目/in^2)降低到 5mil/360 cpsi 可将 OFA 从 31%增加到 41%，减少排气压力降大约 50%。减少壁厚是降低初始排气压力降的有效方法，但是还要考虑壁厚对颗粒过滤效率的影响。因此，需要在过滤效率和排气压力降之间进行折中。

降低 GPF 排气压力降的一个有效方法就是增加横断面积。在 GPF 体积不变的条件下，随着长度/直径比的减小，GPF 上的排气压力降减小。此外，将 GPF 从紧凑耦合的位置移动到汽车底板下能大大地减少压力降，因为汽车底板下的排气温度和气体流速都低。低蜂窝密度和薄壁 GPF 能减少其初始的排气压力降。但高的 OFA 使 GPF 的长度缩短。因此，在挤压和后面的加工过程中要形成好的蜂窝结构来降低压力降就变得很困难[154]。

但是，孔隙率和平均孔隙大小(mean pore size，MPS)会影响材料的强度，如图 3-21 和图 3-22 所示[155]。可见，低的孔隙率和小的平均孔隙直径有更好的强度，但这又会产生高的渗透阻力，引起排气压力降的增大。因此，材料的孔隙率应该要兼顾强度和排气压力降。

研究表明[155]，减小孔隙率引起相对小的渗透阻力增加，而大的平均孔隙大小会更快地减小渗透阻力。因此，为了改善材料的强度，同时降低渗透阻力，减小孔隙率和增大平均孔隙大小是有效的方法。随着材料孔隙率的增加，GPF 上的排

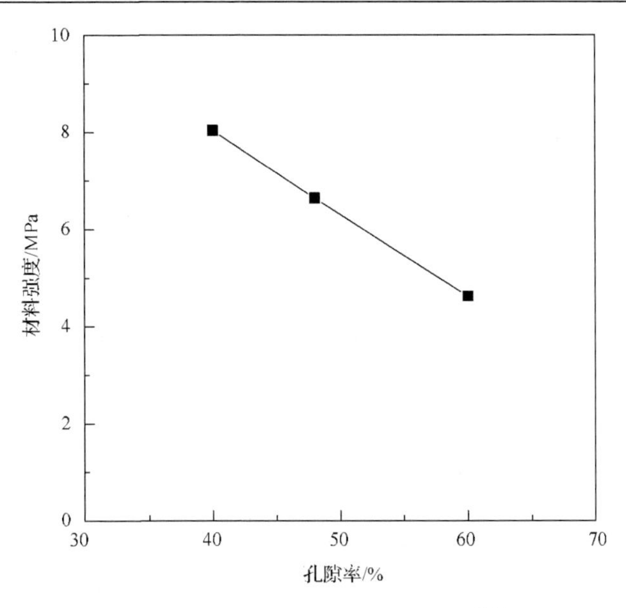

图 3-21 材料强度与孔隙率的关系[155]

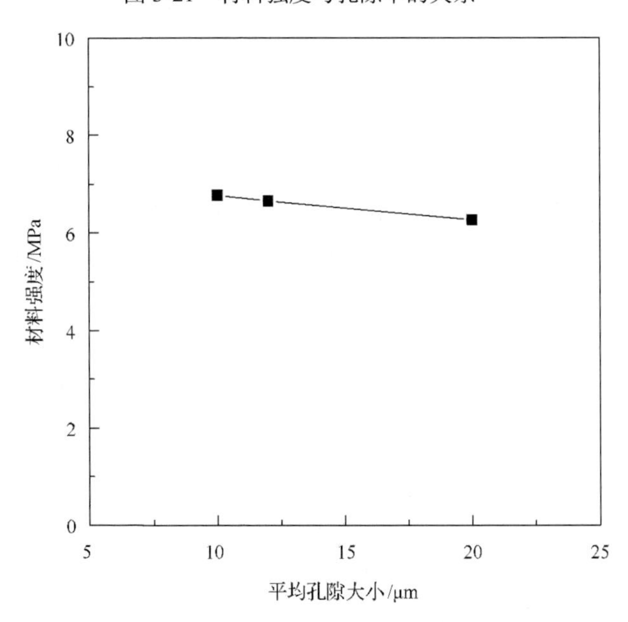

图 3-22 材料强度与平均孔隙大小的关系[155]

气压力降减小。对于未涂敷催化剂的 GPF 来说，当孔隙率超过 60%时，排气压力降变化较小。对于涂敷催化剂的 GPF 来说，孔隙率分别为 59%和 65%时，仍然能观察到高孔隙率对降低排气压力降的好处。这表明，涂敷催化剂的 GPF 获得低排气压力降的一个关键因素是高孔隙率材料。在孔隙率大于 60%的材料上涂敷催化剂的 GPF 上产生的排气压力降最小。在孔隙率一定的条件下，对于低催化剂负载(20～50g/L)GPF，平均孔隙大小增大对排气压力降的减小影响很小，而对于大于100g/L 的高催化剂负载 GPF，随着平均孔隙大小的减小，排气压力降显著增大，尤其是在平均孔隙大小小于 15μm 时[156]。日本 NGK 公司建议[154]，涂敷催化剂的GPF 材料的平均孔隙大小应该在 15～25μm，以平衡排气压力降和颗粒过滤效率。GPF 捕捉到的碳量显著地低于 DPF，因此，薄壁和低蜂窝密度的 GPF 可以保证低的排气压力降而不会使颗粒物数量超标。

GPF 对颗粒物的过滤能力与测试循环、温度[159]和催化剂涂层有关。研究表明[160]，在美国 FTP-75 中，GPF 能快速地获得 90%以上的颗粒过滤效率，而且在没有再生时 GPF 的过滤效率不变；在 EPA US06 热驾驶循环中，在用高温排气诱发再生时，在 GPF 下游排出了许多粒径小于 30nm 的金属颗粒物。由于没有在过滤上形成碳饼，所以颗粒物的过滤效率大约为 60%。在 FTP-75 和 EPA US06 测试循环下，未安装堇青石壁流式 GPF 的直喷汽油机排出的颗粒物呈石墨分形骨架结构，而在 EPA US06 测试循环中，安装了涂敷有 Pd-Rh 催化剂的 GPF 的汽油机的颗粒物呈不定形结构，并有大量的核态颗粒物[149]。在 FTP-75 下，安装 GPF 后颗粒物的大小和积聚形式没有显著的变化[149]。直喷汽油车在 EPA US06 测试循环和FTP-75 第二和第三阶段的颗粒物排放在 1.8mg/km 量级。GPF 能减少 80%的颗粒物排放。在冷起动和冷的环境条件下，碳烟排放显著增加[148]。与普通的金属型GPF 相比，涂敷有贵金属的堇青石壁流式 GPF 在 NEDC 中有更高的颗粒过滤效率。几乎所有的颗粒物是在冷起动和加速循环中排出的，通过涂敷和未涂敷的 GPF均能大幅降低颗粒物数量。涂敷催化剂的 GPF 能把过滤效率增加到 93%以上[158]。

图 3-23 给出了汽车行驶不同里程后安装汽车底板下 GPF 前后，在不同测试

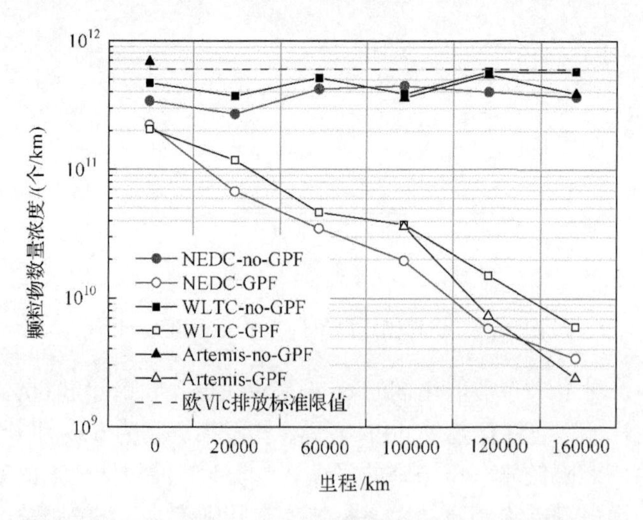

图 3-23　汽车行驶不同里程后，在不同测试循环下排气中的颗粒物数量浓度[156]

循环条件下直喷汽油机颗粒物数量排放对比[156]，no-GPF 表示未安装 GPF，–GPF 表示安装 GPF，Artermis 指 Artermis 驾驶循环。可以看出，在没有安装 GPF 时，随着汽车运行里程的增加，颗粒物数量排放有可能超过欧Ⅵc 排放标准限值，而安装了 GPF 的汽车，其颗粒物数量随着行驶里程的增加而近似线性地减少，颗粒物数量远低于欧Ⅵc 排放标准限值。

3.4.3　GPF 的再生

汽油机和柴油机的碳烟有相似的活化能[161]。从理论上讲，汽车运行时积聚在 GPF 上的颗粒物可以通过被动再生或高排气温度的主动再生来去除。虽然汽油机的排气温度高，但由于上游的 TWC 效率高，排气中剩余的能进行被动再生的 NO_2 很少。此外，使用理论燃空当量比混合气的直喷汽油机排气中经常缺少氧化碳烟的 O_2，甚至排气温度已经足够高了也不能实现快速的碳烟氧化。因此，只有在汽油机断油时，排气中的 O_2 浓度能达到 20%[151]，此时与高温相匹配，才能用来烧掉 GPF 上的颗粒物。在理论燃空当量比下，GPF 中碳烟的再生温度大约为 500℃[156]，而在 λ=1.16 时，碳燃烧温度降到 400℃[154]。因此，在断油条件下，决定 GPF 放热严重性的主要因素是存储的碳烟量、温度、氧浓度和断油持续期[150]。

GPF 上的碳烟再生特性还与测试循环有关。在 UDC 中，尽管汽油机汽车会频繁地出现断油和排气温度高于柴油机汽车的情况，但这仍不能满足碳烟氧化的目标。在 EUDC 下，虽然排气温度高，但断油频率低，而且只有相当短的断油时间。积聚在 GPF 上的颗粒物可以在紧凑耦合位置下再生，但安装在汽车底板下的 GPF 中的颗粒物变化较少[154]。

在 GPF 上涂敷三效催化剂能增强碳烟的燃烧，并能将未涂敷三效催化剂的 GPF 上碳的燃烧温度从 675℃降低 100～200℃。在减速时断油也会显著地增加碳烟的燃烧，这是因为排气温度高，而且 O_2 浓度大[162]。

颗粒物的化学组成(HC、弱结合碳和灰分)是影响直喷汽油机碳烟氧化的主要因素[163]。直喷汽油机颗粒物中含有的润滑油灰分比柴油机高；Ca 催化碳烟氧化而 P 阻止其氧化。这不但可以提高过滤效率，还能帮助过滤器的再生。但是，在有些情况下，灰分会阻碍三效催化剂中的气体反应[164]。Ito 等[156]估计，P 是最主要的灰分成分，其次是 Ca。灰分由润滑油产生，它不能被烧掉。如果灰分积累在 GPF 上，也会增加排气压力降。研究发现[154]，灰分不是均匀地分布在过滤器通道中，它主要集中在 GPF 出口处；在一定灰分量条件下，灰分也阻碍碳穿过壁面，抑制排气压力降的增大。但是，随着灰分的进一步积聚，排气压力降增大。如果把 GPF 布置在 TWC 后，TWC 可以捕捉 80%以上的灰分，这会比 GPF 布置在 TWC 前多减少 25%～50%的气体排放[49]，而且灰分的减少也会降低 GPF 上 25%的排气背压[165]。可见，灰分在直喷汽油机碳烟氧化活性方面起着更大的作用。

人们正在努力把三效催化剂固定到 GPF 上，形成四效催化器。但是研究发现[166]，在相同的贵金属涂敷量的情况下，安装四效催化器的汽车排放仍高于安装传统的 TWC 和未涂敷 GPF 汽车的。

3.5　汽油机催化器的布置

在汽油机汽车上布置催化器需要考虑以下几个方面[7]。

(1)尽可能地降低流过催化器的排气阻力。

(2)沿径向流入催化器不同蜂窝的排气量相等。

(3)防止发动机与催化器间的过度冷却，以确保催化器快速起燃。因此，催化器应该尽可能靠近发动机安装，这对于具有低热存储容量，并能承受高温的金属载体催化器特别重要。如果催化器远离发动机安装，则需要采取隔热措施以减少排气散热，避免在低负荷时催化器冷却下来。

(4)不允许催化器超过其许可工作温度。为了满足汽车排放标准要求，不同类型的汽油机需要配备不同的后处理系统。对于使用理论燃空当量比混合气的进气道喷油汽油机，应用最广的 TWC 布置方案是靠近发动机的前置初级催化器和汽车底板下的主催化器。其中，前置催化器的涂层需要优化，以提高它的高温稳定性，而主催化器的低温起燃温度需要优化，以提高 NO_x 转换效率。为了在冷起动时快速地加热前置催化器，提高催化器的转换效率，前置催化器通常体积较小，并有高蜂窝密度和高贵金属涂敷量[70]。因此，前置催化器必须要在高温下有足够的耐久性。

由于多缸汽油机排气歧管分支结构的不同，前置催化器与汽车底板下的主催化器布置有不同方案，如图 3-24 所示。前置催化器主要是为了加快催化器的起燃，减少冷起动阶段汽油机的 HC 排放。对于 4 个气缸排气歧管在一个很短距离内汇合的排气系统(图 3-24(a))，采用前置催化器能加快催化器的起燃。对于 4 合 2 的排气歧管系统(图 3-24(b))，理想的方案是安装两个前置催化器，而在两个排气歧管汇合点后安装一个主催化器。对于气缸数大于 4 的 V 型汽油机，前置催化器和主催化器可以布置在每一组气缸的排气管中，形成双分支排气管(图 3-24(c))或 Y 型汇合式总管的形式(图 3-24(d))。其中，图 3-24(d)中的主催化器用于所有气缸。

作为分开式两级催化器的替代方案，串联式两级催化器出现了。此时，两个催化器载体封装在一个共用的壳中，两个催化器间留有一个小的空气间隙进行热隔离。由于这两个催化器相邻，第二个催化器的热负荷与第一个相近。然而，这种方案可以独立地优化各个催化器的贵金属涂敷量、蜂窝密度和壁厚。O_2 传感器可以安装在这两个催化器之间，用于控制和监测排气后处理系统[70]。

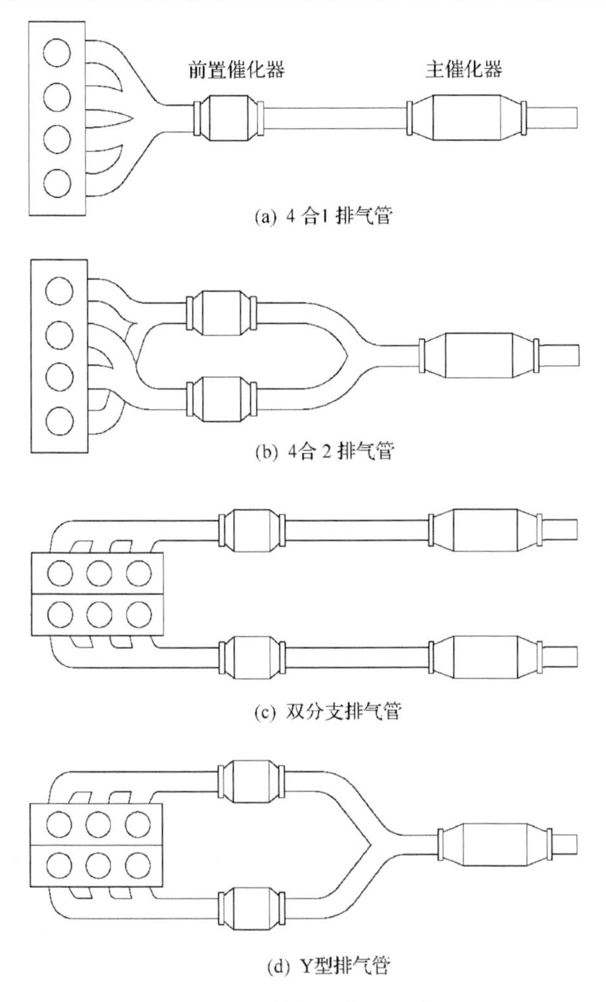

(a) 4 合1 排气管

(b) 4合 2 排气管

(c) 双分支排气管

(d) Y型排气管

图 3-24　催化器布置形式

为了降低冷起动阶段汽油机 HC 排放，有的后处理系统在主催化剂前串联了一个 HC 捕集器，有的使用了集成式的 HC 捕集器和 TWC。

为了满足汽车颗粒物排放要求，直喷汽油机后处理系统可以选取图 3-25 的方式。此时，TWC 与 GPF 的关系可以是分开的(图 3-25(a))，也可以是串联安装在一个封闭壳内的(图 3-25(b))或者是把三效催化剂涂敷在 GPF 上(TWC/GPF)(图 3-25(c))[166]。这种涂敷三效催化剂的 GPF 可以替代现有的 TWC 载体，主要放置在紧凑耦合位置。这就要求催化剂能承受足够高的排气温度。如果排气中 O_2 浓度足够高，紧凑耦合的 GPF 就具有实现颗粒物燃烧的优点，因为紧凑位置能获得高的排气温度。但是 TWC/GPF 单床催化器上的压力降增加就显得重要了。对于汽车底板下的 GPF，情况正相反，由于排气温度低，颗粒物燃烧的可能性小。此时不使用催化剂涂层，GPF 上的压力降就不重要了。

不同后处理系统布置方案的性能对比如表 3-4 所示[151]。

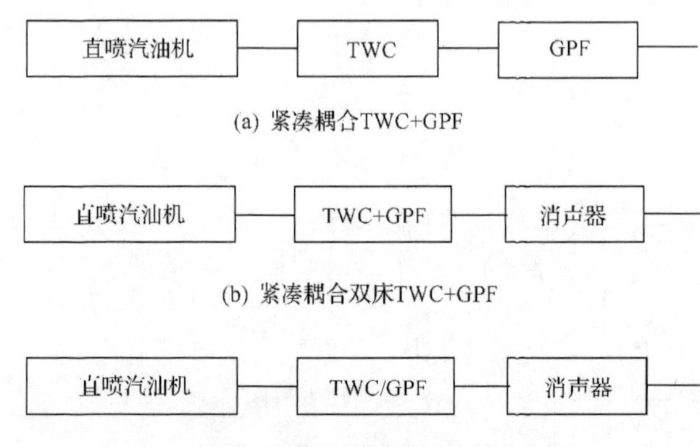

图 3-25　直喷汽油机后处理系统布置

表 3-4　不同后处理系统布置方案的性能对比[151]

后处理系统布置方案	涂敷量	排气压力降	GPF 再生
紧凑耦合 TWC+TWC	—	—	—
紧凑耦合 TWC+TWC/GPF	高	差(依赖于催化剂的涂敷)	优
紧凑耦合 TWC+TWC+空白 GPF	无或低	优	差

稀燃直喷汽油机还可以采用 TWC+LNT 或者 TWC+SCR 方案。LNT 的最高许用工作温度较低，因此，LNT 总是安装在汽车底板下[70]。为了让稀燃汽油机满足欧Ⅵ排放标准，梅赛德斯-奔驰将 TWC 和 LNT 结成在一个载体上，靠近发动机布置，并在其后安装了一个汽车底板下的 LNT；为了满足美国 SULEV(super ultra-low emission vehicle)标准，还在 TWC-LNT 前安装了一个快速起燃的 TWC。但这个系统的最大障碍是怎样管理两个 LNT 中的硫。为了防止前一个 LNT 脱硫沉积到后一个 LNT，德国 Umicor 和戴姆勒公司联合开发了一个能分开的不同脱硫特性的 LNT[167]。

稀燃汽油机使用 TWC+SCR 方案已经在图 3-18 给出。此时，利用浓混合气条件在 TWC 中生成的 NH_3 作为在稀燃条件下下游 SCR 的还原剂来降低 NO_x 排放[168,169]。

为了保证后处理系统的安全工作，发动机管理系统应该防止未燃燃油进入排气系统，避免燃油在催化器炽热断面着火，产生过高的温度。一个气缸或几个气缸点火不成功或失火也会引起这个问题。

3.6　降低汽油机冷起动排放的后处理技术

从 2000 年实施欧III排放标准开始，轻型汽车测试循环取消了 40s 的怠速期，即从起动开始即采集排气。从 2002 年起，汽车排放标准还增加了–7℃下的排放测量。因此，轻型汽车冷起动阶段的排放控制就显得更加重要了。

在起动时，尤其是冷起动期间，起动马达拖动汽油机由静止开始转动，火花塞点燃缸内的混合气后，汽油机经历加速、减速，再到怠速这些变转速工况。在此期间，进气管内的绝对压力能从大气压力迅速地降低 70%。因此，精确地控制这些瞬态过程中缸内混合气的燃空当量比是很困难的。当火花塞间隙中的空燃混合气浓度不在着火限内或者火花塞不能产生正常的火花时，就会发生汽油机失火现象，导致 HC 排放大幅上升。这种情况通常发生在着火前的汽油机倒拖阶段，甚至在汽油机着火后也会出现。在冷起动时，排气温度低，从气缸排出的未燃 HC 无法在排气道和排气管里氧化，由此成为汽油机的原始 HC 排放。冷起动阶段的准稳态期要持续 10～12s，但所排出的 HC 在总 HC 排放中占据相当高的份额[170]。

虽然 TWC 是一个相当成熟的汽油机高效后处理器，但是它在低温起动条件下的活性低。因此，为了满足严格的汽车排放标准，一项重要的任务就是加快冷起动时催化器的起燃过程，降低汽油机的 HC 排放。

改善低温下催化器性能的方法可以分为三类[5]。

(1) 改变催化剂活性材料，包括活性成分的组成、分布和促进剂，以提高催化剂的低温活性，如在催化器前端增加活泼催化剂的浓度能加快当地催化剂的加热量，减少冷起动时的排放[55,171,172]。

(2) 改变排气成分，即在冷起动时，改变排气的成分或捕捉排气中的特定成分，如 HC 和水。这样排气中的可燃成分的放热率就增加，有利于更快地加热催化剂。在冷起动阶段，通常 CO 首先转化，其次是 HC 和 NO_x[1]。因此，在冷起动阶段，CO 的氧化对催化器的性能起着非常重要的作用。在低 CO 浓度下，CO 的表面覆盖率低，反应率随着 CO 浓度的增加而增大。而在高 CO 浓度下，催化剂吸附的 CO 几乎完全覆盖了催化剂的表面，导致随着 CO 浓度的增大，CO 的反应率降低[14]，即自中毒。

(3) 催化剂的加热。这就需要在排气系统中有短时间的热能供应，以提高后处理器的温度。加热催化剂可以通过汽油机排气热流量控制、后处理器布置和排气系统热管理来实现。此外，减少催化剂的热容量和质量，即采用体积小的催化器也是一种方法[173]。

3.6.1　汽油机排气热流量控制

提高汽油机排气温度和排气质量流量是加快催化剂升温的一种手段。排气热流量依赖于催化器的位置和排气系统的布置，因为当排气系统处于冷态时，排气流到催化器时的温度会下降。

高的转速能增加汽油机的排气质量流量。因此，提高汽油机怠速转速，能快速地在进气系统中建立起真空度，减少进气道内的壁面流动燃油[173,174]。代表性的怠速转速为 1200～1400r/min，平均指示有效压力为 250～350kPa[170]。冷机怠速和负荷依赖于汽车标定和传动系的扭矩需要。此外，高的活塞运动速度会提高压缩结束时气缸内混合气的温度，并增强气流运动，获得稳定的燃烧[173]。

高怠速转速还允许采用大的点火时刻推迟。然而，为了确保可靠的燃烧稳定性，点火时刻大约限制在 10～15°CA ATDC。通过推迟点火时刻来加热催化器是在冷起动时广泛采用的实现快速催化剂活化以及未燃 HC 和有效氧化的措施[175~177]。在冷起动时，推迟点火时刻不但能有效地加快催化器的起燃[174]，还能降低汽油机原始 HC 排放，主要原因是大部分活塞环槽中未燃烧的燃油在火焰传播结束前再次进入气缸，并在气缸内被火焰烧掉[170]。此外，用迟的点火时刻的一个重要作用就是减小把气缸内温度增加到高于 1500K 的时间[170]。但是，推迟点火时刻会引起发动机扭矩的波动。在暖机阶段，直喷汽油机使用分层混合气燃烧模式能显著地改善扭矩波动，还能使点火时刻推迟更多以提高排气温度。此外，还能通过改变排气的相位，利用缸内的废气辅助燃油的雾化，增加膨胀比，促进气缸内未燃 HC 的氧化，减少 HC 排放[178]。

图3-26给出了一个装有阀片式进气涡流控制阀的汽油机点火时刻对排气温度

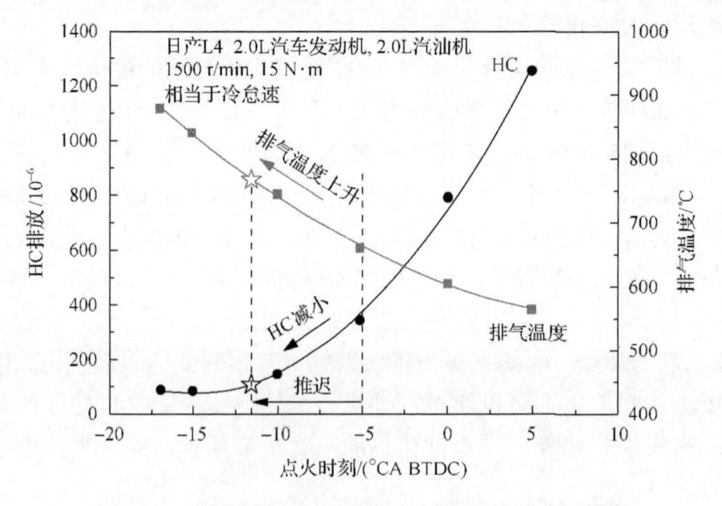

图 3-26　点火时刻对 HC 排放和排气温度的影响[173]

和 HC 排放的影响[173]。可见，推迟点火时刻对减少冷起动阶段汽油机原始 HC 排放是很有利的。而且在采用阀片式进气涡流控制阀条件下的最迟点火时刻比传统汽油机大 7°CA，这能多减少 22%HC 排放，提高 200℃的排气温度。

冷起动时，汽油机燃用理论燃空当量比混合气能最快地提高催化器的温度，但在氧化性氛围中催化器的起燃温度降低。为了平衡这两者间的关系，在冷起动后，将混合气的燃空当量比设定在 15～15.5 是比较适合的[178]。这样，可燃混合气在膨胀过程中燃烧，提高了膨胀结束时排气的温度。在低怠速转速(900r/min 和 1300 r/min)、λ=1.05 和点火时刻为 20°CA ATDC 时，部分零排放汽车(partial zero-emissions vehicle, PZEV)上的催化器在怠速 10s 内能达到 300℃，而对于满足第二阶段第五级排放标准的 Bin 5 汽车，在美国 FTP 中的第一个山需要 20～30s 达到 300℃[179]。在热机起动后的第一个车速从 0 增加，再减小到 0 的山峰采用略浓的混合气能减少 NO_x 排放[174]。

与进气道喷油汽油机相比，直喷汽油机采用推迟点火时刻和多次喷油对催化器的起燃控制更加有效，而没有二次空气喷射的进气道喷油汽油机在紧凑耦合催化器达到 300℃前的累计 HC 排放比直喷汽油机高得多[180]。表 3-5 给出了几款部分零排放汽车加快冷起动时在 FTP 第一个测试循环中前 20s 内催化器起燃的控制策略[180]。

表 3-5　部分零排放汽车加快冷起动时催化器起燃的控制策略[180]

汽车	A	B	C	D	E
汽油机排量/L	2	2.4	2	2.4	2.4
喷油方式	DI	PFI	PFI	DI	PFI
进气方式	增压	自然吸气	自然吸气	自然吸气	自然吸气
有无二次空气喷射	有	有	无	无	有
平均点火时刻/(°CA BTDC)	–20	0	–7	–12	–5
转速/(r/min)	1150	1200	1500～1700	1200～1500	900～1200
λ	1.05(二次空气喷射)	≫1(二次空气喷射)	0.95～1	0.95～1	≫1(二次空气喷射)
紧凑催化器最大温度/℃	670	1000	500	700	950

可以看出，在没有二次空气喷射时，在冷起动初期采用比理论燃空当量比略浓的混合气，并在 10s 内接近理论空燃比混合气。直喷汽油机的点火时刻推迟最大，A 车和 D 车分别为–20°CA BTDC 和–12°CA BTDC，而进气道喷油汽油机的点火时刻最大不超过–7°CA BTDC。在 0～20s 内汽油机转速在 900～1700r/min。其中，没有二次空气喷射的进气道喷油汽油机的转速最高。在 20s 内，紧凑耦合催化器的温度在 500～1000℃，其中有二次空气喷射的进气道喷油汽油机催化器的温度更高。

对于排气的相位可调的汽油机来说，适度地推迟排气门开启时刻，不但能降低汽油机的原始 HC 排放，而且不会恶化扭矩波动。其主要原因是将排气门关闭角推迟到上止点后，部分已燃的排气回流到气缸内，导致缸内气体质量和气缸内混合气温度的增加。高的缸内气体温度有助于燃油雾化，并能改善空燃混合气的质量。此外，推迟排气门开启时刻，也会增大缸内的燃烧持续期，促进气缸内 HC 在高温下的燃烧，使 HC 排放减小[178]。图 3-27 给出了不同进、排气门相位下催化器前排气热流量和 HC 排放间的关系[181]。

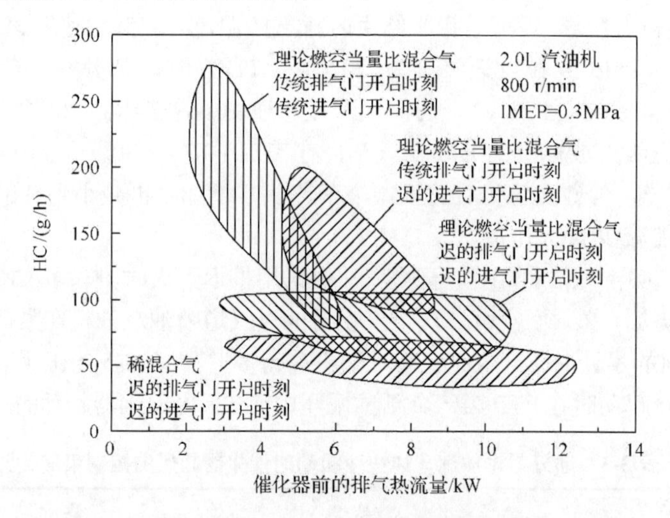

图 3-27　可变气门相位对冷起动时催化器起燃的作用[181]

可见，在理论燃空当量比下，迟的进气门开启时刻有助于冷起动阶段汽油机的稳定燃烧，并能保持低的 HC 排放。在此基础上，采用稀混合气、迟的点火时刻和迟的排气门开启时刻还能进一步加速催化器的起燃[181]。对于直喷汽油机来说，在催化器加热工况下，在燃烧结束后再把燃油喷入空气过量的缸内燃气中，这部分燃油首先在排气管中燃烧，其余的能量传输到催化器。在均质分层混合气燃烧模式中，首先在缸内形成均匀稀混合气，后续的分层充量喷油用于推迟点火时刻，以提高排气热流。有了这种方式，直喷汽油机就不需要采用二次空气喷射。

此外，催化剂技术与 λ 控制间存在明显的相互作用，尤其是在减速断油时，如高的催化剂储氧能力能在减速断油后的加速过程中降低 NO_x 排放。

3.6.2　排气后处理器匹配技术

TWC 的起燃温度为 250～350℃。催化器老化后，其起燃温度会更高。由于在汽油机冷起动时，催化器的温度很低，催化转化的效率很低，HC 排放物很高。为此，需要迅速地让催化器起燃以降低汽车在冷起动阶段的 HC 排放。此外，让

O_2 传感器能尽早地工作也是一个重要手段。

1) 紧凑耦合催化器+汽车底板下的主催化器

汽车底板下的催化器(underfloor converter)便于安装，但它要花费 90～120s 的加热时间才能高于催化器起燃温度[10]。紧凑耦合催化器占据相当大的发动机安装空间。它离发动机距离的远近依赖于发动机安装舱的可用空间和能承受的发动机振动引起的极高机械应力的大小。因此，采用紧凑耦合催化器+汽车底板下的主催化器是一个可行方案。催化器的效率越高，则紧凑耦合催化器的体积可以做得越小，越能靠近发动机安装，甚至安装在排气歧管内。紧凑耦合催化器的主要作用是氧化冷起动阶段的 HC。此时，紧凑耦合催化器入口的排气温度要比在汽车地板下的高 100～200℃，能使起燃时间降低到 10～20s[10]。图 3-28 给出了一辆安装 2.4L 汽油机的部分零排放汽车在 FTP 下，催化器床温度变化曲线[182]。

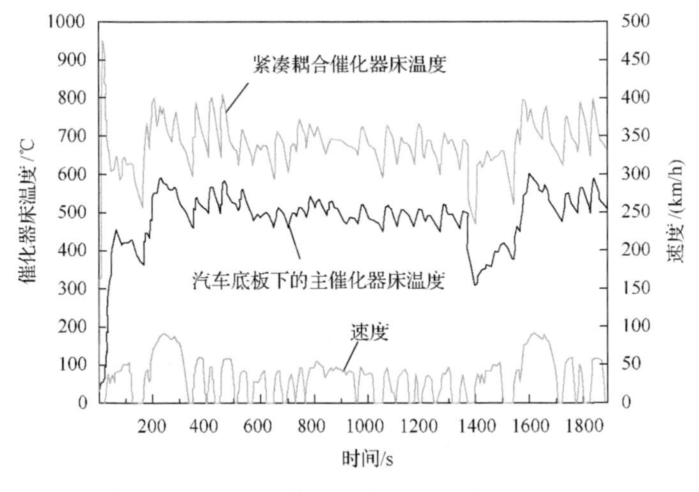

图 3-28　FTP 下催化器床温度[182]

具有高导热系数和低比热容的小型金属整体式载体能被快速地加热，因此很适合做紧凑耦合催化器的载体。薄壁和高蜂窝密度的载体能为催化反应提供高的比表面积，有助于提高催化器的起燃性能[35,183,184]。对于使用理论燃空当量比混合气的汽油机来说，紧凑型催化器载体将暴露在接近 1050℃的温度下。因此，紧凑耦合催化器的主要挑战是要找到在大约 1050℃的高温下能抵抗失活的材料[10]。这就需要添加金属氧化物稳定 Pd 和支撑材料不烧结，同时抑制 CO 在紧凑耦合催化器中的氧化[185]。由于这个原因，CeO_2 通常不用于涂层材料中，以防止它促进 CO 氧化，消除在浓混合气的过渡工况时高 CO 浓度引起紧凑耦合催化器中出现严重高温过热[1]。主要原因是 CeO_2 是很好的 CO 氧化催化剂，并且能储存 O_2，在浓混合气条件下促进 CO 反应放热，引起严重的催化剂表面烧结，降低其活性[186]。因此，紧凑耦合催化器主要设计成去除 HC，而汽车底板下的主催化器去除排气中的 CO 和 NO_x。体积大的主催化器是陶瓷载体，运行的温度比紧凑耦合催化器低。当然，如果没有耐久性和安装空间的限制，紧凑串联型的催化器比这种分开式催化器的效率更高。此外，把汽车底板下的主催化器向紧凑耦合催化器处前移，可以降低 25%的 HC 和 NO_x 排放[186]。但是，在催化器起燃前，排气中的水也会阻止 CO 在催化剂中的转化。用亲水沸石材料，如沸石 5A，通过吸收排气中的水，在催化器达到起燃温度前，阻止水被吸附到活性点[187]，可以缩短催化器的起燃时间。这就需要解决耐久的 HC 和水捕捉的沸石水热稳定性。把钯加入 ZSM-5 沸石中，NO_x 在 50℃时存储，而在 200℃时释放，同时，沸石吸收 HC。如果让 HC 和 NO_x 脱附的温度相近，那么吸附器所释放的 HC 有助于 NO_x 的还原，这可以使冷起动时汽油机的 NO_x 排放降低大约 75%[188]。

优化铂族金属应用的另一个方法是催化剂在载体上的分区涂敷。在催化剂载体的前端涂敷量大的铂族金属以辅助起燃，而在催化剂载体的后端涂敷足够进行 NO_x 还原的少量铂族金属[189]。这类催化器已经大批量生产，并应用在许多汽车上。图 3-29 对比了不同催化剂涂敷形式下的汽油机排放水平[189]。图 3-29 中，催化系统 A 在整个催化器涂敷 Pd，催化系统 B 在催化器后端没有涂敷 Pd，而只涂敷 Rh。可见，通过改变催化剂的涂敷形式可以改变催化器的催化转化效率。

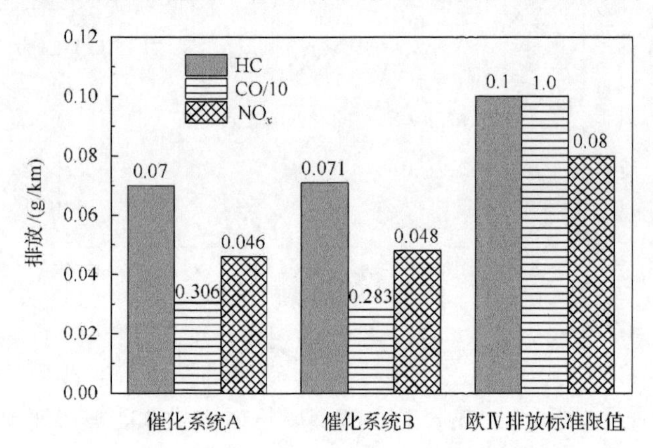

图 3-29　催化器中催化剂分布对汽车排放的影响[192]

2) 电加热型催化器

电加热型催化器由与电极相连作为电阻元件的烧结金属或金属薄膜组成。典型的电阻材料是含有 Cr、Al 和稀土的合金钢[1,190]。支撑涂层和催化剂涂敷在电阻材料上。

整体式陶瓷催化器可将电加热器布置在催化剂载体前面。电加热型催化器放在小的起燃催化器前，在冷起动阶段，电加热型催化器直接对催化剂表面进行加热。这样，在 FTP 的第一个循环里催化剂就能正常工作，降低冷起动时汽油机的 HC 排放。电加热型催化器的一个主要缺点是在冷起动时需要消耗的功率大。目前，用于轿车催化器的电加热系统所需要的电功率在1～3kW。

3)HC吸附催化器

在冷起动时，将汽油机排出的HC吸附到吸附材料上，直到催化器达到起燃温度时才释放出来，并在催化器中被氧化掉，降低冷起动时的HC排放。HC捕捉技术能在FTP的早期减少大约15%的排放，而在采用减速断油时能减少30%以上的排放[179]。

HC吸附催化器上的HC脱附温度是影响其性能的一个主要因素。优化的HC吸附催化器在低温下吸附HC排放，当其温度增加到250～300℃时，被吸附的HC就被释放出来，并在TWC中转化掉[1]。为了获得好的HC捕集效果，HC捕集剂与催化剂的加热速度达到平衡是重要的。此外，增加HC捕集层的厚度有利于促进氧化。为了满足这些要求，并确保催化器与汽油机性能间的必要平衡，选择400目/in^{2}的HC捕集器是合适的[27]。吸附催化器最常用的吸附材料是憎水沸石。通过在沸石中添加促进剂，如银，可以把捕集器中HC脱附的温度向高温处转移。例如，在使用浸渍5%Ag的吸附剂时，脱附最大HC，如甲苯的温度将从190℃增加到450℃[191]。

研究发现[192]，HC捕捉器吸附短链HC的效率低于吸附长链HC的效率。推迟点火时刻到上止点后，后处理器起燃改善，但是高于6个碳原子的HC组分减少，而含有2～3个碳原子的HC组分增加[193]。这就意味着HC吸附催化器的吸附能力下降。

在同一个催化器中既能吸附HC又能氧化掉脱附的HC的后处理系统，在冷起动阶段，吸附器能吸附大量的HC。通过优化，在HC脱附前加热后催化器，在HC脱附阶段，让汽油机在理论燃空当量比附近闭环工作，可以进一步降低冷起动时汽油机的HC排放，如图3-30所示[171]。

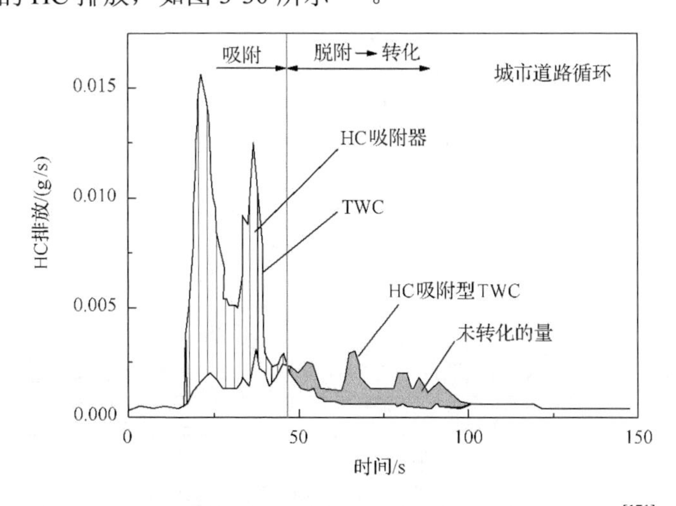

图3-30　HC吸附催化器对冷起动时汽油机HC排放的影响[171]

在 HC 吸附催化器+汽车底板下的主催化器这类后处理系统中，HC 吸附催化器中的 HC 必须要在汽车底板下的主催化器大于 250℃的温度下脱附下来，如图 3-31 所示[1]。这些被释放出来的 HC 在 TWC 中被氧化，加热后催化器。当后催化器达到起燃温度时，被捕捉的 HC 被脱附出来，在后催化器中被氧化。

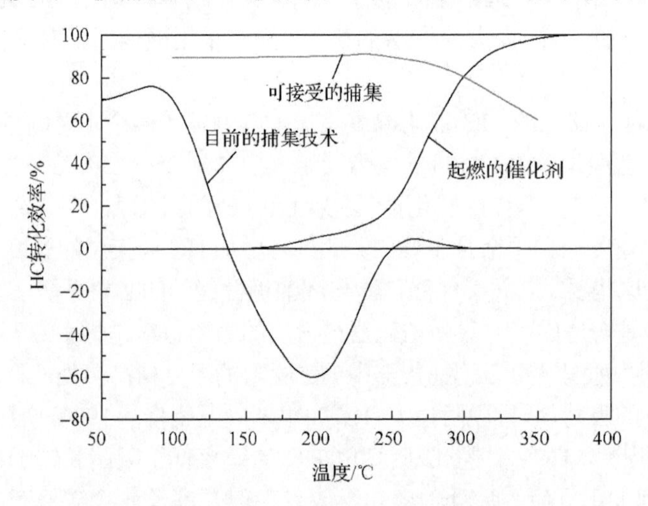

图 3-31　吸附器中释放的 HC 与下游催化器起燃的协同性[1]

日产汽车公司采用了一种集成式 TWC+HC 捕集器。其中，三效催化剂涂敷在 HC 捕集器的表面。在 HC 催化剂尚未起活的低温阶段，HC 被单调地捕捉到吸附剂，如沸石中，当排气温度升高时，捕捉到的 HC 被释放出来，在表面层的三效催化剂中被转化，如图 3-32 所示[173]。HC 捕集器最优位置是布置在汽车底板下，经过几个吸附、释放和转化过程，在发动机起动后显著地减少 HC 排放。

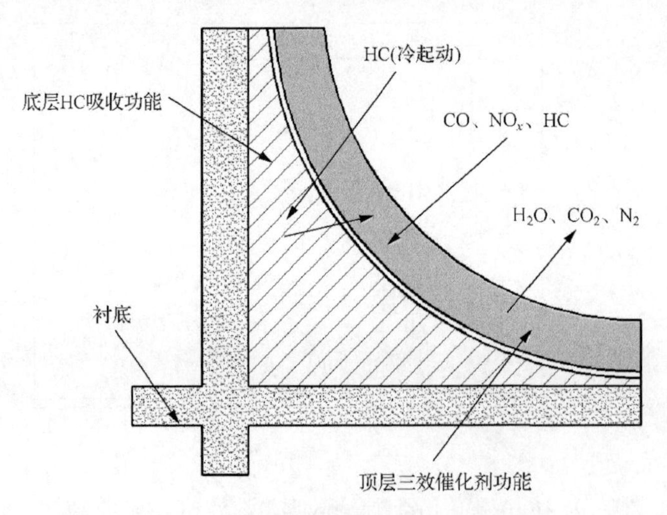

图 3-32　HC 捕集催化剂涂层结构[173]

4）二次空气喷射

二次空气喷射就是在汽油机使用浓混合气的冷起动条件下，将压缩空气喷入排气中，让未完全燃烧产物在排气系统中氧化放热，增加排气系统的温度，加快催化器的起燃，并降低汽油机的 HC 排放。同时，二次空气喷射也能减少使用浓混合气时汽油机排气中的 HC 和 CO 排放。为了让未燃的燃油氧化，一方面，用推迟点火时刻来提高排气温度水平；另一方面，尽可能地在排气门处供给二次空气[70]。这样，排气系统中的放热反应就会增加流入催化器中的热流量，缩短催化器的加热时间。研究表明[194]，通过大约为 0.87 的过量混合气和排气中二次空气喷射、20°CA ATDC 点火时刻和多次喷油，直喷汽油机在 FTP 第一个循环的怠速阶段，就能使紧凑催化器的床温达到 670℃[180]。此外，在直喷汽油机排气道内喷射空气，能在 λ=0.8 和 λ=1.05 的冷起动时减少 80%的颗粒物数量。

二次空气喷射与 HC 吸附催化器的优缺点对比如表 3-6 所示[27]。可见，由于 HC 吸附催化器比二次空气喷射系统有更多的优点，所以 HC 吸附催化器的应用范围更大。汽车排放标准、汽油机的原始排放水平、催化器的热容量和起燃特性等，也会影响二次空气喷射系统的应用和控制策略。

表 3-6　二次空气喷射与 HC 吸附催化器对比[27]

	二次空气喷射	HC 吸附催化催化器
重量	高	低
复杂性	高	低
成本	高	中等
安装	困难	容易
HC 减少	大约 30%	大约 20%

3.6.3　排气系统的热管理

选取适当的排气系统材料能改善催化器的起燃性能。其中，减少排气系统的热容量能促进催化器活性相的快速加热。不锈钢，而不是铸铁，和薄壁隔热排气管都能减少冷起动时的排气热损失[35]。研究表明[195]，减轻载体材料质量 30%，能加速催化器加热过程，并减少汽油机在冷起动时的排放，迟的点火时刻和高的气体质量流率能提高排气温度。

参 考 文 献

[1] Heck R M, Farrauto R J. Automobile exhaust catalysts[J]. Applied Catalysis A: General, 2001, 221(1-2): 443-457.

[2] 王建昕，傅立新，黎维彬. 汽车排气污染治理及催化转化器[M]. 北京：化学工业出版社. 2000.

[3] Koebel M, Elsener M, Kleemann M. Urea-SCR: A promising technique to reduce NO_x emissions from automotive diesel engines[J]. Catalysis Today, 2000, 59(3-4): 335-345.

[4] Farrauto R J, Heck R M. Catalytic converters: State of the art and perspectives[J]. Catalysis Today, 1999, 51 (3-4): 351-360.

[5] Bosteels D, Searles R. Exhaust emission catalyst technology[J]. Platinum Metals Review, 2002, 46 (1): 27-36.

[6] He B J, Wang C X, Zheng T T, et al. Thermally induced deactivation and the corresponding strategies for improving durability in automotive three-way catalysts-a review of latest developments and fundamentals[J]. Johnson Matthey Technology Review, 2016, 60 (3): 196-203.

[7] Schäfer F, van Basshuysen R. Reduced Emissions and Fuel Consumption in Automobile Engines[M]. Wien: Springer-Verlag, 1995.

[8] Twigg M V. Catalytic control of emissions from cars[J]. Catalysis Today, 2011, 163 (1): 33-41.

[9] Bode H. Materials Aspects in Automotive Catalytic Converters[M]. Weinheim: Wiley/VCH, 2002.

[10] Kašpar J, Fornasiero P, Hickey N. Automotive catalytic converters: Current status and some perspectives[J]. Catalysis Today, 2003, 77 (4): 419-449.

[11] Cybulski A, Moulijn J A. Structured Catalysts and Reactors[M]. Boca Raton: CRC Press, 2006.

[12] Twigg M V. Controlling automotive exhaust emissions: Successes and underlying science[J]. Philosophical Transactions of the Royal Society of London A: Mathematical, Physical and Engeering Science, 2005, 363 (1829): 1013-1033.

[13] Twigg M V. Roles of catalytic oxidation in control of vehicle exhaust emissions[J]. Catalysis Today, 2006, 117 (4): 407-418.

[14] Skoglundh M, Fridell E. Strategies for enhancing low-temperature activity[J]. Topics in Catalysis, 2004, 28 (1-4): 79-87.

[15] Badkar P A, Bailey J E. The mechanism of simultaneous sintering and phase transformation in alumina[J]. Journal of Materials Science, 1976, 11 (10): 1794-1806.

[16] Kašpar J, Fornasiero P, Graziani M. Use of CeO_2-based oxides in the three-way catalysis[J]. Catalysis Today, 1999, 50 (2): 285-298.

[17] Cuif J P, Blanchard G, Touret O, et al. (Ce, Zr) O_2 solid solutions for three-way catalysts[C]. International Congress & Exposition, Detroit, 1997.

[18] Colón G, Valdivieso F, Pijolat M, et al. Textural and phase stability of $Ce_xZr_{1-x}O_2$ mixed oxides under high temperature oxidising conditions[J]. Catalysis Today, 1999, 50 (2): 271-284.

[19] Perrichon V, Laachir A, Abouarnadasse S, et al. Thermal stability of a high surface area ceria under reducing atmosphere[J]. Applied Catalysis A: General, 1995,129 (1): 69-82.

[20] Rao G R, Kašpar J, Meriani S, et al. NO decomposition over partially reduced metallized CeO_2-ZrO_2 solid solutions[J]. Catalysis Letters, 1994, 24 (1-2): 107-112.

[21] Kolli T, Rahkamaa-Tolonen K, Lassi U, et al. Comparison of catalytic activity and selectivity of Pd/(OSC+Al_2O_3) and (Pd+OSC)/Al_2O_3 catalysts[J]. Catalysis Today, 2005, 100 (3-4): 297-302.

[22] Jia L, Shen M, Wang J. Preparation and characterization of dip-coated γ-alumina based ceramic materials on FeCrAl foils[J]. Surface and Coatings Technology, 2007, 201 (16-17): 7159-7165.

[23] Ball D, Tripp G, Socha L, et al. A comparison of emissions and flow restriction of thin wall ceramic substrates for low emission vehicles[C]. International Congress and Exposition, Detroit, 1999.

[24] Lahousse C, Favre C, Kern B, et al. Backpressure characteristics of modern three-way catalysts, benefit on engine performance[C]. SAE World Congress, Detroit, 2006.

[25] Twigg M V. Twenty-five years of autocatalysts[J]. Platinum Metals Review, 1999, 44 (4): 168-171.

[26] Heck R M, Farrauto R J, Gulati S T. Catalytic Air Pollution Control: Commercial Technology[M]. Hoboken: Van Nostrand Reinhold, John Wiley & Sons Inc, 2009.

[27] Watanabe K, Sanada K, Sato Y, et al. Development of OUTLANDER's emission control system to meet North American super-ultra-low emission vehicle（SULEV）standards[J]. Mitsubishi Motor Technical Review, 2007, 19: 75-79.

[28] Yao Y F Y. Oxidation of alkanes over noble metal catalysts[J]. Industrial & Engineering Chemistry Product Research and Development, 1980, 19(3): 293-298.

[29] Neyestanaki A K, Klingstedt F, Salmi T, et al. Deactivation of postcombustion catalysts, a review[J]. Fuel, 2004, 83(4-5): 395-408.

[30] Kummer J. Use of noble metals in automobile exhaust catalysts[J]. The Journal of Physical Chemistry, 1986, 90(20): 4747-4752.

[31] Kummer J. Catalysts for automobile emission control[J]. Progress in Energy and Combustion Science, 1980, 6(2): 177-199.

[32] Haass F, Fuess H. Structural characterization of automotive catalysts[J]. Advanced Engineering Materials, 2005, 7(10): 899-913.

[33] Gandhi H, Graham G, McCabe R. Automotive exhaust catalysis[J]. Journal of Catalysis, 2003, 216(1-2): 433-442.

[34] Gandhi H, Williamson W, Logothetis E, et al. Affinity of lead for noble metals on different supports[J]. Surface and Interface Analysis, 1984, 6(4): 149-161.

[35] Shelef M, McCabe R. Twenty-five years after introduction of automotive catalysts: What next?[J] Catalysis Today, 2000, 62(1): 35-50.

[36] Summers J, Williamson W, Henk M. Uses of palladium in automotive emission control catalysts[C]. International Congress and Exposition, Detroit, 1988.

[37] Summers J, White J, Williamson W. Durability of palladium only three-way automotive emission control catalysts[C]. International Congress and Exposition, Detroit, 1989.

[38] Hu Z, Wan C Z, Lui Y K, et al. Design of a novel Pd three-way catalyst: Integration of catalytic functions in three dimensions[J]. Catalysis Today, 1996, 30(1-3): 83-89.

[39] Graham G W, O' Neill A E, Chen A E. Pd encapsulation in automotive exhaust-gas catalysts[J]. Applied Catalysis A: General, 2003, 252(2): 437-445.

[40] Graham G, Potter T, Baird R, et al. Surface composition of polycrystalline Pd15Rh following high temperature oxidation in air[J]. Journal of Vacuum Science & Technology A, 1986, 4(3): 1613-1616.

[41] Baird R, Graham G, Weber W. $PdRhO_2$ formation during the air oxidation of a Pd-15Rh alloy[J]. Oxidation of Metals, 1988, 29(5-6): 435-433.

[42] Graham G, Sun H, Jen H-W, et al. Aging-induced metal redistribution in bimetallic catalysts[J]. Catalysis Letters, 2002, 81(1-2): 1-7.

[43] Nunan J, Williamson W, Robota H, et al. Impact of Pt-Rh and Pd-Rh interactions on performance of bimetal catalysts[C]. International Congress and Exposition, Detroit, 1995.

[44] Shinjoh H, Tanabe T, Sobukawa H, et al. Effect of Ba addition on catalytic activity of Pt and Rh catalysts loaded on γ-alumina[J]. Topics in Catalysis, 2001, 16-17(1-4): 95-99.

[45] Burch R, Coleman M. An investigation of promoter effects in the reduction of NO by H_2 under lean-burn conditions[J]. Journal of Catalysis, 2002, 208(2): 435-447.

[46] Majewski W A, Khair M K. Diesel Emissions and Their Control[M]. Warrendale: SAE International, 2006.

[47] Heck R M, Farrauto R J. Catalytic Air Pollution Control[M]. New York: Van Nostrand Reinhold, 1995.

[48] Collins N R, Twigg M V. Three-way catalyst emissions control technologies for spark-ignition engines-recent trends and future developments[J]. Topics in Catalysis, 2007, 42 (1-4) : 323-332.

[49] Blakeman P. Emission control challenges associated with increasingly lower exhaust temperatures from advanced combustion engines[C]. US Department of Energy Cross-Cut Lean Exhaust Emissions Reduction Simulations (CLEERS) Workshop, Dearborn, 2013.

[50] Goto H, Komata K, Minami S. Impact of Pd-Rh interaction on the performance of three-way catalysts[C]. SAE World Congress & Exhibition, Detroit, 2014.

[51] Hepburn J S, Patel K S, Meneghel M G, et al. Development of Pd-only three way catalyst technology[C]. International Congress & Exposition, Detroit, 1994.

[52] Brisley R J, Chandler G R, Jones H R, et al. The use of palladium in advanced catalysts[C]. International Congress and Exposition, Detroit, 1995.

[53] Jobson E, Hjortsberg O, Andersson S L, et al. Reactions over a double layer tri-metal three-way catalyst[C]. International Congress & Exposition, Detroit, 1996.

[54] Johnson T.Vehicular emissions in review[J]. SAE International Journal of Engines, 2016, 9 (2) :1258-1275.

[55] Twigg M V, Collins N R, Morris D, et al. High temperature durable three-way catalysts to meet European stage IV emission requirements[C]. SAE World Congress, Detroit, 2002.

[56] Aoki Y, Sakagami S, Kawai M, et al. Development of advanced zone-coated three-way catalysts[C]. SAE World Congress & Exhibition, Detroit, 2011.

[57] Miura M, Aoki Y, Kabashima N, et al. Development of advanced three-way catalyst with improved NO_x conversion[C]. SAE World Congress & Exhibition, Detroit, 2015.

[58] Rohart E, Larcher O, Deutsch S, et al. From Zr-rich to Ce-rich: Thermal stability of OSC materials on the whole range of composition[J]. Topics in Catalysis, 2004, 30 (1-4) : 417-423.

[59] Rohart E, Larcher O, Hédouin C, et al. Innovative materials with high stability, high OSC, and low light-off for low PGM yechnology[C]. SAE World Congress, Detroit, 2004.

[60] Rohart E, Larcher O, Ottaviani E, et al. High thermostable hybrid zirconia materials for low loading precious metal catalyst technology[C]. SAE World Congress, Detroit, 2005.

[61] Rohart E, Verdier S, Demourgues A, et al. New CeO_2-ZrO_2 mixed oxides with improved redox properties for advanced TWC catalysts[C]. SAE World Congress, Detroit, 2006.

[62] Trovarelli A. Catalytic properties of ceria and CeO_2-containing materials[J]. Catalysis Reviews: Science and Engineering, 1996, 38 (4) : 439-520.

[63] Vedyagin A A, Gavrilov M S, Volodin A M, et al. Catalytic purification of exhaust gases over Pd-Rh alloy catalysts[J]. Topics in Catalysis, 2013, 56 (11) : 1008-1014.

[64] Mussmann L, Lindner D, Lox E, et al. The role of zirconium in novel three-way catalysts[C]. International Congress & Exposition, Detroit, 1997.

[65] Bunluesin T, Gorte R, Graham G. Studies of the water-gas-shift reaction on ceria-supported Pt, Pd, and Rh: Implications for oxygen-storage properties[J]. Applied Catalysis B: Environmental, 1998, 15 (1-2) : 107-114.

[66] Morikawa A, Suzuki T, Kanazawa T, et al. A new concept in high performance ceria- zirconia oxygen storage capacity material with Al_2O_3 as a diffusion barrier[J]. Applied Catalysis B: Environmental, 2008, 78 (3-4) : 210-221.

[67] Chang H, Chen H, Koo K, et al. Gasoline cold start concept (gCSC™) technology for low temperature emission control[C]. SAE World Congress & Exhibition, Detroit, 2014.

[68] Schoenhaber J, Richter J M, Despres J, et al. Advanced TWC technology to cover future emission legislations[C]. SAE World Congress & Exhibition, Detroit, 2015.

[69] Lee J H. Review on zirconia air-fuel ratio sensors for automotive applicationso sensors[J]. Journal of Materials Science, 2003, 38(21): 4247-4257.

[70] Reif K. Gasoline Engine Management Systems and Components[M]. Wiesbaden: Springer Vieweg, 2015.

[71] Taglialatela F, Cesario N, Lavorgna M. Soft computing mass air flow estimator for a single-cylinder SI engine[C]. SAE World Congress, Detroit, 2006.

[72] Granger P, Parvulescu V I. Catalytic NO_x abatement systems for mobile sources: From three-way to lean burn after-treatment technologies[J]. Chemical Reviews, 2011, 111(5): 3155-3207.

[73] Fathali A, Olsson L, Ekström F, et al. Hydrothermal aging-induced changes in washcoats of commercial three-way catalysts[J]. Topics in Catalysis, 2013, 56(1): 323-328.

[74] Fernandes D M, Scofield C F, Neto A A, et al. Thermal deactivation of Pt/Rh commercial automotive catalysts[J]. Chemical Engineering Journal, 2010, 160(1): 85-92.

[75] Forzatti P, Lietti L. Catalyst deactivation[J]. Catalysis Today, 1999, 52(2-3): 165-181.

[76] Bartholomew C H. Mechanisms of catalyst deactivation[J]. Applied Catalysis A: General, 2001, 212(1-2): 17-60.

[77] Matsumoto S. Recent advances in automobile exhaust catalysts[J]. Catalysis Today, 2004, 90(3-4): 183-190.

[78] Fernandes D M, Scofield C F, Neto A A, et al. The influence of temperature on the deactivation of commercial Pd/Rh automotive catalysts[J]. Process Safety and Environmental Protection, 2009, 87(5): 315-322.

[79] Zotin F M Z, Gomes O F M, de Oliveira C H, et al. Automotive catalyst deactivation: Case studies[J]. Catalysis Today, 2005, 107: 157-167.

[80] Fiedorow R M J, Wanke S E. The sintering of supported metal catalysts: Ⅰ. Redispersion of supported platinum in oxygen[J]. Journal of Catalysis, 1976, 43(1-3): 34-42.

[81] Moulijn J A, van Diepen A E, Kapteijn F. Catalyst deactivation: Is it predictable? What to do?[J] Applied Catalysis A: General, 2001, 212(1-2): 3-16.

[82] Cao A, Veser G. Exceptional high-temperature stability through distillation-like self-stabilization in bimetallic nanoparticles[J]. Nature Materials, 2010, 9(1): 75-81.

[83] Yan X, Wang X, Tang Y, et al. Unusual loading-dependent sintering-resistant properties of gold nanoparticles supported within extra-large mesopores[J]. Chemistry of Materials, 2013, 25(9): 1556-1563.

[84] Zou W, Gonzalez R D. Stabilization and sintering of porous Pt/SiO_2: A new approach[J]. Applied Catalysis A: General, 1993, 102(2): 181-200.

[85] Shinjoh H, Hatanaka M, Nagai Y, et al. Suppression of noble metal sintering based on the support anchoring effect and its application in automotive three-way catalysis[J]. Topics in Catalysis, 2009, 52(13-20): 1967-1971.

[86] Marchionni V, Newton M A, Kambolis A, et al. A modulated excitation ED-EXAFS/DRIFTS study of hydrothermal ageing of Rh/Al_2O_3[J]. Catalysis Today, 2014, 229: 80-87.

[87] Harris P J F. Growth and structure of supported metal catalyst particles[J]. International Materials Reviews, 1995, 40(3): 97-115.

[88] Chen M, Schmidt L D. Morphology and composition of Pt-Pd alloy crystallites on SiO_2 in reactive atmospheres[J]. Journal of Catalysis, 1979, 56(2): 198-218.

[89] Beck D D, Sommers J W, DiMaggio C L. Axial characterization of oxygen storage capacity in close-coupled lightoff and underfloor catalytic converters and impact of sulfur[J]. Applied Catalysis B: Environmental, 1997, 11(3-4): 273-290.

[90] Lox E S J, Engler B H. Environmental catalysis-mobile sources[M]//Ertl G, Knozinger H, Weitkamp J. Environmental catalysis[M]. Weinheim: Wiley-VCH, 1999: 1-117.

[91] Arai H, Machida M. Thermal stabilization of catalyst supports and their application to high-temperature catalytic combustion[J]. Applied Catalysis A: General, 1996, 138(2): 161-176.

[92] Arai H, Machida M. Recent progress in high-temperature catalytic combustion[J]. Catalysis Today, 1991, 10 (1): 81-94.

[93] Lanzerath P, Guethenke A, Massner A, et al. Analytical investigations on ageing phenomena of catalytic exhaust gas aftertreatment components[J]. Catalysis Today, 2009, 147: S265-S270.

[94] Rokosz M J, Chen A E, Lowe-Ma C K, et al. Characterization of phosphorus-poisoned automotive exhaust catalysts[J]. Applied Catalysis B: Environmental, 2001, 33(3): 205-215.

[95] Larese C, Galisteo F C, Granados M L, et al. Deactivation of real three way catalysts by $CePO_4$ formation[J]. Applied Catalysis B: Environmental, 2003, 40(4): 305-317.

[96] Takahashi Y, Takeda Y, Kondo N, et al. Development of NO_x trap system for commercial vehicle-basic characteristics and effects of sulfur poisoning[C]. SAE World Congress, Detroit, 2004.

[97] Boaro M, de Leitenburg C, Dolcetti G, et al. Oxygen storage behavior of ceria-zirconia-based catalysts in the presence of SO_2[J]. Topics in Catalysis, 2001, 16(1-4): 299-306.

[98] Truex T J. Interaction of sulfur with automotive catalysts and the impact on vehicle emissions-a review[C]. International Congress and Exposition, Detroit, 1999.

[99] Winkler A, Ferri D, Aguirre M. The influence of chemical and thermal aging on the catalytic activity of a monolithic diesel oxidation catalyst[J]. Applied Catalysis B: Environmental, 2009, 93(1-2): 177-184.

[100] Chambon P, Huff S, Norman K, et al. European lean gasoline direct injection vehicle benchmark[C]. SAE World Congress & Exhibition, Detroit, 2011.

[101] Takahashi N, Shinjoh H, Iijima T, et al. The new concept 3-way catalyst for automotive lean-burn engine: NO_x storage and reduction catalyst[J]. Catalysis Today, 1996, 27(1-2): 63-69.

[102] Alkemade U G, Schumann B. Engines and exhaust after treatment systems for future automotive applications[J]. Solid State Ionics, 2006, 177(26-32): 2291-2296.

[103] Takahashi N, Yamazaki K, Sobukawa H, et al. The low-temperature performance of NO_x storage and reduction catalyst[J]. Applied Catalysis B: Environmental, 2007, 70(1-4): 198-204.

[104] Epling W S, Campbell L E, Yezerets A, et al. Overview of the fundamental reactions and degradation mechanisms of NO_x storage/reduction catalysts[J]. Catalysis Reviews: Science and Engineering, 2004, 46(2): 163-245.

[105] Abdulhamid H, Fridell E, Skoglundh M.The reduction phase in NO_x storage catalysis: Effect of type of precious metal and reducing agent[J]. Applied Catalysis B: Environmental, 2006, 62(3-4): 319-328.

[106] Lesage T, Verrier C, Bazin P, et al. Comparison between a Pt-Rh/Ba/Al_2O_3 and a newly formulated NO_x-trap catalysts under alternate lean-rich flows[J]. Topics in Catalysis, 2004, 30(1-4): 31-36.

[107] Scholz C M L, Gangwal V R, de Croon M, et al. Influence of CO_2 and H_2O on NO_x storage and reduction on a Pt－Ba/γ-Al_2O_3 catalyst[J]. Applied Catalysis B: Environmental, 2007, 71(3-4): 143-150.

[108] Medhekar V, Balakotaiah V, Harold M P. TAP study of NO_x storage and reduction on Pt/Al_2O_3 and Pt/Ba/Al_2O_3 [J]. Catalysis Today, 2007, 121(3-4): 226-236.

[109] Nova I, Lietti L, Forzatti P. Mechanistic aspects of the reduction of stored NO_x over Pt-Ba/Al_2O_3 lean NO_x trap systems[J]. Catalysis Today, 2008, 136(1-2): 128-135.

[110] Salasc S, Skoglundh M, Fridell E. A comparison between Pt and Pd in NO_x storage catalysts[J]. Applied Catalysis B: Environmental, 2002, 36(2): 145-160.

[111] Abdulhamid H, Dawody J, Fridell E, et al. A combined transient in situ FTIR and flow reactor study of NO_x storage and reduction over M/$BaCO_3$/Al_2O_3（M=Pt, Pd or Rh）catalysts[J]. Journal of Catalysis, 2006, 244(2): 169-182.

[112] Bera P, Patil K C, Jayaram V, et al. Ionic dispersion of Pt and Pd on CeO_2 by combustion method: Effect of metal-ceria interaction on catalytic activities for NO reduction and CO and hydrocarbon oxidation[J]. Journal of Catalysis, 2000, 196(2): 293-301.

[113] Roy S, Hegde M S. Pd ion substituted CeO_2: A superior de-NO_x catalyst to Pt or Rh metal ion doped ceria[J]. Catalysis Communications, 2008, 9(5): 811-815.

[114] Breen J P, Burch R, Lingaiah N. An investigation of catalysts for the on board synthesis of NH_3. A possible route to low temperature NO_x reduction for lean-burn engines[J]. Catalysis Letters, 2002, 79(1): 171-174.

[115] Amberntsson A, Fridell E, Skoglundh M. Influence of platinum and rhodium composition on the NO_x storage and sulphur tolerance of a barium based NO_x storage catalyst[J]. Applied Catalysis B: Environmental, 2003, 46(3): 429-439.

[116] Breen J P, Burch R, Fontaine-Gautrelet F, et al.Insight into the key aspects of the regeneration process in the NO_x storage reduction(NSR) reaction probed using fast transient kinetics coupled with isotopically labelled ^{15}NO over Pt and Rh-containing Ba/Al_2O_3 catalysts[J]. Applied Catalysis B: Environmental, 2008, 81(1-2): 150-159.

[117] Roy S, Baiker A. NO_x storage-reduction catalysis: From mechanism and materials properties to storage-reduction performance[J]. Chemical Reviews, 2009, 109(9): 4054-4091.

[118] Lesage T, Saussey J, Malo S, et al. Operando FTIR study of NO_x storage over a Pt/K/Mn/Al_2O_3-CeO_2 catalyst[J]. Applied Catalysis B: Environmental, 2007, 72(1-2): 166-177.

[119] Kobayashi H, Ohkubo K. Density functional study of NO_x reduction in zeolite cage[J]. Applied Surface Science, 1997, 121: 111-115.

[120] Forzatti P, Castoldi L, Nova I, et al. NO_x removal catalysis under lean conditions[J]. Catalysis Today, 2006, 117(1-3): 316-320.

[121] Pihl J A, Lewis J A, Toops T J, et al. Lean NO_x trap chemistry under lean-gasoline exhaust conditions: Impact of high NO_x concentrations and high temperature[J]. Topics in Catalysis, 2013, 56(1): 89-93.

[122] Fridell E, Skoglundh M, Westerberg B, et al. NO_x storage in barium-containing catalysts[J]. Journal of Catalysis, 1999, 183(2): 196-209.

[123] Fridell E, Persson H, Westerberg B, et al. The mechanism for NO_x storage[J]. Catalysis Letters, 2000, 66(1-2): 71-74.

[124] Epling W S, Yezerets A, Currier N W.The effects of regeneration conditions on NO_x and NH_3 release from NO_x storage/reduction catalysts[J]. Applied Catalysis B: Environmental, 2007, 74(1-2): 117-129.

[125] Sakamoto Y, Motohiro T, Matsunaga S, et al.Transient analysis of the release and reduction of NO_x using a Pt/Ba/Al_2O_3 catalyst[J]. Catalysis Today, 2007, 121(3-4): 217-225.

[126] Rodrigues F, Juste L, Potvin C, et al. NO_x storage on barium-containing three-way catalyst in the presence of CO_2[J]. Catalysis Letters, 2001, 72(1-2) 59-64.

[127] Amberntsson A, Persson H, Engstrom P, et al. NO_x release from a noble metal/BaO catalyst: Dependence on gas composition[J]. Applied Catalysis B: Environmental, 2001, 31(1): 27-38.

[128] Balcon S, Potvin C, Salin L, et al. Influence of CO_2 on storage and release of NO_x on barium-containing catalyst[J]. Catalysis Letters, 1999, 60(1-2): 39-43.

[129] Bailey O H, Dou D, Denison G W. Regeneration strategies for NO_x adsorber catalysts[C]. International Fall Fuels & Lubricants Meeting & Exposition. Tulsa, 1997.

[130] Li W, Perry K L, Narayanaswamy K, et al. Passive ammonia SCR system for lean-burn SIDI engines[C]. SAE World Congress & Exhibition, Detroit, 2010.

[131] Masdrag L, Courtois X, Can F, et al. Understanding the role of C_3H_6, CO and H_2 on efficiency and selectivity of NO_x storage reduction（NSR）process[J]. Catalysis Today, 2012, 189（1）: 70-76.

[132] Lückert P, Waltner A, Rau E, et al. Der neue V6-Ottomotor mit Direkteinspritzung von Mercedes-Benz[J]. MTZ-Motortechnische Zeitschrift, 2006, 67(11): 830-840.

[133] Salber W, Wolters P, Esch T, et al. Synergies of variable valve actuation and direct injection[C]. SAE World Congress, Detroit, 2002.

[134] Theis J I, Göbel U, Kögel M, et al. Phenomenological studies on the storage and regeneration process of NO_x storage catalysts for gasoline lean burn applications[C]. SAE World Congress, Detroit, 2002.

[135] Engstrom P, Amberntsson A, Skoglundh M, et al. Sulphur dioxide interaction with NO_x storage catalysts[J]. Applied Catalysis B: Environmental, 1999, 22(4): L241-L248.

[136] Kim C H, Perry K, Viola M, et al. Three-way catalyst design for urealess passive ammonia SCR: Lean-burn SIDI aftertreatment system[C]. SAE World Congress & Exhibition, Detroit, 2011.

[137] Matsumoto S, Ikeda Y, Suzuki H, et al. NO_x storage-reduction catalyst for automotive exhaust with improved tolerance against sulfur poisoning[J]. Applied Catalysis B: Environmental, 2000, 25(2-3): 115-124.

[138] Hirata H, Hachisuka I, Ikeda Y, et al. NO_x storage-reduction three-way catalyst with improved sulfur tolerance[J]. Topics in Catalysis, 2001, 16(1-4): 145-149.

[139] Asik J R, Dobson D A, Meyer G M. Suppression of sulfide emission during lean NO_x trap desulfation[C]. SAE World Congress, Detroit, 2001.

[140] Jang B H, Yeon T H, Han H S, et al. Deterioration mode of barium-containing NO_x storage catalyst[J]. Catalysis Letters, 2001, 77(1-3): 21-28.

[141] Parks J, Prikhodko V, Partridge B, et al. Lean gasoline engine reductant chemistry during lean NO_x trap regeneration[C]. SAE World Congress & Exhibition, Detroit, 2010.

[142] Kono N, Uchiyama T, Hirose M, et al. Gasoline sulfur effect on emissions from vehicles equipped with lean NO_x catalyst under mileage accumulation tests[C]. SAE Powertrain & Fluid Systems Conference & Exhibition, Pittsburgh, 2003.

[143] Rohr F, Peter S D, Lox E, et al. The impact of sulfur poisoning on NO_x-storage catalysts in gasoline applications[C]. SAE World Congress, Detroit, 2005.

[144] Guan B, Zhan R, Lin H, et al. Review of state of the art technologies of selective catalytic reduction of NO_x from diesel engine exhaust[J]. Applied Thermal Engeering, 2014, 66: 395-414.

[145] Prikhodko V Y, Parks J E, Pihl J A, et al. Passive SCR for lean gasoline NO_x control: Engine-based strategies to minimize fuel penalty associated with catalytic NH_3 generation[J]. Catalysis Today, 2016, 267: 202-209.

[146] He X, Ratcliff M A, Zigler B T. Effects of gasoline direct injection engine operating parameters on particle number emissions[J]. Energy & Fuel, 2012, 26: 2014-2027.

[147] Barone T L, Storey J M E, Youngquist A D, et al. An analysis of direct-injection spark-ignition（DISI）soot morphology[J]. Atmospheric Environment, 2012, 49: 268-274.

[148] Chan T W, Meloche E, Kubsh J, et al. Black carbon emissions in gasoline exhaust and a reduction alternative with a gasoline particulate filter[J]. Environmental Science & Technology, 2014, 48(10): 6027-6034.

[149] Saffaripour M, Chan T W, Liu F, et al. Effect of drive cycle and gasoline particulate filter on the size and morphology of soot particles emitted from a gasoline-direct-injection vehicle[J]. Environmental Science & Technology, 2015, 49(19): 11950-11958.

[150] Boger T, Gunasekaran N, Bhargava R, et al. Particulate filters for DI gasoline engines[J]. MTZ Worldwide, 2013, 74(6): 452-458.

[151] Saito C, Nakatani T, Miyairi Y, et al. New particulate filter concept to reduce particle number emissions.[C] SAE World Congress & Exhibition, Detroit, 2011.

[152] Hashimoto S, Miyairi Y, Hamanaka T, et al. SiC and cordierite diesel particulate filters designed for low pressure drop and catalyzed, uncatalyzed systems[C]. SAE World Congress, Detroit, 2002.

[153] Ohara E, Mizuno Y, Miyairi Y, et al. Filtration behavior of diesel particulate filters (1) [C]. World Congress, Detroit, 2007.

[154] Shimoda T, Ito Y, Saito C, et al. Potential of a low pressure drop filter concept for direct injection gasoline engines to reduce particulate number emission[C]. SAE World Congress, Detroit, 2012.

[155] Ito Y, Shimoda T, Aoki T, et al. Advanced ceramic wall flow filter for reduction of particulate number emission of direct injection gasoline engines[C]. SAE World Congress & Exhibition, Detroit, 2013.

[156] Ito Y, Shimoda T, Aoki T, et al. Next generation of ceramic wall flow gasoline particulate filter with integrated three way catalyst[C]. SAE World Congress & Exhibition, Detroit, 2015.

[157] Zhan R, Eakle S T, Weber P. Simultaneous reduction of PM, HC, CO and NO_x emissions from a GDI engine[C]. SAE World Congress & Exhibition, Detroit, 2010.

[158] Richter J, Klingmann R, Spiess S, et al. Application of catalyzed gasoline particulate filters to GDI vehicles[C]. SAE World Congress, Detroit, 2012.

[159] Chan T W, Meloche E, Kubsh J, et al. Impact of ambient temperature on gaseous and particle emissions from a direct injection gasoline vehicle and its implications on particle filtration[C]. SAE World Congress & Exhibition, Detroit, 2013.

[160] Chan T W, Saffaripour M, Liu F, et al. Characterization of real-time particle emissions from a gasoline direct injection vehicle equipped with a catalyzed gasoline particulate filter during filter regeneration[J]. Emission Control Science and Technology, 2016, 2(2): 75-88.

[161] Schmitz T, Siemund S, Siani A, et al. Gasoline particulate emission reduction by using four way conversion catalyst[C]. Hyundai Kia International Power Train Conference 2015, Hwaseong Fortress, 2015.

[162] Morgan C. PGM and washcoat chemistry effects on coated GPF design[C]. SAE Light-Duty Emissions Symposium, Troy, 2014.

[163] Lee K, Choi S, Seong H. Particulate emissions control by advanced filtration systems for GDI engines[C]. DoE Annual Merit Review Meeting, Washington, 2014.

[164] Seong H J, Choi S. Particulate emissions control by advanced filtration systems for GDI engines[C]. DOE Annual Merit Review & Peer Evaluation Meeting, Washington, 2015.

[165] Greenwell D. Optimisation of three way filter (TWFTM) coatings and systems for Euro 6[C]. IQPC Advanced Emission Control Concepts for Gasoline Engines, Bonn, 2013.

[166] Kern B, Spiess S, Richter J. Comprehensive gasoline exhaust gas aftertreatment, an effective measure to minimize the contribution of modern direct injection engines to fine dust and soot emissions?[C]. SAE World Congress & Exhibition, Detroit, 2014.

[167] Philipp S, Hoyer R, Adam F, et al. Exhaust gas aftertreatment for lean gasoline direct injection engines - potential for future applications[C]. SAE World Congress & Exhibition, Detroit, 2013.

[168] Guliaeff A, Wanninger K, Klose F, et al. Development of a sulfur tolerant PGM based zeolite catalyst for methane oxidation and low temperature hydrocarbon trapping[C]. SAE World Congress & Exhibition, Detroit, 2013.

[169] Theis J, Kim J, Cavataio G. Passive TWC+SCR systems for satisfying Tier 2, Bin 2 emission standards on lean-burn gasoline engines[C]. SAE World Congress & Exhibition, Detroit, 2015.

[170] Eng J A. The effect of spark retard on engine-out hydrocarbon emissions[C]. Powertrain & Fluid Systems Conference & Exhibition, San Antonio, 2005.

[171] Kidokoro T, Hoshi K, Hiraku K, et al. Development of PZEV exhaust emission control system[C]. SAE World Congress, Detroit, 2003.

[172] Truex T, Golden S, Polli A, et al. Advanced low platinum group metal three-way catalyst for LEV-II and ULEV-II compliance[C]. SAE World Congress, Detroit, 2002.

[173] Inoue K, Mitsuishi S. Development of atmospheric air-level emission vehicle technology for gasoline engines[C]. SAE World Congress & Exhibition, Detroit, 2009.

[174] Anthony J, Kubsh J.The potential for achieving low hydrocarbon and NO_x exhaust emissions from large light-duty gasoline vehicles[C]. World Congress, Detroit, 2007.

[175] Gong C M, Huang K, Deng B Q, et al. Catalyst light-off behavior of a spark-ignition LPG (liquefied petroleum gas) engine during cold start[J]. Energy, 2011, 36: 53-59.

[176] Lohfink C, Baecker H, Tichy M. Experimental investigation on catalyst-heating strategies and potential of GDI combustion systems[C]. Powertrains, Fuels & Lubricants Meeting, Rosemont, 2008.

[177] Piock W, Hoffmann G, Berndorfer A, et al. Strategies towards meeting future particulate matter emission requirements in homogeneous gasoline direct injection engines[C]. SAE World Congress & Exhibition, Detroit, 2011.

[178] Morita K, Sonoda Y, Kawase T, et al. Emission reduction of a stoichiometric gasoline direct injection engine[C]. Powertrain & Fluid Systems Conference & Exhibition, San Antonio, 2005.

[179] Ball D, Negohosian C, Ross D, et al. Comparison of cold start calibrations, vehicle hardware and catalyst architecture of 4-cylinder turbocharged vehicles[C]. SAE/KSAE 2013 International Powertrains, Fuels & Lubricants Meeting, Seoul, 2013.

[180] Ball D, Moser D. Cold start calibration of current PZEV vehicles and the impact of LEV-III emission regulations[C]. SAE World Congress, Detroit, 2012.

[181] Pischinger S. The future of vehicle propulsion - combustion engines and alternatives[J]. Topics in Catalysis, 2004, 30-31(1): 5-16.

[182] Ball D, Clark D, Moser D. Effects of fuel sulfur on FTP NO_x emissions from a PZEV 4 cylinder application[C]. SAE World Congress & Exhibition, Detroit, 2011.

[183] Oouchi K, Shibata K, Nishizawa K, et al. Development of thinnest wall catalyst substrate[C]. SAE World Congress, Detroit, 2002.

[184] Mueller-Haas K, Brueck R, Rieck J, et al. FTP and US06 performance of advanced high cell density metallic substrates as a function of varying air/fuel modulation[C]. SAE World Congress, Detroit, 2003.

[185] Yao H C, Japar S, Shelef M. Surface interactions in the system Rh/Al_2O_3[J]. Journal of Catalysis, 1977, 50(3)407-418.

[186] Ball D, Zammit M, Wuttke J, et al. Investigation of LEV-Ⅲ aftertreatment designs[C]. SAE World Congress & Exhibition, Detroit, 2011.

[187] Lafyatis D, Ansell G, Bennett S, et al. Ambient temperature light-off for automobile emission control[J]. Applied Catalysis B: Environmental, 1998, 18(1-2): 123-135.

[188] Murata Y, Morita T, Wada K, et al. NO_x trap three-way catalyst (N-TWC) concept: TWC with NO_x adsorption properties at low temperatures for cold-start emission control[C]. SAE World Congress & Exhibition, Detroit, 2015.

[189] Collins N R, Cooper J A, Morris D, et al. Advanced three-way catalysts -optimisation by targeted zoning of precious metal[C]. Powertrain & Fluid Systems Conference & Exhibition, San Antonio, 2005.

[190] Abe F, Hashimoto S, Katsu M. An extruded electrically heated catalyst: From design concept through proven-durability[C]. International Congress & Exposition, Detroit, 1996.

[191] Higashiyama K, Nagayama T, Nagano M, et al. A catalyzed hydrocarbon trap using metal-impregnated zeolite for SULEV systems[C]. SAE World Congress, Detroit, 2003.

[192] Ballinger T H, Manning W A, Lafyatis D S. Hydrocarbon trap technology for the reduction of cold-start hydrocarbon emissions[C]. International Fall Fuels & Lubricants Meeting & Exposition, Tulsa, 1997.

[193] Lupescu J, Chanko T, Richert J, et al. The effect of spark timing on engine-out hydrocarbon speciation and hydrocarbon trap performance[C]. SAE World Congress & Exhibition, Detroit, 2009.

[194] Pritchard J, Cheng W. Effects of secondary air on the exhaust oxidation of particulate matters[C]. SAE World Congress & Exhibition, Detroit, 2015.

[195] Otsuka S, Suehiro Y, Tanner T, et al. Development of a super-light substrate for LEV Ⅲ/Tier3 emission regulation[C]. SAE World Congress & Exhibition, Detroit, 2015.

第 4 章　设计和控制参数对直喷柴油机排放的影响

与汽油机相比，柴油机具有热效率高、耐久性和可靠性好以及运行成本低等优点。以柴油机为动力的乘用车比以汽油机为动力的乘用车的燃油经济性好20%～30%。因此，柴油机是最受欢迎的动力装置，尤其是重型车辆。

与汽油机不同，柴油机是在空气过量的条件下燃烧的，所以它的 CO 和 HC 排放明显低于汽油机。柴油机排放控制的重点是 NO_x 和颗粒物。若要满足严格的柴油机/柴油汽车排放标准要求，必须依靠柴油机技术升级、燃料品质改进和排气后处理器的使用。本章主要介绍前两个内容。柴油机排气后处理器将在第 5 章介绍。

影响柴油机原始排放和燃油消耗的主要因素如下[1,2]。

(1)燃烧系统：包括燃烧室结构、压缩比、排量、行程/缸径比、气门数和电热塞的位置等。

(2)喷油系统：包括喷油系统类型，喷油压力、喷油时刻、次数和持续期，喷油率曲线形状和大小，喷油嘴几何形状，喷油器的安装位置等。

(3)进排气系统：包括进气道和排气道形状、气门定时、增压系统以及 EGR 系统等。

(4)冷起动系统(电热塞和起动马达)和冷却系统(冷却水和散热)等。

(5)运行参数管理：包括 EGR 率的控制、高压与低压 EGR 率的分配、超速中的断油等。

除了要满足有害物排放标准，重型柴油机的主要开发目标是改善燃油经济性、提高可靠性和耐久性，并降低成本。

4.1　影响柴油机排放的关键因素

柴油机排放与燃烧室的结构、供油系统、进排气系统、EGR 和润滑油消耗等有密切的关系。因为燃油蒸发冷却和高速喷雾产生的剪切力引起火焰拉伸熄灭，所以柴油机中的火焰是浮起的，即火焰不能反向传播到喷油嘴喷孔，而是稳定在离喷油嘴喷孔一定距离的地方。喷孔与稳定火焰间的距离称为浮起长度。浮起长度可以用羟基的化学发光法测量[3]。浮起长度依赖于喷油压力、喷油器喷孔直径、O_2 浓度(EGR 率)、空气温度和密度[4,5]，并影响柴油机的排放。环境温度增加，预混合气活性增大，火焰的浮起长度减小，由此减少喷雾从周围卷吸的空气量，导致柴油机碳烟排放增大；喷油压力增加，燃油射流速度升高，火焰的浮起长度和空气卷吸率也提高。只要不发生燃油撞击壁面或与其他油束作用，柴油机的碳烟排放将减小。增加气缸内气体的密度将减少火焰的浮起长度，同时增加气体卷吸率。两者共同作用的结果是在火焰浮起长度内卷吸的空气量略有减少。空气密度增加也有助于减少碳烟生成，这是因为液体喷雾的长度和燃油撞壁减少。减小喷油器的喷孔直径会略微减小火焰的浮起长度，但空气的卷吸率相对恒定。因此，有较少的空气卷入喷雾中，但更重要的是有更少的燃油从喷孔中喷出。虽然卷吸的空气与燃油之比增加，在火焰浮起长度处和预混燃烧区产生更多的理论燃空当量比混合气，由此减少碳烟的生成[6]。周围空气中的 O_2 浓度下降会增大火焰浮起长度。这样，尽管 O_2 的卷吸率减小，但允许近似相等的 O_2 被卷吸到浮起长度前的喷雾中。在 O_2 浓度减少时，油束中的碳烟先增加，后减少，因为在 O_2 浓度减小时，存在碳烟增加和温度减少的竞争[7]。图 4-1 给出了在高温定容弹中柴油火焰的激光诱导荧光图像[8]，ϕ为燃空当量比。可见，从火焰浮起始点(喷孔出口处)开始，新鲜热空气就被卷吸到喷雾中，促进燃油的蒸发，并稀释火焰的内部区域。在各个油束周围形成的火焰区内燃油缺少空气，而在油束与燃烧室间存在高空气区。这样，在油束中心浓混合气区就生成碳烟，而在火焰前锋面后的极高温度区中主要生成 NO_x[9]。因此，柴油机中的碳烟和 NO_x 生成量与燃烧系统直接相关。而部分氧化产物 CO 和 HC 向喷雾外侧输运并与空气混合，进一步被氧化。在浓混合气区生成碳烟和在较稀混合气区生成 NO_x 是柴油机面临的排放难题。

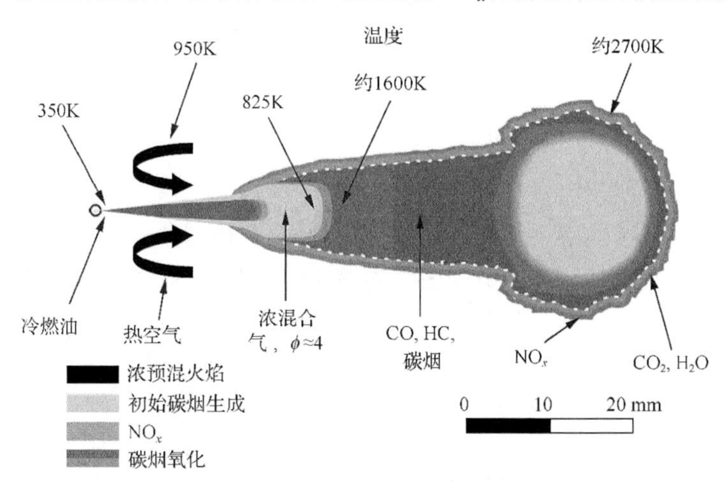

图 4-1　单束柴油火焰特征[8]

通常，在低负荷时，柴油机的火焰浮起长度大。大的火焰浮起长度会增加燃油喷雾中的空气卷吸率，有利于减少火焰中的碳烟生成。对于排量为 14～16L 的重型柴油机，在上止点时，喷油嘴到燃烧室凹坑的距离大约为 45mm，而在活塞离开上止点 10°CA 范围内，这个距离从来不会超过 55mm[10]。因此，在高喷油压力和高 EGR 率下，火焰浮起长度就会接近于喷油嘴与燃烧室壁面间的距离。这就意味着大多数火焰(和空气卷吸)有可能与燃烧室凹坑发生强烈的作用来形成燃油和空气混合气。对于小缸径的柴油机，这个问题更加严重。因此，必须采取新的柴油机设计概念，包括喷油系统压力、燃烧室凹坑几何形状和喷油策略，来解决这些问题。

实际上，柴油机气缸内的燃烧过程比定容弹中的油束燃烧复杂得多。图 4-2 给出了柴油机排放与当地燃空当量比和温度的关系[11]。可见，柴油机不同的排放物分布在不同的混合气浓度和温度区。NO 主要在高温和低燃空当量比区生成，HC 和 CO 在相对低温和高燃空当量比区生成，而碳烟则在高温和高燃空当量比区生成。因此，同时减少传统柴油机碳烟和 NO 排放面临很大的挑战。

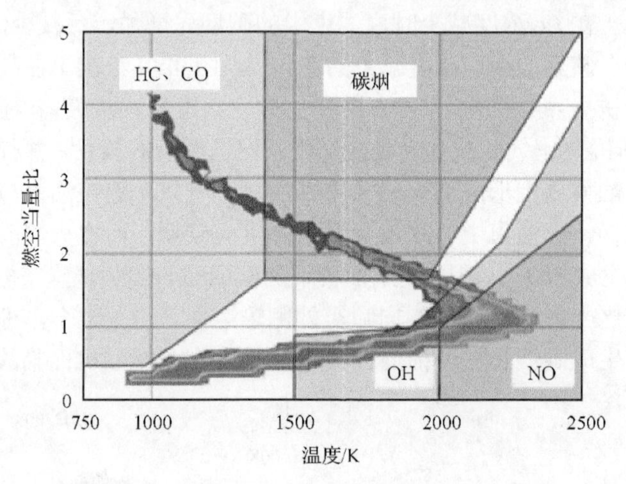

图 4-2　柴油机排放与当地燃空当量比和温度的关系[11]

影响柴油机原始排放的主要因素如下[12]。

(1) 喷油：①喷油嘴几何形状(孔数、喷油孔直径和分布、喷油角度和针阀形式)；②喷油压力、时刻和次数；③喷油率曲线形态(斜坡形、三角形和靴形等)；④喷雾位置。

(2) 燃烧室：①凹坑几何形状；②压缩比；③死区容积。

(3) 气缸充量：①热力学特性；②充量成分；③流场条件。

(4) 燃料成分。改善柴油机燃烧的总体目标就是获得最低的排放和良好的燃油经济性。这就要增强气缸内碳烟的氧化，使碳烟生成量最小。减少柴油机 NO 排放就是要降低当地的最高燃烧温度，如降低进气的初始温度(增压中冷)、采用 EGR、减小压缩比和推迟喷油时刻等。

降低柴油机碳烟排放就是要促进气缸内空气与燃油的混合。减少柴油机碳烟排放至少有两种可能的途径：一是减小缸内最浓混合气的量；二是促进燃烧后期碳烟的氧化。二者均与气缸中的流动过程和燃烧室结构有关。因此，促进燃烧后期混合率的手段有助于降低柴油机的碳烟排放，并改善其燃油经济性。采用低温燃烧技术来加长着火延迟期是减少气缸内浓混合气量的一种方法。提高喷油压力、采用多次喷油、减小喷油器喷孔直径、增加涡流、提高增压压力和优化燃烧室等均能增加卷入喷雾中的空气量，减小最大混合气燃空当量比。其中，提高喷油压力能显著减小形成碳烟的浓混合气区，大幅降低柴油机的碳烟排放。高的喷油压力也会增加着火延迟期，增强喷油期间和喷油后燃油与空气的混合。多次喷油是加速燃油在气缸内分布的最好方法之一。但采用小孔径喷油器也存在全负荷时碳烟排放升高的可能[13]。此外，小孔径喷油器还存在喷孔内沉积物增加的风险[14]。

涡轮增压是柴油机小型强化的关键技术，它能降低柴油机的燃油消耗。但是，气缸直径的降低会减少喷孔到活塞凹坑的距离，更容易在当地形成浓的空燃混合气，恶化燃烧，并使柴油机颗粒物排放增加。促进小型强化柴油机燃烧、降低颗粒物排放的手段就是减少燃烧室当地的混合气浓区。表 4-1 给出了促进小型强化柴油机燃烧的措施。

表 4-1　促进小型强化柴油机燃烧的措施

目标	措施
优化燃烧系统	优化燃烧室结构
	降低压缩比
优化供油系统，促进燃油雾化和扩散	采用多孔、小孔径喷油嘴
	缩小喷孔长度
	提高喷油压力
	采用多次喷油
优化进气系统	提高增压压力
	提高充气效率
	优化涡流比

其中，燃油雾化在柴油机混合气形成方面起决定性的作用。喷油压力、涡流比、燃烧室结构、喷孔数和孔径之间有一个清楚的匹配关系。

4.2　直喷柴油机燃烧系统

燃烧系统优化要同时满足柴油机与汽车排放标准以及用户对燃油经济性和性能的要求。直喷柴油机燃烧室的几何形状和尺寸要与高压喷油系统及进气涡流进行良好的匹配。因此，设计者需要很好地掌握工程、化学和物理等方面的知识。为了减小 NO_x 排放，柴油机需要在有限 O_2 和/或高 EGR 率的环境下燃烧，但这又会导致柴油机颗粒物排放的增加和燃烧放热速率的降低。因此，在混合气中 O_2 含量有限的环境下减少碳烟排放及改进燃烧速率是未来柴油机燃烧系统开发的重点和难点。

柴油机燃烧系统设计最重要的参数是气缸排量。通过对比目前的产品和原理性样机，确定 BMEP 和最高功率密度目标，再根据特定车辆对扭矩和功率的需要，确定所需要的柴油机气缸排量。对于轻型汽车用柴油机，尽管高的功率或扭矩总是理想的，但是这个好处必须要在刚性好的机体和气缸盖所带来的附加成本、严格的排放目标、更有效的排气后处理器与更有能力的供油装置之间进行权衡。权衡上述因素后，不同的制造商采取了不同的设计理念。许多制造商采用高功率密度和高扭矩的小排量柴油机，这些小排量柴油机在高负荷区运行更长的时间，此时摩擦和传热损失只占放热量的一小部分。相反，一些设计者认为应该增加排量，柴油机则可以采用低增压压力、低喷油压力和低涡流比。这样，在相同的排放水平下，柴油机的摩擦和传热损失降低，燃油经济性得到改善[15]。此外，随着柴油机输出扭矩的增加，NO_x 排放呈非线性增大。因此，采用大排量柴油机有助于减小原始 NO_x 排放[11]。当然，大排量柴油机也会降低燃烧室的面容比和传热损失。

在柴油机排量一定时，气缸数、行程/缸径比、气门流通面积(气门数和大小)、气门重叠角和 k 系数这五个因素直接影响充气效率、散热、泵气损失及机械损失。这里的 k 系数是活塞在上止点时活塞头部燃烧室凹坑容积与燃烧室总容积之比。很明显，行程/缸径比会影响发动机的安装空间(发动机的高度和长度)、摩擦损失、充气效率和燃烧[16]。虽然增加气缸直径允许在活塞头部设计大口径的燃烧室，改善高速时柴油机的燃烧。但当气缸直径大于一定值后，燃烧室直径对柴油机功率的增加作用就很小了，而且低行程/缸径比柴油机的燃烧室死区容积增加，导致 k 系数减小。只要活塞头部燃烧室中的平均 λ 减小，燃烧过程就会恶化，导致柴油机产生高的碳烟排放[16]。减小燃烧室余隙容积，就能增大 k 系数，有助力于减少柴油机的碳烟生成，并扩大冒烟极限[5,17]。

活塞组件的摩擦近似正比于行程/缸径比。总体上，大的行程/缸径比能减小上止点处燃烧室的面容比和传热损失，有利于提高柴油机的效率。此外，大的行程/缸径比能减少活塞环周长和冷起动时的空气泄漏量。随着柴油机转速的提高，摩擦损失和惯性力增加，而且它们也正比于行程/缸径比。但是，在很高的 BMEP 下，摩擦的影响可以忽略，大缸径只能略微改善柴油机的热效率[16]。而小的行程/缸径比则能提高进、排气门的大小，获得高的充气效率和低的泵气损失[5]，提高柴油机的功率密度[18]。柴油机行程/缸径比总是大于 1，典型的行程/缸径比值约为 1.1[15]。

影响涡轮增压柴油机燃烧和排放最重要的因素是燃烧室结构、压缩比、燃烧室凹坑中的涡流和喷油(喷雾的落点和自由长度)[19]。其中，直喷柴油机燃烧室结构和压缩比是影响气缸内空气运动与排放的重要因素。喷雾在燃烧室内的落点依赖于喷油嘴的伸出量和喷油嘴上各个油束的夹角。此外，燃烧室结构也要与高压喷油系统和进气涡流很好地匹配。

压缩比是影响柴油机燃烧与排放的重要因素。从理论上来说，高压缩比有助于提高柴油机的热效率。它还有如下优点[15]。

(1) 高的压缩温度能缩短着火延迟期，有助于减少柴油机原始 HC 和 CO 排放，尤其是在柴油机氧化催化器起燃前的几分钟内。

(2) 短的着火延迟期也可能减少柴油机的燃烧噪声，并增加其燃烧稳定性。而在采用低压缩比时，则需要采用先导喷油策略来降低柴油机噪声，并维持其稳定燃烧。

(3) 高压缩比柴油机的排气温度低，因此，当最大扭矩受限于最高排气温度时，高压缩比柴油机能在高速时承受更高的负荷。

(4) 高压缩比能改善柴油机的冷起动。

但高压缩比柴油机在热效率方面的优点并不总能实现，有如下原因[15,20,21]。

(1) 当采用高压缩比时，需要推迟着火来保证柴油机处于所允许的最高气缸压力范围内或 NO_x 原始排放。

(2) 高压缩比导致高的压缩压力。这样，在相同的循环放热量下，燃烧产生的压力增大，导致活塞环和主轴承的摩擦损失增加。

(3) 高压缩比柴油机在上止点附近时燃烧室的面容比大，导致活塞和气缸盖的传热损失增加。

(4) 随着压缩比的增加，k 系数减小，气缸中的空气利用更加困难，导致柴油机在高负荷时的最大扭矩和/或功率下降与在最高负荷时的效率减少。

当然，低压缩比柴油机有如下的潜在优点[15]。

(1) 在给定的最大爆发压力下，低压缩比柴油机允许有更大的进气量，达到更大的比功率，并能降低对结构刚度的设计要求。这也是柴油机压缩比下降的主要原因之一。

(2) 低的最高燃烧温度能减少柴油机的 NO_x 生成[2]。

(3) 低压缩比对柴油机部分负荷和全负荷均有好处。在部分负荷时，低压缩比柴油机的燃烧温度下降，NO_x 排放降低；同时，着火延迟期增大，空气与柴油有足够的时间混合，可以减小碳烟的生成。此外，在膨胀行程中，温度下降率降低也有助于改善碳烟的氧化。在全负荷时，低压缩比柴油机在上止点时的压力下降，允许提前喷油时刻和增加喷油持续期，而排气温度不会超过排气系统允许的最大值[22]，有助于改善柴油机的燃油经济性。

(4) 高的排气温度给涡轮增压器提供了更多的可用能量。这样，高的增压压力能在低速时实现，有助力于改善柴油机的低速扭矩特性[16]。

(5) 低压缩比使柴油机在膨胀过程中的充量冷却率下降，碳烟和其他部分燃烧产物有更多的时间氧化[21,22]，而且高的排气温度有助于氧化催化器起燃，并能更加有效地减少 HC 和 CO 排放。

(6)低压缩比也允许去除活塞头部的避阀坑，增大燃烧室凹坑的大小。这样，在全负荷时，从喷油器喷出的油束的自由贯穿长度增大，可以提高气缸内的空气利用率。

因此，压缩比的选取主要取决于柴油机的功率密度、排放特性和起动能力，而不是效率和燃油经济性[15]。

减小压缩比是满足柴油机全负荷时功率增加和改善部分负荷时 NO_x/颗粒物排放矛盾的一个有效方法，因为在相同的 NO_x 排放目标下，气缸内气体温度的降低导致 EGR 率的下降。而在相同的最大气缸压力下，允许喷油时刻提前，并能使用更高的增压压力，可以在全负荷时获得高的柴油机比功率和扭矩[23,24]。此外，低压缩比燃烧室也有助于低速全负荷时柴油机性能的改进，因为有高的 k 系数，燃烧主要发生在燃烧室凹坑中。而低压缩化对部分负荷时柴油机的性能影响较小[16]。目前，柴油机压缩比呈下降的趋势。其目的是减少柴油机摩擦损失和 NO_x 排放。为了解决部分负荷和全负荷性能之间的矛盾关系，小型强化柴油机的压缩比、喷油器的流量率、喷孔数和燃烧系统均需要优化。降低压缩比和减小燃烧室凹坑深度是其中的手段[23]。

乘用车柴油机的压缩比下限是 15，低于这个值，在极低的温度下冷起动时，柴油机会发生失火现象。目前，许多满足欧Ⅴ排放标准和欧Ⅵ排放标准的轻型汽车柴油机的压缩比大多在 15.5～16.5。奥迪新 3LV6 涡轮增压柴油机将燃烧室最大直径和缩口直径均增加了 1mm，把压缩比从 16.8 降到了 16，以满足欧Ⅴ排放标准的要求[25]。通过增加燃烧室唇口直径，将压缩比为 17.5 的欧Ⅳ排放标准梅赛德斯-奔驰 OM 642 柴油机降至 15.5 的压缩比，变成了能满足欧Ⅴ排放标准/欧Ⅵ排放标准要求的 OM 642 LS 柴油机[26]。现代/起亚新 1.1L3 缸柴油机则通过把燃烧室缩口直径增大 3mm，将压缩比为 17.8 的欧Ⅳ排放标准柴油机降到压缩比为 16，同时提高喷油压力，让柴油机满足欧Ⅴ排放标准[27]。但马自达汽车公司的 Skyactiv-D 柴油机将压缩比从传统的 16.3 降低到 14，使得燃空当量比＞2 的浓混合气从 5.6%减少到 4.8%，而高于 2000K 的高温区从 24%降低到 15%，来满足欧Ⅵ排放标准[11]。

燃烧室、气流和喷雾之间的相互作用非常复杂。其中，燃烧室对气缸内气流运动起着很重要的作用。因此，燃烧室要促进燃烧室凹坑内空气与燃油的混合和挤流区空气的利用[11]。轴对称的燃烧室能促进空气的有效利用，改善柴油机在部分负荷时的排放和在全负荷时的性能[16]。通常，活塞头上的最大燃烧室直径大于气缸直径约 60%，而且是燃烧室深度的 3～4 倍[15]。

燃油喷雾与燃烧室的相互作用对柴油机燃烧效率和污染物的生成有显著的影响。其中，喷油时刻是影响喷雾与燃烧室作用的一个重要因素。由于燃烧室表面上的油膜蒸发缓慢，所以壁面液体油膜的生成对柴油机 HC 和碳烟排放有非常不利的影响[28]。因此，在燃烧室几何形状的设计中，要避免燃油喷雾与燃烧室壁面接触，特别要避免液体燃油碰壁，充分利用射流破碎和壁面射流以及预喷油和过后喷油，实现燃烧室形状和喷雾角的良好匹配。燃烧室凹坑中心区的流速和混合率低，改善这个区域混合气的质量困难[29]。因此，通常在燃烧室凹坑底部设计一个凸台以防止浓混合气停滞在凹坑底部中心。这样燃烧室凹坑周围的空气量增加，改善燃油与空气混合的质量。底部有锥形凸台的燃烧室可靠性好[16]。用台阶锥凸台燃烧室置换凹坑底部大量的空气，适合大直径的燃烧室。台阶锥凸台燃烧室能促进全负荷时气缸内的空气利用，并能在部分负荷时承受更早的喷油时刻而不会导致润滑油的过度稀释。但太高的燃烧室底部凸台不利于空气卷吸到喷雾中[30]。与台阶锥凸台燃烧室相比，底部有锥形凸台的燃烧室有利于在燃烧室中形成二次空气涡流[31]。

燃烧室凹坑的宽度/深度比对燃烧过程和碳烟的生成也有很大的影响。实际上，小的燃烧室凹坑宽度/深度比增加了燃油射流与燃烧室壁面撞击的概率。

重型柴油机大部分时间工作在高负荷和全负荷工况下。因此，它的喷油持续期长。在这些条件下，燃油与空气混合的大部分能量来自于喷油[15]。因此，重型直喷柴油机的燃烧室一般采用凹坑开口较大、深度较浅的结构型式。此时，一般不组织或只组织很弱的进气涡流，混合气的形成主要依赖于油束的运动和雾化。现在绝大多数重型柴油机使用 4 气门气缸盖。这样，喷油器就布置在气缸中心，以改善燃油分布和空燃混合。图 4-3 给出了不同类型重型柴油机的燃烧室结构。

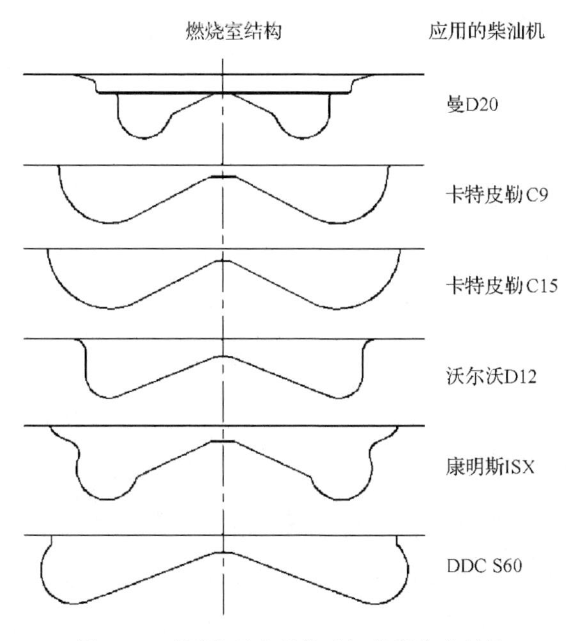

图 4-3　不同类型重型柴油机的燃烧室结构

可见，由于重型柴油机所要发出的扭矩不同，喷油系统和喷油策略以及缸内气体运动水平有差异，所以它们所采用的燃烧室结构有一定程度的差别。

轻型柴油机通常工作在很低的负荷和低转速下。因此，它的优化点是城市循环中低到中等负荷。在这些工况下，大多数情况下轻型汽车用柴油机在燃油燃烧前已经完成喷油，喷油不能提供混合所需的动能。因此，缺少的能量主要由与喷油参数相匹配的气体涡流来提供。此外，轻型柴油机喷雾与燃烧室壁面的相互作用更加明显。因此，轻型柴油机燃烧性能和排放对燃烧室几何形状很敏感[15]。

目前，大多数轻型柴油机燃烧室采用缩口型结构。当进气被压入燃烧室后，缩口加大进气旋流速度，从而增大挤流强度，由此增加湍流水平，促进燃烧室内燃油与空气的混合。这样，在燃油消耗或碳烟排放不恶化时，允许柴油机喷油时刻推迟得更多，并能忍受更高的 EGR 率。此外，在燃油撞壁后，缩口型燃烧室能保存喷雾的动能，并将燃油导向气缸中心，防止浓混合气停留在燃烧室底部[11]。在膨胀行程中，缩口型燃烧室能保持凹坑内的涡流，阻止已燃气体流入挤流区[32]。

为了满足轻型柴油汽车排放标准的要求，柴油机燃烧室的主要结构参数也发生了变化，如图 4-4 所示。可见，随着汽车排放标准的加严，缩口型燃烧室变得更宽、更浅了[19,22,33,34]。为了满足柴油汽车欧Ⅳ排放标准，在燃烧室容积不变的情况下，欧Ⅳ排放标准汽车用柴油机燃烧室最大直径和缩口直径要在欧Ⅲ排放标准汽车用柴油机燃烧室的基础上分别增加 5%～10%和 10%～12%，而燃烧室的深度则减少 12%～16%。让欧Ⅴ排放标准汽车用柴油机达到欧Ⅵ排放标准，燃烧室结构也按类似的趋势调整[35]。大的燃烧室直径能使喷雾的自由长度加大，降低喷雾过度贯穿和燃油湿壁的风险[36]。大的燃烧室直径也更容易与高喷油压力相匹配[35,37,38]。此外，大的燃烧室直径也有助于增加 k 系数，减少活塞头部的热负荷[34]。

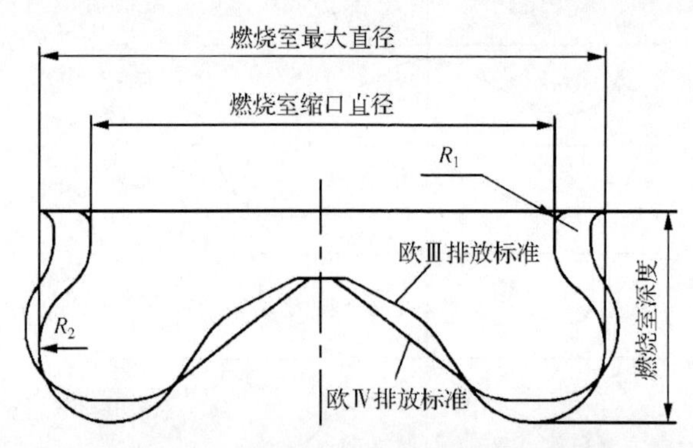

图 4-4　轻型汽车用柴油机燃烧室结构变化

图 4-4 中燃烧室缩口上端的小圆弧倒角 R_1 有助于降低碳烟和增加燃烧系统对 EGR 率的耐受力[39]，可能的原因是在膨胀行程中反挤流产生了湍流。而燃烧室缩口下端唇口的形状则影响燃油在燃烧室内的分布和燃烧室凹坑内的流动强度[40]。

大的燃烧室凹坑半径 R_2 有助于改善部分和全负荷时碳烟/NO_x 排放的矛盾关系[41]。

日本马自达汽车公司设计了不同类型的 Skyactiv-D 柴油机。其中，Skyactiv-D 2.2L 柴油机的压缩比为 14，Skyactiv-D 1.5L 柴油机的压缩比为 14.8，均采用了蛋形燃烧室结构，但这两种柴油机的燃烧室结构略有差别。图 4-5 给出了这两种柴油机燃烧室内混合气的分布特点[42]。蛋形燃烧室的主要特点是：①垂直的壁面用于防止混合气撞击后的动力损失；②导向型的壁面用于促进燃油与空气充分混合并提高混合气的动能，最后沿垂直壁面产生漩涡，将已燃气体输送到气缸中心的冷空气中，抑制 NO_x 生成[43]；③通过促进混合气均匀，利用燃烧室中心凸台增加空气的利用率，并保持强的漩涡，利用反挤流将混合气扩散到整个燃烧室。这个燃烧室与多孔喷油器相匹配，在两级增压和高压回路高 EGR 率下能抑制碳烟的生成，并能在没有 NO_x 后处理器时满足欧Ⅵ排放标准柴油汽车的 NO_x 排放限值[11]。为了减少 Skyactiv-D 1.5L 柴油机在膨胀冲程中逆滚流产生的壁面传热损失，在原有 Skyactiv-D 2.2L 柴油机燃烧室结构的基础上，在燃烧室凹坑外侧设计了一个阶梯型台阶。将 2.2L 柴油机燃烧室凸台的直线部分修改成曲线用于 1.5L 的柴油机，可以确保在燃烧室内有足够高的涡流，使柴油机在 135N·m 和 2250 r/min 下的碳烟下降约 20%[44]。

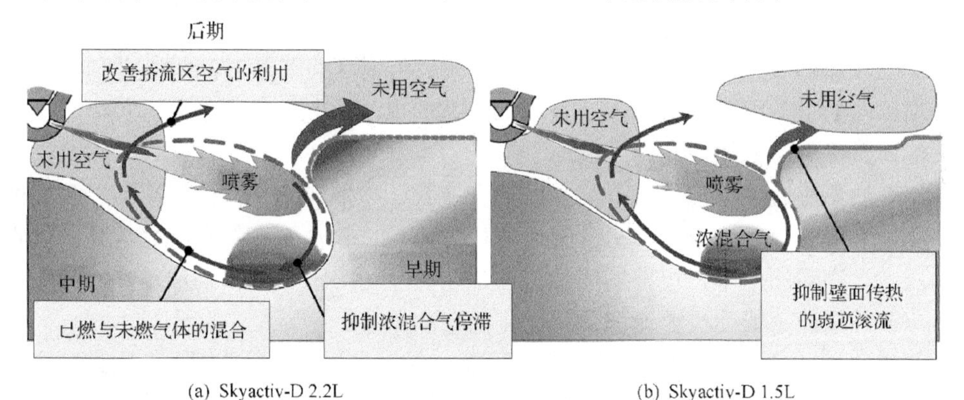

图 4-5　Skyactiv-D 柴油机燃烧室内混合气分布特点[42]

近年来，轻型和重型汽车用柴油机都出现了阶梯型唇口或倒角燃烧室，如图 4-6 所示。其目的是将喷油器喷出的燃油分成两部分：一部分燃油向上往气缸盖运动；另一部分向下进入燃烧室凹坑。向上运动减少了喷雾向挤流区运动的贯穿度，由此减小流入润滑油在气缸壁附近区域中碳烟的生成量[45]。阶梯型唇口燃烧室的另一个目标是通过多次喷油，改善气缸内空气的利用率，减少柴油机碳烟排放[46]。将初始的喷油喷入阶梯型唇口上端而将第二次喷油喷入阶梯型唇口的下端，可以避免第二次喷油与缺氧充量的混合，减少柴油机碳烟和 CO 排放[47]。同样，这种燃烧室结构也能提高燃烧系统对 EGR 率的耐受力[48,49]，降低在正常稀燃下柴油机的 NO_x 排放，并为在中等负荷下稀燃 NO_x 催化器再生时实现低碳烟浓混合气燃烧提供了可能[48]。此外，因为面容比减小了，阶梯型燃烧室在减少柴油机传热损失和改善其冷起动方面也有积极的作用。2016 年梅赛德斯-奔驰 OM 654 柴油机燃烧系统就采用了阶梯型燃烧室以提高 k 系数，并使燃油喷雾不能到的死区容积最小，而活塞头上的燃烧室深坑对涡流减弱作用可以忽略，从而达到提高气缸内空气利用率、降低柴油机排放的目的[50]。

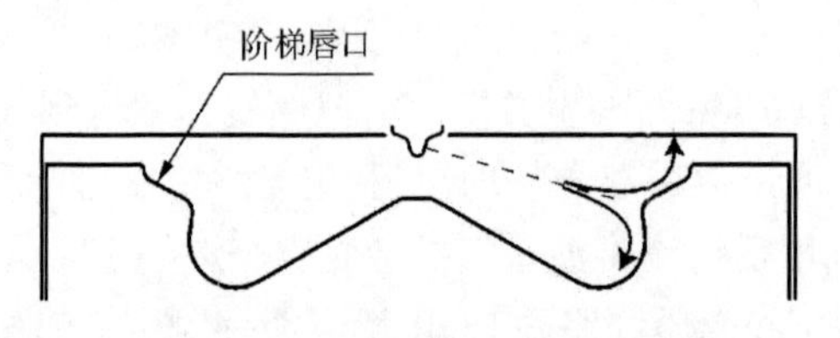

图 4-6　柴油机阶梯型燃烧室

4.3　柴油机燃油系统

在过去近 30 年里，轻型汽车用柴油机的功率和响应以及噪声水平得到了大幅的改善。这主要有三个方面的原因[5]：一是喷油系统的工作压力的显著增加以及每个工作循环中喷油时刻和次数的灵活可调；二是大批量生产的可变几何截面涡流增压器的效率得到了改善；三是更加成熟的电子控制技术为柴油机各个系统的灵活调整提供了更加便利的手段。

燃油系统通过喷油压力、喷油时刻和次数、喷油速率、喷油持续期以及燃油在燃烧室内的分布影响柴油机的燃烧与排放特性。喷油系统的发展趋势是：高喷油压力，高喷油速率，可控的喷油持续期，可变的喷油压力和喷油特性，喷油始点与喷油量能随柴油机转速和负荷变化而自动调节。

要满足未来柴油机/柴油汽车排放标准，需要安装排气后处理器。因此，燃油系统必须要有进一步减小柴油机原始排放和满足排气后处理器要求的功能。理想的燃油系统要满足以下要求[51]：①喷油时刻独立控制；②喷油次数可调；③喷油压力独立和控制灵活；④供油效率高；⑤驱动损失功小；⑥系统内的漏油少。

柴油机对喷油系统参数的要求如表 4-2 所示[51]。

燃油系统有单体泵、泵喷嘴和共轨(common rail)系统等。但与普通凸轮轴驱动的燃油系统相比，共轨系统中的喷油压力与喷油量独立于发动机的转速。高压共轨柴油机每个工作点所需要的燃油压力、喷油量、喷油始点和喷油速率可以由 ECU 来灵活地控制。为了满足车辆的动力性、经济性、排放、安全性和舒适性等要求，共轨式柴油机需要安装各种传感器，以适时监控柴油机的运行状态。常用的传感器有曲轴转速传感器、凸轮轴转速传感器、加速踏板传感器、增压压力传感器、共轨压力传感器、冷却水温传感器、空气质量流量传感器等。根据这些传

表 4-2　柴油机对喷油系统参数的要求

柴油机需要	>200MPa 喷油压力	喷油率曲线形状	多次喷油	低压系统压力	低的最大驱动扭矩	高的响应
排放	√	√	—	—	—	√
燃油经济性	√	√	—	—	√	—
燃烧噪声	—	√	√	—	—	—
机械噪声	—	—	—	√	√	—
排气后处理	—	—	√	—	—	—
精确控制	—	—	—	—	—	√
可靠性	—	—	—	√	√	—

感器输送的信号，ECU 判断柴油机的工况和其他环境条件，并发出相应的信号给电子驱动器，调节高压油泵，将高压油管中的燃油压力控制在需要的水平上，并通过控制喷油嘴上的泄压阀，实现喷油时刻和喷油规律的最佳组合。

选择能满足理想功率密度，并与燃烧室几何形状及涡流水平相匹配的喷油系统是柴油机燃烧系统设计的一个重要方面。喷油系统必须能提供满足柴油机额定功率的喷油器流通能力和最大燃油压力。通常选取能满足柴油机额定功率的最小流量喷油器，因为它能改善碳烟/NO_x的矛盾关系[16]。在全负荷时，柴油机的喷油必须要在 30～35°CA 的窗口中完成。

高压共轨燃油供给系统是轻型柴油汽车和重型柴油机满足欧Ⅴ排放标准和欧Ⅵ排放标准及更严格汽车排放标准的主流技术，所以本章仅讨论高压共轨燃油供给系统。

4.3.1　高压共轨燃油系统简介

日本电装公司的第一个高压共轨燃油系统于 1995 年 12 月在商用车上使用。这个高压共轨燃油系统的喷油压力为 120MPa，先导喷油与主喷油间的最小时间间隙是 0.7ms[52]。1997 年，德国博世公司将第一个高压共轨燃油系统应用于梅赛德斯-奔驰 C 级汽车。1999 年，日本电装公司在乘用车上使用了第一代高压共轨燃油系统。为了满足欧Ⅲ排放标准，日本电装公司开发了喷油压力为 180MPa 的共轨系统。其中，G2S 电磁阀式喷油器的先导喷油与主喷油间的最小时间间隔为 0.4ms，G2P 压电晶体喷油器的先导喷油与主喷油间的最小时间间隔为 0.1ms。欧洲的卢卡斯公司柴油机系统部(现在的德尔福公司)也开发了类似的产品。第一代高压共轨燃油系统都采用电磁阀驱动喷油器，最大工作燃油压力为 130～140MPa。2013 年，日本电装公司开发了最大喷油压力为 250MPa 的高压共轨燃烧系统，G3S/4S 电磁阀式喷油器相邻两次喷油间的最小时间间隔为 0.2ms[52]。

第一个批量生产高压共轨燃油系统用压电晶体喷油器的公司是德国西门子 VDO(现在的德国大陆集团 VDO)。这种压电晶体喷油器分别在 2001 年和 2004

年应用于标致 2.0 DW10 柴油机和福特/标致 2.7L V6 柴油机。此后，高压共轨燃油系统用压电晶体喷油器又应用于标致/福特合资生产的 1.4L 柴油机上，并安装在雪铁龙 C3 和福特 Fiesta 汽车上[5]。德国大众汽车公司到 2008 年中期才开始在捷达汽车上使用新 2.0L 4 气门 TDI 柴油机作为动力，其压电晶体喷油器的最大喷油压力为 180MPa，可以满足美国 Bin 5/LEV Ⅱ汽车排放标准[53]。2008 年，德尔福公司开始生产最大喷油压力为 200MPa 的直接驱动高压共轨系统。其中，压电晶体喷油器的开启和关闭特别快，与喷油压力无关[54]。2013 年，日本电装公司开发了最大喷油压力为 250MPa 的高压共轨燃油系统，G3P 压电喷油器相邻两次喷油间的最小时间间隔为 0.1ms[52]。

尽管不同的燃油系统供应商对共轨系统代数的定义有所不同，但是汽车界广泛接受按照燃油系统工作时最高油轨压力进行分类的方法。表 4-3 给出了喷油系统的代数定义[5]。

表 4-3 喷油系统代数定义[5]

代数	最高油轨压力/MPa
1	＜160
2	≥160，喷油器连续泄油
3	≥180，喷油器间断式泄油
4	≥180，压电晶体驱动

由于汽车排放标准的限值在不断地降低，所以高压共轨燃油系统中的喷油压力也在不断提高。目前，高压共轨燃油系统的最高压力已超过 300MPa。对于燃油系统，柴油机要满足欧Ⅳ排放标准/欧Ⅴ排放标准要求，喷油压力要在 180～200MPa，而要达到欧Ⅵ排放标准要求，喷油压力要在 200～300MPa。采用 300MPa 的高压共轨燃油系统甚至可以在不需要稀燃 NO_x 催化剂的情况下就能达到欧Ⅵ排放标准和美国非道路柴油机 Tier 4Find 排放标准[55]。

实际上，对柴油机性能影响最大的因素不是油轨中的最高压力，而是喷油时喷油嘴处的压力，以及喷油器的性能，包括允许短的和多次喷油的开启速度与每次喷油量的重复率。因此，燃油系统的开发很多集中在使喷孔处有尽可能高的压力，以改善气缸内燃油与空气的混合。极高的喷油压力对一些燃烧策略，如很高的 EGR 率仍然很重要。因为高的喷油压力能提供足够的喷雾动能和贯穿度，促进燃油与空气的混合，防止在很高的充量密度下生成过多的颗粒物[56]。燃油系统开发的另一个焦点是对喷油期间喷油率的控制，即喷油率曲线形状的可控性，因为瞬时喷油率的控制可以修改燃烧放热率曲线、优化燃烧过程，达到控制燃烧噪声或 NO_x 排放的目标。理想的喷油率曲线与柴油机的速度和负荷有关。喷油率曲线的形状改变是通过改变喷油压力来实现的。在喷油早期采用相对较低的喷油率，以确保柴油机的低 NO_x 排放，而在燃烧后，喷油率应该尽可能高，以改善燃油与空气的混合，减少碳烟生成。

控制喷油率曲线形状的一个方法是把传统的一次喷油分成几次。多次不连续喷油通常受限于喷油器单次最少喷油量和相邻两个喷油之间的最短时间间隔。减小这两个限制就能增加喷油次数，并减小最低单次喷油量。调整喷油率曲线形状的另一个方法是改变单个喷油中的喷油率曲线。一些燃油系统开发公司采用改变喷油期间压力的方法，但这种方法在很大的喷油率范围内调整很困难。德尔福公司采用在喷油期间控制喷油嘴针阀运动方法[56]快速控制喷油率曲线形状。

4.3.2　喷油器

喷油器是控制喷油时刻、次数和循环喷油量的执行单元。喷油器中极其重要的一个偶件是喷油嘴。喷油嘴的结构影响燃油的雾化质量和喷雾贯穿度，从而影响柴油机的燃烧和排放特性。柴油喷油嘴分为有压力室和无压力室(valve covered orifice，VCO)两种。多孔喷油嘴压力室容积的大小对柴油机的性能、排放和针阀的寿命有很大的影响。压力室容积大，不仅会因滴油、喷孔结碳而恶化柴油机的燃烧，而且在燃油喷射过程结束后，残留在压力室中的燃油很大一部分在燃烧过程后期才蒸发，没有完全燃烧就排出气缸，成为排气中 HC 的重要来源之一，并使烟度增加[2]。降低喷油嘴压力室容积，提高流量系数和喷雾稳定性是喷油器开发的重要目标。降低压力室和喷孔容积，可以减少喷油结束后滴油容积，显著地降低柴油机的 HC 排放，而且也有助于降低 CO 排放。提高喷雾稳定性，可以使柴油机的着火和燃烧稳定，有利于降低碳烟排放。提高流量系数可以同时降低柴油机的 NO_x 和碳烟，因为在相同喷孔数和喷油量的情况下，流量系数提高 20%与喷油压力提高 44%能缩短相同的喷油持续期。流量系数与喷油嘴的结构有很大的关系，将喷孔根部加工成圆弧形和锥形，可以提高流量系数。而在轴针上设计沟槽，也可以实现等压流动，提高喷雾的稳定性。

为了满足柴油机低排放的目标，需要使用最小的喷油器压力室容积。虽然无压力室喷油嘴能降低由压力室流出的燃油，但是因为在小升程时有针阀节流作用，所以无压力室喷油嘴的雾化质量比有压力室喷油嘴差。现在高压共轨燃油系统用喷油器采用锥形压力室结构，以保证强度并使压力室容积最小，因此更普遍地采用微压力室喷油嘴[5]，这样，喷孔则与很小的压力室相通。采用短的喷孔有助于改善燃油雾化，并减少喷油嘴中压力室死区容积，降低柴油机的 HC/CO 排放[57]。

在相同的喷油器静态喷油率时，增加喷孔数就需要减少喷孔直径。直径小的喷孔有助于促进燃油与空气的混合，因为它涉及以下物理过程[23]。

(1) 喷孔直径减小，则喷雾的贯穿度下降。喷油时油束卷吸的空气质量：

$$\propto \rho_a^{1/4}(P_{inj}-P_a)^{3/4}(d\cdot t)^{3/2}$$

式中，ρ_a表示空气密度；P_{inj}表示喷油压力；P_a表示喷孔外的空气压力；d表示喷孔直径；t表示时间。因此，减小喷孔直径就会减少单个油束中卷吸的空气质量，但是在相同的有效喷孔总面积时喷孔数增加，所以在实际喷油过程中，从火焰浮起上游区卷吸的总空气卷吸量是增加的。

(2)随着喷孔直径的减小，喷雾的贯穿距离减小。即使在长的滞燃期下，液相和气相喷雾撞击气缸壁的风险也会降低。但在高负荷工况，喷雾贯穿距离的减小会使在燃烧室周围的空气不能被充分利用，导致柴油机碳烟和 CO 排放的增加。

此外，不理想的二次喷油对柴油机排放有特别不利的影响。当喷油嘴在关闭后又二次打开时，雾化不良的燃油在燃烧过程的后期喷入燃烧室。这部分燃油不能完全燃烧，或者根本没有燃烧，以 HC 的形式排入排气中。在足够高的关闭压力和低的油管静压力下，这种不利现象可以通过选取一个快速关闭的喷油嘴来解决[2]。

目前，直喷柴油机用喷油器产品的喷孔数大多在 6～8 个，个别喷油器的喷孔数已经到 10 个[58]。新奥迪 4.2L V8 TDI 柴油机采用喷雾夹角为 158°的 8 孔喷油器替代 7 孔喷油器，显著地改善了柴油机 NO_x/颗粒物排放之间的矛盾关系。在相同的 NO_x 排放下，大幅地降低了柴油机的颗粒物排放[19]。

喷孔的方向必须要与燃烧室精确匹配，因为喷油器的喷雾夹角直接影响燃油在燃烧室凹坑中的落点，从而影响柴油机的排放和燃油经济性。如果从最佳喷孔方向偏离 2°，就会导致可测出的柴油机颗粒物排放和燃油消耗的增加[2]。图 4-7

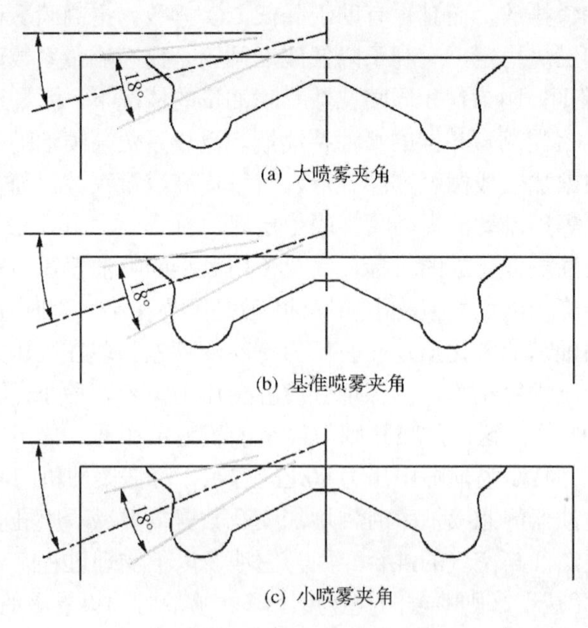

图 4-7　20°CA BTDC 时喷雾与活塞作用[10]

给出了活塞在 20°CA BTDC 时，不同喷雾夹角喷油器的喷雾落点图[10]。图 4-8 和图 4-9 分别给出了在不同喷油时刻下柴油机的排放和燃油消耗变化趋势[10]。

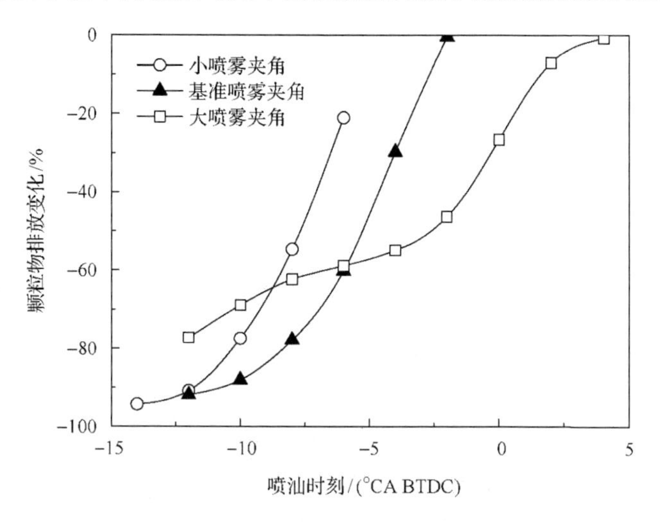

图 4-8　喷油时刻对柴油机颗粒物排放的影响[10]

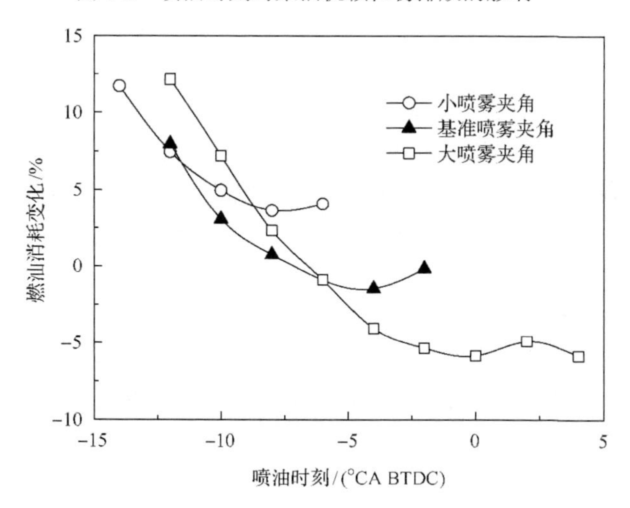

图 4-9　喷油时刻对柴油机燃油消耗的影响[10]

可以看出，在 10～12°CA ATDC 喷油，基准点和小喷雾夹角喷油器获得最低的柴油机碳烟排放和相近的燃油消耗。而大喷雾夹角喷油器在迟的喷油时刻下由于有更多的燃油沉积到活塞头上，所以柴油机的碳烟和燃油消耗均恶化。

喷油器能承受高喷油压力，并能提供灵活可变的喷油率曲线形状，快速的开启和关闭以及少量先导和过后喷油是柴油机实现低排放的重要前提。现有喷油器的最小喷油量是 0.5mg。未来在 200MPa 和更高的喷油压力下，需要最小喷油量在 0.2～0.3mg 的喷油器[59]。对喷油嘴快速的开启和关闭以及最小喷油量的要求使压电晶体喷油器得到了发展。压电晶体喷油器针阀的开启与关闭速度是电磁阀式喷油器的两倍[5]。与电磁阀式喷油器相比，压电晶体喷油器有高的计量精度，特别是在小喷油量时，它能在极短的时间间隔中喷射很小的预喷油和过后喷油，稳定柴油机的燃烧，所以采用压电晶体喷油器的高压共轨燃油系统有改善柴油机颗粒物/NO_x 排放矛盾关系的潜力。在柴油机的运行区，优化的过后喷油量和对主喷油的补偿，能在柴油机原始 NO_x 排放不变的情况下，减少基准柴油机颗粒物排放 20%。根据喷油时刻和喷油量的不同，过后喷油会引起柴油机扭矩的波动。如果没有闭环控制，特别是扭矩不变的过后喷油变量，柴油机的扭矩管理是难以完成的。利用气缸压力的柴油机控制可以在非稳态运行工况下采用过后喷油而不会引起柴油机性能或声学问题[60]。此外，闭环精确控制的单次喷油量也有助于降低柴油机的 NO_x 排放[55]。

目前，能实现快速喷油响应的喷油器有电磁阀式和压电晶体式两种。日本电装公司开发出的第三代和第四代电磁阀喷油器在一个工作循环内的喷油次数为 7～9 次，预喷油与主喷油之间最小时间间隔为 0.2ms。第三代压电晶体喷油器在一个工作循环内的喷油次数为 7～9 次，预喷油与主喷油之间最小时间间隔为 0.1ms[52]。

为了满足严厉的柴油机/汽车排放标准，并提供有竞争力的比功率，柴油机需要能在大约 300℃下工作的多孔小孔径高效率喷油嘴。但在这个苛刻的周围环境下，低气穴水平的小孔径喷油嘴喷孔内容易产生结焦，导致喷孔水力半径的减小和流量损失。影响喷孔内结焦的因素主要有温度、燃油组成和喷油嘴几何形状。喷油嘴在大约 300℃的温度下结垢是由燃油热浓缩和裂解反应引起的。喷油嘴对结焦的敏感性通过气穴形成及气泡爆炸限值而受到喷孔几何形状的影响[61]。由于高压共轨燃油系统根据 ECU 发出的喷油时刻控制喷油持续期，在喷油脉宽时间长度不变的情况下喷孔水力半径的减小意味着实际喷油量的降低，导致柴油机功率的下降[5]。因此，必须要采取措施解决喷孔内的结焦问题。

4.3.3　喷油控制

喷油过程对柴油机燃烧和排放起着极其重要的作用。在喷油过程中，先期喷入柴油机气缸中的部分燃油以预混合气方式燃烧，其余的燃油将以扩散方式燃烧。预混合气燃烧速率很快；又发生在上止点附近，这部分燃气有最长的焰后反应时间和较高的燃气温度，容易生成 NO_x。如果参与预混合燃烧的燃油量增加，气缸内燃气的最高温度也随之增加，不仅会使预混合燃烧期内 NO_x 生成量增加，而且也会使扩散燃烧前期 NO_x 生成量增加。扩散燃烧则是柴油机颗粒物排放生成的主要原因。因此，缩短扩散燃烧阶段有助于降低柴油机的碳烟和颗粒物排放。喷油可以调控气缸内的温度，提高碳烟氧化区域的温度，促进燃烧过程中已经生成碳烟的氧化[8,62]。

1. 单次喷油

采用单次喷油的传统柴油机的典型放热率曲线有一个比喷油持续时间更长的放热过程，如图 4-10 中的虚线所示[63]。如果能把这个放热拖尾向上止点前移动，即缩短扩散燃烧阶段，则柴油机的热效率就会增加。同时，燃烧更加完善，柴油机的排放也会降低[31]。因此，促进燃烧后期的混合率有利于减少柴油机碳烟排放和燃油消耗。当然，高的后期湍流可能会促进稀释混合气的燃烧，使燃烧系统对 EGR 率的容忍度增大。

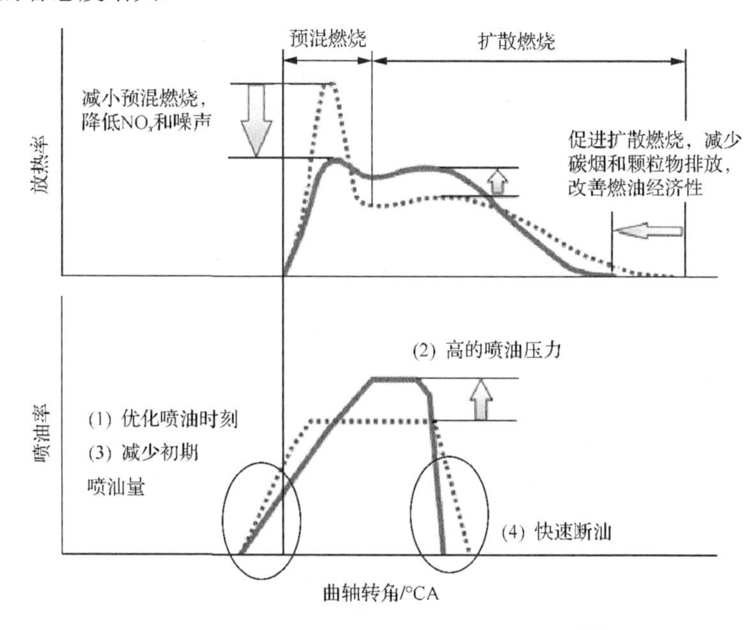

图 4-10　低排放柴油机的燃烧放热控制[63]

图 4-10 也给出了实现清洁高效燃烧时柴油机放热率的曲线(实线)。与传统的放热率曲线(虚线)相比，理想的放热率曲线是预混燃烧放热缓慢，而扩散燃烧快速，即先缓后急。这样，在相同喷油量下，通过减少预混合期燃烧的燃油量，降低柴油机的 NO_x 排放，并通过促进扩散燃烧，改善柴油机的燃油经济性，降低颗粒物排放。推迟高喷油率喷油器的喷油时刻，让燃烧刚好在上止点前发生是一种可行的方案。此时，几乎可以避免燃烧产物压缩而导致气体温度增加。高的喷油率能快速燃烧 50%的燃油，并能改善柴油机对高 EGR 率的容忍度[2]。

在着火前的预混合燃油量受到气缸内气流运动、充量密度以及喷雾形状的影响。气缸内充量密度又依赖于进气压力和喷油时刻。因此，要想实现理想的柴油机放热率曲线，必须要有与之相适应的喷油系统。

在单次喷油燃烧过程中，高动量的燃油贯穿到油束顶端的低温富油区，而且燃油连续不断地向富油区补充，因此，在富油区容易形成碳烟。在单次喷油情况下，柴油机的着火延迟期受到喷油率曲线斜率较大的影响。由于在低喷油率曲线斜率时着火延迟期长，所以柴油机的预混混合气比例大，初期放热速率快。在喷油率曲线上升斜率大时，这部分预混合燃油量就大于喷油率曲线上升斜率小的。在喷油率曲线斜率大时，柴油机的颗粒物排放低于喷油率曲线斜率小的，这是由于相对长的针阀节流时间引起靠近喷油孔处出现大量的预混浓混合气，导致高的初始碳烟生成率[64]。

改变柴油机负荷的方式有两种：一是改变喷油持续期；二是改变喷油压力。改变喷油持续期不但能改变喷入气缸内的燃油量，而且也改变了气缸内的燃油分布。长的喷油持续期会在油束的头部形成大范围的浓混合气区，导致碳烟生成。而在喷油持续期不变的情况下，提高喷油压力不但会改变气缸内的燃油分布，也会改变喷油期间的空气卷吸，从而改变反应射流结构[65]、燃空当量比分布和碳烟生成[66]。高的喷油压力还会增加火焰浮起长度和在浮起区的混合，抑制在混合控制的射流区碳烟的生成。

喷油时刻对柴油机燃烧时混合气燃空当量比、排放、燃油消耗和燃烧噪声有决定性的影响。喷油时刻与活塞在气缸中的位置相对应，这就决定了喷油时燃烧室内空气流动、空气密度和温度。因此，喷油时刻决定了柴油机气缸内混合气的混合程度，最终影响碳烟、NO_x、HC 和 CO 排放。

发动机压缩过程中的最高温度出现在上止点稍前一点的位置。如果着火时刻发生在上止点前较远的时刻，燃烧引起的压力急剧上升，就会增大活塞上行的阻力，并引起高的燃烧噪声。传热损失增大也会降低发动机的热效率。早的喷油时刻会增加燃烧室内的温度，引起 NO_x 排放增大，而 HC 排放减少。推迟喷油时刻，就会减少预混混合气燃烧，降低气缸内的最大压力升高率和燃烧最高温度，并减少 NO_x 排放。但由于此时参与扩散燃烧的燃油量增加，柴油机的颗粒物排放增加，燃油经济性下降。此外，推迟喷油时刻，燃烧室内的温度低，导致柴油机功率下降，HC 和 CO 排放增加。因此，燃油消耗、HC 排放以及碳烟和 NO_x 排放之间的矛盾关系需要折中，喷油时刻调整对特定发动机要有很强的适应能力。喷油时刻应根据柴油机的负荷、转速和温度进行动态改变。最佳喷油时刻需要综合考虑柴油机燃油消耗、排放和噪声水平。满足柴油机低燃油消耗的最佳着火始点在 0～8°CA BTDC[2]。

图 4-11～图 4-13 分别给出了 1400 r/min、50%负荷时喷油时刻和喷油持续期对一台 6 缸柴油机 BSFC、NO_x 和颗粒物排放的影响[2]。可以清楚地看出，在相同的喷油持续期下，随着喷油时刻的推迟，NO_x 排放显著减少，但颗粒物排放增加。在喷油始点不变时，增加喷油持续期，则柴油机的 NO_x 排放降低，但其燃油消耗和颗粒物排放均增加。可见，仅用推迟喷油时刻这种手段来改善柴油机 NO_x 排放

的潜力是有限的。

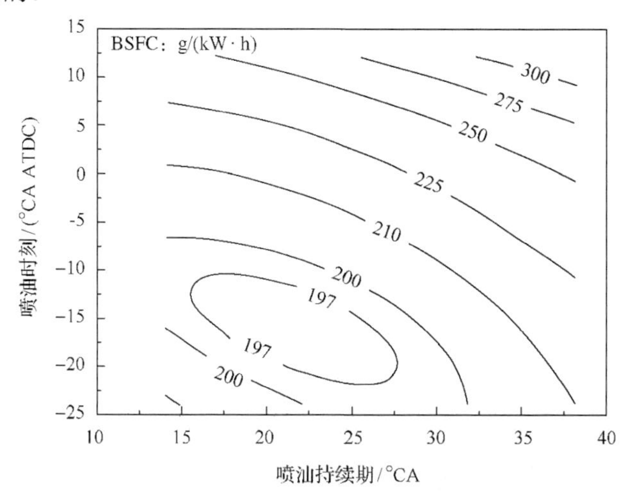

图 4-11　喷油时刻和持续期对燃油消耗的影响[2]

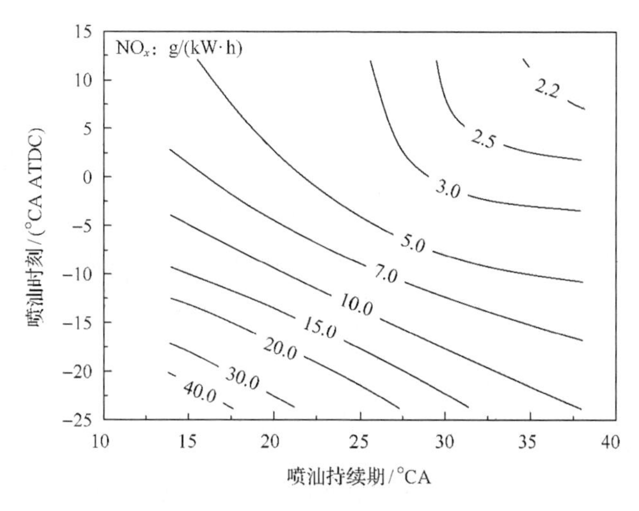

图 4-12　喷油时刻和持续期对 NO_x 排放的影响[2]

喷油时刻对柴油机颗粒物排放有复杂的影响。早的喷油时刻产生低的颗粒物和高的 NO_x 排放，而迟的喷油时刻会产生高的颗粒物和低的 NO_x 排放。实际上，如果大部分燃油在高温下燃烧，喷油提前就会增加气缸内的碳烟生成量，但由于喷油结束早，高温促进已经生成的碳烟氧化。气缸内碳烟的氧化程度是影响柴油机颗粒物排放量的决定性因素。图 4-14 给出了柴油机气缸内颗粒物生成率和排气中颗粒物浓度与单次喷油时刻间的关系[1]。可以看出，在气缸内最初生成的颗粒物随后又被氧化掉了，而且在不同喷油时刻下柴油机气缸内生成的颗粒物被氧化掉的分数也不同。

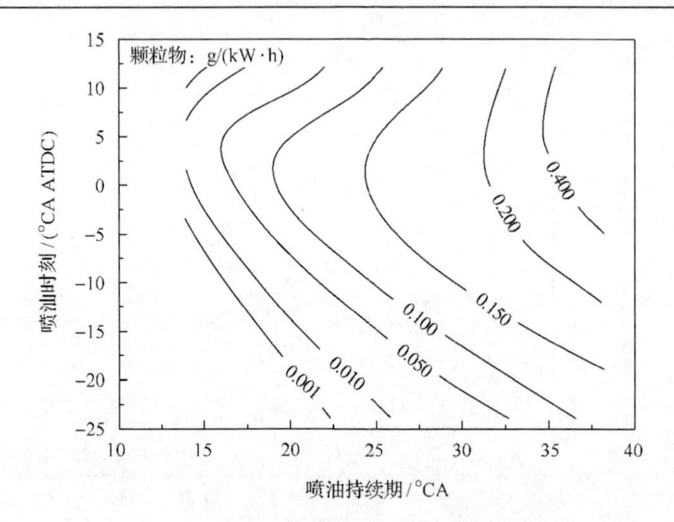

图 4-13　喷油时刻和持续期对颗粒物排放的影响[2]

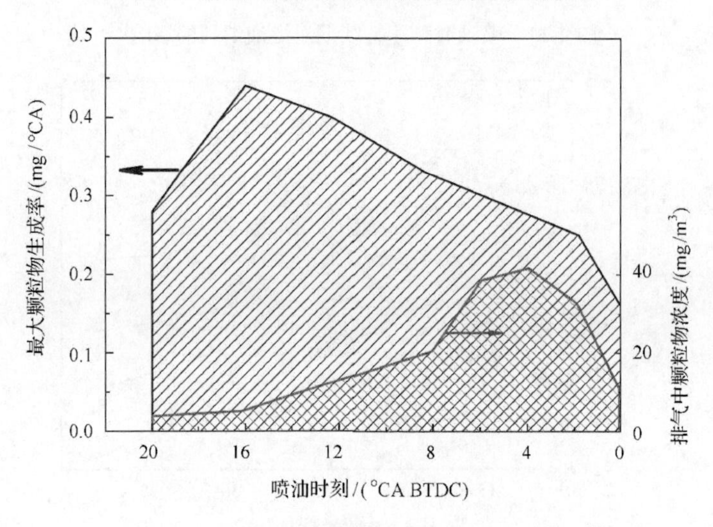

图 4-14　喷油时刻对柴油机颗粒物排放的影响[1]

←最大值边界

为了满足汽车/柴油机排放标准要求，喷油时刻应遵循如下原则[2]。

(1) 轿车直喷柴油机喷油时刻：在无负荷时为 2°CA BTDC～4°CA ATDC，在部分负荷时为 6°CA BTDC～4°CA ATDC，在全负荷时为 6～15°CA BTDC。

(2) 无 EGR 的商用直喷柴油机喷油时刻：在无负荷时为 4～12°CA BTDC，在全负荷时为 3～6°CA BTDC～2°CA ATDC。

(3) 当柴油机处于冷态时，轿车和商用车的喷油时刻要比上述的时刻早 3～10°CA。

(4) 当柴油机处于冷机时，提前喷油和/或预喷油，可以使蓝烟和白烟水平最低。

喷油持续期是一个影响柴油机燃烧和排放的参数。为了降低柴油机燃油消耗和排放，喷油持续期要根据运行点和喷油开始时刻来确定。在额定功率点，乘用车直喷柴油机的喷油持续期为 32～38°CA，商用直喷柴油机的喷油持续期为 25～36°CA[2]。

2. 多次喷油

随着燃油供给系统技术的发展，特别是高压共轨燃油系统的出现，柴油机燃烧放热率的控制有了新手段。多次喷油是一种促进气缸内燃油与空气混合的有效手段。先导喷油(pilot injection)或预喷油(pre-injection)能改变传统柴油机单次喷油形成的放热规律。在多次喷油策略下，在主喷油前的一个或多个先导喷油燃烧，加热主喷油前的燃烧室，缩短主喷油的着火延迟期[67,68]。短的着火延迟期减少了参与燃烧的主喷油形成的预混合气量，减少了最大压力升高率、最大爆发压力和噪声，同时降低了 NO_x 排放。但是，先导喷油往往导致柴油机颗粒物排放的增加[68]，因为在主喷油前的高温会减小主喷油油束的火焰浮起长度和空气卷吸率，而且有些卷吸的气体是先导喷油的燃烧产物。因此，应根据柴油机的负荷和转速，在主喷油前，用一个或多个先导喷油来控制预混混合气量，并通过多次喷油时刻的优化控制主喷油燃烧前气缸内的温度。在采用多次喷油方式时，柴油机的颗粒物排放会显著地降低，特别是优化了相邻两个喷油时刻和间隔，使前一次喷入的燃油燃烧时所形成的颗粒物不与随后喷射进来的燃油混合，并保证后一次喷入的燃油进入温度足够高的区域，既可以促进柴油机燃烧，又能降低它的颗粒物排放。但如果主喷油燃烧前的温度高，则着火延迟期缩短，预混燃油量减小，柴油机颗粒物排放就会增加。在气缸温度低时，先导喷油有更多的时间蒸发，在主喷油燃烧开始时就有大的预混燃烧，由此降低柴油机的颗粒物排放，但它会导致柴油机最大压力升高率的增大[64]。因此，喷射次数与柴油机的控制目标，如燃烧噪声和排放有关。为了解决 NO_x 排放和低燃烧噪声之间的矛盾关系，需要精确地控制预喷油与主喷油间的时间间隔和喷油量。

图 4-15 给出了柴油机多次喷油时序和喷油率曲线形状示意图。根据相对于主喷油的时刻和喷油量，将多次喷油分为先导喷油、主喷油和过后喷油几种。由于控制目标的不同，先导喷油可以是多次。第一次先导喷油时刻较早，在气缸内形成相对均匀的预混合气，进行低温燃烧。第二次先导喷油主要用于降低燃烧噪声。与主喷油相邻的紧凑耦合先导喷油，形成高活性的基团[69]，主要用于降低冷起动时柴油机的噪声和 NO_x 排放。如果在压缩阶段，有少量的先导燃油已经燃烧，则气缸内的压力和温度上升，为主喷油提供高温和高压环境，缩短主喷油的着火延迟期，并减少预混燃烧燃油比例，由此减少柴油机的燃烧噪声和 NO_x 排放。高的燃烧室温度有助于改善柴油机冷起动和低负荷时的燃烧稳定性，并减少 HC 和 CO

排放。目前，最小先导喷油量已低至 0.5mm³[58]。但如果这个先导喷油量过多，扩散燃油量和燃烧温度增高，则柴油机的颗粒物和 NO_x 排放均会增加。与主喷油相邻的先导喷油结束时刻和主喷油开始时刻间隔一般很短。对于轿车，这个角度为 5～15°CA；对于卡车，这个角度为 6～12°CA[2]。

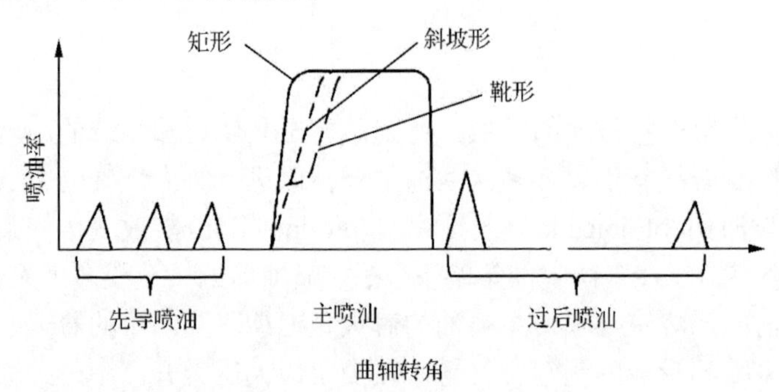

图 4-15　柴油机多次喷油时序示意图

图 4-16 给出了一台高速柴油机在 1200 r/min 和全负荷时，先导喷油对柴油机性能的影响[70]。可以看出，在先导喷油早于–40°CA ATDC 时，提前先导喷油时刻能增加平均指示有效压力(indicated mean effective pressure，IMEP)，并能降低噪声，因为在允许的烟度限制范围内，主喷油量能增加，但 HC 排放略有增加。当先导喷油迟于–40°CA ATDC 后，IMEP 低于无先导喷油的基准点，这是因为，为了限制烟度，必须要减少主喷油量。此外，在先导喷油迟于–20°CA ATDC 后，燃

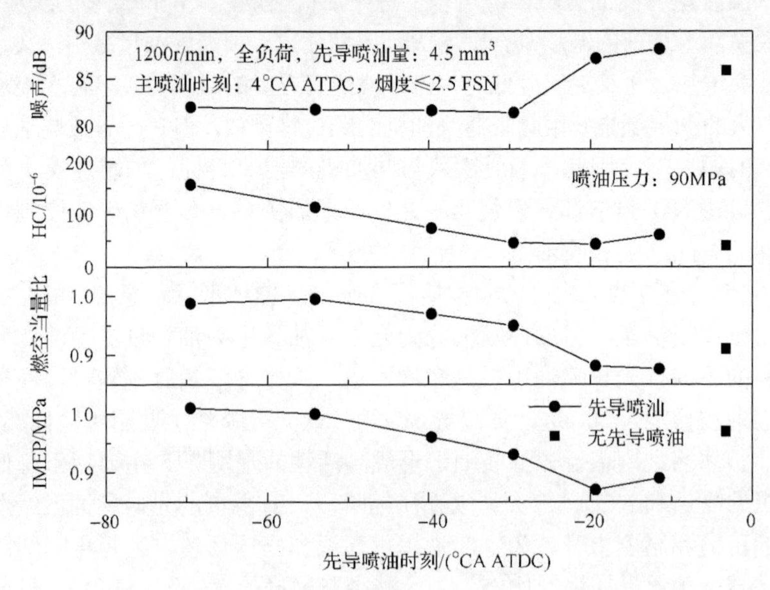

图 4-16　先导喷油时刻对柴油机全负荷时性能的影响[70]

烧噪声高于基准点。当先导喷油时刻在–55°CA ATDC 时，混合气的燃空当量比接近于 1。将早的先导喷油分成两个更小喷油量的喷油，还能进一步降低柴油机燃烧噪声。同时，由于黏附到气缸壁上燃油量的减少，它还能抑制柴油机 HC 排放和燃油消耗的增加。

图 4-17 给出了 1380 r/min、0.3MPa IMEP 的小负荷下，先导喷油时刻对柴油机排放的影响[70]。可以看出，随着先导喷油时刻的提前，柴油机 NO_x 排放减小。这个趋势一直持续到 50°CA BTDC。而先导喷油时刻离主喷油越近，烟度越高。先导喷油时刻提前，烟度会降到没有先导喷油的基准点时的烟度值。然而，在部分负荷时，使用先导喷油会使柴油机的 HC 排放和烟度增加。采用与主喷油时刻很近的先导喷油能减少 HC 和燃烧噪声。但为了抑制柴油机的 NO_x 排放，先导喷油量要小于 $1mm^3$。

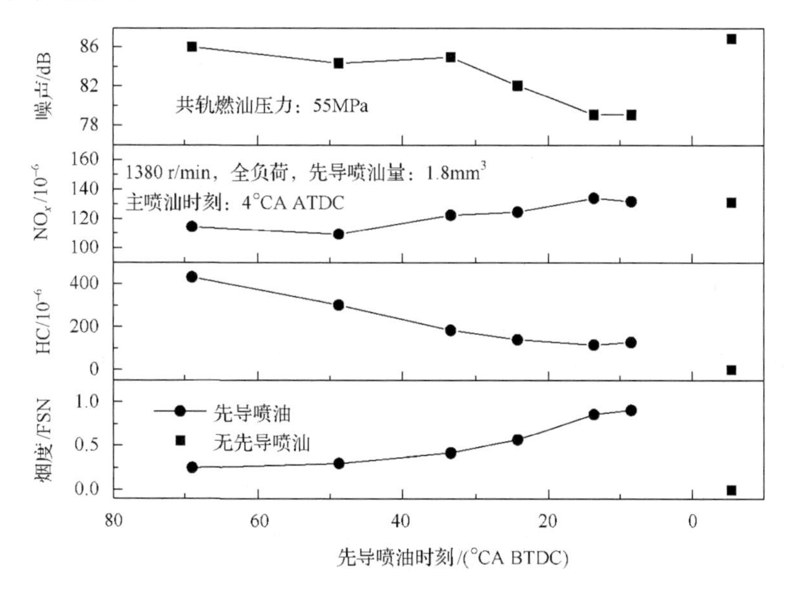

图 4-17　先导喷油时刻对柴油机部分负荷时排放的影响[70]

主喷油提供柴油机最大输出扭矩需要的能量。此时，采用高的喷油压力有助于降低颗粒物排放，并能改善其燃油经济性。主喷油结束时刻是影响高速和全负荷时柴油机烟度的重要因素，因为它决定燃烧结束及过后氧化持续期。图 4-18 给出了不同增压压力和气缸最大允许压力下柴油机在全负荷时的烟度[71]。图 4-18 中的最大气缸压力是柴油机所能承受的最大气缸压力。为了维持最大气缸压力，气缸承受压力低的柴油机只能推迟喷油时刻，导致主喷油结束时刻推迟，柴油机的碳烟增加。在高增压压力下，喷油时刻还要进一步地推迟，导致柴油机烟度的增加。在相同的增压压力下，提高最大气缸压力有助于降低柴油机碳烟排放。

主喷油的喷油率曲线形状可以通过控制喷油器针阀升程和喷油压力两种方式

来实现[51]。燃烧室内混合气的形成受到喷油率曲线形状的影响。初期喷油率低的喷油通过增加当地的过量空气系数促进碳烟氧化。同时，通过混合气形成和当地的温度来影响燃烧后期的碳烟氧化。

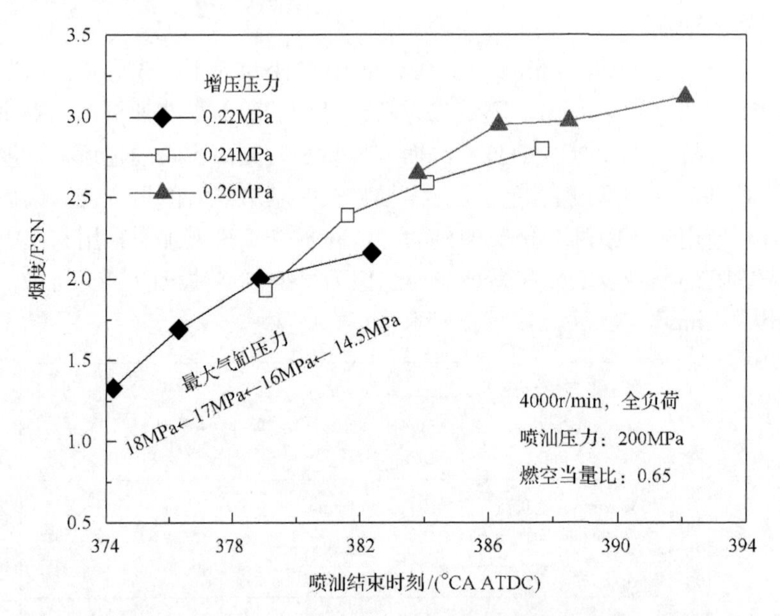

图 4-18　全负荷时喷油结束时刻对柴油机碳烟排放的影响[71]

实现相同喷油量有两种手段：一是在保证喷油持续期不变的情况下，提高喷油压力；二是在最大喷油压力不变的情况下，加长喷油持续时间，如图 4-19 所示。在最大喷油压力和喷油量相同的情况下，靴形台阶的增长推迟放热中心是在靴形台阶期间喷油量减少的结果。因此，靴形台阶初始高度低的喷油率曲线下的总喷油量低于靴形台阶下初始高度中等和高的喷油率曲线下的总喷油量，导致柴油机颗粒物和 CO 排放增加最大。可见，最佳的靴形台阶长度要根据柴油机的工况进行优化。斜坡形喷油率曲线采用中到大斜率有助于减少柴油机颗粒物和 CO 排放，

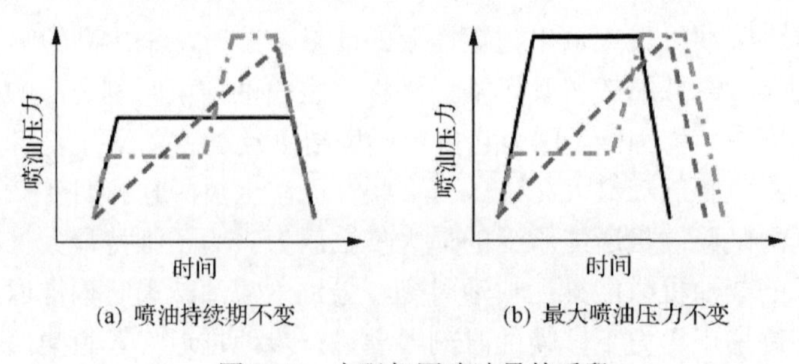

图 4-19　实现相同喷油量的手段

并减少其燃油消耗。而斜率小的斜坡形喷油率曲线因为燃烧中心的推迟而会使颗粒物和燃油消耗增加。因此，斜坡倾角也需要优化[72]。

在低或无 EGR 率的高负荷工况，主喷油率曲线形状较多地采用靴形，以减少初期的喷油率，降低柴油机的 NO_x、碳烟排放和燃烧噪声。在高 EGR 率情况下，采用矩形的喷油率曲线形状能降低柴油机的碳烟排放[2,5]。斜坡形喷油率曲线能有效地改善低速、部分负荷时柴油机的燃烧放热速率，减缓气缸压力上升率，有利于降低燃烧噪声[5]。在采用斜坡形喷油率曲线，特别是靴形喷油率曲线情况下，柴油机燃烧放热率比矩形喷油率曲线下的低。在喷油时刻和 EGR 率相同时，这就会降低 NO_x 排放和燃烧噪声，特别是在靴形喷油率曲线下，而不会对其他的排放或柴油机效率产生不利的影响[72]。但在全负荷时，需要用矩形的高喷油率曲线形状。此时，喷油持续时间短，喷油速度相近，可以充分利用气缸内的空气，实现柴油机高比功率输出。当然，因为在着火滞燃期，大量的燃油喷入气缸形成预混混合气，造成柴油机压力升高率的增大，噪声上升[5]。研究表明[59]，适当形状的靴形喷油率曲线能同时降低颗粒物和 NO_x 排放，满足柴油机汽车欧Ⅵ排放标准。

过后喷油是在主喷油后的一个或两个短的喷油，可以用过后喷油与主喷油结束的间隔时间或曲轴角度以及过后喷油持续时间来描述。主喷油后的第一个过后喷油是一种很有效的降低颗粒物排放的手段。它有助于改善柴油机空气利用率，降低主燃烧结束时的碳烟和“热”CO(它来自浓混合气燃烧，而不是来自稀混合气的淬熄)。因此，主喷油后的过后喷油有利于改善柴油机颗粒物/NO_x 排放的矛盾关系[64]。过后喷油释放的热量不能达到生成 NO_x 的温度。因为过后喷油对预混混合气量没有影响，所以它几乎不影响柴油机 NO_x 生成。与主喷油相邻的第一次过后喷油，通常在 10～20°CA ATDC，用于改善未完全燃烧产物与空气的混合，增加氧化温度，促进扩散燃烧。这样，过后喷油可以减少柴油机 20%～70%的碳烟排放[2]，而不影响燃油消耗。主喷油产生的碳烟越多，过后喷油对降低柴油机碳烟的作用就越明显。相对于主喷油有较大推迟的第二次过后喷油(在主喷油后 90～200°CA)没有燃烧，被排气中的残余热加热汽化，为排气系统中的氧化催化器提供 HC，增加排气温度，帮助排气系统下游的颗粒过滤器进行再生或为 NO_x 吸附催化器提供还原剂[73]，并能减少低温燃烧条件下柴油机的 HC 排放[74,75]。

尽管国际上已经进行了广泛的柴油机过后喷油研究，但对过后喷油降低柴油机碳烟的机理尚未达成一致。目前，主喷油后第一次过后喷油减少柴油机碳烟排放的原因大概有三种。一是过后喷油促进气缸内的混合，因为过后喷油产生的射流火焰把主喷油中残存的碳烟输运到挤流区，通过提高温度和促进与新鲜空气的混合，氧化掉气缸中已经生成的碳烟[70,76-87]。柴油机原始碳烟排放是气缸内生成与氧化平衡的结果，如图 4-14 所示。过后喷油除了直接与主喷油产生碳烟区作用，还与气缸内气流和表面作用，影响气缸内小尺度湍流和大尺度的气流运动，并最终影响柴油机碳烟的氧化。因此，过后喷油对湍流或缸内气流运动对混合受限的燃烧期间是重要的。如果过后喷油促进未燃残存产物与空气的混合，就能增加在主燃烧阶段生成的碳烟的氧化。过后喷油引起的燃油再分布在高 EGR 率情况下特别重要，因为在 O_2 有限的情况下，混合对碳烟氧化极其重要。二是过后喷油增加气缸内的温度，因为在过后喷油燃烧时，这些附加的放热引起气缸内温度的升高，促进在主喷油阶段产生的碳烟的氧化，减少柴油机原始碳烟排放[80,83,88-92]。三是喷油持续期的影响。有一些研究认为碳烟形成与每一个喷油持续期有关[93-97]。他们把碳烟减少归于过后喷油不产生碳烟和/或在缩短的主喷油中喷出的燃油生成的碳烟非线性地减小。这些现象最常发生在与主喷油相邻很近的过后喷油情况下。主喷油与过后喷油相隔的时间对减少原始碳烟排放的能力因柴油机不同而异。Hotta 等[70]发现，主喷油与过后喷油的相隔时间对减少柴油机原始碳烟排放的作用更大，因为气缸内混合的改善和温度的增加。此外，过后喷油的持续期也影响柴油机碳烟的氧化程度。但必须要考虑过后喷油对柴油机效率的不利影响。另外，高的过后喷油压力本身也能改变过后喷油与主喷油混合气的混合特性，改变过后喷油的效能。但在高的负荷下，过后喷油对减少碳烟的作用较小[98]。

EGR 是降低柴油机 NO_x 排放的有效措施，但使用 EGR 后，传统柴油机的碳烟排放会显著地增加，特别是在高 EGR 率时。利用 EGR 和过后喷油能同时减少柴油机的 NO_x 和碳烟排放。在各种 EGR 率下，过后喷油都能有效地降低柴油机的碳烟排放[99-101]。特别是在低温燃烧柴油机上，使用高 EGR 率(>40%)联合多次喷油提供了同时降低原始 NO_x 和颗粒物排放的可能性[101,102]。

第二代新奥迪 V6 TDI 柴油机用 3 次过后喷油来增加低负荷时的排气温度，以确保在所有的驾驶条件，包括起停工况下的安全和快速的碳烟烧尽。由于这个原因，使用了 2 次紧凑耦合过后喷油，而第三次过后喷油则是在氧化催化器中放热。满足欧Ⅴ排放标准的轿车用新 V6 TDI 2 级增压柴油机增强了喷油策略，如图 4-20 所示[24]。把以前的第三次过后喷油后移，并把以前的第三次过后喷油变成了 3 次过后喷油。这样，在颗粒过滤器再生时就出现了 8 次过后喷油。它的最显著优点是能在 2500r/min、低负荷下，确保碳烟能被烧掉。由于这款柴油机采用了 2 级增压系统，所以在起动后考虑了增压系统附加吸热量对催化器起燃特性的影响。为了有效地增加柴油机的排气温度，采用过后喷油来扩大膨胀过程中的燃烧。过后喷油也用于颗粒过滤器的再生。在冷起动后不久，燃烧稳定后，使用第一次过后喷油。在燃烧稳定性进一步变好后，使用第二次过后喷油。当下游的氧化催化器达到目标温度后，结束加热模式。

马自达 Skyactiv-D 1.5L 柴油机采用了压缩比为 14.8 的阶梯式蛋形燃烧室凹坑、喷孔长度短的 10 孔喷油器、最大燃油压力为 200MPa 的共轨系统。图 4-21 给出了这款柴油机的喷油控制策略和目的[42]。

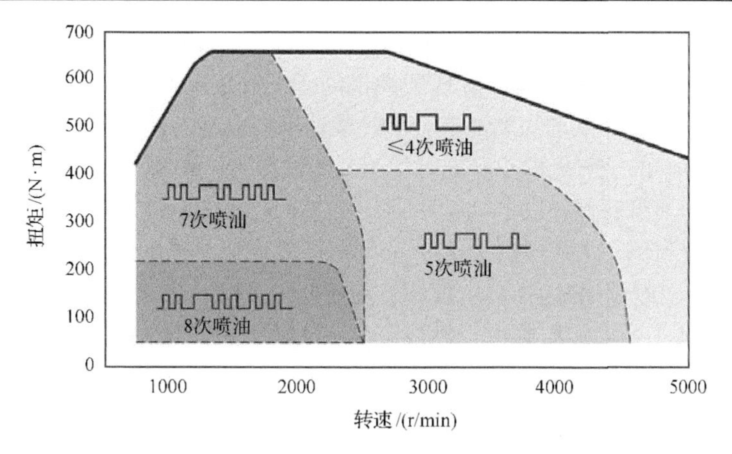

图 4-20　新奥迪 V6 TDI 柴油机的喷油策略[24]

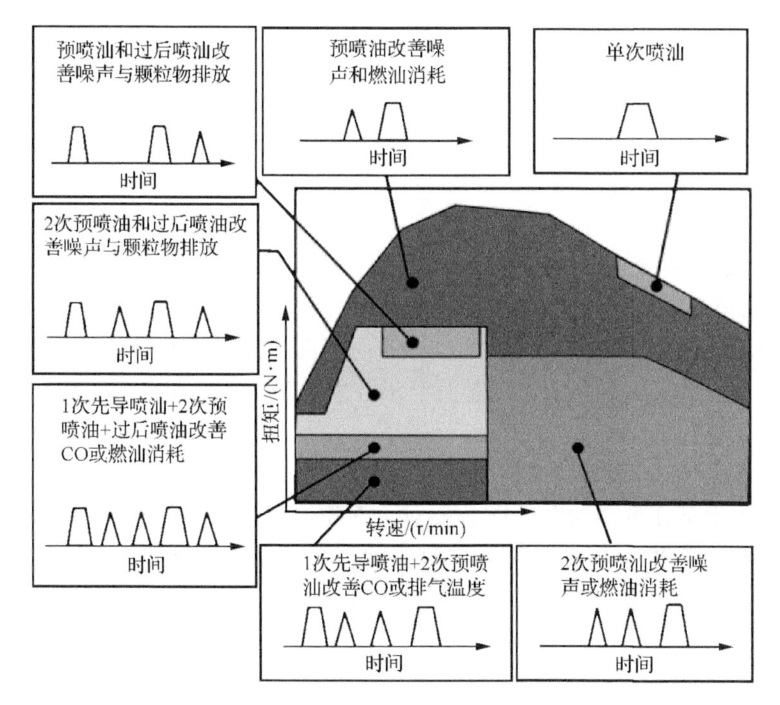

图 4-21　柴油机多次喷油控制策略[42]

4.3.4　喷油压力

喷油压力影响喷雾的贯穿度、燃油的雾化质量以及其在气缸内的分布，并最终影响柴油机的动力性、经济性和排放。对于一个特定的喷油器，提高喷油压力就会增大喷雾的贯穿能力。此外，提高喷油压力还可以增大它的喷油率，同时加快油滴破碎，降低燃油的 Santer 平均直径，改善雾化质量及其与空气的混合[103]，并增加燃烧室内的湍流强度。这在过渡工况中尤其重要。在相同的喷油压力下，使用高流量率的喷油器有助于降低柴油机的碳烟排放。在全负荷时利用高喷油压力代替增加喷孔直径来增加燃油流量率时柴油机有更好的性能，这主要是因为小孔径改善了喷雾中的空气卷吸率。同时使用高喷油压力、高增压压力和高最大气缸压力，可以使柴油机获得很高的比功率(85～90kW/L)和 0.9 的燃空当量比混合气[71]。

燃油与空气间的相对速度越高，空气的密度越大，雾化后的燃油滴径就越小。因此，喷油压力大小的选择必须要综合考虑进气涡流、压缩涡流和挤流强弱、燃烧室形状和尺寸等。一般来说，燃烧室中无涡流或弱涡流的直喷柴油机所要求的喷油压力要高于燃烧室中有涡流的直喷柴油机；增压柴油机的喷油压力要高于非增压柴油机。特别是在低速时，增压柴油机的 λ 小，提高喷油压力可以降低低速时的烟度；大中型柴油机的燃烧室容积大，需要大的喷油贯穿距离，因此，它所要求的喷油压力比小型柴油机高。目前，无涡流或弱涡流，中、低速强化柴油机的喷油压力已经超过 300MPa。超高喷油压力结合微孔喷油器能很有效地减少燃油与空气的混合时间，形成稀混合气[104]。

增加喷油压力、喷孔数和喷雾自由长度都能减少柴油机颗粒物排放和燃油消耗。推迟喷油时刻、降低涡流比和提高压缩比均能减小气缸内当地预混合燃烧和燃空当量比，降低柴油机的 NO_x 排放。只有采用小喷孔直径的喷油器才能同时减少 NO_x 和颗粒物排放，但单独地使用小孔径喷油器，由于喷油持续时间加长，燃油消耗反而升高[5]。所以，要考虑的最重要的因素是增加喷孔数、减少孔径，并使用低涡流进气。合理的喷油压力水平和对应的最小喷孔直径是限制条件[5]。

实际上，柴油机每一个工况都有其最佳的喷油压力。图 4-22 给出了一个最适合各种运转条件的喷油压力和策略例子[69]。可见，要想使柴油机清洁高效燃烧，需要对燃油系统和喷油策略进行优化。获得理想的柴油机扭矩和低碳烟排放的一个决定性因素是在低速全负荷时有相对高的喷油压力。由于低速时气缸内空气密度相对较低，喷油压力必须要限制以防止燃油沉积到气缸壁上。当柴油机的转速

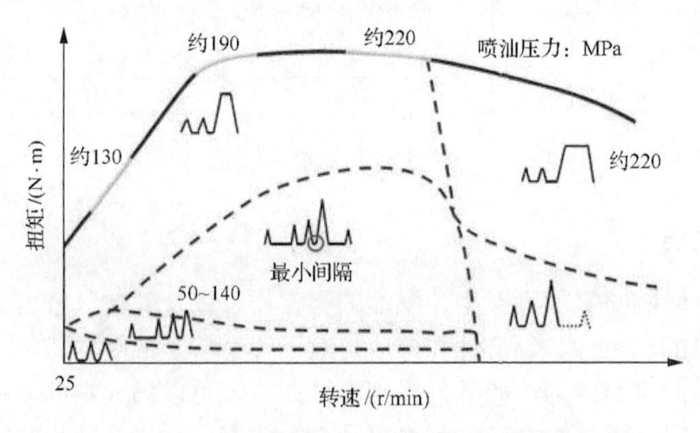

图 4-22　低排放柴油机的喷油控制策略[69]

高于 2000r/min 时，可以获得最大的增压空气压力，喷油压力可以提高到最大值[2]。为了获得理想的柴油机效率，燃油必须要在与柴油机转速相关的一个特定曲轴转角范围内喷入气缸。因此，在高速额定功率点时，需要采用高的喷油压力来缩短喷油持续期。

4.4　进 气 系 统

为了达到严格的汽车或重型柴油机排放标准中的 NO_x 限值，柴油机广泛地采用了 EGR 技术。因此，进气系统中流过的气体有新鲜空气和废气。这样，对进气系统中空气量和温度、EGR 率和温度的管理方式将影响柴油机气缸内混合气的燃烧过程，并最终决定柴油机的动力性、经济性与排放。进气系统设计和管理的主要目标就是提高充气效率，并能获得适当的进气涡流以及再循环废气的温度、分布均匀性和 EGR 率的动态调整。在高 EGR 率下实现柴油机充分燃烧也是满足颗粒物排放和降低燃油消耗的关键。因此，现代柴油机进气系统的控制与管理变得更加复杂，空气和 EGR 系统之间的匹配工作量更大。

4.4.1　气流运动组织

在影响柴油机性能的各种因素中，气缸内的气流运动占有十分重要的地位。适当强度的气流运动可以加速燃油与空气的混合，降低预燃混合气量，减少或消除燃烧室内混合气过浓或过稀及局部高温缺氧区，促进扩散燃烧，从而增加柴油机的 BMEP，降低燃油消耗、噪声和排放。

对于高速柴油机，需要采用一些特殊的措施来提高燃烧室内燃油与空气的相对速度，以改善可燃混合气的形成。进气涡流对柴油机燃烧的作用包括促进燃油与空气的混合、增加燃烧室壁面附近燃油的蒸发率和喷雾/涡流/挤流的相互作用。进气涡流能促进大尺度气流的发展，并把正在燃烧的燃油扩散到燃烧室，同时产生小尺度的湍流，在很短的时间里完成分子量级的燃油与空气混合[15]。因此，涡流能促进喷油后期和喷油结束后的燃烧放热率，由此允许碳烟更快地氧化并在膨胀初期维持高的气体温度。对于气缸直径较小的小型高速柴油机，在高压喷油过程中，不可避免地会发生燃油直接喷到燃烧室壁面的情况。因此，小型高速柴油机必须要组织一定强度的进气涡流。在上止点处的涡流水平是影响柴油机混合气形成和燃烧过程的决定性因素。它依赖于在进气门关闭时由进气道产生的涡流强度、压缩比和燃烧室凹坑内的气体转动惯量[22]。进入燃烧室内的涡流运动能减少喷雾贯穿距离，增大燃油蒸气沿径向扩散，由此增加空气与燃油的交换表面，改善空气与燃油的混合。但过度地增加涡流也有不利的影响，如高的传热损失、多孔喷油器不同油束间燃油蒸气的重叠。

增加燃烧室凹坑内涡流有两种方法：一是增加进气道产生的涡流强度，但这会使柴油机的充气效率下降；二是用减小燃烧室凹坑宽度/深度比来增加涡流比[23]。此外，在与进气道几何形状相适应的气门座圈周围火力面处加工倒角也能提高气门开启初期的涡流强度[22,105]。实际柴油机涡流比的大小需要权衡进气流量系数和充气效率、涡流和燃烧室形状、气缸直径和喷油系统的匹配，以获得适当的空气运动和利用率、好的贯穿度和混合，并控制喷雾撞壁和壁面油膜蒸发、适当平衡的高低速时涡流水平以及可接受的气缸冷却散热损失等因素[5]。图 4-23 给出了不同气缸直径柴油机的涡流比大小分布范围统计结果[5]。对于气缸直径较小的高速柴油机，喷油时间相对较短，喷油过程不能提供驱动燃烧后期混合的所有动能。为了促进轻型柴油机气缸内空气与燃油的混合，减少颗粒物排放，需要采用高的涡流和大的燃烧室 k 系数。此外，燃烧室凹坑直径也影响最优涡流比。当涡流压入活塞上的凹坑时，由于角动量守恒，进入凹坑中的气流旋转速度会增大。图 4-24 给出了一个缩口型燃烧室与环形燃烧室中相对涡流比(某一曲轴转角处的涡流/上止点处的涡流)的模拟结果[106]。可见，缩口型燃烧室在膨胀行程仍能维持较大的涡流强度，为降低柴油机排放提供了条件。但是大的燃烧室凹坑对涡流的增大效果低，因此需要高的涡流[36]。此外，随着喷油压力的提高，柴油机的颗粒物排放迅速下降。因此，高喷油压力的柴油机可以采用相对低的进气涡流。重型柴油机的气缸直径较大，可利用高压燃油喷射系统和多孔喷油器，改善燃油与空气的混合，并用降低进气涡流来减少流动损失，提高柴油机的扭矩和功率，同时改善其燃油经济性。其中，低进气涡流能提高充气系数，降低对进气系统、燃烧室的制造精度要求和生产成本。因此，重型柴油机的发展趋势是降低进气涡流比，增加喷油压力、喷孔数和燃烧室直径来满足排放与燃油经济性要求。

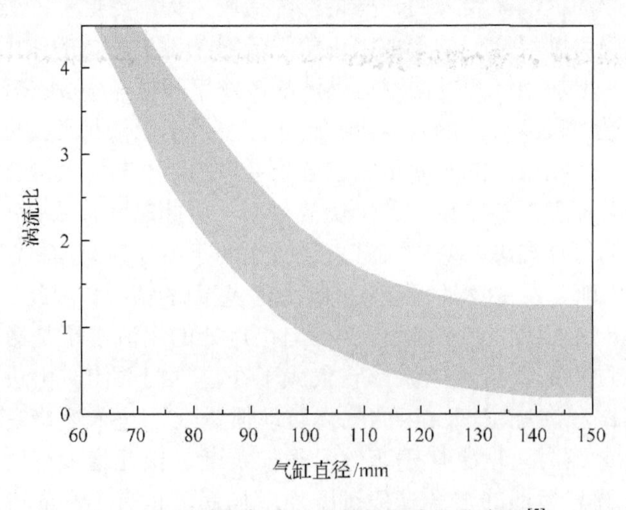

图 4-23　不同气缸直径柴油机涡流比分布带[5]

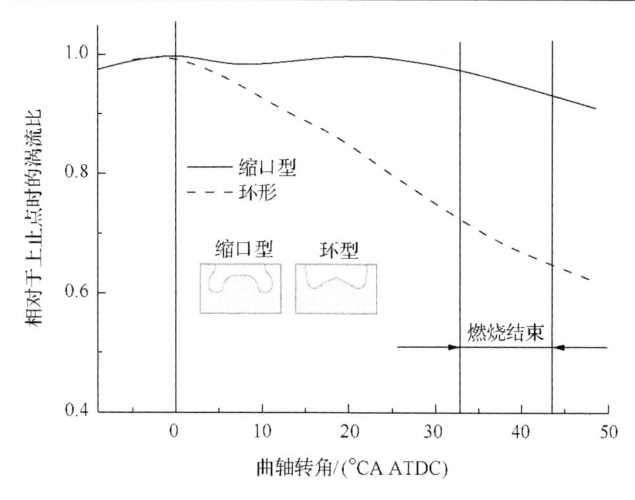

图 4-24 上止点后不同燃烧室内的涡流比[106]

实际上，同一台柴油机在部分负荷和全负荷时的最佳涡流比不同。这是因为，在全负荷时的目标是在降低柴油机颗粒物的同时获得最大的扭矩，而排气温度不能超过限值，以防止涡轮过热。但在全负荷时增加涡流，会使柴油机的功率降低，增加喷孔数又会进一步地恶化这个性能。在低速和低负荷区，进气流量不是最重要的，要解决的主要问题是柴油机排放。因此，常采用高的涡流来促进混合和碳烟氧化，降低碳烟排放[17,37,107]。最佳涡流比依赖于喷孔数，并随着喷孔数的增加而减小[22,108]。当喷孔数足够多时，全负荷时柴油机的碳烟排放对涡流不太敏感，使用单个水平的涡流比来优化部分负荷而全负荷时的性能不会显著地恶化[22]。为了兼顾在全负荷和部分负荷时柴油机的性能与排放，需要优化柴油机的涡流强度和喷孔数。喷孔数对柴油机 HC 和 CO 排放的影响取决于空气与燃油间的过度混合以及喷雾与壁面相互作用这两个物理过程的竞争结果[23]。如果燃烧室凹坑直径小，后一个影响起主导作用；如果燃烧室凹坑直径大，撞壁减少，只要混合不过度，增加混合率就有利于减小柴油机的 HC 和 CO 排放。

对于每一个气缸有 4 个气门的柴油机，将每一个气缸设计成独立分开的一个涡流气道和一个切向气道。在切向气道或切向气道总管入口处安装涡流控制阀。在柴油机需要高涡流时，通过改变涡流控制阀的开度来调节进入燃烧室的空气所产生的进气涡流强度。这个涡流叠加在气缸内已有的湍流上，当燃油喷入燃烧室后，就会立即影响在油束周围燃油蒸气的分散和混合。

通常，轻型汽车用柴油机进气系统产生的固定涡流比为 2～2.5；而装有涡流控制阀的进气系统能产生的涡流比为 1～4。其中，低涡流比是在两个气道全开时发生的。例如，宝马 330d 柴油机的涡流比可调范围为 0.38～1.1[57]。新奥迪 4.2L V8 TDI 柴油机的涡流比可调范围为 0.47～1.15[19]。本田 2.2L 乘用车柴油机采用总控制阀控制方式，其涡流比可调范围为 1.4～4，在不同工况下，这款本田柴油机涡流比控制阀的开度如图 4-25 所示[109]。可见，在低速和低负荷区，涡流控制阀关闭，以获得最大的涡流强度和最小的柴油机排放；在低速高负荷区，维持中等的涡流比以获得最好的燃油经济性和排放折中；而在高速和高负荷时，涡流控制阀全开。此时，涡流比最小，以获得最大的进气量。

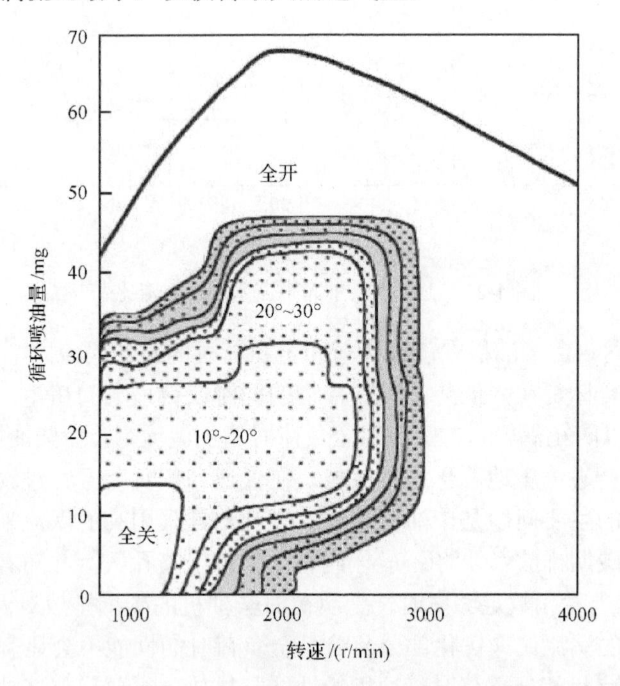

图 4-25　柴油机可变涡流比控制阀的开度[109]

促进循环后期混合的燃烧系统也可能更适合低温燃烧以及改善传统柴油机的运行。增加循环后期的混合率涉及在膨胀行程产生湍流。涡流可以实现这一目的，因为涡流与喷油相互作用，在燃烧室凹坑内产生高涡流和低涡流区，由此产生剪切力和湍流[110,111]。缩口型燃烧室在压缩过程中将周围空气移入凹坑内，产生挤流，进一步提高燃油与空气的相对速度。与涡流相比，挤流的优点是在喷油阶段(活塞向上止点运动)其强度增加，而在进气过程中产生的涡流在此时开始衰减。随着柴油机转速的提高，活塞头部的燃烧室凹坑的缩口和深度均增加，以增大挤流效果，并将涡流保持到膨胀行程[5]。因此，当柴油机的最高转速升高时，要充分利用这两种气流运动形式，以减少柴油机颗粒物。

图 4-26 给出了燃烧室凹坑内的气流运动发展。在压缩过程中，靠近气缸壁的气体涡流最高，而在气缸中心处的气体涡流最低。当活塞接近上止点时，在挤流区的气体被置换到燃烧室凹坑中。由于离心力的作用，燃烧室凹坑外侧仍然保持

高的涡流，而中心区还是低涡流流体。在喷油期间，气流的形式发生了改变。低涡流的气体被卷吸到喷雾中，移动到燃烧室凹坑的外侧。而高涡流气流则沿燃烧室底面由下向内运动。这样，高涡流气流停留在气缸中心附近[31]。高、低涡流区在燃烧室内的转移有三个主要作用[31]：一是不同切向速度的流体通过切向速度梯度和气流变形增加湍流的动能，在燃烧缓慢发生时，湍流能维持到膨胀行程；二是喷油产生了一个垂直的涡旋，把部分氧化的燃料沿着燃烧室底部向内输送到湍流区；三是二次涡旋把空气从燃烧室中心输送到湍流区，由此产生了湍流停滞平面，燃烧中间产物在扩散火焰中被氧化。

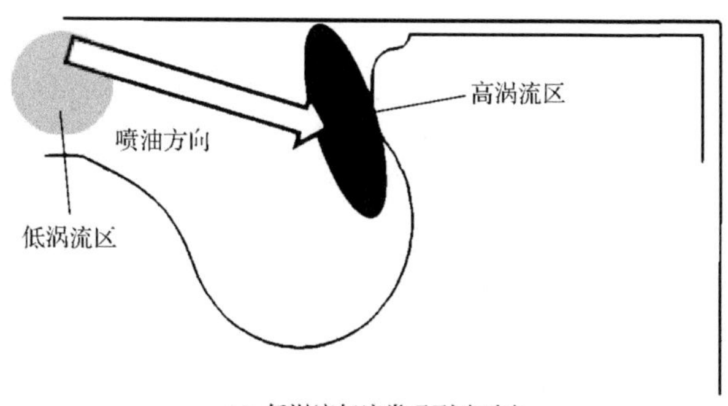

(a) 低涡流气流卷吸到喷雾中

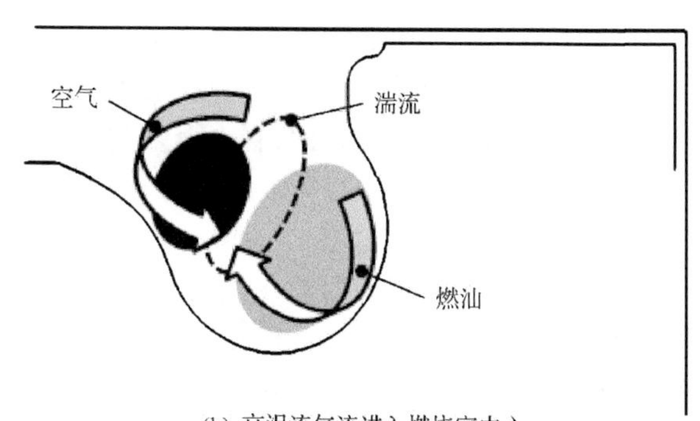

(b) 高涡流气流进入燃烧室中心

图 4-26　燃烧室凹坑内的气流运动的发展[31]

通过优化涡流比和喷孔数、减小燃烧室径/深比等手段提高空燃混合率，可以降低柴油机碳烟排放，特别是在高 EGR 率时更是如此，因为此时气缸内的氧含量低[23]。利用先进的涡流概念、EGR 控制、高压燃油和灵活的喷油及先进的燃烧室设计，欧Ⅳ排放标准汽车的 2L 基准柴油机通过小型强化将排量降到 1.6L，能分别降低柴油机 17%的 CO_2 排放、50%的 NO_x 和 10%的颗粒物排放[112]。

4.4.2　增压中冷技术

除了提高燃油系统的压力，柴油机要满足欧Ⅳ排放标准/欧Ⅴ排放标准，还需要采用涡轮增压中冷和高压 EGR 等技术。柴油机要满足欧Ⅵ排放标准，则还需要涡轮增压、2 级增压、高压或低压 EGR 等[55]。增压会增加气缸中的 O_2 质量，改变柴油机的燃烧和碳烟生成与氧化特性，从而影响柴油机的 NO_x 和颗粒物排放。

气缸中 NO_x 生成量受到燃烧室内当地温度、当地 O_2 浓度和滞留时间的共同影响。其中，对气缸内 NO_x 生成影响最大的是当地温度，而气缸压力对 NO_x 的生成影响较小。增压是提高柴油机功率密度和降低燃油消耗的手段。但增压柴油机的进气温度较高，导致燃烧温度升高，NO_x 排放上升，甚至用降低压缩比的方法也不能完全补偿增压发动机 NO_x 排放的增长趋势。随着转速的增加，增压柴油机的燃烧时间缩短，散热损失相对减少，火焰温度增加，必然导致 NO_x 排放的进一步增加。此外，增压柴油机的 λ 较大，O_2 充足也是 NO_x 增加的一个重要原因。因此，为了降低增压度较高柴油机的 NO_x 排放，必然要采用中冷。

增压中冷的作用就是降低进气温度、增加空气密度，从而提高柴油机的功率输出，并改善燃油经济性。中冷后，进气温度下降和混合气燃空当量比增大，可使柴油机的 NO_x 生成率下降，而燃空当量比的增大又会使柴油机的烟度减少，由此减少用推迟喷油时刻降低柴油机 NO_x 排放、修正喷油模式和 EGR 等时的颗粒物排放。但在低速低负荷运行时，如果中冷器冷却过度，则会使柴油机的着火延迟期拉长，燃烧恶化，导致 HC 排放激增。此外，增压柴油机的压缩比较低，在低速低负荷时的增压压力很小，使柴油机的着火滞燃期增长，HC 排放反而可能增加。因此，需要解决低压缩比增压中冷柴油机在低速低负荷时的 HC 排放问题。

柴油机对空气量的需求与功率呈正比，而增压器的供气量与发动机的功率呈指数关系增加。增压系统在柴油机低速时要能供给高压空气，并有快的响应特性，而在柴油机额定转速时，增压系统要能为柴油机提供足够高的进气压力，使其输出高的功率。

由于涡轮增压器叶轮材料和结构设计的不同，单级涡轮增压器的压比能达到3.4～4.5。对于采用单级涡轮增压的柴油机，在低速区运行时，增压压力下降，而在高速区运行时，增压器又会发生超速运转。此外，涡轮增压柴油机的加速性能差。因此，大多数单级增压发动机采用放气阀来解决这个矛盾。通过在高速和高负荷时放掉部分废气的方法让安装小直径叶轮的涡轮增压器在低速和高速时产生高的增压压力。然而，在高速/高负荷下旁通掉部分废气将不可避免地引起柴油机热效率的损失。为了改善增压柴油机的瞬态响应和加速性能，采用双涡壳涡轮结构和低转动惯量的涡轮转子，可以减少不同气缸排气时的相互干扰，增加增压压力和柴油机扭矩，并能降低柴油机在瞬态过程中的颗粒物排放。柴油机采用可变几何截面涡轮增压器的最大优点是在低速低负荷时，减小涡轮喷嘴开度，以提高增压空气的压力，而在高速时加大喷嘴开度，降低排气背压，产生所需的增压压力，由此提高柴油机的低速扭矩和瞬态响应，并改善其燃油经济性，降低颗粒物排放。与带放气阀涡轮增压器相比，可变几何涡轮增压器没有废气放气阀节流损失，能获得高的燃空当量比、高的低速最大扭矩以及响应快的加速性能，而不会在高速时出现大的泵气损失、低的排气压力以及在转速-负荷区中大的燃油消耗区。为了满足汽车柴油机在大的转速范围内对空气的要求，固定几何截面的涡轮增压器已经逐步被放气阀式或可变几何截面的涡轮增压器所替代。现在轻型汽车用柴油机通常用可变几何截面涡轮增压器。涡轮增压器也使高压 EGR 或低压 EGR 更容易实现。涡轮增压器、进气道和凸轮型线协同设计是在大的转速范围内满足空气流量需要的关键[5]。

增压压力大小对柴油机排放有很大的影响。图 4-27 给出了循环喷油量为 $30mm^3$，不同喷孔直径和增压压力下柴油机颗粒物和 NO_x 排放[113]。图 4-27 中，通过调整 EGR 率将 NO_x 控制在 1.7g/(kW·h)以内。可以看出，在增压压力为 0.14MPa 时，喷油器喷孔直径对柴油机 NO_x 和颗粒物排放的影响较小。但在增压压力为 0.19MPa 时，相同 NO_x 排放下，喷孔直径为 0.14mm 时柴油机的颗粒物排放小于喷孔直径为 0.12mm 时柴油机的颗粒物排放。这充分说明，在高背压环境，即高增压压力下，增大喷雾贯穿度对降低柴油机颗粒物排放的重要性，大的喷孔直径结合高的喷油压力能改善高增压压力下柴油机的排放。

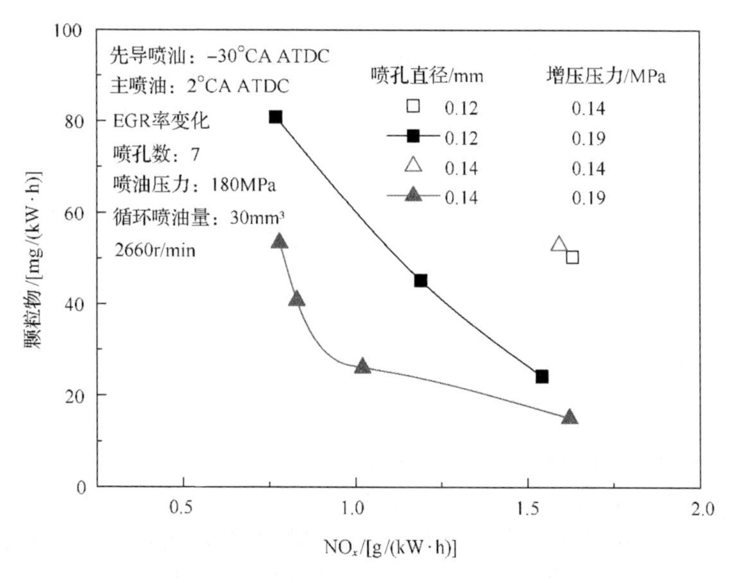

图 4-27　不同喷孔直径和增压压力下，柴油机 NO_x 和颗粒物排放[113]

图 4-28 给出了循环喷油量为 $40mm^3$，不同喷油压力下柴油机颗粒物排放[113]。

图 4-28 中，采用调整 EGR 率的方法来保持 NO_x 排放为 1.9g/(kW·h)。可以看出，在 0.145MPa 的增压压力下，柴油机颗粒物排放几乎不随喷油压力的变化而改变。但在 0.2MPa 的增压压力下，柴油机颗粒物排放随着喷油压力的增加而减少。因此，增压压力要与喷油压力协同控制，才能减少柴油机的颗粒物排放。随着喷油压力的增加 EGR 率增大，表明高喷油压力下柴油机更容易生成 NO_x 排放。在高负荷下，高的增压压力联合高喷油压力和高 EGR 率能同时有效地降低柴油机颗粒物和 NO_x 排放。

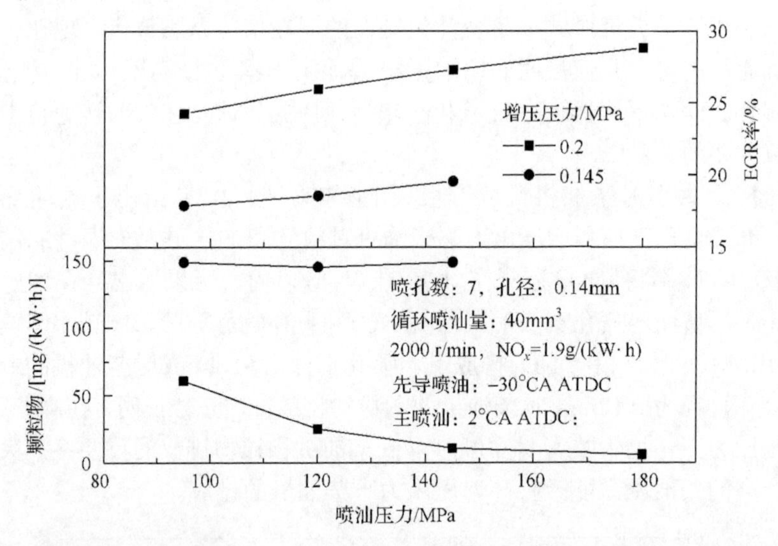

图 4-28　不同增压压力下，喷油压力对柴油机颗粒物排放的影响[113]

图 4-29 给出了不同增压压力下柴油机的排放变化趋势[113]。图 4-29 中，通过调整 EGR 率，维持柴油机颗粒物排放在 0.15g/(kW·h)附近。可以看出，随着增压压力的增加，EGR 率也增加，而由于进气中的 O_2 浓度下降，所以柴油机的 NO_x 排放下降。联合增压、高 EGR 率和高喷油压力，可以同时降低柴油机的 NO_x 和颗粒物排放。大喷孔直径喷油器需要联合高的喷油压力和高的增压压力才能改善柴油机的排放。高的喷油压力结合高的增压压力能改善高负荷下柴油机的排放。

在 NEDC 中，柴油机排放控制存在两个难点[114]：一是在很低的负荷区，大多数是在发动机暖机期间，BMEP 约低于 0.3MPa，存在 NO_x 与 HC 和 CO 排放的矛盾关系，这主要是由于用低温燃烧来降低柴油机 NO_x 排放导致 HC 和 CO 排放的上升，此外，管理低温燃烧和有充分高的排气温度来使后处理器获得高的效率特别困难；二是在较高的负荷，大约高于 0.5MPa BMEP 区，会存在 NO_x 与颗粒物和燃油消耗的矛盾关系。在高负荷驾驶循环下，必须要同时获得高 EGR 率和高燃空当量比以达到很低的 NO_x 排放与高的效率，并控制颗粒物排放，这就需要有

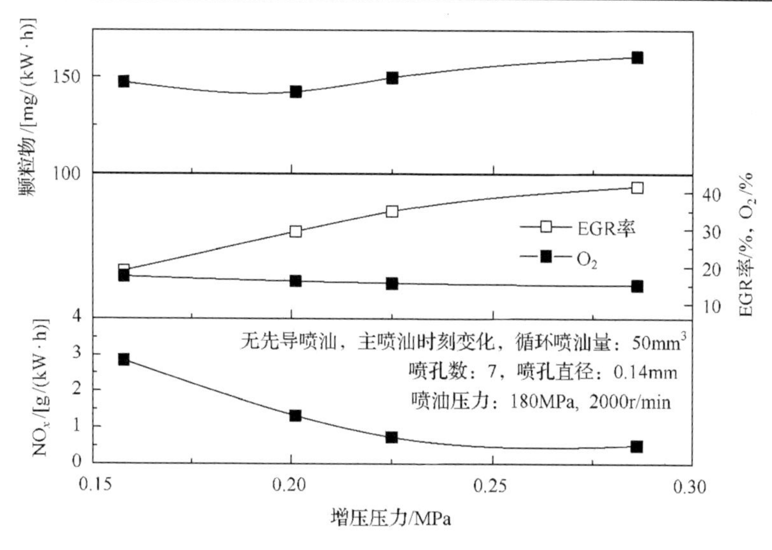

图 4-29　不同增压压力下柴油机的排放[113]

高的充气效率。当汽车排放标准由欧Ⅴ排放标准转变到欧Ⅵ排放标准时，主要目标是降低高负荷时柴油机的 NO_x 排放，因为在低负荷，欧Ⅴ排放标准柴油机的 NO_x 排放相当低。因此，在解决柴油机 NO_x 与颗粒和燃油消耗矛盾关系时，需要借助空气路径的改善来降低柴油机 NO_x 排放。当发动机转速降低时，获得高充气效率的困难增加。所以要借助较高转速时的 NO_x 排放降低。

尽管 2 级增压系统在成本、重量、管路布置和安装空间方面存在不足，但是它在进气和废气管理方面的灵活性比单级增压系统更好。这主要表现在[5]高的增压比、每级相对低的压比带来的高涡轮效率、级间中冷减少压气机充量的温度和压缩功，使压气机效率提高，在大的发动机转速、高的额定功率和最大扭矩范围内容易进行涡轮匹配。

2 级增压系统有大的阻塞阈值，因此它能改善柴油机的高原适应能力；小的高压级涡轮和低转动惯量，使柴油机的动态响应好。

2 级增压系统有不同的组合形式。其中，串联式 2 级增压系统不但在高速时能获得高的柴油机比功率，而且也能增加它在低速时的扭矩，改善汽车的动态响应特性。图 4-30 给出了串联式 2 级涡轮增压系统简图[115]。其中，高压涡轮增压器尺寸小，而低压涡轮增压器尺寸大。高压涡轮增压器在所有转速下均工作，而低压涡轮增压器只在中等到高速工况工作。从低速到高速，废气流过低压和高压涡轮，空气在低压和高压压气机中压缩。控制阀用于调节流入高压涡轮的废气量。放气阀用于控制流过低压涡轮多余的废气。高压与低压间的旁通阀用于控制进入中冷器的压缩空气流向。

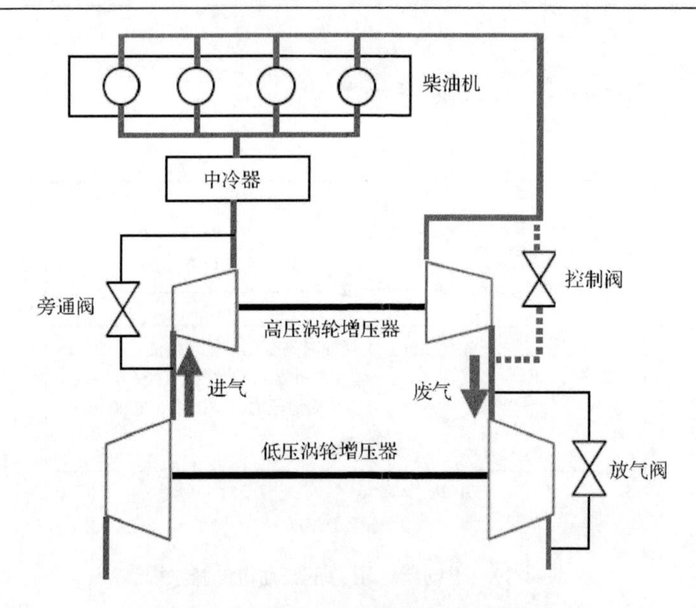

图 4-30　串联式 2 级涡轮增压系统简图

宝马公司是第一个将 2 级涡轮增压系统用于汽车柴油机的制造商。在 2004 年秋季，宝马公司的 535d 型乘用车开始安装配备了由德国博格华纳公司开发的双涡轮增压器的宝马 3L 直列 6 缸柴油机[116]。其中，小涡轮增压器用于提高低速增压响应，而在其他转速下断开；当柴油机转速增加时，小涡轮增压器被旁通。此时，大涡轮增压器独自在高速区工作。该柴油机的压缩比为 16.5，最大额定转速为 4500r/min。在此基础上，为了满足欧Ⅴ排放标准，采用了 180MPa 的共轨压电晶体喷油器，对其燃烧室进行了优化，安装了快速电热塞[117]。奥迪公司 V6 柴油机采用压缩比为 16 的燃烧系统、200MPa 的共轨压电喷油器和 2 级增压来满足欧Ⅴ排放标准[25]。

图 4-31 给出了新奥迪 3.0L 柴油机 2 级增压系统的匹配原则[24]。可见，在低于 2300r/min 的转速下，气动驱动的控制阀关闭，所有的废气通过高压级涡轮。自调节的压气机旁通阀也关闭。通过调节高压级的可变几何截面涡轮，改变增压压力，这样可以获得很好的低速响应。在 2300～3400r/min 的转速范围内，高压涡轮的控制阀部分开启，一部分排气从高压级涡轮旁通。这样，大的低压涡轮就获得了更多的排气以便预压缩进气。在转速超过 3400r/min 后，高压级涡轮控制阀全开，通过调节低压涡轮的放气阀来获得所需的增压压力。大的低压级涡轮能在大的转速范围内获得高的柴油机性能和功率输出。为了得到好的低速响应，流过高压级涡轮的气流量控制很重要。

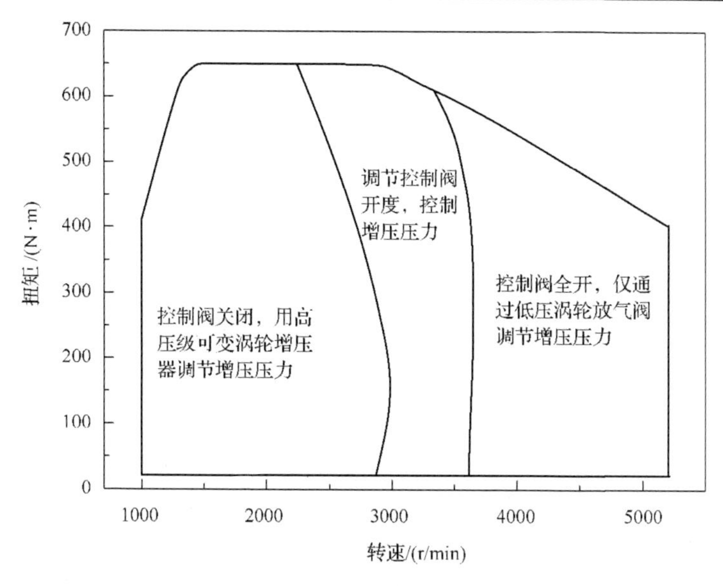

图 4-31　柴油机 2 级增压系统的匹配[24]

4.5　EGR

用 EGR 降低发动机 NO_x 排放的基本原理已经在第 2 章中作了介绍，在此不再赘述。本节主要介绍柴油机使用 EGR 系统时需要关心的问题。

汽油机和柴油机采用 EGR 时混合气的热力学特性随 EGR 率变化的趋势有所不同。在部分负荷时，使用理论燃空当量比混合气汽油机的燃空当量比不随 EGR 率变化，但进入气缸的气体总量随着 EGR 率的增加而上升，因此汽油机混合气的热容量也随之增加。而吸入柴油机气缸的进气容积总量不会发生变化。所以，随着 EGR 率的增加，柴油机混合气的燃空当量比减小，而热容量增加较小[118]。柴油机排气中 O_2 浓度高于汽油机，因此要想达到相同的 NO_x 排放水平，柴油机需要采用更大的 EGR 率[119]。

增压柴油机可以采用低压 EGR 系统和高压 EGR 系统实现 EGR。柴油机使用低压 EGR 系统的主要优点有[5,60,120,121]：①不依赖于增压压力大小，可以独立地调节 EGR 率，因此几乎在全部运行工况中都可以使用低压 EGR 来降低柴油机原始 NO_x 排放，而且在 λ 和 BSFC 不变时，在大部分运行工况下能获得高的 EGR 率；②废气在压气机和中冷器中混合，使多缸机各个气缸间的废气分布均匀，甚至在高 EGR 率下，也是如此；③在增压器或颗粒过滤器后取废气，所有的废气都通过了涡轮机，因此，废气的焓损失小，涡轮效率和过渡性能好、增压压力高、泵气损失低，而且不受 EGR 率的影响，在颗粒过滤器后取再循环废气，再循环废气更干净，没有 HC 和碳烟，不会在 EGR 冷却器中形成积碳；④废气经涡轮膨胀，温度降低，使用较小的 EGR 冷却器/更好地利用压气机中冷器的前端散热器能力就能达到进气温度的控制目标。

但柴油机使用低压 EGR 系统也有其缺点，主要表现在[2,60,120,121]：①在低速和低负荷时，可实现的 EGR 率低；②在使用高压 EGR 时，低压 EGR 率难以计量；③在压气机/进气管内会发生水冷凝现象，导致低压 EGR 系统的耐久性变差。

柴油机使用高压 EGR 系统的优点有[120,121]：①有成熟/开发的 EGR 系统技术；②有可利用的废气能量，因此在低速和低负荷时可实现高的 EGR 率。

柴油机使用高压 EGR 系统的缺点主要有[120-122]：①需要用进气节流阀来获得高 EGR 率；②废气在各缸的分布均匀性差，导致柴油机碳烟排放恶化；③涡轮速度低，动态响应不好；④在高负荷时，低的进气密度和增压压力导致 λ 降低；⑤在全负荷时，EGR 率受到 EGR 冷却和增压器能力的限制。

在传统高压 EGR 系统中，再循环废气中的成分不受影响，其中，未燃成分直接进入气缸。为了消除可燃成分对柴油机燃烧稳定性的影响，在高压 EGR 系统中引入氧化催化器。通过这种方法，可以扩大 EGR 应用范围，并能达到更低的 NO_x 排放[123]。

在一些高速变负荷工况下，当涡轮前的压力低于进气管时，通过降低进气节流阀开度来减少进气压力，限制新鲜空气的进入，扩大 EGR 运行范围。低压 EGR 系统通常安装一个进气节流阀来达到目标 EGR 率，以降低柴油机的 NO_x 排放。因此，需要在一些工况点下对低压 EGR 系统进行节流。虽然可以用进气节流或排气节流，但用进气节流来驱动低压 EGR 系统，将会导致压气机的进气质量流量的显著减少和柴油机燃油消耗的增加，而排气节流则会增大压气机的进气质量流量，增加涡轮机械效率，减小柴油机燃油消耗。因此，从减少系统控制的复杂性来说，排气节流比进气节流更受欢迎[124]。但是用进气节流更有效，因此进气节流也是至今为止成本最优的方案[125]。当然，采用主动进气节流，会增大泵气损失，增加柴油机的燃油消耗[5]。

与高压 EGR 系统相比，低压 EGR 系统能提供更低的进气温度，因此能更好地降低柴油机的 NO_x 排放。相反，仅使用高压 EGR 系统时柴油机的进气温度高，因此，需要使用比低压 EGR 系统更高的 EGR 率才能达到相同的柴油机 NO_x 排放水平[126]。此外，当高压 EGR 废气加入进气系统后，进气管中的气体温度升高，气体密度下降。这样，柴油机的效率损失很大一部分就来源于高 EGR 率和泵气损失的增加。随着柴油机转速和负荷的增加，这个问题更加严重。由于低压 EGR 系统要在大的空间内充满废气，所以在低速低负荷时，低压 EGR 系统的响应比高压 EGR 系统慢得多[60]，但在高速和高负荷时，由于排气与空气之间的压力差增大，所以低压 EGR 系统的响应得到改善[121]，并可以在大的柴油机工作范围内使用。此外，在高速和高负荷时采用低压 EGR 系统，还有更大的减少柴油机泵气损失的潜力[127]。低压 EGR 可以显著地增加混合气燃空当量比，并降低柴油机碳烟排放。但这并不是指在所有运行工况点下柴油机的燃油消耗最低，特别是当高质量排气流过 DPF 时，需要考虑到 DPF 再生次数的增加对柴油机油耗的不利影响。

对于低压 EGR 系统，在进、排气系统中安装了许多节流阀，泵气损失比传统高压 EGR 系统高[5]。图 4-32 对比了使用高、低压 EGR 系统时柴油机的泵气损失(pumping mean effective pressure，PMEP)[124]。可以看出，使用低压 EGR 系统在低进气 O_2 浓度下泵气损失小于采用高压 EGR 系统的泵气损失。

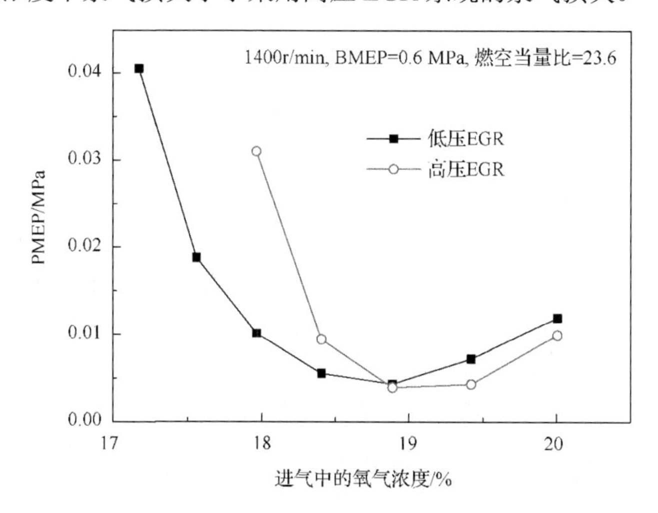

图 4-32　使用高、低压 EGR 系统时柴油机的泵气损失[124]

降低柴油机原始 NO_x 排放的最有效方法是维持最高的 EGR 率，同时有高的气缸充量。理想情况是在整个柴油机运行范围内，进气管中的气体温度要达到最低，在更高的负荷下增加着火延迟期，以实现预混或部分预混燃烧，同时降低柴油机的颗粒物排放。为了达到这个目标，需要使用带有冷却器的高压 EGR 系统及低压 EGR 系统[60]。

影响 EGR 冷却效率的主要因素是冷却介质的温度和废气流量率。在寒冷条件下或者在很低的负荷点，柴油机的废气温度已经很低，在高 EGR 率下，混合气燃烧不好，而且燃烧温度低，容易造成火焰前锋过早熄灭。如果再用冷却废气来降低 NO_x 排放必将导致柴油机燃烧不稳定，引起 HC 和 CO 排放的显著上升。为了避免水蒸气的冷凝和进一步地减少柴油机 HC 和 CO 排放，在暖机阶段和小负荷时，将再循环废气从 EGR 冷却器前旁通，即将热的 EGR 直接引入进气中，以提高燃烧室内的温度，避免失火，减少柴油机的原始 HC 和 CO 排放[57,128]。在冷起动阶段，氧化催化器还没有达到起燃温度，采用这种方式也可以帮助氧化催化器快速地达到它的工作温度[2]。

虽然 EGR 能有效地降低柴油机原始 NO_x 排放，但 EGR 系统要经受结垢和腐蚀等问题。结垢主要是排气中的颗粒物在 EGR 系统部件，如压气机、EGR 阀和中冷器上的积聚。如果在 EGR 冷却器内结垢，则其冷却效率就会下降。EGR 系统的腐蚀主要与排气中硫和氮的氧化物有关，特别是在发生冷凝时，这个问题更大[129]。因此，在 EGR 冷却器设计和在柴油机应用时需要重点考虑这些问题。

影响 EGR 系统结垢有两个主要因素[129]：一是特定大小颗粒物的沉积，它依赖于颗粒物大小和冷却器内部管路设计，二是排气与管壁间的温度梯度引起的热泳沉积。促进 EGR 冷却器结垢的因素有四个[129]：一是在冷却器入口处高的颗粒物数量或质量浓度；二是中冷器通道中有高的温度梯度；三是低的出口气体温度促进中冷器内部的冷凝；四是颗粒物中富含可溶性有机成分。

有两种减少 EGR 冷却器中沉积物的方法：一是避免 EGR 的温度低于露点温度以防止水凝结；二是尽可能地将排气冷却到露点温度以下，充分利用冷凝水的清洁作用。由于低温对柴油机低 NO_x 排放的重要性，已开发成的空冷 EGR 冷却器的冷却介质温度要尽可能低。但是，当被冷却的排气低于露点温度时，EGR 冷却器必须安装在 EGR 系统中的最高处[130]。此外，为了延长 EGR 系统的寿命，并保证在汽车整个寿命中有高的 EGR 冷却器传热效率，在 EGR 冷却器上游安装一个金属型部分流颗粒过滤器是 EGR 冷却器中减少结垢的一个可行的解决方案，以防止 EGR 中冷器被堵塞。

对于高压 EGR 冷却系统，EGR 冷却器结垢往往是 EGR 系统失效的主要因素之一。尽管结垢可能不会引起灾难性的后果，但它会显著地减小 EGR 冷却器在整个寿命中的传热效率，导致高的再循环废气温度和柴油机原始 NO_x 排放。虽然将 EGR 阀安装在中冷器后有利于缩短进气系统的响应时间，但它又会在 EGR 阀杆上形成积炭，导致 EGR 阀响应性能的恶化。如果把 EGR 阀安装在中冷器前，不但能降低 EGR 阀和涡轮入口间的容量，改善 EGR 系统的响应，而且还能解决油污问题[5]，加上进气管中 EGR 不均匀分布和电控 EGR 阀与传感器漂移，所以在实际使用过程中，EGR 率的控制精度和反馈管理与理想设定点存在一定的差别。

高压 EGR 系统不会出现低压 EGR 系统所面临的压气机耐久性、可靠性和中冷却器结垢等问题。在高速过渡工况下用高压 EGR 系统和内部 EGR 可以补偿低压 EGR 系统响应缓慢的缺点。柴油机同时采用高压和低压 EGR 系统，就能发挥不同 EGR 系统的优点。在外界温度很低时，通过增加高压 EGR 率，改善柴油机的燃烧稳定性。在负荷快速调整时，可以用高压 EGR 系统补偿低压 EGR

系统废气流过增压空气中冷器引起的时间延迟[60]。在低速和排气背压低时，为了维持足够高的 EGR 率，需要在低压 EGR 系统中安装一个排气节流阀。在低负荷时，常用高压 EGR 系统，而在很低的负荷时，有时将废气从 EGR 冷却器前旁通，直接引入进气，以提高进气温度和减少循环波动，尤其在低温燃烧时。在中、高负荷时，主要用低压 EGR 系统[5]。在高速高负荷和高 EGR 率下，高压 EGR 系统通常要比低压 EGR 系统好得多，因为前者的涡轮功率和泵气损失低。在低速低负荷或低 EGR 率时，如果压气机能在高效区运行，则低压 EGR 系统更好。高、低压 EGR 系统的联合使用能提供最低的柴油机泵气损失，但是存在设计复杂和成本高这类问题[5]。

使用 EGR 后，柴油机的颗粒物排放增加。为了满足使用 EGR 系统的柴油机性能要求，必须要对 EGR 率进行控制，即根据柴油机的负荷、转速和进气量，按照预先设定的脉谱图，自动调整 EGR 阀升程，决定 EGR 率，以解决柴油机颗粒物与 NO_x 排放控制间的矛盾关系。高压 EGR 系统就是从涡轮入口上游取废气，通过混合器后进入进气总管。这样，EGR 量就依赖于排气与进气间的压力差和 EGR 阀的开启位置。由于燃油消耗与 EGR 率是相互独立的，恒定的 EGR 率只有在柴油机稳态运转时才能实现。此外，再循环废气通过 EGR 阀开启时刻、EGR 环路的压差、EGR 的冷却效率、缸内混合气燃烧效率和进排气温度等影响柴油机的工作稳定性。在大部分工况下，轿车柴油机上的进排气压力差能提供控制排放所需要的 EGR 率，只有在小负荷时，需要借助进气节流来提供充足的 EGR 率。轿车上的 EGR 控制主要是根据测量出的空气流量和 λ 闭环控制来进行精确计量。卡车柴油机需要借助可变几何截面增压器、文丘里管或阀门等措施实现 EGR 的调节，因为与排放测试相关的范围向大负荷和改善涡轮效率方向拓展。由于排气温度高，并且含有大比例的污染物，精确计量再循环废气流量是困难的。因此，只能用间接的方法推测排气流量。为此，通过新鲜空气流过空气流量计的信号输出，对比存储在 ECU 中的理论空气量，测出的空气流量与理论需要的空气量越低，再循环废气的比例就越高[2]。低压 EGR 和高压 EGR 的开环与闭环控制需要根据柴油机的转速及负荷来确定。对于重型柴油机，即使使用 EGR，也需要增加增压压力来维持充足的新鲜空气和过量的空气系数。由于存在结垢现象，高压 EGR 冷却器的能力要足够高。在低速高负荷，进排气压力差不足以驱动 EGR 时，需要采取措施，如使用小涡轮截面的涡轮、利用进气节流阀降低进气管压力和在再循环废气入口处使用文丘里管等。当然，在进排气压力差增加的同时，柴油机的泵气损失也要增大[5]。

为了满足美国轻型车第二阶段第二级(Tier 2 Bin 2)排放标准，柴油机需要采用高的 EGR 率来降低 NO_x 排放。康明斯公司的 ATLAS 2.8L 柴油机采用高压+低压 EGR 复合系统，如图 4-33 所示[124]。在怠速和暖机阶段用热的高压 EGR。低压

EGR 用于中到高负荷区以维持高的涡轮效率。而在最大扭矩区，使用高压 EGR 以减少柴油机原始 NO_x 排放。低压 EGR 仍然可以作为可选项在最大扭矩线附近使用，但需要仔细地管理，不允许超过涡轮增压器和中冷器的耐热极限。

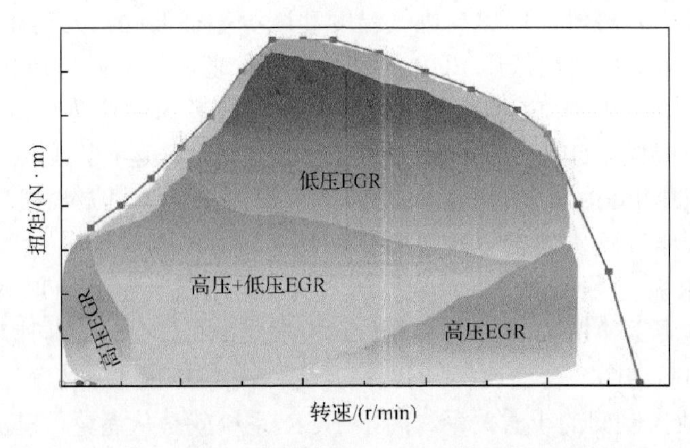

图 4-33　柴油机高压+低压 EGR 系统的组合[124]

影响低压 EGR 和高压 EGR 系统废气比例的主要因素是使换气损失最低的涡轮增压器效率。图 4-34 和图 4-35 分别给出了一台装有压缩比为 16、排量为 2.96L 的 6 缸柴油机轻型汽车在 NEDC 下，高压+低压 EGR 系统的 EGR 分配比例及其对柴油机燃油经济性的改善作用[121]。图 4-35 中，颜色越深的地方，燃油经济性改善的幅度越大。可以看出，与高压 EGR 系统相比，在中等转速和负荷区，柴油机使用高压+低压 EGR 系统能更大地改善燃油经济性。

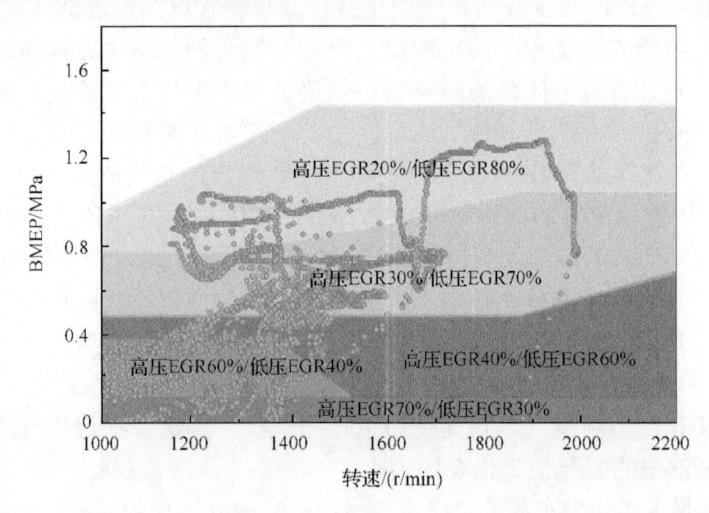

图 4-34　在 NEDC 下，柴油机使用高压+低压 EGR 系统时的 EGR 分配比例[121]

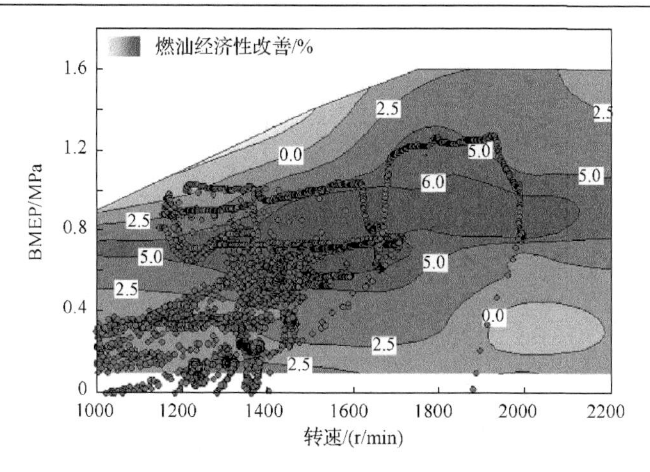

图 4-35　与高压 EGR 系统相比，在 NEDC 下，柴油机使用高压+低压 EGR 系统时燃油经济性的改善程度[121]

大众汽车公司在 2.0L 和 1.6L TDI 柴油机上采用不冷却的特殊高压 EGR 结合冷却的低压 EGR 系统，VVT 和 200MPa 的喷油系统等机内措施满足欧Ⅵ排放标准[131]。在一台排量为 10.5L 的柴油机上，采用 200MPa 的喷油压力、低压+高压 EGR、VVT、30MPa 最大爆发压力、可变涡流和先进的燃烧室等措施满足 0.2g/(kW·h)原始 NO_x 排放，并借助 DPF，在 JR05 日本重型车过渡测试循环中能达到 0.8g/(kW·h) NO_x 排放[122]，这就允许柴油机使用稀燃 NO_x 催化器了。

在 EGR 阀关闭后的加速过程中，经过短暂的延迟，必须用进气吹出残留的废气后，才能提高喷油率。然而，进气管容积大，随着负荷的增加，导致了不能接受的柴油机响应滞后[132]。因此，需要高压力和瞬态响应好的增压系统。2 级增压系统是解决这个问题的一个方案，如图 4-36 所示。其中，低压 EGR 在 DPF 后取清洁的再循环废气。通过把两个不同大小的压气机串联在一起，就能优化两个增压器的脉谱，大大地扩大了可用的压气机运行范围，并获得高的增压压力。在低速低废气流量时，将高压涡轮的废气旁通阀关闭，让全部废气流过高压涡轮。在高速、废气流量增加时，废气旁通阀开始开启，这样，越来越多的废气在低压涡轮中膨胀。为了降低流过高压 EGR 系统中的高温废气对进气的加热，在高压 EGR 系统中安装了中冷器，对再循环废气进行冷却。在 2 级增压系统中，低压压气机的入口在比大气压力略低的进气条件下工作。因此，低压 EGR 能获得高的 EGR 率，同时能改善柴油机的耐久性。最常用的布置形式是从 DPF 下游把废气引入压气机入口，其主要优点是流过低压 EGR 阀的废气比流过高压 EGR 阀的废气干净、温度低，并能与空气均匀混合。对于低压 EGR 系统，压气机进口温度的增加引起压气机的压缩功增大。同样，不能让压气机的出口温度高于许用极限。因此，在 DPF 与压气机入口间安装一个 EGR 冷却器。

此外，在低压 EGR 系统中也要安装排气节流阀，以提高排气压力，增大 EGR 率。低压 EGR 系统的流动损失要尽可能低，否则会导致柴油机泵气损失的大幅增加。由于所有的废气都通过了涡轮，所以低压涡轮的效率较高。

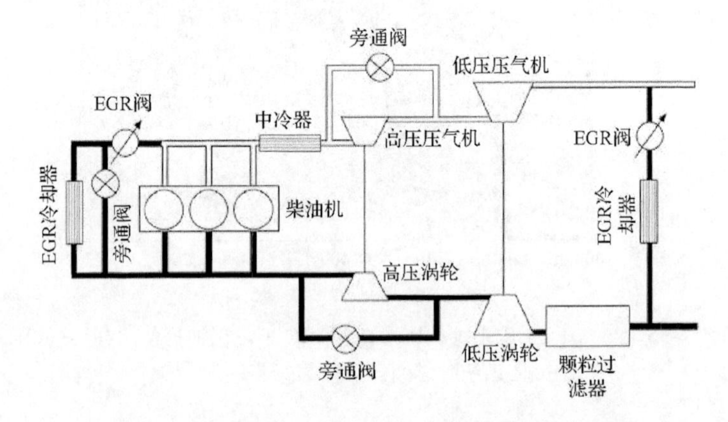

图 4-36　2 级增压柴油机中高、低压 EGR 系统的布置

柴油机原始 NO_x 排放要达到欧Ⅵ排放标准/美国非道路柴油机 Tier 4Final 限值，需要 EGR 率大于 40%。为了维持在 30kW/L 时 λ=1.5，增压压力要达到 0.5MPa。但是高的增压压力和气缸充量密度必然会导致喷雾贯穿度的下降和空气利用率的下降。图 4-37 给出了在 NO_x 排放为 0.4g/(kW·h)，不同 EGR 率条件下，高压喷油压力在降低重型柴油机碳烟和燃油消耗方面的作用[55]。可见，将喷油压力增加到 300MPa，有助于增加喷雾贯穿度和空气利用率，使在 EGR 率为 45%时柴油机的碳烟排放减少。

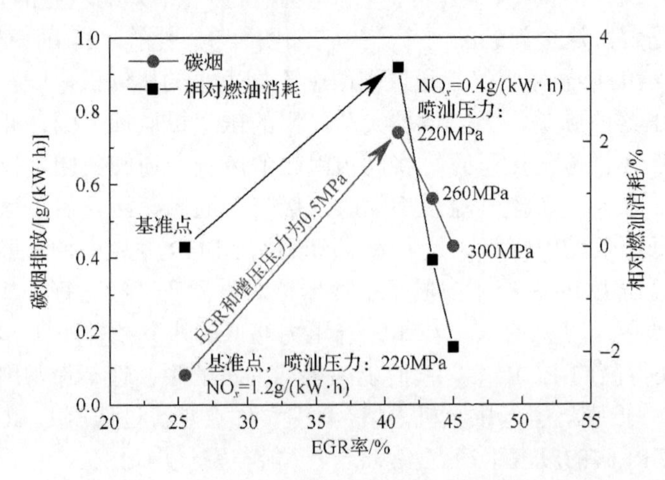

图 4-37　在高 EGR 率下，重型柴油机喷油压力对碳烟排放和燃油消耗的影响[55]

要想使功率大于 300 kW 的重型柴油机满足不同排放标准，需要采用表 4-4 所示的技术方案[133]。

表 4-4　300 kW 以上重型柴油机满足不同排放所采用的技术[133]

技术＼法规	US2007	US2010	欧Ⅵ排放标准	Tier 4A 非道路(安装了 DPF)
涡轮增压器	1 级和 2 级增压，增压压力达 0.45MPa	2 级增压	2 级增压	1 级和 2 级增压
全负荷 EGR 率/%	25	达到 35	25	约 15
最大爆发压力/MPa	19～21	22～25	22	18～21
喷油压力/MPa	220(泵喷嘴)	250(共轨)	＞220(共轨)	200(共轨)

4.6　柴 油 特 性

与汽油相比，柴油是一种馏程温度高、黏度大和挥发性差的燃料。影响柴油机排放的主要燃料特性有硫含量、十六烷值、多环芳香烃、密度和挥发性。其中，硫含量和 H/C 比影响碳烟生成。烃类生成碳烟可能性按下列顺序逐步增加：烷烃＜环烷烃＜烯烃＜芳香烃。此外，燃料中的硫含量是影响催化器寿命的重要成分，而且碳烟生成量正比于柴油中的硫含量。随着柴油中硫含量的增加，硫酸盐在颗粒物中所占的比例加大[134]。

表 4-5 给出了柴油特性对轻型汽车用柴油机和重型柴油机排放的影响[135]。

表 4-5　柴油特性对轻型汽车用柴油机和重型柴油机排放的影响[135]

柴油特性	欧Ⅰ排放标准	欧Ⅱ排放标准	欧Ⅲ排放标准	欧Ⅳ排放标准	欧Ⅴ排放标准/Ⅵ	备注
硫↑	SO_2和颗粒物↑	如果使用氧化催化器，则 SO_2、SO_3和颗粒物↑		如果安装了颗粒过滤器，硫含量最大为 50×10^{-6}，$10\sim15\times10^{-6}$ 更好		如果使用了 NO_x 吸附催化器，柴油中的硫小于 10×10^{-6}，需要润滑添加剂
十六烷值↑	低的 CO、HC、苯、1,3-丁二烯、甲醛和乙醛					低十六烷值柴油产生高的白烟
密度↓	轻型汽车柴油机：颗粒物、HC、CO、甲醛、乙醛和苯↓，NO_x↑；重型柴油机：HC 和 CO↑，NO_x↓					—
95%馏程温度从 370°降到 325℃	轻型汽车柴油机：NO_x 和 HC↑，颗粒物和 CO↓；重型柴油机：NO_x 略有下降，HC↑					对于重型柴油机，在 370℃有太多份额不能挥发的柴油，导致烟度和颗粒物增加
多环芳香烃↓	轻型汽车柴油机：NO_x、颗粒物、甲醛和乙醛↓，HC、CO 和苯↑；重型柴油机：NO_x、颗粒物和 HC↓					有的研究发现总芳香烃对轻型汽车用柴油机排放的影响与多环芳香烃相似，而对于重型柴油机，总芳香烃量是重要的

注：↑表示上升，↓表示下降。

为了减少柴油机 NO_x 和颗粒物排放，对柴油特性有如下要求[136]：①低硫含量，以改善后处理器的性能和耐久性；②低 90%馏程温度，以减少由重质成分生成的颗粒物；③低芳香烃含量，以降低由芳香烃产生的颗粒物；④保持最优的十六烷值，以形成适量的预混混合气。

欧洲联盟对柴油中的硫含量和十六烷值有明确的规定，具体的实施时间和限值如下[137]。

1994 年 10 月：最大含硫质量为 0.2%，最小十六烷值为 49。

1996 年 10 月：最大含硫质量为 500×10^{-6}。

2000 年 1 月：最大含硫质量为 350×10^{-6}，十六烷值为 51。

2005 年 1 月：最大含硫质量为 50×10^{-6}。

2009 年 1 月：最大含硫质量为 10×10^{-6}。

4.7　柴油机冷起动

在冷起动，特别是低温起动时，进气温度和燃烧室壁温都很低。由于起动时马达倒拖转速低，并且活塞环缺少润滑油膜的密封，所以柴油机气缸泄漏量大，使压缩过程中气缸内的温度和压力下降，导致燃油不能完全蒸发，混合气形成质量变差，柴油机起动性恶化。气缸内最大温度的下降和着火延迟期的增大是柴油机冷起动恶化的主要原因。对于低压缩比柴油机，冷起动时，特别是在–20℃以下的温度下，柴油机着火更加困难[138]。要想可靠地起动柴油机，在压缩行程结束时气缸内被压缩的空气温度必须大于 400℃[139]。

柴油机的冷起动性能依赖于燃料特性、润滑油、燃烧系统几何形状和喷油策略等。其中，燃料特性在起动、暖机和驾驶性方面起着重要的作用，因为燃料的组成、密度、挥发性、黏度、冷滤点、浊点和十六烷值影响喷油、可燃混合气的形成和燃烧[140]。燃料的密度与热值和燃空当量比相关。燃料中的重质馏分影响燃料的雾化，而轻质馏分则能改善柴油机的低温性能。高十六烷值燃料能改善柴油机的冷起动性能[141]。在冷起动时，润滑油黏度高于暖机时的黏度。在低温下，摩擦剧烈增加是由于润滑油黏度随着温度降低而呈对数增加的结果[142]。高黏度润滑油会增加摩擦，导致需要更多的能量才能转动柴油机。由于低温作用，在暖机期间的燃油消耗更高。含有足够低挥发性成分的燃料容易在低的环境温度下起动发动机。

在冷起动时，柴油机的瞬时排放由两个阶段组成：第一个阶段柴油机或催化器的温度逐步上升，排放逐渐减少；第二个阶段柴油机达到稳定温度，进行稳定工作。喷油时刻和喷油量是柴油机的冷起动能力和怠速稳定性的重要控制参数。在很低的气缸压力和温度下，很早地将燃油喷入气缸不利于燃油的雾化、推迟了燃油液滴的加热和蒸发，而且当喷油时刻早时，气缸内的气体密度小、温度低，喷雾的贯穿度大，因此有更多的燃油撞击到气缸壁，可能引起液体燃油沉积到冷的气缸壁上，阻碍燃油的蒸发及其与空气的混合。燃油喷入气缸中，在蒸发过程中会吸收热量，也会导致缸内气体温度的下降。因此，在喷油蒸发总量和当地温度间有一个矛盾关系，最好的办法是用多次少喷，以加速倒拖期间柴油机气缸内可燃混合气的形成量。二次喷油能减少压缩期间气缸内气体温度的下降，促进燃料中间产物的生成，大大地减少倒拖时间、倒拖期间总的循环喷油量和 HC 排放，此外，还能降低柴油机的压力升高率、最大爆发压力和转速过冲[143]。在达到稳定的怠速前，柴油机可能发生失火，对怠速稳定性产生不利的影响。一部分在失火循环中积聚的燃油在下一个循环中排出，形成白烟，随着失火循环次数的增加，白烟排放量增大[144]。怠速稳定性强烈地依赖于燃烧过程。在达到稳定燃烧前的不稳定燃烧将引起柴油机粗暴燃烧[139]，因此，着火延迟期的优化是改善柴油机冷起动特性、获得稳定燃烧的一个很重要因素。理想的冷起动特性是在短的时间里有第一个着火循环，抑制失火/不完全燃烧循环和在最少的循环中输出达到怠速的功率[139]。

柴油机的冷起动和暖机受到气缸内许多与自燃和燃烧相关的物理及化学过程的影响，并依赖于发动机的排量、压缩比和喷油系统、电池电量大小和放电状态、起动马达和冷起动辅助措施。润滑油、燃料、进气系统和传动系统也都影响柴油机的冷起动和暖机过程。图 4-38 给出了影响柴油机冷起动的因素[145]。冷起动时

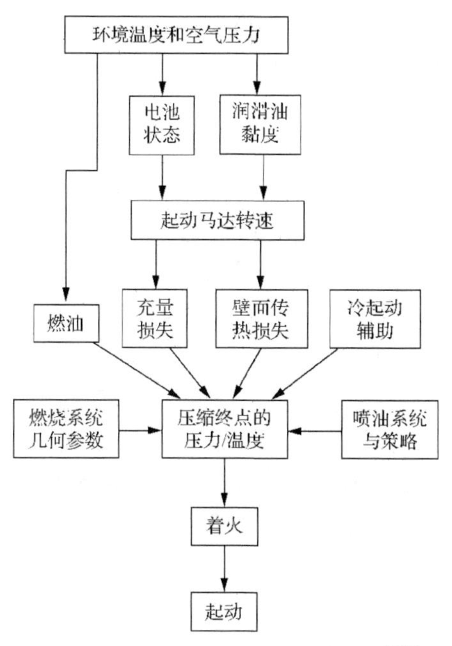

图 4-38　影响柴油机冷起动的因素[145]

的低温减少了电池的能量，增加了柴油机的摩擦和润滑油黏度，需要高的柴油机拖动扭矩，导致起动马达转速降低。在倒拖和低怠速期间，传热损失的增加又会引起柴油机压缩终点温度和最高压力的降低以及物理喷油延迟加长。这些因素共同作用的结果是自燃恶化，甚至发生失火。现代低压缩比柴油机会加重这种现象。为了确保在–25℃的环境温度下可靠地着火，马自达公司的压缩比为 14 的 Skyactiv-D 柴油机采用了压电晶体多孔喷油器，并利用毗邻的多次喷油、2 级增压系统性能改进、陶瓷电热塞和在进气过程再次打开排气门来提高吸入气缸热废气量等手段提高缸内残余废气量，改善低压缩比柴油机低温起动性能，并达到欧Ⅵ排放标准[11]。

减少冷起动时柴油机排放的辅助措施有安装电热塞、空气加热器和冷却水加热器。在燃烧室中安装电热塞，电热塞在气缸中提供一个热点，加速起动过程，并减少部分负荷时柴油机的 HC 和 CO 排放[57]。当燃油喷入气缸时，部分燃油在电热塞周围迅速地蒸发，并与空气混合，再由电热塞点燃燃油喷雾。采用先导喷油时，燃烧从电热塞处开始，并沿喷雾在燃烧室内发展，在燃烧室内产生热分层，由此缩短主喷油的着火延迟和燃烧持续期，显著地改善冷起动性能，特别是烟度和转速稳定性。电热塞能保证大于 0.8L/缸的柴油机有好的起动能力。电热塞的安装位置、温度和伸出长度影响柴油机的冷起动及其 HC 排放[145,146]。电热塞与喷雾间的相对位置和电热塞表面温度对冷起动时柴油机着火可靠性有直接的影响[147]。当然，电热塞也存在可靠性、安装位置和对正常燃烧过程不利等方面的问题。目前，德国的 BERU 公司已经开发出了即时起动系统。该系统能在 2s 内达把电热塞加热到 1100℃，以满足欧洲汽车排放标准。

对于大于 1.5L/缸的柴油机，电热塞所能释放的热量相对较少，不能满足冷起动的要求[148]。因此，需要采用空气加热器。这类加热器有电加热器和燃烧器两种。在乘用车中，电加热器通常安装在进气管中。此时，电加热器需要一个调节其起动前预热和起动后加热时间的控制系统。对于重型商用车，由于有高的空气体积流量和功率需求，在进气管中安装燃烧器更受欢迎。在一台欧Ⅳ排放标准汽车用直喷柴油机上的研究表明，在–20℃的环境温度下，空气加热器比电热塞能获得更好的柴油机冷起动性能[149]。在–24℃的温度下，安装了空气加热器的系统比没有安装空气加热器的柴油机的 HC 排放降低了 50%以上，如图 4-39 所示[150]。在一台满足欧Ⅴ排放标准汽车用 3L 柴油机上的研究表明[151]，进气加热能减少冷起动时 HC 排放 50%以上，并能分别降低冷起动和怠速时颗粒物质量 50%以上和 70%以上。

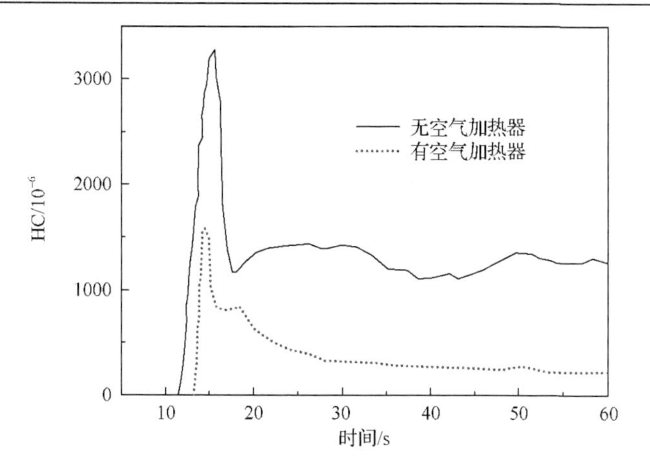

图 4-39 在–24℃冷起动时柴油机的 HC 排放[150]

通过短时间隔离冷却液和润滑油环路来减少柴油机的热惯性也有助于加快柴油机的暖机。研究表明，在 NEDC 中将冷起动时的冷却液减少到原机的 60%，能减少 20%的 HC 和 CO 排放[152]。

4.8 柴油机新型燃烧方式

图 4-40 给出了柴油机 NO_x 和碳烟排放在温度-燃空当量比图中的发展历程[153,154]。图 4-40 中，传统柴油机喷油后混合气发展历程用空心箭头线标出。可以看出，在高温和稀燃状态下，柴油机会生成大量的 NO_x，而在中等温度和燃空当量比＞2 的区域，又会大量地生成碳烟。在高温区，碳烟前趋物——多环芳香烃被氧化了，而不是生成碳烟，而在低温区，因温度太低而不能把多环芳香烃转化成碳烟[155]。因此，如果当地的温度能保持在大约 2200K 以下和低的燃空当量比，就能避开高 NO_x 生成区。在燃空当量比＞2 的区域，需要进一步地减少最大可允许的温度以完全避开碳烟生成区。如果当地的火焰温度保持在低于约 1650K，不管燃空当量比是多少，都可以完全避开高 NO_x 和高碳烟生成区。快速地把燃油和空气混入当地燃空当量比＞2 的混合气中也能阻止碳烟的生成。实际上，当柴油喷入气缸后，会在气缸中形成喷雾。在喷雾发展初期，混合气的燃空当量比迅速下降，但喷雾受到从周围卷吸来的热空气的缓慢加热，所以混合气的温度略有变化。到接近着火延迟期结束阶段，喷雾周围的一些区域开始发生高温反应，引起预混合气自燃，导致混合气温度的快速增加，即图 4-40 中出现将近 90°转弯的箭头处。此后，柴油以扩散火焰为主的方式燃烧。反应率和混合率决定了燃烧路线的斜率，但总的趋势是沿着燃空当量比减少而温度升高的路线发展，导致传统柴油机气缸内的燃烧过程先穿过高碳烟生成区，后穿过高 NO_x 生成区。因此，减

少传统柴油机颗粒物排放的传统控制方法，就会增加 NO_x 排放。

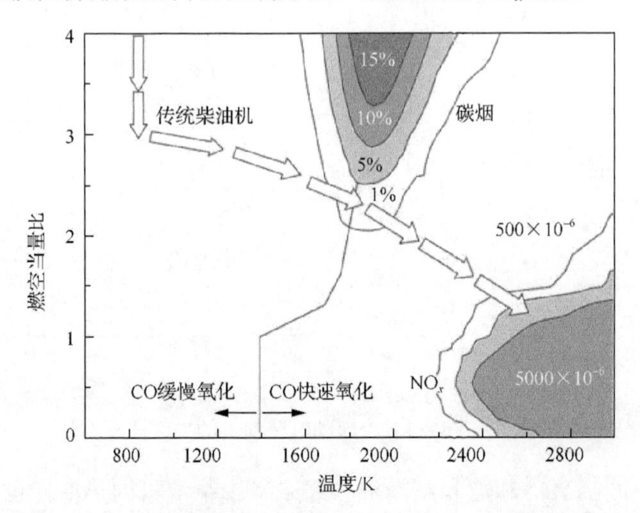

图 4-40　NO_x 和碳烟在温度-燃空当量比图中的分布[153,154]

减少柴油机碳烟和 NO_x 排放的方法有两种：一是降低当地的火焰温度，如采用 EGR 和减小初始温度或压缩比；二是增加混合速度，如增加喷油压力、减小喷油孔直径和增加涡流。但在低于 1400K 的温度下，由于 OH 生成率急剧下降(图 4-2)，反应 $CO+OH \rightarrow CO_2+H$ 不能沿正向进行，所以 CO 排放显著地增加。

为了打破传统柴油机 NO_x 和颗粒物排放之间的矛盾关系，各种新型柴油机燃烧方式得到了广泛的研究，以避开传统柴油机形成高 NO_x 或高颗粒物的工作区域，同时降低柴油机的颗粒物和 NO_x 排放。由于混合气形成策略的差异，不同研究机构提出了不同的能描述柴油机燃烧主要特征的燃烧概念。目前主要是用高 EGR 率来增加混合气的着火延迟期，尽可能地使燃油或全部燃油在着火滞燃期内喷入气缸，使柴油机的着火延迟期长于传统柴油机，以预混混合气为主或全部为预混混合气形式燃烧，减少或避免扩散燃烧。

2000 年，日本丰田汽车公司首次提出了低温燃烧(low temperature combustion，LTC)概念[156]，采用高 EGR 率来增加柴油机的着火延迟期，使其长于喷油持续期。所有的燃油以预混合低温的方式燃烧，但混合气是不均匀的。由于低温燃烧效率低，所以低温燃烧柴油机的 CO 和燃油消耗通常较高，而且在小负荷下也难以获得满意的燃烧稳定性。因此，低温燃烧只能用于柴油机中低负荷，因为在大负荷时，喷油持续期增加，在不显著地减少压缩比的情况下不能明显地增加着火延迟期，一种方式就是用进气门迟关来减小有效压缩比，将预混燃烧向高负荷扩展。

均质充量压缩着火(homogeneous charge compression ignition，HCCI)是用高 EGR 率和低压缩比，让混合气有很长的着火延迟期，形成几乎均匀的预混混合气，仅以预混混合气形式燃烧。为了确保燃油有充足的时间形成混合气，燃油要在压缩行程初期喷入气缸。但此时气缸内的气体密度小且温度低，导致喷雾贯穿度增大，燃油撞壁的风险增大[157]。使用油束夹角小的喷油器结合浅 W 形凹坑的燃烧室是一个解决方案[158]。燃料性质也是影响 HCCI 柴油机运行范围的重要因素。柴油的十六烷值高，柴油与空气的预混混合气难以在上止点附近着火，而且随着预混燃油量的增加，容易发生敲缸。因此，在通常情况下，HCCI 柴油机的工作范围限制在低速、部分负荷工况，难以在大负荷下实现。使用传统柴油时，在 HCCI 燃烧方式下柴油机的最大负荷只能达到传统燃烧方式下满负荷的大约 50%，即 1MPa IMEP。为了扩大 HCCI 燃烧的工作范围，可以采用增压、添加抗爆性好的含氧燃料和低十六烷值燃料，使预混混合气的着火时刻推迟到上止点附近，在高负荷时实现 HCCI 燃烧。因此，在更高的负荷时，柴油机还得使用传统的扩散燃烧方式，因为油束夹角小的喷油器在大负荷时会引起活塞头部燃油湿壁，导致碳烟大量生成。使用多次喷油可以减少喷雾的贯穿距，减少燃油湿壁[159]。但是，在 HCCI 燃烧方式下，柴油机的着火延迟期很长，EGR 率不容易迅速地在不同循环间进行适时调整，因此，在过渡工况下应用 HCCI 燃烧方式将面临着火时刻控制非常困难的问题。安装 VVT 机构是迅速地改变过渡过程中 EGR 率的一个解决方案[160]。此外，在 HCCI 燃烧方式下，最佳燃烧相位难以保证，所以柴油机的燃油消耗略高于传统柴油机。当然，由于燃烧温度低，所以 HCCI 柴油机的 HC 和 CO 排放比传统柴油机高得多。

预混充量压缩着火(premixed charge compression ignition，PCCI)用大 EGR 率来增加混合气的着火延迟期，并结合加大燃油与空气混合的措施，如高压喷油来实现燃烧。在 PCCI 燃烧方式下，混合气的着火延迟期必须要长于喷油持续期。日本丰田汽车公司利用高、低辛烷值双燃料实现 PCCI 燃烧方式，其中汽油由进气道喷入，柴油直接喷入气缸作为在上止点前着火的触发剂，以此提高柴油机的热效率，降低它的 NO_x 和碳烟排放。通过改变两种燃料的比例，在缸内形成燃油分层，实现着火相位的调节，而且燃烧过程平和。在增压和双燃料方式下，在 NO_x $<10\times10^{-6}$ 和 FSN<0.1 的同时，能将 PCCI 柴油机的负荷扩展到 1.2MPa IMEP[161]。PCCI 柴油机由于存在过度混合和体积淬熄，所以其 HC 和 CO 排放高。

此后，日本丰田汽车公司开发了一款 16 孔，孔径为 80μm 的高扩散微孔喷油器用于减少贯穿度，通过早的喷油时刻来形成更均匀的混合气。在 PCCI 模式下，能同时减少柴油机的 NO_x 和碳烟排放。为了解决低贯穿度喷雾在全负荷时高碳烟的问题，采用了压缩比为 14 的燃烧系统，再通过涡流比为 0.5 的直气道和无唇浅碟形燃烧室凹坑减小传热损失，确保冷起动、降低 HC 排放和白烟。这些措施相互克服各自的缺点，最大化其优点。在 NEDC 中，柴油机 NO_x 排放低于欧Ⅵ排放标准限值的一半，而不恶化燃油消耗、全负荷扭矩和冷起动性能[21]。图 4-41 给出了 PCCI 柴油机在不同压缩比下最大运行范围预测值[21]。

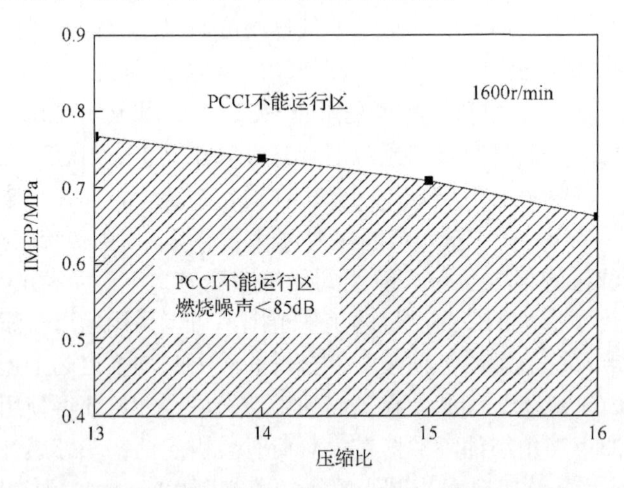

图 4-41　PCCI 柴油机最大运行区与压缩比的关系[21]

d'Ambrosio 和 Ferrari[162]在一台压缩比为 16.3 的欧Ⅴ排放标准柴油机上，利用优化的先导喷油+主喷油策略，研究了 EGR 率在 0～50%下柴油机的燃烧与排放特性。结果表明，NO_x 排放与进气中的 O_2 浓度关系比与最大燃烧温度更密切。NO_x 排放几乎随着 O_2 浓度的二次方单调地增加。主喷油的燃烧时刻对降低 PCCI 柴油机 NO_x 排放有显著的影响。在迟的 PCCI 策略下，推迟燃烧和应用高 EGR 率能获得最大的 NO_x 降低。但由于存在过度混合以及由很稀的混合气和低温引起的壁面淬熄，在高 EGR 率、小负荷工况下，采用 PCCI 燃烧方式时，柴油机的 HC 和 CO 排放是相关联的。在高达 30%～40%的 EGR 率下，EGR 对降低 HC 排放有利。在低负荷下，高 EGR 率能同时改善 NO_x 和碳烟排放。但在高 EGR 率下，随着 EGR 率的增加，燃油消耗增大。

部分预混充量压缩着火(partially premixed charge compression ignition，pPCCI)，有时也称为预混控制的压缩着火或部分 HCCI (pHCCI)。它是介于 PCCI 和传统柴油机燃烧之间的一种燃烧方式。大部分燃油以预混混合气的形式燃烧。pPCCI 通过采用早喷油结合高 EGR 率来实现。用高 EGR 率来增加混合气的着火延迟期，同时降低 NO_x 的生成。如果混合气的着火延迟期长，大部分燃油将以预混混合气的形式燃烧，柴油机的排放和燃油消耗接近于 PCCI 燃烧方式。但如果混合气的着火延迟期短，则燃烧就更接近于扩散控制的传统柴油机燃烧。在 pPCCI 燃烧方式下，柴油机的燃油可以通过进气管喷油+缸内少量喷油[163]、缸内两次喷油[164]和缸内多次预喷油+主喷油[102]来形成混合气。但是，pPCCI 燃烧方式只能在柴油机低负荷下工作，所以为了满足车辆对柴油机负荷的要求，需要在低负荷时的 pPCCI 燃烧模式和高负荷时的传统燃烧模式间进行切换。模式切换的本质就是改变发动机的运行参数，如喷油时刻、压力和持续期以及 EGR 率。但在过渡循环中，喷油系统与增压系统在响应时间上有差异，引起混合气燃空当量比的波动，由此导致高的排放和燃烧不稳定[165]。Aronsson 等[166]发现，喷油嘴区和挤流区是 HC 排放的重要来源，而 CO 主要集中在挤流区，而且在活塞头部附近更多。来自于挤流区的排放主要是由于混合气过稀。在挤流上侧处的 CO 和 HC 排放与排气中的排放有好的相关性。过度混合的过稀燃油-空气混合气是 HC 和 CO 排放的主要来源[167]。

参 考 文 献

[1] Schäfer F, van Basshuysen R. Reduced Emissions and Fuel Consumption in Automobile Engines[M]. Wien: Springer-Verlag, 1995.

[2] Reif K. Diesel Engine Management Systems and Components[M]. Wiesbaden: Springer Fachmedien, 2014.

[3] Higgins B, Siebers D L. Measurement of flame lift-off location on DI diesel sprays using OH chemiluminescence[C]. SAE World Congress, Detroit, 2001.

[4] Siebers D, Higgins B. Flame lift-off on direct-injection diesel sprays under quiescent conditions[C]. SAE World Congress, Detroit, 2001.

[5] Zhao H. Advanced Direct Injection Combustion Engine Technologies and Development: Volume 2 Diesel engines[M]. Cambridge: Woodhead Publishing Limited and CRC Press LLC, 2010.

[6] Tree D R, Svensson K I. Soot processes in compression ignition engines[J]. Progress in Energy and Combustion Science, 2007, 33(3): 272-309.

[7] Idicheria C A, Pickett L M. Soot formation in diesel combustion under high-EGR conditions[C]. Powertrain & Fluid Systems Conference & Exhibition, San Antonio, 2005.

[8] Flynn P F, Durrett R P, Hunter G L, et al. Diesel combustion: An integrated view combining laser diagnostics, chemical kinetics, and empirical validation[C]. International Congress and Exposition, Detroit, 1999.

[9] Mollenhauer K, Tschoeke H. Handbook of Diesel Engines[M]. Berlin: Springer-Verlag, 2010.

[10] Roberts C E, Stovell C, Rothbauer R, et al. Advancement in diesel combustion system design to improve the smoke-BSFC tradeoff[J]. International Journal of Automotive Engineering, 2011, 2(3): 55-60.

[11] Terazawa Y, Nakai E, Kataoka M, et al. The new Mazda four-cylinder diesel engine[J]. MTZ Worldwide, 2011, 72(9): 26-32.

[12] Lamping M, Körfer T, Pischinger S. Correlation between emissions reduction and fuel consumption in passenger car DI diesel engines[J]. MTZ Worldwide, 2007, 68(1): 20-23.

[13] Bergstrand P, Denbratt I.The effects of leaner charge and swirl on diesel combustion[C]. SAE World Congress, Detroit, 2002.

[14] Argueyrolles B, Dehoux S, Gastaldi P, et al. Influence of injector nozzle design and cavitation on coking phenomenon[C]. JSAE/SAE International Fuels & Lubricants Meeting, Kyoto, 2007.

[15] Miles P C, Andersson Ö. A review of design considerations for light-duty diesel combustion systems[J]. International Journal of Engine Research, 2016, 17(1): 6-15.

[16] Fasolo B, Doisy A M, Dupont A, et al. Combustion system optimization of a new 2 liter diesel engine for EURO IV[C]. SAE World Congress, Detroit, 2005.

[17] Kakoi Y, Tsutsui Y, Ono N, et al. Emission reduction technologies applied to high-speed direct injection diesel engine[C] SAE. International Congress and Exposition, Detroit, 1998.

[18] National Research Council. Assessment of Fuel Economy Technologies for Light-duty Vehicles[M]. Washington: National Academies Press, 2011.

[19] Bauder R, Gruber M, Michels E, et al. The new Audi 4.2 l V8 TDI-engine-part 2: Thermodynamics, application and exhaust after-treatment[J]. MTZ Worldwide, 2005, 66(11): 29-32.

[20] Yamada T, Haga H, Matsumoto I, et al. Study of diesel engine system for hybrid vehicles[C]. JSAE/SAE International Fuels & Lubricants Meeting, Kyoto, 2011.

[21] Inagaki K, Mizuta J, Fuyuto T, et al. Low emissions and high-efficiency diesel combustion using highly dispersed spray with restricted in-cylinder swirl and squish flows[C]. SAE World Congress & Exhibition, Detroit, 2011.

[22] van den Huevel B, Willems W, Krämer F, et al. Combustion system development for the new diesel engines in light and medium commercial vehicles from Ford and PSA[J]. MTZ Worldwide, 2006. 67(9): 2-5.

[23] Cursente V, Pacaud P, Gatellier B. Reduction of the compression ratio on a HSDI diesel engine: Combustion design evolution for compliance the future emission standards[C]. SAE World Congress & Exhibition, Detroit, 2008.

[24] Bischoff M, Eiglmeier C, Werner T, et al. The new 3.0-L TDI biturbo engine from Audi-part 2: Thermodynamics and calibration[J]. MTZ Worldwide, 2012, 73(2): 30-36.

[25] Bauder R, Helbig J, Marckwardt H, et al. The new 3.0-L TDI biturbo engine from Audi-part 1: Design and engine mechanism[J]. MTZ Worldwide, 2012, 73(1): 22-32.

[26] Werner P, Schommers J, Breitbach H, et al.The new V6 diesel engine from Mercedes-Benz[J]. MTZ Worldwide, 2011, 72(5): 22-29.

[27] Lee K W, Jang K I, Lee J J, et al. New Hyundai/Kia 1.1 L three-cylinder diesel engine[J]. Auto Tech Review, 2013, 2(1): 58-63.

[28] Luckhchoura V, Robert F-X, Peters N, et al. Investigation of spray-bowl interaction using two-part analysis in a direct-injection diesel engine[C]. SAE World Congress & Exhibition, Detroit, 2010.

[29] Bauder R, Stock D. The new Audi 5-cylinder turbo diesel engine: The first passenger car diesel engine with second generation direct injection[C]. SAE International Congress and Exposition, Detroit, 1990.

[30] Wickman D D, Senecal P K，Reitz R D. Diesel engine combustion chamber geometry optimization using genetic algorithms and multi-dimensional spray and combustion modeling[C]. SAE World Congress, Detroit, 2001.

[31] Andersson Ö, Somhorst J, Lindgren R, et al. Development of the Euro 5 combustion system for Volvo cars' 2.4.I diesel engine[C]. SAE World Congress & Exhibition, Detroit, 2009.

[32] Zhang L, Ueda T, Takatsuki T, et al. A study of the effects of chamber geometries on flame behavior in a DI diesel engine[C]. Fuels & Lubricants Meeting & Exposition, Toronto, 1995.

[33] Matsui R, Shimoyama K, Nonaka S, et al. Development of high-performance diesel engine compliant with Euro-V[C]. SAE World Congress & Exhibition, Detroit, 2008.

[34] Crabb D, Fleiss M, Larsson J-E, et al. New modular engine platform from Volvo[J]. MTZ Worldwide, 2013, 74(9): 4-11.

[35] Lee E, Kwak S, Kim M, et al. The new 2.0 l and 2.2 l four-cylinder diesel engine family of Hyundai-Kia[J]. MTZ Worldwide, 2009, 70(10): 14-19.

[36] Hadler J, Rudolph F, Engler H-J, et al. The new 2.0-l-4V-TDI engine with common rail: Modern diesel technology from Volkswagen[J]. MTZ Worldwide, 2007, 68(11): 2-5.

[37] Chi Y, Park S, Lee K, et al. New V6 3.0 l diesel engine for Hyundai/Kia's SUVs[J]. MTZ Worldwide, 2008, 69(11): 24-30.

[38] Lee K W, Jang K I, Lee J J, et al. The new Hyundia/Kia 1.1-l three-cylinder diesel engine[J]. MTZ Worldwide, 2012, 73(9): 16-21.

[39] Steinparzer F, Mattes W, Nefischer P, et al. The new BMW four-cylinder diesel engine-part 2: Function and vehicle results[J]. MTZ Worldwide, 2007, 68(12): 24-27.

[40] Diwakar R, Singh S. Importance of spray-bowl interaction in a DI diesel engine operating under PCCI combustion mode[C]. SAE World Congress & Exhibition, Detroit, 2009.

[41] Zhu Y, Zhao H, Melas D A, et al. Computational study of the effects of the re-entrant lip shape and toroidal radii of piston bowl on a HSDI diesel engine's performance and emissions[C]. SAE World Congress, Detroit, 2004.

[42] 平林 千典,大西 毅, 白井 裕久, 他. 小排気量クリーンディーゼルエンジンSKYACTIV-D 1.5の開発[J]. マツダ技報, 2015, 32: 21-27.

[43] Shimo D, Kataoka M, Fujimoto H. Effect of cooling of burned gas by vertical vortex on NO_x reduction in small DI diesel engines[C]. SAE World Congress, Detroit, 2004.

[44] Ikegami N, Mori S, Yano T, et al. The new 1.6-l diesel engine from Honda[J]. MTZ Worldwide, 2014, 75(3): 4-11.

[45] Dreisbach R, Graf G, Kreuzig G, et al. HD base engine development to meet future emission and power density challenges of a DDIT^{M} engine[C]. Commercial Vehicle Engineering Congress and Exhibition, Rosemont, 2007.

[46] Yoo D, Kim D, Jung W, et al. Optimization of diesel combustion system for reducing PM to meet tier4-final emission regulation without diesel particulate filter[C]. SAE/KSAE 2013 International Powertrains, Fuels & Lubricants Meeting, Seoul, 2013.

[47] Dolak J G, Shi Y, Reitz R. A computational investigation of stepped-bowl piston geometry for a light duty engine operating at low load[C]. SAE World Congress & Exhibition, Detroit, 2010.

[48] Sasaki S, Sono H, Neely G D, et al. Investigation of alternative combustion, airflow-dominant control and aftertreatment system for clean diesel vehicles[C]. JSAE/SAE International Fuels & Lubricants Meeting, Kyoto, 2007.

[49] Styron J, Baldwin B, Fulton B, et al. Ford 2011 6.7l Power Stroke® diesel engine combustion system development[C]. SAE World Congress & Exhibition, Detroit, 2011.

[50] Eder T, Kemmner M, Lückert P, et al. OM 654-Launch of a new engine family by Mercedes-Benz[J]. MTZ Worldwide, 2016, 77(3): 60-67.

[51] Tanabe K, Kohketsu S, Nakayama S. Effect of fuel injection rate control on reduction of emissions and fuel consumption in a heavy duty DI diesel engine[C]. SAE World Congress, Detroit, 2005.

[52] Hagen J, Herrmann O E, Weber J, et al. Diesel combustion potentials by further injector improvement[J]. MTZ Worldwide, 2016, 77(4): 16-21.

[53] Hadler J, Rudolph F, Dorenkamp R, et al. Volkswagens's new 2.0l TDI engine fulfils the most stringent emissions standards[C]. 29th International Vienna Symposium, Vienna, 2008.

[54] Schöppe D, Zülch S, Hardy M, et al. Delphi common rail system with direct acting injector[J]. MTZ Worldwide, 2008, 69(10): 32-38.

[55] Shinohara Y, Takeuchi K, Herrmann O E, et al. 3000 bar common rail system[J]. MTZ Worldwide, 2011, 72(1): 4-8.

[56] Graham M S, Crossley S, Harcombe T, et al. Beyond Euro VI-development of a next generation fuel injector for commercial vehicles[C]. SAE World Congress & Exhibition, Detroit, 2014.

[57] Dworschak J, Neuhauser W, Rechberger E, et al. The new BMW six-cylinder diesel engine[J]. MTZ Worldwide, 2009, 70(2): 4-10.

[58] Eichler F, Kahrstedt J, Köhne M, et al. The new 2.0l 4-cylinder BiTurbo TDI® engine from Volkswagen[C]. 23rd Aachen Colloquium Automobile and Engine Technology, Aachen, 2014.

[59] Theobald J, Schintzel K, Krause A, et al. Fuel injection system key component for future emission targets[J]. MTZ Worldwide, 2011, 72(4): 4-9.

[60] Hadler J, Rudolph F, Dorenkamp R, et al. Volkswagen' s new 2.0 l TDI engine for the most stringent emission standards-part 1[J]. MTZ Worldwide, 2008, 69(5): 12-18.

[61] Birgel A, Ladommatos N, Aleiferis P, et al. Deposit formation in the holes of diesel injector nozzles: A critical review[C]. Powertrains, Fuels & Lubricants Meeting, Rosemont, 2008.

[62] Dec J E. A conceptual model of DI diesel combustion based on laser-sheet imaging[C]. International Congress & Exposition, Detroit, 1997.

[63] Mori K, Matsuo S, Nakayama S, et al. Technology for environmental harmonization and future of the diesel engine[C]. SAE World Congress & Exhibition, Detroit, 2009.

[64] Atzler F, Kastner O, Rotondi R, et al. Multiple injection and rate shaping-part 1: Emissions reduction in passenger car diesel engines[C]. 9th International Conference on Engines and Vehicles, Capri, 2009.

[65] Naber J, Siebers D. Effects of gas density and vaporization on penetration and dispersion of diesel sprays[C]. International Congress & Exposition, Detroit, 1996.

[66] Pickett L M, Siebers D L. Soot in diesel fuel jets: Effects of ambient temperature, ambient density, and injection pressure[J]. Combustion and Flame, 2004, 138(1): 114-135.

[67] Mallamo F, Badami M, Millo F. Analysis of multiple injection strategies for the reduction of emissions, noise and BSFC of a DI CR small displacement non-road diesel engine[C]. Powertrain & Fluid Systems Conference & Exhibition, San Diego, 2002.

[68] Park C, Kook S, Bae C. Effects of multiple injections in a HSDI diesel engine equipped with common-rail injection system[C]. SAE World Congress, Detroit, 2004.

[69] Wintrich T, Hammer J, Naber D, et al. Next steps in Bosch diesel system development to improve performance, noise and fuel consumption. Internationaler Motorenkongress 2015 Mit Nutzfahrzeugmotoren-Spezial[M]. Wiesbaden: Springer Fachmedien. 2015.

[70] Hotta Y, Inayoshi M, Nakakita K, et al. Achieving lower exhaust emissions and better performance in an HSDI diesel engine with multiple injection[C]. SAE World Congress, Detroit, 2005.

[71] Thirouard M, Mendez S, Pacaud P, et al. Potential to improve specific power using very high injection pressure in HSDI diesel engines[C]. SAE World Congress & Exhibition, Detroit, 2009.

[72] Rottmann M, Menne C, Pischinger S, et al. Injection rate shaping investigations on a small-bore DI diesel engine[C]. SAE World Congress & Exhibition, Detroit, 2009.

[73] Parks J, Huff S, Kass M, et al. Characterization of in-cylinder techniques for thermal management of diesel aftertreatment[C]. Powertrain & Fluid Systems Conference & Exhibition, Rosemont, 2007.

[74] Chartier C, Andersson O, Johansson B, et al. Effects of post-injection strategies on near-injector over-lean mixtures and unburned hydrocarbon emission in a heavy-duty optical diesel engine[C]. SAE World Congress & Exhibition, Detroit, 2011.

[75] O'Connor J, Musculus M. Optical investigation of the reduction of UHC emissions using close-coupled post injections at LTC conditions in a heavy-duty diesel engine[C]. SAE World Congress & Exhibition, Detroit, 2013.

[76] Tow T, Pierpont D, Reitz R. Reducing particulate and NO_x emissions by using multiple injections in a heavy duty D.I. diesel engine[C]. International Congress & Exposition, Detroit, 1994.

[77] Pierpont D, Montgomery D, Reitz R. Reducing particulate and NO_x using multiple injections and EGR in a D.I. diesel[C]. International Congress and Exposition, Detroit, 1995.

[78] Chen S. Simultaneous reduction of NO_x and particulate emissions by using multiple injections in a small diesel engine[C]. Future Transportation Technology Conference, Costa Mesa, 2000.

[79] Montgomery D, Reitz R. Effects of multiple injections and flexible control of boost and EGR on emissions and fuel consumption of a heavy-duty diesel engine[C]. SAE World Congress, Detroit, 2001.

[80] Dronniou N, Lejeune M, Balloul I, et al. Combination of high EGR rates and multiple injection strategies to reduce pollutant emissions[C]. Powertrain & Fluid Systems Conference & Exhibition, San Antonio, 2005.

[81] Yun H, Reitz R D. An experimental investigation on the effect of post-injection strategies on combustion and emissions in the lowtemperature diesel combustion regime[J]. Journal of Engineering for Gas Turbines and Power, 2007, 129(1): 279-286.

[82] Ehleskog R, Ochoterena R. Soot evolution in multiple injection diesel flames[C]. Powertrains, Fuels & Lubricants Meeting, Rosemont, 2008.

[83] Bobba M, Musculus M, Neel W. Effect of post injections on in-cylinder and exhaust soot for low-temperature combustion in a heavy-duty diesel engine[C]. SAE World Congress & Exhibition, Detroit, 2010.

[84] Vanegas A, Won H, Felsch C, et al. Experimental investigation of the effect of multiple injections on pollutant formation in a common-rail DI diesel engine[C]. SAE World Congress & Exhibition, Detroit, 2008.

[85] Mendez S, Thirouard B. Using multiple injection strategies in diesel combustion: Potential to improve emissions, noise and fuel economy trade-off in low CR engines[C]. SAE World Congress & Exhibition, Detroit, 2008.

[86] Zhang Y, Nishida K. Vapor/liquid behaviors in split-injection D.I. diesel sprays in a 2-D model combustion chamber[C]. JSAE/SAE International Spring Fuels & Lubricants Meeting, Yokohama, 2003.

[87] Sperl A. The influence of post-injection strategies on the emissions of soot and particulate matter in heavy duty Euro V diesel engine[C]. XX SAE Brasil International Congress and Exhibition, São Paulo, 2011.

[88] Bakenhus M, Reitz R.Two-color combustion visualization of single and split injections in a single-cylinder heavy-duty D.I. diesel engine using an endoscope-based imaging system[C]. International Congress and Exposition, Detroit, 1999.

[89] Benajes J, Molina S, García J. Influence of pre-and post-injection on the performance and pollutant emissions in a HD diesel engine[C]. SAE World Congress, Detroit, 2001.

[90] Payri F, Benajes J, Pastor J, et al. Influence of the post-injection pattern on performance, soot and NO_x emissions in a HD diesel engine[C]. SAE World Congress, Detroit, 2002.

[91] Badami M, Mallamo F, Millo F, et al. Experimental investigation on the effect of multiple injection strategies on emissions, noise and brake specific fuel consumption of an automotive direct injection common-rail diesel engine[J]. International Journal of Engine Research, 2003, 4(4): 299-314.

[92] Mancaruso E, Merola S, Vaglieco B. Study of the multi-injection combustion process in a transparent direct injection common rail diesel engine by means of optical techniques[J]. International Journal of Engine Research, 2008, 9(6): 483-498.

[93] Han Z, Uludogan A, Hampson G, et al. Mechanism of soot and NO_x emission reduction using multiple-injection in a diesel engine[C]. International Congress & Exposition, Detroit, 1996.

[94] Beatrice C, Belardini P, Bertoli C, et al. Diesel combustion control in common rail engines by new injection strategies[J]. International Journal of Engine Research, 2002, 3(1): 23-36.

[95] Arrègle J, Pastor J V, López J J, et al. Insights on post-injection-associated soot emissions in direct injection diesel engines[J]. Combustion and Flame, 2008, 154(3): 448-461.

[96] Desantes J, Arrègle J, López J, et al. A comprehensive study of diesel combustion and emissions with post-injection[C]. World Congress, Detroit, 2007.

[97] Molina S, Desantes J, Garcia A, et al. A numerical investigation on combustion characteristics with the use of post injection in DI diesel engines[C]. SAE World Congress & Exhibition, Detroit, 2010.

[98] O'Connor J, Musculus M. Post injections for soot reduction in diesel engines: A review of current understanding[C]. SAE World Congress & Exhibition, Detroit, 2013.

[99] Yang B, Mellor A, Chen S. Multiple injections with EGR effects on NO_x emissions for DI diesel engines analyzed using an engineering model[C]. Powertrain & Fluid Systems Conference & Exhibition, San Diego, 2002.

[100] Shayler P, Brooks T, Pugh G, et al. The influence of pilot and split-main injection parameters on diesel emissions and fuel consumption[C]. SAE World Congress, Detroit, 2005.

[101] O'Connor J, Musculus M. Effects of exhaust gas recirculation and load on soot in a heavy-duty optical diesel engine with close-coupled post injections for high-efficiency combustion phasing[J]. International Journal of Engine Research, 2014, 15(4): 421-443.

[102] Hunsberg T, Denbratt I, Karlsson A. Analysis of advanced multiple injection strategies in a heavy duty diesel engine using optical measurements and CFD simulations[C]. SAE World Congress & Exhibition, Detroit, 2008.

[103] Aronsson U, Chartier C, Andersson Ö, et al. Analysis of the correlation between engine-out particulates and local Φ in the lift-off region of a heavy duty diesel engine using Raman spectroscopy[C]. SAE World Congress & Exhibition, Detroit, 2009.

[104] Minato A, Tanaka T, Nishimura T. Investigation of premixed lean diesel combustion with ultra high pressure injection[C]. SAE World Congress, Detroit, 2005.

[105] Eichler F, Kahrstedt J, Pott E, et al. Euro 6 engines for volkswagen commercial vehicles[J]. MTZ Worldwide, 2015, 76(7-8): 14-19.

[106] Hikosaka N. A view of the future of automotive diesel engines[C]. International Fall Fuels & Lubricants Meeting & Exposition, Tulsa, 1997.

[107] Kanda T, Kobayashi S, Matsui R, et al. Study on Euro IV combustion technologies for direct injection diesel engine[C]. SAE World Congress, Detroit, 2004.

[108] Kurtz E M, Styron J. An assessment of two piston bowl concepts in a medium-duty diesel engine[C]. SAE World Congress, Detroit, 2012.

[109] Hara I, Kaneko I, Fujiki K, et al. Honda 2.2 litre diesel engine for passenger cars[J]. Auto Technology, 2005, 5(4): 44-47.

[110] Miles P, Megerle M, Hammer J, et al. Late-cycle turbulence generation in swirl-supported, direct-injection diesel engines[C]. SAE World Congress, Detroit, 2002.

[111] Arcoumanis C, Kamimoto T. Flow and Combustion in Reciprocating Engines[M]. Berlin: Springer-Verlag, 2009.

[112] Koerfer T, Lamping M, Kolbeck A, et al. Potential of modern diesel engines with lowest raw emissions-a key factor for future CO_2 reduction[C]. Symposium on International Automotive Technology, Pune, 2009.

[113] Wakisaka Y, Hotta Y, Inayoshi M, et al. Emissions reduction potential of extremely high boost and high EGR rate for an HSDI diesel engine and the reduction mechanisms of exhaust emissions[C]. SAE World Congress & Exhibition, Detroit, 2008.

[114] Watel E, Pagot A, Pacaud P, et al. Matching and evaluating methods for Euro 6 and efficient two-stage turbocharging diesel engine[C]. SAE World Congress & Exhibition, Detroit, 2010.

[115] Choi C, Kwon S, Cho S. Development of fuel consumption of passenger diesel engine with 2 stage turbocharger[C]. SAE World Congress, Detroit, 2006.

[116] Steinparzer F, Stütz W, Kratoch H, et al. BMW' s new six-cylinder diesel engine with two-stage turbocharging[J]. MTZ Worldwide, 2005, 66(5): 2-5.

[117] Langen P, Hall W, Nefischer P, et al. The new two-stage turbocharged six-cylinder diesel engine of the BMW 740D[J]. MTZ Worldwide, 2010, 71(4): 4-11.

[118] Shiozaki T, Nakajima H, Kudo Y, et al. The analysis of combustion flame under EGR condition in D.I. diesel engine[C]. International Congress & Exposition, Detroit, 1996.

[119] Suzuki T, Kakegawa T, Hikino K, et al. Development of diesel combustion for commercial vehicles[C]. International Fall Fuels & Lubricants Meeting & Exposition, Tulsa, 1997.

[120] Keller P, Joergl V, Weber O, et al. Enabling components for future clean diesel engines[C]. SAE World Congress & Exhibition, Detroit, 2008.

[121] Nam K, Yu J, Cho S. Improvement of fuel economy and transient control in a passenger diesel engine using LP (low pressure)-EGR[C]. SAE World Congress & Exhibition, Detroit, 2011.

[122] Kobayashi M, Aoyagi Y, Adachi T, et al. Effective BSFC and NO_x reduction on super clean diesel of heavy duty diesel engine by high boosting and high EGR rate[C]. SAE World Congress & Exhibition, Detroit, 2011.

[123] Zheng M, Reader G T, Hawley J G. Diesel engine exhaust gas recirculation-a review on advanced and novel concepts[J]. Energy Conversion and Management, 2004, 45(6): 883-900.

[124] Suresh A, Langenderfer D, Arnett C, et al. Thermodynamic systems for Tier 2 Bin 2 diesel engines[C]. SAE World Congress & Exhibition, Detroit, 2013.

[125] Hanig U, Becker M. Intake throttle and pre-swirl device for low-pressure EGR systems[J]. MTZ Worldwide, 2015, 76(1): 10-13.

[126] Millo F, Ferraro C V, Bernardi M G, et al. Experimental and computational analysis of different EGR systems for a common rail passenger car diesel engine[C]. SAE World Congress & Exhibition, Detroit, 2009.

[127] Beatrice C, Bertoli C, Del Giacomo N, et al. Experimental investigation of the benefits of cooled and extra-cooled low-pressure EGR on a light duty diesel engine performance[C]. 9th International Conference on Engines and Vehicles, Capri, 2009.

[128] Pischinger S. Current and future challenges for automotive catalysis: Engine technology trends and their impact[J]. Topics in Catalysis, 2016, 59(10-12): 834-844.

[129] Zhan R, Eakle S T, Miller J W, et al. EGR system fouling control[C]. SAE World Congress & Exhibition, Detroit, 2008.

[130] Rohrssen K, Höffeler G. The IAV active high-EGR concept[J]. MTZ Worldwide, 2011, 72(1): 22-26.

[131] Neusser H J, Kahrstedt J, Dorenkamp R, et al. The Euro 6 engines in the modular diesel engine system of Volkswagen[J]. MTZ Worldwide, 2013, 74(6): 4-10.

[132] Blank H, Dismon H, Kochs M W, et al. EGR and air management for direct injection gasoline engines[C]. SAE World Congress, Detroit, 2002.

[133] Johnson T V. Diesel emission control in review[J]. SAE International Journal of Fuels and Lubricants, 2009, 2(1): 1-12.

[134] Walker A P. Controlling particulate emissions from diesel vehicles[J]. Topics in Catalysis, 2004, 28(1-4): 165-170.

[135] Walsh M P. PM2.5: Global progress in controlling the motor vehicle contribution[J]. Frontiers in Environmental Science and Engineering, 2014, 8(1): 1-17.

[136] Tomishima H, Matsumoto T, Oki M, et al. The advanced diesel common rail system for achieving a good balance between ecology and economy[C]. Fifth International SAE India Mobility Conference on Emerging Automotive Technologies Global and Indian Perspective, New Delhi, 2008.

[137] Dieselnet Fuel regulations[EB/OL]. [2018-03-15]. https://www.dieselnet.com/standards/eu/fuel.php.

[138] Pacaud P, Perrin H, Laget O. Cold start on diesel engine: Is low compression ratio compatible with cold start requirements?[C]. SAE World Congress & Exhibition, Detroit, 2008.

[139] Arumugam R, Xu H, Liu D, et al. Key factors affecting the cold start of diesel engines [J/OL]. International Journal of Green Energy[2018-03-15]. http://dx.doi.org/10.1080/15435075.2014.938748.

[140] Owen K, Coley T. Automotive Fuels Reference Book[M]. Warrendale: SAE International, 1995.

[141] Starck L, Faraj A, Perrin H, et al. Cold start on diesel engines: Effect of fuel characteristics[C]. SAE World Congress & Exhibition, Detroit, 2010.

[142] Pischinger S, Kochanowski H A, Steffens C, et al. Akustische Auslegung von Wälzlagern imKurbeltrieb[J]. MTZ-Motortechnische Zeitschrift, 2009, 70(3): 244-251.

[143] Zhong L, Gruenewald S, Henein N A, et al. Lower temperature limits for cold starting of diesel engine with a common rail fuel injection system[C]. SAE World Congress, Detroit, 2007.

[144] Han Z, Henein N, Nitu B, et al. Diesel engine cold start combustion instability and control strategy[C]. SAE World Congress, Detroit, 2001.

[145] Last B, Houben H, Rottner M. Einfluss moderner Dieselkaltstarthilfen auf den dieselmotorischen Kaltstart, Warmlauf und Emissionen[C]. 8th Internationales Stuttgarter Symposium Automobil-und Motorentechnik, Stuttgart, 2008.

[146] Kern C, Dressler W, Lindemann G, et al. An innovative glow system for modern diesel engines[C]. International Congress and Exposition, Detroit, 1999.

[147] Walter B, Perrin H, Dumas J P, et al. Cold operation with optical and numerical investigations on a low compression ratio diesel engine[C]. SAE Powertrains Fuels and Lubricants Meeting, Florence, 2009.

[148] Lindl B, Schmitz H G. Cold start equipment for diesel direct injection engines[C]. International Congress and Exposition, Detroit, 1999.

[149] Payri F, Broatch A, Serrano J R, et al. Study of the potential of intake air heating in automotive DI diesel engines[C]. SAE World Congress, Detroit, 2006.

[150] Blanc M, Geiger S, Houben H, et al. Second generation ISS diesel cold start technology with pre-heated intake air[J]. MTZ Worldwide, 2006, 67(5): 10-13.

[151] Ramadhas A S, Xu H, Liu D, et al. Reducing cold start emissions from automotive diesel engine at cold ambient temperatures[J]. Aerosol and Air Quality Research, 2016, 16(12): 3330-3337.

[152] Choi K W, Kim K B, Lee K H. Investigation of emission characteristics affected by new cooling system in a diesel engine[J]. Journal of Mechanical Science and Technology, 2009, 23(7): 1866-1870.

[153] Kamimoto T, Bae M. High combustion temperature for the reduction of particulate in diesel engines[C]. International Congress and Exposition, Detroit, 1988.

[154] Kitamura T, Ito T, Senda J, et al. Mechanism of smokeless diesel combustion with oxygenated fuels based on the dependence of the equivalence ratio and temperature on soot particle formation[J]. International Journal of Engine Research, 2002, 3 (4) : 223-248.

[155] Akihama K, Takatori Y, Inagaki K, et al. Mechanism of the smokeless rich diesel combustion by reducing temperature[C]. SAE World Congress, Detroit, 2001.

[156] Sasaki S, Ito T, Iguchi S. Smoke-less rich combustion by low temperature oxidation in diesel engines[C]. 9th Aachener Kolloquium Fahrzeug-und Motorentechnik, Aachen, 2000.

[157] Shimazaki N, Akagawa H, Tsujimura K. An experimental study of premixed lean diesel combustion process[C]. SAE International Congress and Exposition, Detroit, 1999.

[158] Walter B, Gatellier B. Development of the high-power NA DITM concept using dual-mode diesel combustion to achieve zero NO_x and particulate emissions[C]. International Spring Fuels & Lubricants Meeting & Exhibition, Reno, 2002.

[159] Helmantel A, Gustavsson J, Denbratt I. Operation of a DI diesel engine with variable effective compression ratio in HCCI and conventional diesel mode[C]. SAE World Congress, Detroit, 2005.

[160] Helmantel A, Denbratt I. HCCI operation of a passenger car DI diesel engine with an adjustable valve train[C]. SAE World Congress, Detroit, 2006.

[161] Inagaki K, Fuyuto T, Nishikawa K, et al. Combustion system with premixture-controlled compression ignition[J]. R&D Review of Toyota CRDL, 2006, 41 (3) : 35-46.

[162] d'Ambrosio S, Ferrari A. Effects of exhaust gas recirculation in diesel engines featuring late PCCI type combustion strategies[J]. Energy Conversion and Management, 2015, 105: 1269-1280.

[163] Suzuki H, Koike N, Ishii H, et al. Exhaust purification of diesel engines by homogeneous charge with compression ignition-part 1: Experimental investigation of combustion and exhaust emission behaviour[C]. International Congress & Exposition, Detroit, 1997.

[164] Hasegawa R, Yanagihara H. HCCI combustion in DI diesel engine[C]. SAE World Congress, Detroit, 2003.

[165] Rohani B, Park S S, Bae C. Effect of injection strategy on smoothness, emissions and soot characteristics of PCCI-conventional diesel mode transition[J]. Applied Thermal Engineering, 2016, 93: 1033-1042.

[166] Aronsson U, Andersson Ö, Egnell R, et al. Influence of spray-target and squish height on sources of CO and UHC in a HSDI diesel engine during PPCI low- temperature combustion[C]. SAE Powertrains Fuels and Lubricants Meeting, Florence, 2009.

[167] Petersen B, Miles P, Sahoo D. Equivalence ratio distributions in a light-duty diesel engine operating under partially premixed conditions[C]. SAE World Congress, Detroit, 2012.

第5章 柴油机排气后处理

柴油机以稀燃混合气、扩散燃烧方式工作。因此，它的CO和HC排放较少，但NO_x和颗粒物排放较高。在稀燃条件下，汽油机使用的TWC不能有效地将柴油机排气中的NO_x还原。此外，柴油机的排气温度低，排气中的颗粒物难以氧化。因此，为了达到严格的汽车和内燃机排放目标，柴油机排气系统就要针对其自身特点安装不同类型的后处理器。当然，后处理器的催化转化效率与混合气的燃空当量比、催化器的起燃温度和时间、空速、流动特性以及耐久性等有关。

柴油机广泛地应用于轻型和重型汽车。用户对重型柴油汽车的要求明显不同于轻型柴油汽车，重型柴油汽车是根据用户的特定需要而设计的，这样，柴油机和传动系统也需要适应这种需求，排气后处理系统也需要兼容汽车的类型、用途和柴油机功率。因为重型卡车要行驶几十万公里，所以用户对重型柴油机的两个主要要求是长的使用寿命和良好的燃油经济性。因此，重型柴油机和催化器系统要在排放标准限定的行驶里程范围内能满足这些要求。其中，满足重型柴油机排气后处理器的耐久性是柴油机催化器系统设计的关键。

因为柴油机燃用稀燃混合气，而功率大小是通过混合气的燃空当量比来控制的，所以柴油机与汽油机催化器运行条件的主要差异是低的排气温度和大的排气质量流量范围。柴油机在稀燃条件下运行，因此，它的排气温度比现代汽油机使用理论燃空当量比混合气工作时的排气温度低，如图5-1[1]所示。

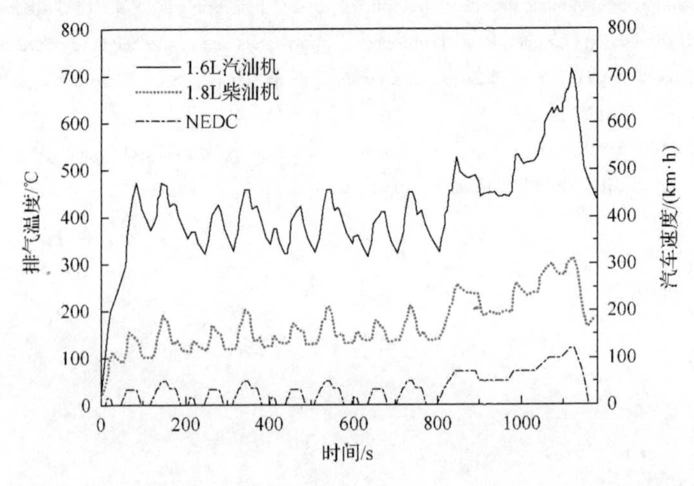

图5-1 同一款汽车安装不同发动机时，在NEDC下的排气温度[1]

随着汽车燃油经济性和 CO_2 排放标准的加严，柴油机排气温度还将继续下降，如图 5-2[2]和图 5-3[3]所示。

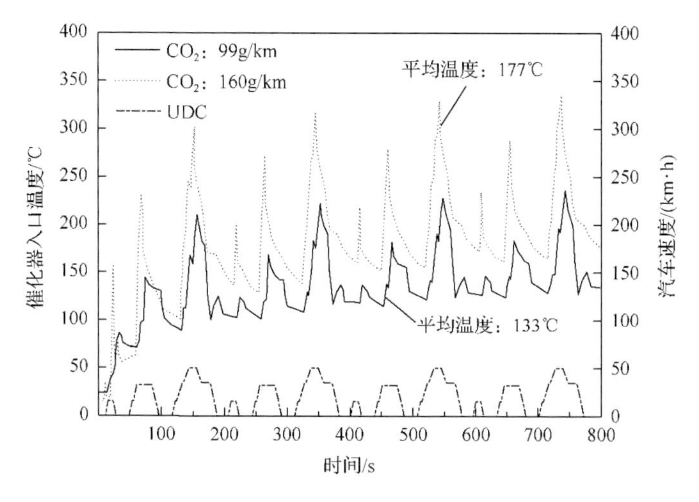

图 5-2　UDC 下催化器入口处的排气温度[2]

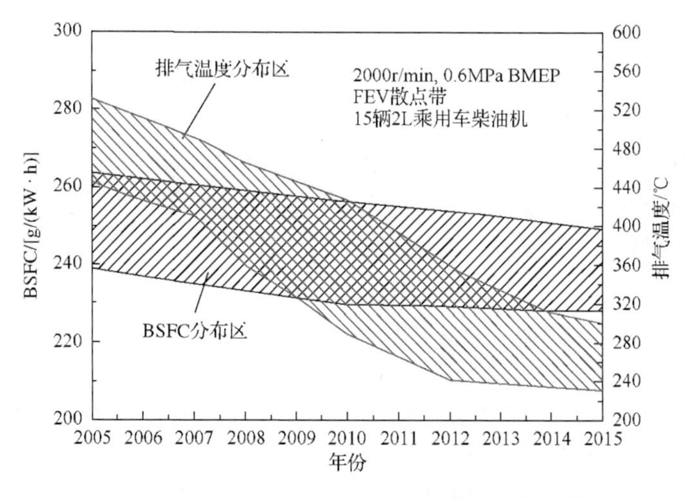

图 5-3　柴油机 BSFC 和排气温度的发展趋势[3]

低的排气温度是柴油机催化器设计的一个主要挑战，这是因为，低温时催化剂的活性低，导致催化器的效率低。低温也会使催化剂的脱硫困难(一般需要650℃的温度)。此外，柴油机使用稀混合气，其排气流量范围高于汽油机。高的排气流量导致催化器的空速升高。因此，柴油机催化器采用大的前端面积载体来达到理想的空速和压力降设计目标[4]。

目前，柴油机排气后处理器主要有氧化催化器、NO_x 催化器和颗粒过滤器等。用氧化催化器去除排气中的 CO 和 HC 相对较容易，但是在稀混合气条件下去除

柴油机排气中的 NO_x 和颗粒物排放更加复杂。

5.1 氧化催化器

柴油机氧化催化器(diesel oxidation catalytic converter，DOC)是最简单、应用时间最长的排气后处理器。早在 1967 年，DOC 就在室内铲车和地下矿井车辆中开始使用[5]。在 1993 年，DOC 在重型柴油机上得到了广泛的应用[4]。从 1994 年起，DOC 开始安装在美国中型柴油汽车上用于降低排气中的 HC、CO 和颗粒物中的 SOF[6]。目前，DOC 已经成为柴油机排气后处理系统的基本组成，而且通常是排气系统中的第一个后处理器。

DOC 有以下两个主要作用[7]。

(1)氧化 HC(包括多环芳香烃)、CO、颗粒物中的 SOF 以及排气臭味，将它们转化成水和 CO_2，或者用作催化燃烧器，将较迟喷入气缸内的二次喷油中未燃烧掉的 HC 和 CO 氧化掉，加热排气，进行柴油机颗粒过滤器(DPF)的再生。此时，由于催化器中的温度上升很快，会在 DOC 中产生很大的温度梯度。在最坏的情况下，CO 和 HC 仅在催化器前端放热。因此，控制 DPF 再生时 DOC 的温度上升极其重要。在陶瓷载体 DOC 中的温度上升许可为 200～250℃，以限制在载体中产生的应力大小[8]。

(2)把 NO 氧化成 NO_2，提高排气中的 NO_2/NO 质量比，为连续地进行 DPF 上的碳烟再生和提高 NO_x 催化器的转化效率提供保证，特别是在低温时。因此，DOC 需要根据特定目的进行优化。由于 NO_2 的毒性比 NO 更大，而且排气中的 NO_2 在美国是受到限制的[9]。所以，NO_2 在 NO_x 中的最大限值是很重要的。

对 DOC 的基本要求是：高的 HC 和 CO 氧化效率、低的起燃温度和好的低温活性、能减少颗粒物排放(主要是 SOF)、对热和中毒有很好的耐受力、低的流动阻力(压力损失)和燃油消耗恶化、低的成本以及好的机械强度。此外，将 SO_2 氧化成 SO_3 的活性要低[10]。

催化器的主要参数有蜂窝密度、通道的壁厚、催化器的横截面和长度以及催化剂的配方与涂敷量等。其中，蜂窝密度、壁厚和外形尺寸决定了催化器的加热响应、排气背压和机械稳定性[11]。影响 DOC 效率的因素有载体材料、贵金属种类和涂敷量、涂层材料、蜂窝密度和结构、流动阻力、空速、排气温度、催化器安装位置、试验循环、燃料中的硫含量以及润滑油中的添加剂等。催化器结构设计差异和催化剂组分会改变 DOC 的起燃温度、转化效率、高温稳定性、抗中毒能力和制造成本等。

DOC 通常由陶瓷或金属载体制成，呈整体式蜂窝结构。因为陶瓷的孔隙率低，所以整体式陶瓷载体有很好的强度。然而这种结构不利于催化剂的扩散，这样，就需要把高比表面积材料即涂层黏附在载体上，以便让催化剂扩散到涂层中[12]。涂层的主要功能是为贵金属提供一个大的表面积，并减缓催化剂在高温下的烧结，阻止不可逆的催化剂活性下降[8]。高比表面积涂层能提高贵金属扩散位，增加参与反应的活性成分被暴露的表面积，促进氧化反应，而且还能降低贵金属的用量，减少催化器的成本。此外，改变涂层中活性成分和涂层的热稳定性、比表面积、孔隙容积和表面反应活性还能影响催化剂的性能[13]。其中，多孔催化剂在降低柴油机排放方面常常起着极其重要的作用，因为柴油机的排气温度总体上处于120～350℃的低温区[4]。其中，在UDC下，典型的柴油机排气温度在120～150℃[1]。从柴油机排出的SOF甚至是气体或气溶胶，如怠速或低功率输出时，也会快速地冷却和浓缩。因此，DOC需要在比汽油机更低的温度下来处理液相和气相HC。此时，高比表面积的涂层像海绵一样吸附大量的液相HC，并有效地存储起来，阻止它与活泼金属反应，直到排气温度足够高时开始催化燃烧。非常幸运的是，构成SOF的烃是大分子(＞C16)，在合适的催化剂下，它比气态低分子烃更容易被氧化。其中，在低温下存储的SOF在超过200～250℃时被催化氧化掉了。因此，在DOC设计时要考虑HC吸附和存储的亲有机物表面积和适当孔径大小来促进HC的浓缩[14]。

常见的DOC涂层材料是Al_2O_3。为了阻止高孔隙率结构涂层的烧结，满足足够的高温稳定性，在通常情况下，要在Al_2O_3中添加金属氧化物，如BaO、CeO_2、La_2O_3、SiO_2和ZrO_2[5,15-19]。但是，这些金属氧化物对催化剂活性有其他的、可能不理想的影响，如阻挡活性点，因此必须要仔细地评估。此外，用SiO_2-沸石作涂层材料的DOC比用Al_2O_3作涂层材料的DOC更能承受高温烧结[20]。

DOC的体积依赖于蜂窝形状、表面积、催化剂涂层和运行条件。催化器做成蜂窝状的目的是增大排气与催化器活性表面的接触面积，减小催化器的体积。随着蜂窝密度的增加，催化器的转化效率提高。但随着排气温度的提高，蜂窝密度对催化转化效率的影响相对减小。催化剂的比表面积决定它的活性，尤其是在排气温度较低时。为了增加催化器的转换效率和补偿低的工作温度对转化效率的不利影响，在DOC中的贵金属质量大约是相同排气处理量的TWC的2～3倍[21]。高比表面积催化剂有高的催化转化效率。典型的DOC体积为发动机排量的0.6～0.8倍；典型的DOC空速为150000～250000h^{-1}[8]。在相同排气流量下，催化器允许的空速越大，DOC的体积就可以做得越小。因此，DOC的选取要综合地考虑起燃温度、转化效率、温度稳定性、中毒耐受性和制造成本。此外，DOC的转化效率依赖于空速，空速低时，催化器的效率高。因此，在EGR取气口的下游安装DOC能减少HC排放[11]。然而，CO排放更加依赖于催化剂的温度。因此，DOC安装在EGR取气口上下游时CO的排放没有明显的差别[11]。

DOC催化剂的选取主要受到两个因素的影响[22]：一是对SOF的去除能力，

降低颗粒物排放；二是形成硫酸盐导致颗粒物排放增加。DOC 中最常用的贵金属是 Pt 和 Pd。研究发现[22]：SOF 的去除很大程度上依赖于贵金属的含量或种类。降低 Pt 的涂敷量或用 Pd 能减少硫酸盐的生成量。在低温下，仅用 Pt 来降低排气中的气相 HC 和 CO 成分。因此，最好的解决方案是用低 Pt 催化剂，联合具有低硫酸盐生成的 Pd 去除 SOF，而不牺牲气相成分的转化效率。此外，DOC 也必须对柴油机排气中的气相 HC 和 CO 有很好的选择性，而不要把 SO_2 氧化成 SO_3。这是一个相当大的挑战，因为对 SOF 有高活性的催化剂也会把 SO_2 氧化成 SO_3。在不需要极高的排气温度条件下，Pt 能提供好的氧化活性并在 SO_2 存在时也有足够的活性。因此，需要有高选择性的催化剂。Pt 和 Pd 对烃具有低温高活性，但是它们对 SO_2 也有很好的活性。因此，在通常情况下，DOC 催化剂由 $Pt/CeO_2/Al_2O_3$ 组成，因为在 SO_2 存在的条件下，Pt 有很好的耐久性。在北美最成功的方法是采用高比表面积的 CeO_2 联合 γ-Al_2O_3 整体式催化器，以实现对 SOF 和部分气相 HC 和 CO 的高效转化，而生成较少的 SO_3[22]。

近年来，柴油中的硫含量已经减少，用相对便宜的 Pd 部分替代 Pt 已经成为可能，因为 Pd 基 DOC 对排气中的硫中毒更加敏感，尤其是在低温下。优化配比的 Pt-Pd 双金属 DOC 比 Pt 或 Pd 基 DOC 有更好的 HC 起燃活性和热稳定性[9,23]。Watanabe 等[24]发现，Pt/Pd 质量比＝3∶1 的 DOC 有较好的性能。Kim 等[9]发现，在 Pt/Pd=7∶1 时，丙烯的起燃温度从 Pt DOC 催化剂时的 205℃降至 155℃，而 Pt/Pd=1∶5 时，起燃反而恶化。NO 氧化成 NO_2 直接依赖于催化剂中的 Pt 含量。Pt 含量越高，有越多的 NO 被氧化成 NO_2。此外，在稀燃条件下，Pt-Pd 催化剂对 CO 和 HC 展现出了很高的活性和比 Pt/Al_2O_3 更好的稳定性[21]。Pd 基 DOC 一直用于主动再生 DPF 系统中，因为此时需要更加严厉的高温稳定性以经受再生时的放热反应。与 Pt 催化剂相比，在 DPF 再生时，Pt∶Pd=3∶1 的 DOC 催化剂能减少 HC 的逃逸，但在 DOC 入口温度低于 250℃时，不能进行氧化反应，仍然需要喷入 HC 进行 DPF 再生。在低速下，这一影响更加明显，因为 HC 蒸发吸热超过了排气的热量；使用增强 HC 氧化的涂层能改善 DPF 再生期间 Pt-Pd 催化剂的熄灭作用[24]。

表 5-1 对比了 Pt 和 Pd 催化剂的优缺点[24]。

表 5-1　贵金属特性比较[23]

金属	优点	缺点
Pt	低温活性好 促进 NO_2 生成 硫中毒风险低	比 Pd 更贵 CO 引起中毒
Pd	高的 CO 起燃活性 价格低	硫中毒风险高 低的 NO_2 生成量

此外，在高温下，Pd 比 Pt 有更强的耐烧结能力[23,25]。Pt 和 Pd 混合物 DOC 也有比 Pt 基 DOC 低的烧结倾向[25]，可能的原因是部分 Pd 形成了有保护作用的 PdO 层[26]。

HC 完全氧化往往遵守 Langmuir-Hinshelwood[27]吸附 O_2 和 HC 的双位机理[28,29]。在柴油机排气中存在许多不同类型的 HC，包括芳香烃、饱和烃和不饱和烃。不同的烃有不同的反应速率，对于烷烃，随着碳链长度的增长，其反应速率降低，因为需要有更多的相邻部位实现 HC 链吸附[30]。此时，表面反应受限于速率。在低于起燃温度时，HC 的吸附强于 O_2，限制了表面氧参与反应。HC 强的化学吸附对 HC 氧化有很大的抑制作用[29]。气相 HC 直接通过与催化剂活性表面接触而被氧化，所以其转化效率随着排气温度的增大而提高。在柴油机排气温度低时，大部分 SOF 被吸附到碳粒上，导致黏性的颗粒物保留在涂层上。随着排气温度的升高，SOF 被氧化，留下黑色的干颗粒物。大部分干颗粒物随着排气流量的增加而被吹走。然而，只有少量的碳烟在催化剂中被氧化。在柴油机排气温度高时，颗粒物几乎未变地流过催化器，因为颗粒物没有吸附 SOF，所以 SOF 的转化效率降低[22]。目前，DOC 能降低 15%～30%的柴油机颗粒物质量[8]。

O_2、催化剂和反应物的相互作用对在 DOC 中发生的氧化反应起着很重要的影响。特别重要的是，不管发生什么氧化反应，在到达临界反应温度前，随着温度的增加，吸附到催化剂上的 O_2 增多[31]。在通常的工作温度下，O_2 的吸附是不可逆的。为了获得高的 CO 转化为 CO_2 的效率，催化剂必须要增加到能脱附其表面上 CO 的温度[32,33]。

冷起动时柴油机的 HC 排放也是一个需要解决的问题。通过在 DOC 中添加特殊吸收和捕捉气相 HC 的沸石，在催化剂还没有热能氧化 HC 前，由沸石吸附 HC，防止它对活性 Pt 位的阻碍[1,14]，由此改进低温冷起动时 DOC 对 CO 和 HC 的氧化能力[5,21]。在排气温度升高时，HC 从沸石中释放出来，并在 Pt 位被氧化[1]。因此，平衡催化剂的 HC 释放和氧化能力，在进行 HC 氧化后脱附 HC 是这类催化剂面临的一个挑战。

图 5-4 给出了在 Pt 催化剂中添加沸石对 HC 转化效率的影响[12]。可见，添加沸石后，HC 的转化效率得到了改善。对于排气温度比较低的乘用车来说，需要高的金属涂敷催化剂(Pt 含量为 10～40g/in^3)，因为在对颗粒物、HC 和 CO 均有好的转化效率的同时，生成较少的硫酸盐。在不同测试循环下柴油机的排气温度变化形式不同，因此，需要开发不同的催化剂以满足不同汽车市场的要求。

柴油机排气温度低，由高温烧结引起 DOC 老化的可能性不大。DOC 活性下降常常是由催化剂中毒引起的。由硫引起的 DOC 失活有改变催化剂的形貌、结构和电子特性几种途径[34]，由此引起 CO 氧化性能的减小，并更显著地影响 HC 的氧化[35]。在稀燃和温度高于 300℃的条件下，DOC 把 SO_2 转化成 SO_3[35]。SO_3

在高于 700℃的温度下仍然是稳定的。SO_3 与涂层中的基本成分如 CeO_2 或联合水蒸气生成硫酸盐，增加颗粒物排放[21,35-37]。图 5-5 给出了排气温度对柴油机颗粒物排放的影响。可以看出，SOF 在 DOC 中的最佳转化效率在 200～345℃。低于 200℃，催化转化效率降低，而高于 345℃，硫酸盐的排放增加，也会使总颗粒物排放增加。因此，DOC 的涂层必须能抑制硫酸盐的生成，减少在高温时的硫酸盐排放和在低温时对氧化硫的吸附。硫在排气中的另一种形式是 H_2S，尽管这种形式更常出现在汽油机或在 LNT 浓/稀循环再生时。H_2S 在 300℃以上的温度下被氧化成 SO_2/SO_3。可见，限制柴油中的硫含量对于降低柴油机排放是十分重要的。

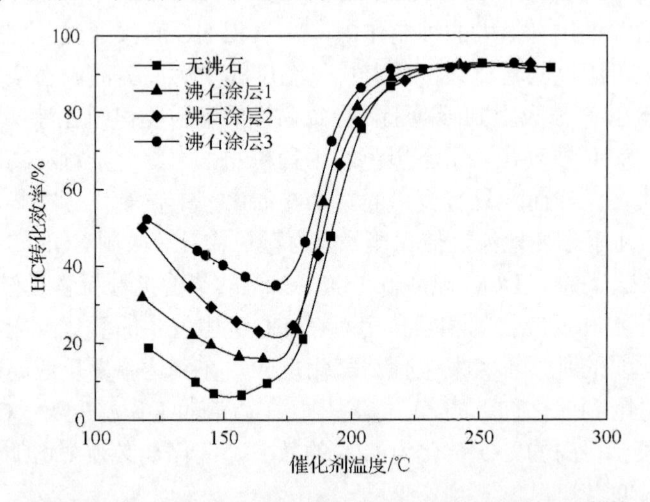

图 5-4　在 Pt 催化剂中添加沸石对 HC 转化效率的影响[12]

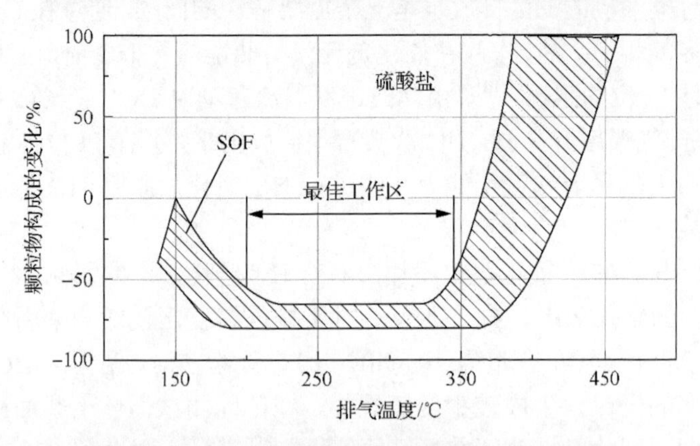

图 5-5　DOC 入口排气温度与颗粒物转化率的关系

除了硫，柴油机在冷机运行时，未燃烧的润滑油和添加剂会沉积到催化剂中。不像润滑油中的有机成分，添加剂会被催化氧化。因此，来自燃料添加剂的锌、磷和钙的化合物就会积聚在催化剂表面或内部(2%～3%)，成为引起 DOC 长期失活的最主要原因[38]。其中，在 DOC 中的磷对气态成分失活起着重要的作用[4]。此外，覆盖在涂层上的未燃碳组分通过妨碍传质和扩散，导致自由活性中心的减小而降低 DOC 的转化效率[21]。因此，必须要设计对这些中毒材料不起作用的涂层，而且涂层孔结构必须能容忍大量的这些金属氧化物，防止它们堵塞孔道而降低孔内的扩散极限。

由于汽车排放标准的加严，柴油机上安装了 DPF。为了在一些发动机循环进行 DPF 再生，安装在 DPF 上游的 DOC 中产生高温，容易引起贵金属和/或涂层的烧结。由于热失活，Pt 的活性下降[23]。使用 Pd 的好处是，Pd 比 Pt 在高温下有更好的阻止烧结的能力[25]。

此外，随着柴油机技术的发展，DOC 的配方也面临一些新的挑战。目前，DOC 的主要研究努力是在先进柴油机低温排气条件下实现高的催化转化效率。在大部分测试循环下，低温燃烧柴油机的排气温度低于 240℃，甚至低于 200℃[39]。在低负荷时，低温预混燃烧能显著地降低柴油机的 NO_x 和颗粒物排放，但是 HC 和 CO 排放比传统柴油机高几倍。研究发现[40,41]，随着排气中 O_2 浓度的下降以及 HC 和 CO 的上升，DOC 对 HC 和 CO 的起燃温度要比传统柴油机高 50～60℃。例如，在反应活性控制的压燃（reactivity controlled compression ignition，RCCI）发动机条件下，DOC 的起燃温度从传统柴油机的 190℃增加到了 240℃[42]。在低温排气条件下，去除 NO_x 和增加 CO 能大大地改善 DOC 的低温起燃特性，而且 NO 和 H_2 能促进甲烷的起燃[43]。因此，需要开发多功能的催化剂，它不但能提供 O_2，而且还能吸收 CO。通过这种方法，在 5000×10^{-6} 的 HC 和 CO 条件下，能将 DOC 的起燃温度从以前的 280℃降至 225℃[41]。

DOC 在排气系统中的安装位置影响催化器的起燃过程和氧化性能。DOC 离柴油机越远，催化器的温度就会越低，起燃时间越迟。催化器的位置必须考虑潜在的传热损失和可用的安装空间。在传统的排气后处理器布置方案中，DOC 是排气系统中的第一个后处理器，并且放置在汽车底板下[44]。目前，许多柴油机排气后处理系统已经采用单个靠近柴油机的催化器或者一个靠近柴油机的前置催化器加上一个汽车底板下催化器的方案。安装一个体积小的涡轮前 DOC 能减少柴油机 40%～60%的 CO 和 HC 排放，并能减轻对下游 DOC 的要求，又能达到很好的氧化效果[17]。

柴油机排气中 NO 约占 NO_x 的 90%[45]，因此，DOC 不但对于 CO 和 HC 氧化，而且对 NO 的氧化都重要。尽管 Al_2O_3 吸附 NO_2 的能力没有 BaO-Al_2O_3 强，但由 DOC 转化来的 NO_2 也能吸附在 Al_2O_3 涂层上[46]，参与 NO_x 的还原反应。NO_x 后处理器安装在 DOC 后，其原因是在 DOC 中把 NO 氧化成了 NO_2，因为一定比例的 NO_2 在 LNT 和 SCR 催化剂中总体上更适合还原，特别是在低于 250℃的温度时[47]。由 DOC 流出的 NO_2 进入 LNT 催化器，吸收在 LNT 催化剂的上游点，而不是在氧化后被吸收[48]。由于有更多的 NO_2 被吸附在上游，在再生阶段，沿着 LNT 催化器，NO_x 与还原剂有更多的相互作用[49]，有助于降低柴油机的 NO_x 排放。由于 DOC 反应对温度的依赖性，NO 转化成 NO_2 的氧化反应必须要在高于 200℃时才能发生[50]。但是在柴油机低速和低负荷下难以达到这个温度。因此，在低温运行范围，提高 DOC 温度对于降低柴油机的 NO_x 排放也极为重要。

5.2 柴油机 NO_x 后处理器

从理论上讲，NO 可以被分解成 N_2 和 O_2，但这个反应过程需要很高的能量，而且反应过程很缓慢，因此，这个方式难以在实际车辆上实现。尽管第一个商用稀燃 NO_x 后处理系统在 21 世纪最初几年在欧洲市场上的丰田 Avensis 汽车和 2007 年在美国 Dodge Ram 卡车(康明斯柴油机)上使用了，但是第一个大规模使用的 NO_x 后处理器是在 2005 年欧洲重型卡车上应用的 SCR 后处理器。为了满足美国 Tier 2 和加州 LEVⅡ法规，轻型汽车在 2007 年第一个使用了 SCR 催化器。直到 2011 年，在美国和欧洲的非道路车辆上才使用 SCR 催化器[51]。目前，去除柴油机排气中 NO_x 排放的后处理器主要有 SCR 催化器和 LNT 两种。

NO_x 后处理器的转化效率依赖于各种可控和不可控因素。催化剂的温度是影响 NO_x 催化转化效率的一个重要因素。此外，可控参数，如循环时间，即 NO_x 存储和再生时间、空速以及喷入排气中的柴油或尿素量等也很重要。

将 NO_x 去除技术应用于汽车必须要克服柴油机在过渡工况和大的排气温度窗口(低温活性改善和高温稳定性)下的高转化效率问题[52]。为了满足日益严厉的汽车 CO_2 排放和燃油消耗目标，柴油机原始 NO_x 排放在增加，而排气温度却在降低。其中，在低速 UDC 条件下，低 CO_2 排放柴油机的排气温度低于 200℃[53]。此外，为了满足欧Ⅵ排放标准以后的汽车和内燃机排放标准，如 RDE 和 WLTP 等，需要进一步改善柴油机在驾驶条件下去除 NO_x 的能力。降低 RDE 条件的 NO_x 排放有两个主要的挑战：一是需要在高速和高负荷条件下大幅度地降低 NO_x 排放；二是要在像 UDC 条件那样低的排气温度下降低 NO_x 排放。因此，根据车辆的工作特点，开发在低排气温度下具有高活性的 NO_x 催化剂是满足柴油机燃油消耗目标的必然要求。

5.2.1 柴油机 NO_xSCR 催化器

SCR 催化器能在柴油机上连续工作，同时降低其 NO_x 排放和燃油消耗，而不会影响其行驶性能。因此，SCR 技术是降低重型柴油机 NO_x 排放的主要技术。在 2003 年，SCR 催化器开始在欧洲重型柴油汽车上进行商业化应用。那时，SCR 催化器可以去除欧洲重型汽车过渡循环中 75%的 NO_x 排放以满足欧Ⅳ排放标准[53]。

在2005年，SCR催化器在欧洲和日本的重型柴油机上应用。到2010年初，国际上主要的汽车市场，如美国、欧洲和日本新生产的中、重型柴油汽车已经用尿素作SCR催化器的还原剂来满足最严厉的NO_x排放要求[53]。由于SCR催化器技术的不断进步，循环平均的重型柴油机排气中的NO_x去除效率已从2012年的94%增加到2014年的96%[39]。如果要将SCR催化器去除NO_x的效率提高到98%，还需要在催化剂开发、耐久性、NH_3的吸附控制和系统设计方面付出更大的努力[7]。SCR催化器也是满足重型柴油车欧Ⅵ排放标准和美国Tier 2 Bin 5法规的技术保障。为了满足欧Ⅵ排放标准，SCR催化器的循环平均NO_x去除率要高于95%[54]。SCR催化转化效率的改善依赖于传感器对NO_x和NH_3等的监控和反馈控制。随着NO_x催化器效率的提高，SCR系统控制变得越来越重要。这涉及NH_3的存储和过量NH_3逃逸的控制，尤其是在过渡工况。因此，需要开发先进的基于模型控制的新方法。如果NO_x催化器能去除98%的NO_x，则重型汽车在不需要EGR时就能达到NO_x排放的目标。对于轻型柴油汽车，如果NO_x催化器的最大去除率能达到LEV Ⅲ排放标准，则可以降低柴油机的成本[55]。

SCR催化剂主要有钒基($V_2O_5/WO_3/TiO_2$)、Fe-沸石和Cu-沸石几种[56]。

钒基SCR催化剂在中等温度(300～450℃)时对NO_x有高的还原活性[57]。此外，钒基SCR催化剂还有很强的耐硫能力[58]，并对HC和碳烟氧化也有很好的活性[59]，因为钒基SCR催化剂中的V_2O_5与碳烟直接接触，能把碳与O_2的反应温度降到350～450℃[60,61]。而且新配方对排气中低NO_2也不敏感[62]。因此，钒基SCR催化剂在欧洲和无低硫柴油的新兴市场国家，如中国和印度，以及一些非道路柴油机上得到了广泛的应用，以满足重型柴油汽车欧Ⅳ排放标准和欧Ⅴ排放标准，而没有在美国或日本使用，因为它暴露在DPF再生时的热流中。

但是，钒基SCR催化剂的高温稳定性差[63]。传统的商用钒基SCR催化剂的挥发温度为550～600°。目前已有在750℃下不挥发的钒基SCR催化器[64]。此外，钒基SCR催化剂的活性较低，尤其是在最低的柴油机负荷/排气温度时。增加钒基SCR催化剂中的V_2O_5含量有可能提高其活性。但当V_2O_5含量≈3%时，钒基SCR催化剂的选择性降低[65]。

沸石是硅、铝和氧等组成的具有有序晶格结构的矿物质分子筛。不同孔径的分子筛可以吸附不同的分子，因此，影响NO_x的还原活性、NH_3的存储能力和耐久性。Fe-β沸石或菱沸石有比其他沸石更好的水热稳定性[51]。在过去的10～15年里，NO_x催化剂的研究主要集中在Fe-沸石和Cu-沸石SCR催化剂。沸石基SCR催化剂特别有吸引力，因为它们不依赖于贵金属，有高的耐硫能力并且在宽广的温度范围内活性高。Fe-沸石和Cu-沸石SCR催化剂比钒基SCR催化剂有更好的低温性能，而且更能容忍排气中不理想的NO_2水平[66]。此外，在大的温度范围内，Fe-沸石和Cu-沸石SCR催化剂比钒基SCR催化剂的耐久性好，并对NO_x有更高的还原效率[67-69]。总体来说，低温 SCR 反应受化学反应机理的限制而不是物质传输的限制。因此，高的催化剂涂敷量能增强 SCR 催化剂的低温性能。

Fe-沸石 SCR 催化剂和 Cu-沸石 SCR 催化剂两者间的主要差别在于它们各自的 NO_x 还原工作窗口。通常 Fe-沸石 SCR 催化剂在高的温度下有高的 NO_x 转化能力，而 Cu-沸石 SCR 催化剂在低的温度下工作得更好。研究表明[70]，在 Fe-沸石 SCR 催化器酸性反应点容易吸收 NH_3，但在 Cu-沸石 SCR 催化器上不是这样的。这就阻止了 Fe-沸石 SCR 催化器低温性能。另外，NO 吸附在 Cu-沸石 SCR 催化器反应点上，阻碍了它进一步地被氧化。这就导致了 Fe-沸石 SCR 催化器有好的低温过渡性能，吸收到的 NO_x 容易与 NH_3 反应。而 Cu-沸石 SCR 催化器则在沸石上通过物理方式吸收 NH_3，Cu 位提供正在催化氧化 NO 的氧化还原中心，后来形成表面吸附复合物，并以很高的选择性进一步地与吸附的 NH_4^+ 反应生成 N_2[51]。因此，Cu 的负载量必须优化。在低的 Cu 负载量时，没有足够的 Cu 位进行氧化还原反应，而在过高的 Cu 负载量时，则没有充足的酸性位进行 NH_3 的吸附与活化。即使酸性位的数量不是决定反应速率的因素，但高的 Cu 负载量会引起 NH_3 的过度氧化，减少催化剂的选择性。此外，过大的 Cu 负载量可能负面地影响催化剂的水热稳定性[51]。表 5-2 对比了不同类型 SCR 催化剂的特性[71]。

表 5-2　不同类型 SCR 催化剂的特性对比[71]

评价参数	钒基（$V_2O_5/WO_3/TiO_2$）	Cu 沸石（Cu-ZSM-5）	Fe 沸石（Fe-β）	混合金属氧化物（CeO_2-ZrO_2 基）
单个化合物的功能	V_2O_5：SCR 活性中心 WO_3：促进剂 TiO_2：支撑	Cu：把 NO 氧化成 NO_2 ZSM-5：主导 SCR 反应，存储 NH_3	Fe：把 NO 氧化成 NO_2 β：主导 SCR 反应，存储 NH_3	CeO_2：SCR 活性中心，存储 O_2 ZrO_2：热稳定剂，存储 NH_3
SCR 活性	高（依赖于 V_2O_5 的浓度，在重量比约 3%时达到最高）	高（在低温时，高于 350℃后逐步下降）	高（在高达 600℃时，过高的温度导致 NH_3 过多消耗），低（<300℃）	高（可变的温度窗口，依赖于 Ce/Zr 质量比，表面积和水浓度）
SCR 特征温度	起燃温度：200℃ ≥90%效率温度：300～500℃	起燃温度：180℃ ≥90%效率温度：250～400℃	起燃温度：300℃ ≥90%效率温度：400～650℃	起燃温度：约 250℃ ≥90%效率温度：300～500/550℃，依赖于 Ce/Zr 质量比和添加剂
NH_3 存储能力	低	高	高	中等
NH_3 逃逸	是（依赖于添加量）	仅在过度添加时，尽管有约 10%的 NH_3 被氧化成 N_2	仅在过度添加时，尽管有约 10%的 NH_3 被氧化成 N_2	是（依赖于添加量，比沸石的储氨能力低）
选择性	好（直到 450℃）	好	高（直到高温）	高
N_2O 生成	在>400℃的温度下，生成量增加（在 10×10^{-6} NH_3 逃逸时）	高的生成倾向，甚至在低温下	不生成，在高于 400℃的温度下，N_2O 被还原成 N_2	低的生成倾向
毒性	V_2O_5 挥发（>690℃）	$CuSO_4$ 的生成是一个潜在的问题	无	无/低

通常，$V_2O_5/WO_3/TiO_2$ SCR 催化剂中的 V_2O_5 重量比为 1%～3%，WO_3 重量比约为 10%[63,72]。WO_3 除了能提高 SCR 催化剂的活性，还能改善它的热稳定性[73]。

沸石 SCR 催化剂甚至在 800℃的温度下暴露 64 小时对去除 NO_x 的效率的影响也较小[74]。对于中型和重型卡车，Cu-沸石 SCR 催化剂有明显的优势[75]。因此，小孔径的 Cu-沸石 SCR 催化剂已经成功地用于美国的皮卡车和重型柴油汽车上以满足美国严厉的 EPA 2010 排放标准，Cu-沸石 SCR 催化剂也在欧洲轻型柴油车上进行商业化应用，以满足欧Ⅴ排放标准[51]。在 NO_2 体积＞NO 体积的情况下，过量的 NO_2 难以用 NH_3 还原[66]。此外，Cu-沸石 SCR 催化剂产生高浓度的 N_2O，而 Fe-沸石 SCR 催化剂则不生成[76]。

SCR 系统的运行温度范围在 200～600℃。最优转化效率温度窗口为 250～450℃。在 200℃时开始反应，在 350℃时获得最大的转换效率[77]。因此，SCR 催化剂的研究重点是扩展工作温度窗口，优化低温活性[8]。图 5-6 对比了不同类型 SCR 催化剂去除 NO_x 的转化效率[54]。可见，Cu-沸石 SCR 催化剂有最好的低温性能，在低于 350℃的温度下，Cu-沸石 SCR 催化剂比 Fe-沸石 SCR 催化剂有更高的 NO_x 转化效率，而 Fe-沸石 SCR 催化剂有最好的高温性能。在高于 400℃的温度下，Fe-沸石 SCR 催化剂有更高的 NO_x 转化效率。虽然 V_2O_5 便宜，而且耐硫，但在 600℃以上的温度下，其去除 NO_x 的效率恶化。

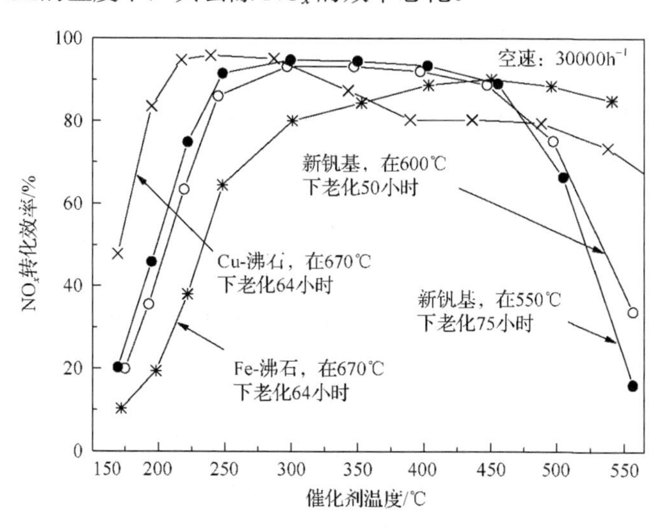

图 5-6　不同类型 SCR 催化剂的 NO_x 转化效率对比[54]

钒基 SCR 催化剂最便宜，但是其高温耐久性差，在 550～600℃的温度下 NO_x 转化效率恶化。因此，它不能安装在需要高于 650℃进行主动再生的 DPF 后。同样，Fe-沸石 SCR 催化器的低温性能强烈地依赖于排气中 NO_2 的可用性[51]。

Cu-沸石和 Fe-沸石 SCR 催化剂对 NO_x 转化效率依赖于尿素喷射量的控制和

用 DOC 提供的 NO_2/NO_x 比，尤其是在排气温度较低时。研究发现，在低于 265℃的温度下，SCR 催化剂的效率强烈地依赖于存储在催化剂中的 NH_3 量。通过算法控制，可以在平均排气温度为 160℃的日本重型车过渡测试循环中，将 NO_x 的转化效率从通常的 50%提高到 75%[78]。但是，在低温，甚至在低于 250℃的温度时，Cu-沸石 SCR 催化剂的 NO_x 转化效率受 NO_2/NO_x 比的影响较小[70]。然而在高温时，Cu-沸石 SCR 催化剂的 NO_x 转化效率受 NO_2/NO_x 比的影响作用消失，因为由 NO 转化成 NO_2 的热力学限制急剧减小[70]。就 NO_x 成分管理来说，NO∶NO_2＝1∶1 时 SCR 催化剂的反应速率最快，NO_x 转化效率最佳，这在低于 200℃的排气温度下，维持好的 SCR 催化剂效率尤其重要。但过量的 NO 氧化后，可能会生成硝酸铵沉积物，并堵塞催化器[70]。在没有 NO_x，大约 300℃以上的温度下，NH_3 在 Cu-沸石 SCR 催化剂中的氧化有很大的选择性，主要生成 N_2（＞95%）。Fe-沸石 SCR 催化剂也有类似的行为，但是它的活性更低，在大于 500℃的高温下生成高的 NO_x[76]。因此，在低温时，安装在上游的 DOC 对生成最佳的 NO_2 浓度和总的 NO_x 转化效率起关键性的作用。

Cu-沸石 SCR 催化剂在低于 450℃的排气温度和少或没有 NO_2 时有较高的 NO_x 转化效率，但在高于 450℃的排气温度时，它有选择性地把 NH_3 氧化成 N_2、NO_x 和 N_2O，引起高温时低的 NO_x 转化效率。Fe-沸石 SCR 催化剂在高于 550℃时，有很好的 NO_x 转化效率，但在低温和无 NO_2 时，它比 Cu-沸石 SCR 催化剂的转化效率低。因此，将 Fe-沸石 SCR 催化剂和 Cu-沸石 SCR 催化剂组合，用 Cu-沸石 SCR 催化剂改善低温时 NO_x 的去除效率，而用 Fe-沸石 SCR 催化剂改善高温时的性能，就能实现热稳定性、有效的尿素喷射管理、较少的 NH_3 泄漏和副产物生成以及扩大的 SCR 催化剂高效范围[79]。由于 Cu-沸石 SCR 对 NH_3 的氧化，要求把 Cu-沸石 SCR 催化剂放在 Fe-沸石 SCR 催化剂后，以发挥 Fe-沸石 SCR 催化剂的高温优点，而且 2/3Fe-沸石+1/3Cu-沸石 SCR 催化剂的效率最好，因为从 Fe-沸石 SCR 催化剂中逃逸的 NH_3 会在下游的 Cu-沸石 SCR 催化剂中被部分氧化成 N_2。这种 Fe+Cu 的沸石 SCR 催化器能在 230～640℃的温度范围内，得到至少 80%的 NO_x 转化效率[80]。

使用 SCR 催化器时消耗的尿素对柴油机的经济性也有影响。图 5-7 给出了柴油机原始 NO_x 排放与燃油消耗和尿素消耗量间的关系[81]。可见，柴油机的原始 NO_x 排放越高，其满足汽车排放标准时所消耗的尿素量就越多。因此，整车的燃油经济性也与尿素消耗量有关，需要进行综合的评价。

改善柴油机燃油经济性使排气温度降低，因此，在低温下催化剂高活性的重要性正在增加。增加蜂窝密度还能进一步地改善 SCR 催化器的性能，这在高温下有特别的优点，因为 SCR 反应受限于传质，载体蜂窝密度的增加能改善排气与催化剂的接触，增加活性。与传统的催化剂载体不同，高空隙率载体允许催化剂涂层能深入载体主体中，在给定的载体体积下能涂敷更多的活性催化剂。特别是在低温时，SCR 反应受到动力学的控制，即用大量活性催化剂来提高它的转化性能。因此，Cu-沸石 SCR 催化器的性能可以通过把它们涂敷到高孔隙率载体上的方法进一步地改善[82-84]。

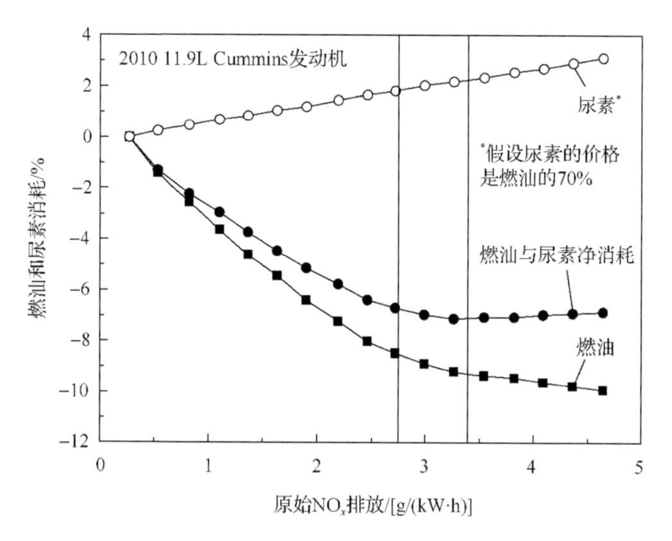

图 5-7 燃油和尿素消耗与原始 NO_x 排放间的关系[81]

轻型柴油汽车排气后处理系统中 NO_x 催化器的起燃时间极其重要。由于受到低温下 SCR 催化器转化效率低的限制，要在轻型柴油汽车测试循环中获得高的 NO_x 转化效率是困难的。在 Fe-沸石 SCR 催化器前加一个小的 Cu-沸石 SCR 催化器能改善低温性能，尽管它会牺牲一点高温 SCR 催化器性能[80]。此外，不同的尿素喷嘴设计提供不同的尿素水溶液滴质量和不同时刻下的分布。优化尿素的雾化质量还能进一步地提高 SCR 后处理系统去除 NO_x 的效率。将 Cu 交换进入小孔径沸石，如菱沸石 SCR 催化剂已经显示出许多显著的优点：一个优点是这些小孔径沸石阻止了大多数 HC 进入其结构内，防止了它们接触 Cu 的活性位，抑制可逆的 SCR 反应；另一个优点是获得更好的低温转化效率和更低的 N_2O 排放[85]。

柴油汽车的负荷和转速经常发生突然的变化，会引起排气流量和温度的不停变化。因此，需要一个成熟的还原剂喷射控制系统。对于过渡工况下的尿素喷射控制，NH_3 的存储能力是很关键的。对于 SCR 系统标定来说，了解 NH_3 的吸附行为是根本，尤其是在低温时[70]。图 5-8 给出了在不同温度下不同 SCR 催化剂的储氨能力[76]。可见，在低温下，Cu-沸石 SCR 催化剂存储 NH_3 能力明显高于 Fe-沸石 SCR 催化剂，这可能是 Cu-沸石 SCR 催化剂在低温时有良好活性的原因。但是，SCR 催化剂老化会显著地影响它存储 NH_3 的能力和催化性能[70]。在从冷到热的过渡中，从 SCR 催化剂上逃逸的 NH_3 是一个重要的控制问题。此外，NO_x 后处理系统还能解决欧洲正在出现的 NO_2 问题，因为在有代表性的实际驾驶循环中，欧V排放标准汽车的 NO_2 排放比欧II排放标准汽车增加了 3 倍[86]。

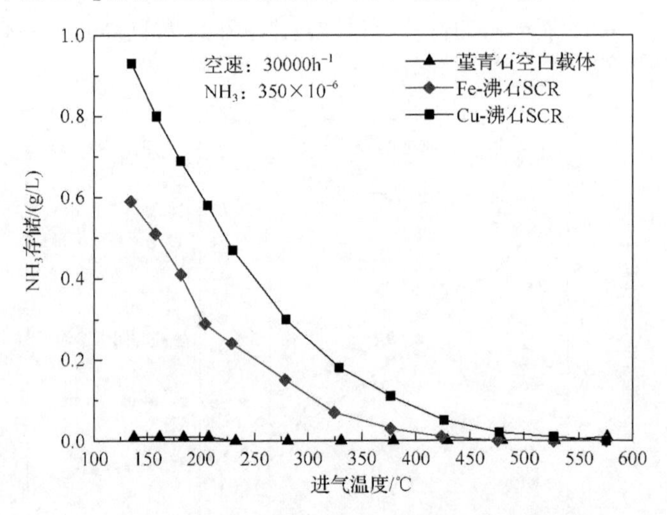

图 5-8　Cu-沸石和 Fe-沸石 SCR 催化剂中 NH_3 的存储能力与温度的关系[76]

1. SCR 催化器的工作原理

在富氧条件下，利用 NH_3 还原 NO_x 的 SCR 技术在降低固定源排出的 NO_x 方面得到了很好的应用[87]。但是 NH_3 是一种有毒的化学物质，因此，直接用 NH_3 作为还原剂在汽车上使用面临许多挑战。所以，柴油机使用的 SCR 还原剂是通过间接方法制备的 NH_3 或 HC。

柴油机排气中的 HC 浓度很低，用它作还原剂来还原排气中的 NO_x 排放是不够的。因此，需要通过喷油来补充其还原剂。燃油可以在膨胀行程喷入气缸，也可以喷入排气管。以燃料 HC 作为还原剂的 SCR 催化器中发生的主要反应有

$$2NO + O_2 = 2NO_2 \tag{5-1}$$

$$C_xH_y + NO_2 \to CO_2 + N_2 + H_2O \tag{5-2}$$

$$C_xH_y + O_2 \to CO_2 + H_2O \tag{5-3}$$

虽然用 HC 作为还原剂的 SCR 催化器性能受 NO_2/NO_x 比的影响不大[88]，但用喷油方式提供 HC 还原剂有其固有的问题，因为在稀燃条件下，HC 与 NO_x 和 O_2 之间存在竞争性的反应，而且 O_2 容易取代 NO_x 成为有利的氧化剂。此外，用 HC 作为还原剂的 SCR 催化器还有活性低、高效温度窗口窄和耐久性差等问题[89,90]。将还原用的燃油在膨胀冲程喷入缸内，还容易引起润滑油的稀释。Hirabayashi 等[91]

提出了一个新的HC还原NO_x方法，即在排气系统中前置的Pt基DOC前将燃油喷入排气中，为SCR催化器提供NO_x还原剂，则在200℃时，最大的NO_x去除率能达到70%，但在275℃时，NO_x去除率迅速降低到20%。在日本JE05重型车瞬时测试循环中，NO_x去除率只有37%。在日本2005年重型车过渡认证排放测试中，后处理系统能达到37%的NO_x去除率。而在高温时则要采用发动机控制手段来降低NO_x排放。

NH_3是一种高选择性的SCR还原剂。它可以从无毒的尿素（$(NH_2)_2CO$）制备。尿素易溶于水，可以通过易于计量的方法喷入排气中。好的SCR催化器性能强烈地依赖于尿素喷入量的精度。目前，SCR催化器专用的尿素水溶液——AdBlue已经开发出了。AdBlue是32.5%高纯尿素和67.5%去离子水的混合物。AdBlue喷入排气中后，其中的水在100℃以上的温度下蒸发。但尿素的蒸发和分解强烈地依赖于混合程度，尤其是在排气温度较低时。

尿素经如下两步分解[92]。

（1）热解反应：

$$(NH_2)_2CO = NH_3 + HNCO \tag{5-4}$$

（2）水解反应：

$$HNCO + H_2O = CO_2 + NH_3 \tag{5-5}$$

虽然不同的研究者得到的尿素热解温度有所不同，但大多在143℃以上[93,94]。在低于190℃的温度下，喷入排气管中的尿素不能完全蒸发，在排气系统中积聚，形成固体沉淀物堆积[94]。氰尿酸是主要的成分，其分解温度为300℃。在催化剂老化后，氰尿酸难以分解，有可能要在600℃的温度下才能去除[95]。但在低于300℃的温度下，尿素不能有效地转化成NH_3[96]。为了防止尿素生成不利的产物，需要在排气温度高于200℃的条件下喷射尿素，还要防止在高于600℃的温度下，NH_3在进入SCR催化剂前的燃烧。

在SCR催化器中进行的主要反应如下[65,97]。

吸附/脱附反应：

$$NH_3 \leftrightarrow NH_3^* \tag{5-6)/(5-10}$$

标准SCR反应：

$$4NH_3^* + 4NO + O_2 = 4N_2 + 6H_2O \tag{5-7}$$

快速SCR反应：

$$2NH_3^* + NO + NO_2 = 2N_2 + 3H_2O \tag{5-8}$$

慢的 SCR 反应：

$$8NH_3^* + 6NO_2 = 7N_2 + 12H_2O \tag{5-9}$$

氧化反应：

$$4NH_3^* + 3O_2 = 2N_2 + 6H_2O \tag{5-11}$$

式中，*表示吸附到催化剂上。

由于柴油机排气中的原始 NO 在 NO_x 中通常高于 90%[50,65]，在 SCR 催化器中进行的主要反应是反应(5-7)。在 180～300℃的温度下，反应(5-8)容易进行[98]。由于这个原因，在低温，NO∶NO_2＝1∶1 时，SCR 催化剂能够获得好的转化效率。为了促进快速 SCR 反应(5-8)，通常在 SCR 催化器的上游布置一个 Pt 基 DOC，把 NO 转化成 NO_2。如果在 DOC 中生成太多的 NO_2，NO∶NO_2＜1，慢 SCR 反应(5-9)就会起作用。此外，过量的 NO_2 通过 $2NH_3+2NO_2 \rightarrow N_2+N_2O+3H_2O$ 反应生成 N_2O[51]。因此，为了满足柴油汽车欧Ⅵ排放标准的要求，SCR 后处理系统布置必须要优化 NO_2 的生成及 CO 和 HC 转化所需的活性[99]。在生成 NO_2 前，HC 的转化效率要达到 70%～80%。在此之前，NO_2 与 HC 或 CO 反应。因此，优化 SCR 催化器的一个任务就是在催化剂老化前后把 NO_2 在 NO_x 中的比例调整到 40%～70%[99]。

尽管快速 SCR 反应比标准 SCR 反应快，但 NO/NO_2 比决定哪一个反应占主导。如果在 SCR 催化器前安装一个 DOC，把排气中的 NO 转化成 NO_2，就可以有效地改善低温下 NH_3 的反应率，提高 SCR 催化器对 NO_x 的去除率[100]。在 DOC+SCR 的后处理系统中，DOC 主要是把排气中的 HC 和 CO 氧化掉，同时增加排气温度，并把 NO 转化成 NO_2，提高 SCR 催化器的 NO_x 还原效率[101]。此时，必须要防止 DOC 上的 Pt 暴露在高温(＞670℃，尤其是＞750℃)下，引起 DOC 上的 Pt 迁移到 SCR 催化剂上，降低 SCR 催化器的转化效率[102]。用 Pd 部分替代 DOC 中的 Pt，可以减少 DOC 上的 Pt 迁移到 SCR 催化剂上的量[103]，有助于改善 SCR 催化器的耐久性。

在低于大约 200℃的温度下，尿素不易分解是提高 SCR 催化器性能的一个障碍。尽管这对钒基 SCR 催化剂来说不是一个大问题(尿素能在所有的温度下快速地分解成 NH_3)，但尿素分解成 NH_3 快于催化剂利用它的速度，这就限制了沸石催化剂的性能，因为 NH_3 通过反应 $2NH_3+2NO_2=NH_4NO_3+N_2+H_2O$ 生成了 NH_4NO_3[104]。当 SCR 催化剂的温度高于 450℃时，NH_3 通过反应 $4NH_3+5O_2=4NO+6H_2O$ 氧化了[104]，导致 NO_x 转化效率下降，这是图 5-6 中 SCR 催化剂在高、低温度下催化效率低的主要原因。此外，在高于 450℃时，SCR 催化器中会生成 N_2O[92]。生成 N_2O 的一个可能反应是 $4NH_3+4NO+3O_2=4N_2O+6H_2O$[104]。

在一些工况，如冷起动时，SCR催化器中存储NH_3用于转化NO_x也是需要的，因为此时排气温度太低，不能把尿素水溶液汽化和分解成NH_3[50]。此外，为了充分利用SCR催化剂的NH_3存储能力以改善NO_x的转化效率，在一些柴油机运行工况多喷尿素是通行的办法，如多喷10%的尿素。但这可能增加在高温期间NH_3逃逸的风险，NH_3逃逸是使用SCR催化器的一个潜在问题。因此，美国EPA 2010和欧Ⅵ排放标准对其进行控制。过量的NH_3需要由下游的NH_3逃逸催化器氧化成N_2。NH_3逃逸催化器是大多数美国EPA 2010、欧Ⅵ排放标准和非道路Tier 4车辆应用场合必备的后处理器。在尿素过量的情况下，Cu-沸石和Fe-沸石SCR催化剂的高温性能相当。但通常这些催化剂会把NH_3转化成NO和/或N_2O。随着温度的变化，N_2O生成量呈双峰形式。在大约200℃的低温阶段，N_2O是NH_3被NO氧化的结果，而在大约525℃的高温阶段(钒基SCR催化剂在高于400℃时[65])，主要是通过O_2氧化NH_3生成N_2O。生成N_2O的机理有如下三个[103, 104]。

在温度低于250℃下：

$$NH_4NO_3 = N_2O + 2H_2O \tag{5-12}$$

在高温阶段：

$$2NH_3 + 2O_2 = N_2O + 3H_2O \tag{5-13}$$

在NO_2过量(高于50%NO_x)时：

$$2NH_3 + 2NO_2 = NH_4NO_3 + N_2 + H_2O \tag{5-14}$$

最后再通过式(5-12)生成N_2O。

研究表明[107]，在NO∶NH_3=2∶1情况下，容易发生反应$4NH_3+4NO+3O_2 \rightarrow 4N_2O+6H_2O$。进入$NH_3$催化器的80% NH_3会被转化成N_2O。Kamasamudram等发现[108]，在Cu-沸石SCR催化器上增加Cu的涂敷量能通过控制前两个机理减少N_2O的生成量，好的DOC设计和控制能防止第三个机理的发生。

影响在SCR催化器上生成N_2O的因素包括温度、催化剂配方和水热老化。Folić等研究发现[108]，减少NH_3逃逸催化器中的Pt涂敷量，在重型车世界统一过渡循环中，可以转化97.5%的NH_3，其中93%转化成了N_2。

通常，SCR后处理系统由DOC、尿素喷射系统、尿素水解催化器、SCR催化器和NH_3氧化催化器组成，如图5-9所示。其中，在NH_3氧化催化器1中将NO氧化成NO_2，并将HC和CO氧化成H_2O和CO_2。尿素水解催化器将尿素分解成NH_3和CO_2。SCR催化器将NO_x还原成N_2。NH_3氧化催化器2将泄漏出来的NH_3氧化成N_2。开环控制的SCR催化器的转化效率低于闭环控制的[109]。因此，上游NO_x传感器用于计量尿素的喷射量，下游NO_x传感器用于进行故障检测。SCR后处理系统的还原剂添加率必须与柴油机排气温度、排气成分和空速相匹配。因此，需要极其细致地开发一个适合于汽车发动机动态工况的尿素喷射策略。如果喷入的尿素多于还原 NO_x 所需要的量，就会导致 NH_3 逃逸[108]。由于 NH_3 是一种气味阈值很低（<15×10^{-6}）的气体，会引起公害，但这又不可避免。因此，需要在 SCR 催化器后安装 NH_3 氧化催化器 2 把过剩的 NH_3 转化成 N_2 和水，防止 NH_3 逃逸。此时，控制设计只需要考虑 NO_x 的转化效率。在 SCR 催化器后安装 NH_3 氧化催化器的缺点是氧化掉的这部分 NH_3 被浪费了，并可能形成 N_2O 和 NO_x[109]。

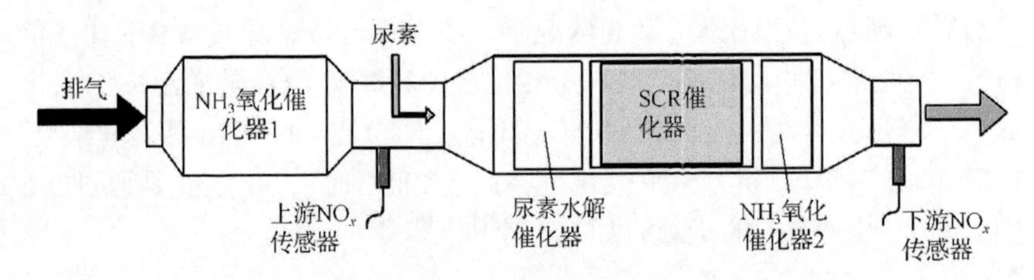

图 5-9　一种排气 SCR 后处理系统布置方案

对于装有 SCR 催化器的重型柴油机，喷尿素降低低负荷区 NO_x 是不可行的。装有 SCR 催化器的欧Ⅴ排放标准柴油汽车在车速低于 60km/h 时的 NO_x 排放比使用如 EGR 这种常规的方法高 2～4 倍[110]，主要原因是排气温度低。因此，需要对 SCR 催化器进行热管理控制。最有效的加热 SCR 系统策略是用热的 EGR 和进气节流[111]。将 SCR 催化剂涂敷到 DPF 上可以节省安装空间，并允许 SCR 催化剂更加靠近柴油机以实现快速起燃。此时，沸石基 SCR 催化剂更适合涂敷在 DPF 上，因为 DPF 再生时会出现 800℃的温度，而沸石有更好的高温耐久性[95]。对于 SCR+DPF（SDPF）催化器，SCR 催化器的效率只是略受 DPF 上的碳烟沉积量的影响[112-114]。在轻型汽车上已商业化的冷起动 SCR 技术就是集成的 SDPF，以便于 SDPF 催化器尽量靠近柴油机，以加快 SCR 催化器起燃。这样就没有布置在专用的 SCR 催化器后 DPF 的再生负担。在稳态工况，250℃和 425℃的排气温度下，SDPF 去除 NO_x 的效率比相同体积单独的 SCR 催化器分别高 30%和 4%，而碳烟沉积引起的排气背压与独立的 SDPF 相等[115]。研究表明[116]，如果排气中的 NO_2 超过 NO_x 的 50%，在 DPF 上的碳烟就能促进 NO_x 的去除，而且 NO_2 能氧化碳烟，降低 SCR 催化器上的碳烟量。但碳烟的沉积会增加 NH_3 的存储能力。

除了 SCR 催化器，SCR 催化器后处理系统的核心部件还有：尿素储存箱（包括加热器、液位和温度传感器）、尿素水培液温度控制系统、泵、计量模块（尿素喷嘴和混合器）、NO_x 传感器和尿素喷射控制单元和控制器局域网总线。尿素喷嘴将平均直径为 20～100μm 的尿素水溶液喷入排气中[51]。尿素的喷射参数由排气中的 NO_x 浓度和流量率、温度及催化剂中 NH_3 的存储量决定。由于蒸发和水解，在低排气温度下，一般不喷射尿素。所以，在低负荷场合，适当地管理 NH_3 的存储量就变得很重要了。

尿素的喷射策略取决于 NH_3/NO_x 浓度比(α)。在 $\alpha=1$ 时，供给恰好足以将 NO_x 还原的 NH_3 而没有多余的 NH_3 排出。但问题是最高的 NO_x 转化率不能总是与最低的 NH_3 排出同步。研究发现[117]，在低于 250℃的温度下，NO_x 转化率基本不随 α 变化，而是相对恒定的，因此，限制 NH_3 的供应($\alpha<1$)可以减少 NH_3 排放而不损害 NO_x 排放。相反，在高于 400℃温度下，NH_3 供应过量($\alpha>1$)而没有过剩，因为 NO_x 转化效率被进一步地提高了，而 NH_3 容易被 O_2 氧化。

随着空速的增加，SCR 催化器的转化效率下降。降低空速可以提高 SCR 催化器的 NO_x 转化效率，但很低的最大空速意味着 SCR 催化器体积大，这将增加车辆的重量，而且汽车上的可用安装空间也会减小。因此，需要在 NO_x 转化效率和空速间进行权衡。目前，重型柴油机钒基 SCR 催化器载体的蜂窝密度是 300 和 400 目/in^2，堇青石载体的壁厚为 0.1～0.2mm，空速在 20000～70000h^{-1}[54,118-123]。

为了获得可观的 NO_x 去除率，轻型柴油汽车通常采用发动机排量/催化剂体积＝1/3 的尿素 SCR 后处理系统[124]。这也是紧凑型轻型汽车使用尿素 SCR 系统的一个严重问题。当然，轻型汽车使用 SCR 催化器必须改进其转化效率。在轻型柴油汽车上应用 SCR 催化器降低 NO_x，好的混合和快速的加热极其重要。使用短的紧凑型混合器可以让 SCR 催化器更靠近发动机安装。紧凑型 SCR 催化器的布置可以让催化器的温度升高 25℃，在 NEDC 中转化效率达到 67%，这比靠后的 SCR 催化器 37%的转化效率高得多[125]。

随着柴油机效率的提高，其排气温度下降，使 SCR 催化器的性能更加依赖于反应速率和高的催化剂涂敷量。高空隙率的新载体能实现高的催化剂涂敷量而不会显著地增加背压。研究表明[82]，在排气温度为 220℃，相同催化器载体蜂窝密度时，高涂敷率的 SCR 催化器与标准的 SCR 催化器的转化效率分别为 85%和 74%。此外，将催化器载体的蜂窝密度由 400 目/in^2 增加到 750 目/in^2 也能提高 SCR 催化器的转化效率。为了让大型私人汽车满足美国 Tier 2 Bin 5 法规，快速的 SCR 催化器起燃是重要的，因此福特公司把 Cu-沸石 SCR 催化器放置在 DPF 上游。同样，尿素的存储和添加策略也很重要。借助 EGR 策略，在 FTP-75 中大约 120 秒后，SCR 催化器开始工作。在起燃后的第一分钟左右，5 倍理论燃空当量比的尿素添加率比理论燃空当量比下的 NO_x 排放少 30%。为了解决 NH_3 逃逸，在 DPF 后安装 Cu-沸石 SCR 催化器，来捕捉并利用逃逸的 NH_3。在 SCR 催化器入口端 NH_3 的存储对转化效率的影响最大[126]。

SCR 催化器的主要挑战是[127]：①可靠的尿素喷射策略；②在排气中 NH_3 的均匀分布；③NO_x 中性的 SCR 催化剂加热策略；④NH_3 泄漏；⑤汽车上的安装空间；⑥系统成本。

SCR 催化器的使用存在以下几个缺点。

(1) 需要供给 NH_3。采用 SCR 催化器的车辆需要安装一个储备还原剂的容器，并需要周期性地添加还原剂，因为能服务于 SCR 催化器整个寿命周期的一次添加系统是不可行的。对于小型轿车，尿素的消耗量约为 1000mi/L[128]。因此，SCR 后处理系统中需要安装尿素箱中液位传感器。

(2) 存在低温(约低于 150℃)活性问题。这涉及催化器的起燃、尿素的蒸发和分解以及 NH_3 在催化剂里的存储。因此，SCR 后处理系统中需要安装温度和尿素品质传感器。好的 SCR 催化器性能依赖于 200℃以下尿素喷射后的蒸发和热解。改进的混合器能在低至 180℃的温度下允许喷射尿素，并能在美国重型车 FTP-75 冷起动阶段中比没有安装混合器时的 NO_x 排放低约 30%[129]。同样，低温尿素分解催化剂也在开发中。借助于二氧化钛催化剂，尿素能在 150～160℃的模拟气中产生氨[130]。将尿素喷到电加热催化剂上，可以在 100℃时喷射尿素，这样在低负荷循环下，NO_x 去除率比没有加热器时高 60%～70%[131]。改进低温 SCR 催化器性能的另一种方案是喷射气体 NH_3。利用氯化锶作为 NH_3 的存储器，用加热法释放氨气。这样，在–10℃的轻型汽车测试环境下，在 1 分钟内就可能喷射 NH_3，而在重型车测试环境下 5 分钟内喷射 NH_3。在–25℃下，轻型汽车在 3 分钟内能喷射 NH_3。在大约 100℃时喷射 NH_3，SCR 催化器能减少 NO_x 排放约 50%[132]。在 120℃下喷射 NH_3，在 NEDC 中的 NO_x 排放比在 200℃下喷射 NH_3 时的少约 60%[133]。此外，SCR 后处理系统还要解决冻结和尿素解冻等问题[134]。尿素在水中的溶解度与温度有关。温度较低时，尿素容易从溶液中结晶析出，堵塞输送管路，因此，需要对尿素供给系统进行温度管理，并设计膨胀区以缓解在冻结和膨胀时的应力，而且输出管必须在解冻时能获得最早的液体，方便 SCR 催化器使用。当在尿素箱中有晃动的冻结尿素时，要保护传感器和管路不受机械损坏[95]。

(3) 必须根据 NO/NO_2 比来仔细地计量 NH_3，但在柴油机的过渡工况，存在 NH_3 存储效应问题。

(4) 必须避免 NH_3 的逃逸，或副产物如异氰脲酸、甲酸、氰酸和 N_2O 的生成[135]。

(5) 目前的 SCR 催化剂在高负荷测试循环下没有足够好的高温耐久性[136]。

(6) SCR 后处理系统的成本高，而且它的体积和重量大，尤其对于小型汽车，催化器和尿素箱的安装空间就成了问题。

2. SCR 催化剂失活

轻型柴油汽车催化器的老化寿命为 12～15 万 mi，而重型柴油汽车催化器的老化寿命为 43.5 万 mi。在典型工作条件下，排气后处理装置会达到 800℃，因此，催化剂能承受老化是热耐久性的需要。在 DPF 再生过程中，会经历这样的高温。另外，来自 HC 和硫的不可逆失活会影响 SCR 催化剂的化学反应[137-140]，来自燃料[141-144]、润滑油[145]、甚至上游催化剂中的金属[100,101,146]也会产生不可逆的污染物，最终降低 SCR 催化剂的活性。

已经证明现代钒基 SCR 催化剂有好的耐硫、润滑油和 HC 中毒的能力。但钒基 SCR 催化剂对碱金属和很高的温度敏感。

柴油中的硫燃烧后，大多以 SO_2 的形式排出。SCR 催化剂会加速柴油机排气中的 SO_2 氧化成 SO_3。在 270℃以下的低温下，SO_3 将进行下列反应：

$$SO_3 + NH_3 + H_2O = NH_4HSO_4 \tag{5-15}$$

$$SO_3 + 2NH_3 + H_2O = (NH_4)_2SO_4 \tag{5-16}$$

因此，硫酸盐的生成量与排气中 NH_3 和 SO_2 浓度有关，在低于 250～320℃的温度下，使用高硫柴油时，由于 NH_4HSO_4 和 $(NH_4)_2SO_4$ 在催化剂活性表面沉积，钒基 SCR 催化剂的效率下降[65,147,148]。但是，在高温条件下，钒基 SCR 催化剂有很强的抗硫中毒能力，因为 TiO_2 被转化成很弱的和可逆的硫酸盐[149]。在高排气温度(高于 350～375℃)下工作一段时间后，$(NH_4)_2SO_4$ 会分解。钒基 SCR 催化剂的活性又会恢复到初始状态。钒基 SCR 催化剂暴露在 650～700℃的温度下失活与 TiO_2 比表面积下降有关。V_2O_5 促进 TiO_2 的烧结，并在高温下促进高比表面积锐钛矿向低比表面积金红石转变[72,150]。此外，在高于 600℃的温度下，钒基 SCR 催化剂会释放出有毒的气态钒化合物，如 V_2O_5[151-153]。对于 SCR 催化器布置在 DPF 后面的后处理系统，DPF 的主动再生可能使钒基 SCR 催化剂严重失活。因此，迫切需要热稳定性好和环境友好的钒基 SCR 催化剂。

碱金属和碱土金属会毒害钒基 SCR 催化剂，其对钒基 SCR 催化剂的中毒效应排序为[147,154]Cs＞Rb＞K＞Na＞Li＞Ca＞Mg。因此，柴油机使用生物柴油时，钒基 SCR 催化剂受到燃料中的 Na 和 K 中毒的影响是一个需要重视的问题。与碱金属或碱土金属相比，来自润滑油中的 Zn、P、B 和 Mo 对钒基 SCR 催化器的转化效率有或多或少的影响[51]。

与钒基SCR催化剂相比，Cu-沸石SCR催化剂和Fe-沸石SCR催化剂更能承受高温偏移。在高于650℃的温度下，Cu-沸石SCR催化剂比钒基SCR催化剂更加稳定。但是，Cu-沸石和Fe-沸石SCR催化剂随着暴露在高温下老化时间长度的增加，其对NO_x的转化效率降低，尤其是在有水分存在的条件下[76,155-157]，因为柴油机排气中含水量为4%～9%。沸石SCR催化剂的水热老化失活主要机理是脱铝、烧结和热塌陷。其中，脱铝引起的NH_3存储能力下降是其失活的主要原因[74,158]。因此，要改善催化剂NH_3储存能力的稳定性能，以适度地提高催化剂在670℃温度下长期水热老化和在950℃下极短水热老化的承受力[74]。

虽然钒基 SCR 催化剂基本上不受硫的影响，但是 Cu-沸石和 Fe-沸石 SCR 催化剂产生一定程度的中毒，甚至在使用含硫量低于 15×10^{-6} 的柴油时沸石 SCR 催化剂在硫中毒时主要生成硫酸盐，严重地阻碍 NO 的氧化和后来吸附 NO_x 复合物的能力，最终减小 SCR 催化剂的活性[51]。其中，硫对 Cu-沸石 SCR 催化剂的影响高于对 Fe-沸石 SCR 催化剂的影响，而且硫的不利影响主要发生在低于 300℃的温度下。Cu-沸石 SCR 催化剂暴露在 SO_2 初期，其低温性能迅速下降，而且 SO_2 中毒对 Cu-沸石 SCR 催化剂性能的影响在低温时比在高温时敏感。对于 Fe-沸石 SCR 催化剂，低温时硫对它只有较小的影响[159]。但当 SCR 催化器暴露在燃用硫含量为 2000×10^{-6} 的柴油机排气条件下时，SCR 催化剂的性能就不能恢复[54]。Cu-沸石 SCR 催化器对 SO_3 和 SO_2 的敏感性不同。在 SO_3 环境下，Cu-沸石 SCR 催化器效率下降比 SO_2 环境下的高得多，而且在脱硫时，从 SO_3 老化的 Cu-沸石 SCR 催化器释放的 SO_2 比用 SO_2 老化的 Cu-沸石 SCR 催化器高 5～15 倍[160]。研究发现[161]，在非道路瞬态测试循环试验中，DOC+钒基 SCR 催化剂的 NO_x 转化效率为 92%，DOC+Fe-沸石和 DOC+Cu-沸石 SCR 催化器对 NO_x 的转化效率分别为 95%和 94%。但是，将这三种催化器暴露在 20×10^{-6} SO_2 环境中，在催化器上积累 1～3g/L 的硫酸盐后，钒基 SCR 催化器对 NO_x 的转化效率降为 87%，而沸石 SCR 催化器的转化效率分别降为 86%和 85%。Cu-沸石 SCR 催化器在与 15×10^{-6} 含硫柴油排气中 SO_2 浓度相当的环境下，在 200～300℃的温度下运行大约 400 小时后，转化效率就开始降低。在 1300 小时后，其转化效率从当初的 98%降至 60%。中毒的主要物质是在 400～500℃时生成的 $(NH_4)_2SO_4$，在 500～850℃时，很小程度上受到生成的硫酸铜的影响[162]。如果在小于 400℃的温度下持续工作，SCR 催化剂的性能会显著恶化，因为在排气温度没有达到 $(NH_4)_2SO_4$ 的分解温度（350～400℃）条件下，$(NH_4)_2SO_4$ 会在催化剂上积累，降低了催化剂的活性[51,163]。

Cu-沸石 SCR 催化剂在稀燃排气，大约 600℃的温度下能有效地脱硫，而 Fe-沸石 SCR 催化剂需要 750～800℃的脱硫温度下才能恢复其最大转化效率[164]。在稀燃、650℃的温度下脱硫可以恢复 Cu-沸石 SCR 催化器的性能[79]。但是，如果 SCR 催化剂长时间暴露在 2000×10^{-6} SO_2 下，SCR 催化剂可能就不能恢复，这可能是因为 Cu-沸石 SCR 催化剂的硫中毒已显著地影响了 Cu 的氧化活性点，将表面的 NO 氧化成 NO_2[165]。因此，硫中毒的控制和脱硫策略是 SCR 催化器实际应用中必须要解决的问题。

此外，排气中的 SO_x 还会推迟催化器的起燃时间，降低催化转化的效率，使颗粒物生成量增加。因此，必须要对柴油的硫含量进行限制。为了满足欧洲汽车排放标准，从 2009 年开始，公路车辆用柴油中的硫含量不能大于 10×10^{-6}。美国从 2006 年起要求柴油中的硫含量降到 15×10^{-6}。

因为沸石的多孔表面结构能存储相当多的 HC，所以在低温时，HC 会阻挡 SCR 催化剂反应的活性点，引起 Fe-沸石和 Cu-沸石 SCR 催化剂的 HC 阻碍效应。这个效应是可逆的，一旦 HC 被流过的气流去除，SCR 催化剂的活性就会恢复。在冷起动或上游的 DOC 老化后，大量 HC 就会到达 SCR 催化剂，覆盖其活性点，引起 SCR 催化剂性能的恶化[166]。其中，丙烯对 Fe-沸石 SCR 催化剂有不利的影响，因为 HC 沉积物阻碍了 NO_2 的生成[166]。研究表明[139]，在 115℃的排气温度下，Fe-沸石 SCR 催化剂吸附 HC 比 Cu-沸石 SCR 催化剂多 5～10 倍，而 Cu-沸石 SCR 催化剂氧化掉更多释放出来的 HC，并伴随更大的放热风险。在 PCCI 方式下，这两种 SCR 催化剂吸附比传统柴油燃烧模式下更多的 HC，因为排气中的 HC 成分改变了。Cu-沸石 SCR 催化剂中酸性位和氧化还原位能与进入孔中的大多数 HC 反应。在某一个温度下，一些 HC 可能被酸性位和氧化还原位催化，导致聚合或部分氧化，在催化剂表面形成含碳的沉积物，引起中毒，因为需要用高温暴露来完全移除活性位上的沉积物[76,167]。此外，HC 也通过竞争性吸附方式影响 NH_3 在 Fe-沸石上的吸附，其影响程度与 HC 的特性有关。与甲苯相比，癸烷有更强的竞争力，而丙烯的竞争力可以忽略不计。另外，在排气温度升高(如在 DPF 再生或预混合燃烧模式)时，积聚在 SCR 催化剂上的 HC 会产生显著地放热，导致催化剂的瞬时温度高达 1000℃[167,168]。

在柴油机排气后处理系统中，SCR 催化器的前端通常安装一个 DOC。在正常的工作条件下，排气温度足够高，几乎所有的 HC 排放在 DOC 中完全被氧化了。这就使 HC 的阻碍和中毒作用降到最低。但是，当排气温度低于 DOC 的起燃温度时，如长时间的怠速，大量的 HC 就会通过 DOC，存储在沸石催化剂上。当后来的排气温度高于 HC 着火温度时，存储的 HC 将被氧化，并产生热量。放热量的大小依赖于 HC 存储量，放热量能把 SCR 催化剂的温度升高，甚至引起严重的催化剂热失活[169]。因此，把沸石催化剂上吸附的 HC 降到最少是理想的。

SCR 催化剂的性能还受到 Pt 中毒的影响。在典型的 SCR 后处理系统中，沸石基 SCR 催化器安装在 DOC 和 DPF 的下游。DOC 和 DPF 中含有铂族金属，如 Pt 和/或 Pd，用于氧化 HC、CO 和 NO。通过把 NO 转化成 NO_2，可以提高 SCR 催化剂的低温活性。如果上游的 DOC 催化剂在 670℃下工作，SCR 催化剂的性能略有下降，但 DOC 在 750℃以上的温度下工作时，SCR 催化剂的性能显著恶化，主要原因是 DOC 上 Pt 的升华。即使在 SCR 催化剂中积聚很少的 Pt($<5\times10^{-6}$)，也会导致 NH_3 被 O_2 氧化而不与 NO_x 反应，导致 NO_x 转化效率的下降[100]。DPF 的主动再生也会给下游的 SCR 催化剂带来高的排气温度。不可控的 DPF 再生阶段能产生高于 1000℃的温度。在这些条件下，贵金属特别是 Pt 会迁移到下游的 SCR 催化剂中，引起 Pt 中毒问题[99,101,170]。Pt 中毒引起 Cu-沸石 SCR 催化剂的性能出现下面三个现象[170]：①在高于 300℃的温度下，出现高的 NH_3 氧化活性和 NH_3 对 NO_x 的高选择性；②在大约 300℃的温度下，NO_x 转化效率低；③在 300～350℃时，N_2O 排放高。因此，用 Pd 部分替代 DOC 中的 Pt，可以减少在高温下从 DOC 上迁移到 SCR 催化剂上的 Pt 量[101]。

5.2.2　稀燃 NO_x 捕集催化器

尽管 NO 是热力学不稳定的，但是在实际稀燃条件下，它不可能被催化分解成 O_2 和 N_2。这是因为金属催化剂表面对 O_2 的亲和力高于它对 NO 或 N_2 的亲和力，导致金属表面，特别是 Rh 的氧中毒。金属表面覆盖了 O_2，阻止了它对 NO 的吸附，因此，需要用还原剂来降低催化剂表面的 O_2，以进一步地吸附和分解 NO[171]，这是在理论燃空当量比下 TWC 能平稳工作，而在稀燃条件下，NO 容易被氧化成 NO_2 的原因。

早要 1994 年 LNT 系统就提出来了[172]。此后，LNT 持续在许多柴油车上使用。单独的 LNT 名义上能去除 70%～80%的 NO_x，远低于 SCR 催化器 95%以上的 NO_x 去除率。

与 SCR 催化器明显不同的是，LNT 是一个独立的系统，在轻型柴油汽车上使用时不需要尿素储存罐、尿素供给以及尿素和排气混合系统的安装空间。因此，用柴油替代 NH_3 作为还原剂是一种受欢迎的方案。此时，LNT 的体积大小适当，贵金属涂敷量保持在相当低的水平。车载尿素供给系统有固定的成本，因此，在排量小于 2～2.5L 的轻型柴油汽车上应用 LNT 的成本比车载的尿素供应系统便宜[173,174]。混合燃烧模式能大大地降低柴油机在低负荷时的 NO_x 排放，在排气温度高于大约 350℃时，仍然能用去除了 50%～70%贵金属的 LNT 来降低 NO_x 排放。因此，对于 5～6L 混合燃烧模式柴油机，采用 LNT 比采用 SCR 催化器有更大的经济性吸引力。

LNT 应用在 SCR 系统安装空间不允许或者尿素应用有困难的场合[7]。欧洲乘用车的 NO_x 排放限值没有美国严厉，因此，LNT 是小型轻型柴油汽车满足欧Ⅵ排放标准的一个选择。对于一些非道路车辆和专用汽车来说，使用尿素作为还原剂也可能存在问题。因此，SCR 催化器不是首选的 NO_x 净化器。

在柴油机上应用 LNT 存在以下困难[125,175]：第一，在柴油机上使用浓混合气使碳烟排放急剧恶化，因此，还原剂供给量既不能太多又不能太少，同时避免将 LNT 释放出来的 NO_x 转化成 NH_3 或 N_2O，使脱 NO_x 管理控制复杂；第二，存储点对 SO_x(SO_2 和 SO_3)的亲和力大大高于 NO_x，因此，必须要定期对 LNT 进行可靠的脱硫，并避免将释放出来的硫转化成 H_2S，但是，去除 LNT 上的硫酸盐需要高的温度，这又会加速催化剂的热老化，因此，脱 SO_x 的管理控制复杂；第三，LNT 再生与存储切换时柴油机的扭矩会波动，在不影响驾驶能力和驾驶员感知的情况下，利用发动机内部措施进行 LNT 再生；第四，LNT 高效区的温度窗口仍然太窄，尽管在排放测试循环中仍有可能采用，但是不能在全部驾驶循环中采用；第五，在高的气体流量条件下，LNT 中的 NO_x 转化效率下降，主要是因为在稀燃条件下，NO_x 的存储速度和浓混合气条件下还原剂的利用率均下降[176]。

柴油机 LNT 的涂层材料由 Pt、Rh、Al_2O_3、CeO_2 和 ZrO_2 以及碱金属或碱土金属组成[177]。其中，Pt 为氧化催化剂，把 NO 氧化成 NO_2，Rh 为 NO_x 的还原催化剂，LNT 用碱金属或碱土金属作为 NO_x 存储材料。常见的碱土金属基本相 BaO/$BaCO_3$ 用于捕集 NO_2[178]。碱金属，如钾、锂、钠和铯能增加高温时催化剂对 NO_x 的吸收能力，生成更稳定的硝酸盐[179,180]。但如果不仔细地选配催化剂，碱金属可能会产生显著的负面作用，导致 LNT 对 HC 氧化能力的下降，特别是在低温时，而且钾还会在低温时阻碍 NO 转化为 NO_2[179]。此外，碱金属化合物还有移动性，如大多数碱金属盐溶于水，促进它进入堇青石载体内形成碱金属硅酸盐，减少载体的机械强度，碱金属也会促进 Pt 的烧结，影响催化剂的耐久性[179]。

在稀燃条件下，LNT 的低温活性由 NO 氧化反应开始的温度决定，而在浓混合气条件下，LNT 的低温活性被硝酸盐分解率和 NO_x 还原反应率限制。LNT 工作温度的上限依赖于存储硝酸盐的热力学稳定性。如果在使用温度下形成的硝酸盐不稳定，则在稀燃条件下，LNT 吸收的 NO_x 减少，NO_x 容易从 LNT 中逃脱[179]。

与 SCR 催化器不同，LNT 是间断式工作的，包括吸附、再生和脱硫几个阶段。

1. 吸附阶段

在过量空气系数大于 1 的条件下，LNT 从排气中连续地将 NO_x 吸附到存储剂中。由于只有 NO_2 能被直接存储，而 NO 不能，所以在 NO_x 存储催化器前或在它上面涂敷了 Pt 催化剂，以便把排气中的 NO 转化成 NO_2。

LNT 中 NO_x 存储的形式如图 5-10 所示[181]。其中，在低温存储阶段，亚硝酸盐是主要的。排气中的 NO_2 与 LNT 存储催化剂，如 $BaCO_3$ 和 O_2 的反应式为

$$BaCO_3+2NO_2+1/2O_2 \leftrightarrow Ba(NO_3)_2+CO_2 \tag{5-17}$$

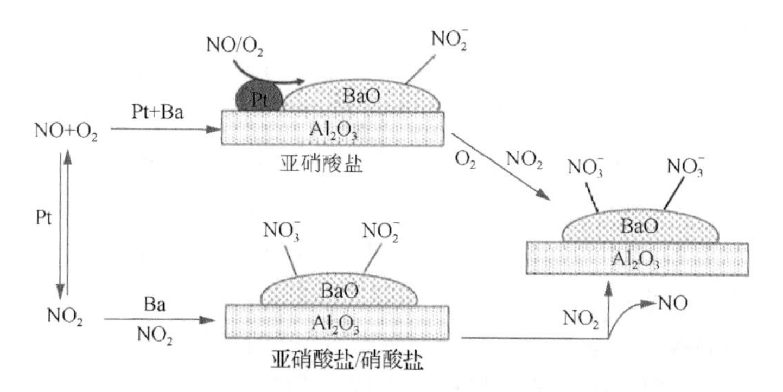

图 5-10　NO_x 存储过程中亚硝酸盐/硝酸盐生成路径[181]

2. 再生阶段

随着 LNT 的工作，其中存储的 NO_x 量逐步增加。LNT 工作一段时间后，就达到了饱和状态，不能再进一步吸收 NO_x，由 LNT 逃逸的 NO_x 量增大。此时就需要进行 LNT 的再生。为此，必须通过缸内喷油或排气管喷油，让柴油机排气处于浓混合气状态，让 LNT 中的硝酸盐分解，释放出存储的 NO_2，并与排气中的还原剂，如 CO、H_2 和 HC 反应，将 NO_x 还原成 N_2。由缸内喷油方式形成的还原剂主要是 CO，而在排气道中喷油所形成的还原剂主要是 HC[182]。

在实际过渡工况下，LNT 最大的挑战是浓混合气、浓稀的过渡、脱硫过程以及传感器的控制[125]。柴油机是混合控制的富氧燃烧，特别是在与轻型柴油汽车密切相关的部分负荷时，因此，完全优化的柴油机空气与燃油管理是减少富油运行条件下富氧量的必然要求。降低排气中 O_2 量对于成功地进行 LNT 再生是很重要的。因此，需要建立考虑润滑油稀释、部件限制、CO/HC 体积比、碳烟排放、燃烧噪声、传感器配置以及工况平稳过渡的有效标定方法。此外，也需要开发与实施适用于稀—浓过渡的成熟和稳健的控制函数。最后，合适的传感器配置也是其中的一项任务，因为它是实现高 NO_x 转化效率、最低的附加再生用燃油消耗以及诊断 LNT 热老化和硫中毒的必要手段。

在柴油机上应用 LNT 最重要的任务就是精确地获得 NO_x 存储量和应用 LNT 控制策略。在 NO_x 再生期间产生最佳的富油尖峰，并防止颗粒物的生成。然而，即使在 LNT 下游安装了 NO_x 传感器，也不能监控清除和还原的 NO_x 量，因为 NO_x 被还原成了 N_2。因此，不可能直接测量出存储的 NO_x 量。这就有必要预估 LNT 存储的 NO_x 量，并产生一个预测 LNT 特性的模型。此外，LNT 使用一段时间后，由于热和 SO_2 中毒的影响，其转化效率下降。因此，也需要发展预测 LNT 特性随时间变化的预测模拟。

在 LNT 再生时，通过迟的和加长的缸内主喷油可以比额外的过后喷油提供更多的 H_2 和 CO[183]，但是通过排气道中喷油结合缸内喷油的手段来耗尽 O_2 更有效可靠[182]。然而，用缸内喷油进行 LNT 再生时，出现无碳烟燃烧的柴油机工况只能在低负荷区。采用排气管内喷油几乎可以在柴油机的整个运行工况中进行 LNT 再生。因此，获得最佳的 LNT 效率需要优化喷油方式、NO_x 存储与再生的时间比。当然，NO_x 存储时间越长、再生的时间越短，柴油机燃油消耗率增加得越少。

LNT 中钡的添加量影响 H_2 的反应路径。在钡的重量比为 5%～16%时，NO_x 的还原起初按照下列反应完全选择性地生成 N_2[184]：

$$Ba(NO_3)_2+5H_2 \rightarrow N_2+Ba(OH)_2+4H_2O \tag{5-18}$$

$$Ba(NO_3)_2+5H_2+CO_2 \rightarrow N_2+BaCO_3+5H_2O \tag{5-19}$$

H_2也可以通过下列反应生成NH_3：

$$Ba(NO_3)_2+8H_2 \rightarrow 2NH_3+Ba(OH)_2+12H_2O \quad [184] \tag{5-20}$$

$$Ba(NO_3)_2+8H_2+CO_2 \rightarrow 2NH_3+BaCO_3+5H_2O \quad [185] \tag{5-21}$$

NH_3再与NO_x反应，将它还原成N_2。

当NO_x存储在Pt/Al_2O_3和$Pt\text{-}Ba/Al_2O_3$上时，在低温和干燥条件下，用 CO 作为还原剂会在 Pt 颗粒物上形成稳定的异氰酸酯(NCO)，并在基本金属氧化物上溢出，导致大比例的 CO 消耗和CO_2生成。当达到存储硝酸盐分解的温度时，NCO 就会与从催化剂上释放出来的NO_x反应，生成N_2和CO_2。反应式为[186]

$$NCO+NO_x \rightarrow N_2+CO_2 \tag{5-22}$$

把水加入 NCO 后，N_2生成量显著提高，因为 NCO 被水解成NH_3和CO_2，生成的NH_3与NO_x反应，最终变成N_2和H_2O。

对于$Pt/BaO/Al_2O_3$催化剂，H_2的还原能力强于 CO，尤其是在 150～350℃的温度下[186,187]。

在 LNT 中，HC 的活性依赖于 HC 特性、催化剂和温度。在低温下，不同 HC 的行为差别很小。但在高温下，竞争性的 HC 氧化变得越来越重要，大多数 HC 还原剂被氧化掉，只剩很少的机会参与 NO_x 还原[12]。低温再生还可以减少 LNT 催化器再生过程中NO_x的逃逸。

以 Pt 为催化剂时，不管 HC 的特性如何，典型稀燃 NO 还原催化器的 NO 转化效率曲线呈火山形。这是因为：一方面，NO_x的还原与 HC 的氧化是同时进行的；另一方面，除个别情况，NO 的最大转化效率对应 100%的 HC 转化效率。在高温下，当所有的 HC 被消耗时，NO 与O_2反应生成大量的NO_2。NO_2的生成量则由热力学限制决定。对于典型的起燃曲线，在低于起燃温度下，化学反应速度受到动力学的限制，而在高于起燃温度时，化学反应速率受到热或者质量传递的限制。因此，最大的NO_x转化率偏向于低温，而且随着空速的减小，NO_x转化率的最大值增加[188]。

在大约 450℃以上的温度下，NO_2 的生成极大地受到热力学的限制，更重要的是NO_3^-的稳定性限制了硝酸盐在高温下的生成率，使吸附NO_2的能力下降。而在低于大约 250℃的温度下，催化剂的氧化能力受到化学动力学的限制，NO 氧化成NO_2的速度变慢，NO_x的存储能力下降[12]。因此，这两个作用联合到一起形成了NO_x存储催化器的最佳工作温度范围(250～450℃)。在起动阶段的低温下，LNT 已经存储了足够的NO_x。高的 Pt 负载量能改善 NO 氧化的低温活性，而使用极其稳定的NO_3^-相，如碱金属硝酸盐而不是碱土硝酸盐，则能扩大高温范围[12]。

在使用浓混合气进行 LNT 再生时，会出现 HC 逃逸问题。有两种解决 HC 逃逸的方[189]法：一种方法是用沸石吸附 HC，一直保持到使用稀混合气循环；另一种方法是用储氧催化剂，让在稀混合气工况下存储的 O_2 在浓混合气条件下释放出来氧化 HC。在这两种方法中，涂敷沸石方法在高达 300℃的温度下能最好地消除 HC 逃逸，并在 150～350℃的温度下达到 60%～70%的 HC 转化率。另外，将 HC 吸附催化剂涂敷在蜂窝载体上，再在它上面涂敷 LNT 催化剂，形成 HC 吸附+LNT 的方法。这样，HC 吸附剂能减少冷起动时的 HC 排放，并吸收稀燃条件下的 HC，在热的浓混合气条件下释放出来，形成 H_2 和 CO 来帮助 LNT 再生。这个概念在示范程序中能满足美国加州 SULEV 排放标准[190]。

从 LNT 中逃脱的 NO_x 与 LNT 的体积大小和铂族金属涂层有关。用银替代 Pt，能平衡碱度，并能增加 O_2 的吸收。增加 TiO_2 可改善银的扩散，帮助在 150℃下吸收 NO_x，而在低于 600℃的温度下脱硫。再增加一点 Pd，以改善在浓混合气条件下 NO_x 脱附，低的氧存储催化剂和改善的 Rh 功能有助于在小于 250℃的温度下与脱附出来的 NO_x 反应[191]。

在 LNT 再生时，即排气从 $\lambda>1$ 向 $\lambda=1$ 的切换过程中，需要满足以下要求[192]：①用户不能察觉到驾驶能力和噪声的恶化；②最小的 HC、CO 和 CO_2 排放及润滑油稀释；③柴油机的机械性能不受影响。

为了解决这些问题，需要进行如下调整[192]：①独立地管理空气质量流量和 EGR 率；②制定特定的多次喷油策略（喷油定时和喷油量）；③考虑散点和漂移，调节最初的设定值；④管理混合气的浓稀切换过渡策略；⑤考虑新燃烧模式下的扭矩变化特性。

图 5-11 给出了 LNT 再生过程中，从正常混合气浓度转变到 $\lambda=1$ 时，各个控制参数的调整过程[192]。

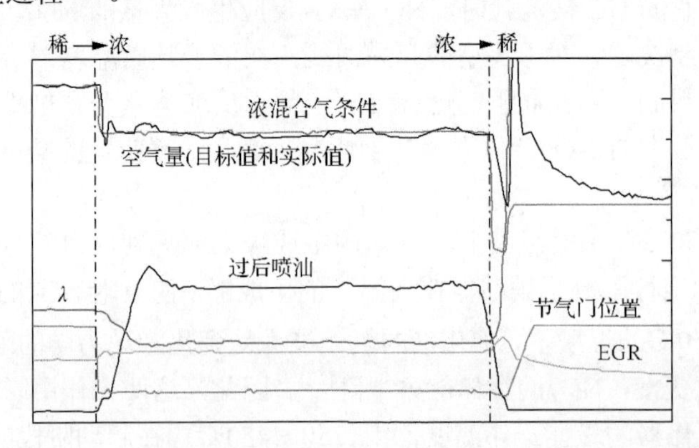

图 5-11　LNT 再生过程中，从正常稀混合气工况过渡到 $\lambda=1$ 时，各个控制参数的调节过程[192]

可以看出，在再生过程中，为了达到 $\lambda=1$，节流阀减小以降低进气量。与此同时，EGR 阀作适当的调整以保证合适的 EGR 率。另外，可变涡轮增压器的喷嘴位置也要调整。在空气系统开始改变时，喷油量增加，以补偿扭矩的下降，直到 $\lambda=1$。

为了估算 LNT 存储的 NO_x 质量，有两种预测模型[192]：第一种是原始 NO_x 预测模型，它估计从柴油机排气中排出的瞬时 NO_x；第二种模型是 NO_x 存储容量模型，它考虑了第一种模型中的 NO_x 排出量、LNT 温度模型输出和 λ 值。联合两种模型，可以精确地预测 LNT 中存储的 NO_x 质量以及从 LNT 中逃逸的 NO_x 量。

有两条可用的判别 LNT 再生结束的路线[192]：一是利用下游的宽域 O_2 传感器信息进行闭环控制；二是根据驾驶条件下的 NO_x 卸载模型。

LNT 再生时需要考虑以下问题：①在一个循环中完全再生；②在 300℃以下的温度下，利用排气管喷油的方法进行有效的 NO_x 再生困难；③缸内的过后喷油能产生更多的活性成分，但会影响发动机的耐久性；④难以建立理想的浓混合气方法；⑤迟的缸内喷油或排气管喷油会在 DOC 或 LNT 上燃烧；⑥过量的 O_2 与燃油在 LNT 上反应在当地产生高温；⑦脱硫需要高的温度；⑧再生需要额外的燃油消耗。

Commins 公司提出的满足 2007 年实施的美国 Tier 2 汽车排放标准的后处理系统如表 5-3 所示[193]。

表 5-3　满足美国 Tier 2 汽车排放标准的后处理系统功能[193]

催化器名称	紧凑 DOC	LNT	催化式碳烟过滤
催化器所处工作阶段	紧凑 DOC	LNT	催化式碳烟过滤器
稀混合气	氧化 HC、CO 和 NO	捕集 NO_x	捕集碳烟
浓混合气	去 O_2，现场重整	NO_x 释放，NO_x 还原成 N_2	再生逃脱，组分去除
脱 SO_2 和 SO_3	稀/浓循环，HC 氧化加热	脱硫，HC 氧化加热	再生逃脱，组分去除
去碳	HC 氧化加热	HC 氧化加热	颗粒物氧化

在这个后处理系统中，紧凑 DOC 在稀混合气条件下氧化排气中的 HC、CO 和 NO，而在浓混合气条件下消耗掉排气中剩余的 O_2，为 NO_x 再生提供还原性氛围。紧凑 DOC 也能在浓混合气条件下进行原位重整，将 HC 转化成潜在的还原 NO_x 成分，并在 LNT 上进行还原。在脱硫阶段，紧凑 DOC 在浓/稀循环下去除硫，同时进行温度控制。脱硫和碳再生会显著劣化紧凑 DOC 的催化转化能力。因此，要减小去硫时在紧凑耦合催化器上放出的热量，而较少地影响去除碳的能力。这就需要开发热稳定性好的紧凑耦合催化剂配方以承受在催化剂上的强烈放热。

LNT 去除 NO_x 的目标成功与否依赖于催化剂的劣化、排气后处理系统设计和柴油机排气条件。所有这些条件是可变的，引起在柴油机的整个寿命周期内 NO_x

转化效率的变化。影响 LNT 性能的重要参数如图 5-12 所示[193]。

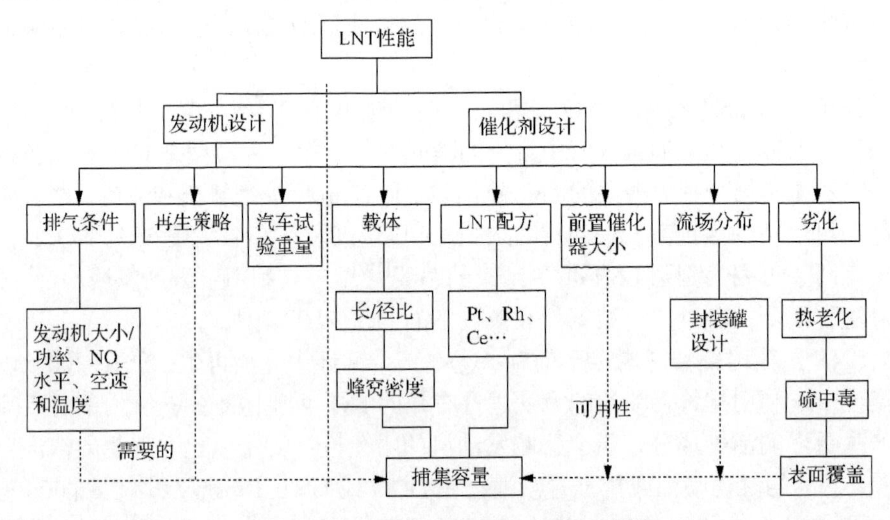

图 5-12 影响 LNT 性能的重要参数[193]

为了满足欧Ⅵ排放标准以后汽车排放标准和 DRE 汽车排放标准，近几年，丰田汽车公司提出了 NO_x 转化效率高于 80%的新型 LNT 概念——吸附中间产物的柴油机 NO_x 后处理器(diesel NO_x aftertreatment by adsorbed intermediate reductants，Di-air)。这种后处理系统不需要把 NO_x 以硝酸钡的形式存储，因此，不需要强碱性。采用独立的喷射系统，将 HC 连续地用短脉冲方式喷入排气中，达到预定的稀混合气浓度进行 LNT 再生。在不同的温度(达到 800℃)和空速下，Di-air 比传统 LNT 有更大的 NO_x 转化效率以及耐热和耐硫能力。Di-air 排气后处理系统的布置如图 5-13 所示[177]。

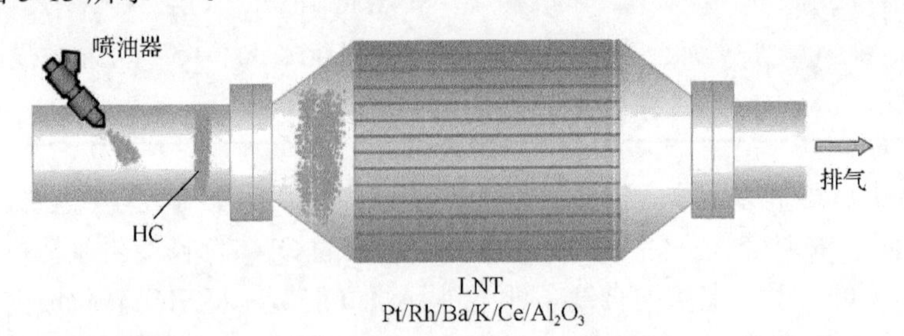

图 5-13 Di-air 排气后处理系统布置[176]

3. 脱硫阶段

燃料和润滑油中的硫在柴油机燃烧过程中被氧化成 SO_2，SO_2 又在稀燃排气中被氧化成 SO_3，最终生成硫酸盐，并沉积在 LNT 中。随着 LNT 使用时间的加长，LNT 中的硫酸盐存储量逐步上升，阻挡 NO_x 进一步地存储在潜在的反应位置点，LNT 对 NO_x 的存储能力就会逐渐减小[194]。使用 LNT 的一个前提是燃用低硫柴油。但是，即使用硫含量为 10×10^{-6} 的柴油，LNT 也需要进行主动脱硫，因为在催化器的整个使用寿命中，将会有大量的硫酸盐积聚在催化剂上[192]。为了确保 LNT 有充足的 NO_x 存储能力，必须周期性地对 LNT 进行脱硫，移除 LNT 上的硫酸盐。但在相同的 LNT 再生条件下，硫酸盐比硝酸盐更难被分解[179]，而且只有在浓混合气和大约 600℃高温下才可能脱硫[192]。脱出的硫可以是 SO_2，也可以是 H_2S 和羰基硫(O=C=S，COS)。通过燃空当量比和温度的管理，可以增加 SO_2 的生成量。因此，对 LNT 进行脱硫必须采用一些特殊的措施。表 5-4 给出了几种脱硫策略及其不利影响[179]。

表 5-4　脱硫策略及其不利影响[179]

脱硫策略	不利影响
改变催化剂配方，以便在再生时产生 H_2	在脱硫时，可能会产生 H_2S
提高再生温度	催化剂热劣化，耐久性下降
增加脱硫的频率	燃油消耗增加
硫捕集	再生时释放的硫有可能又被吸收到 LNT 上
添加低温去硫材料	在脱硫时，可能生成 H_2S
通过柴油机的管理，进行周期性的再生	燃油消耗增加

含钾 LNT 的耐久性与脱硫温度有关。当脱硫温度从 800℃上升到 900℃时，LNT 的转化效率降低，因为在堇青石载体上的钾被迁移走了，而且贵金属的晶粒也长大了[180]。因此，LNT 不要暴露在 800℃以上的环境中。在氧化钡上涂敷高扩散的氧化锶，用氧化锶作为硫的清净剂，保护氧化钡，是解决 LNT 上硫问题的一种选择。台架试验表明[195]，在 3g/L 硫沉积量的条件下，含有氧化锶的新配方 LNT 对 NO_x 的去除率是标准 LNT 的 2 倍，而且在低的排气温度下，有较高的硫释放速率。

早期的商用 LNT 的脱硫温度为 750～800℃，而新一代 LNT 的脱硫温度在 680～745℃[196]。即使在浓混合气下，LNT 脱硫也需要超过 600℃，并且维持相对长的时间。因此，LNT 必须要有高的热稳定性[179]。尽管脱硫在不高的频率下间歇式地进行，但脱硫所需的高温仍然是影响柴油机 LNT 寿命最大的因素。LNT 中硫的释放特性和其热失活是有联系的，因为催化剂的热损坏至少部分来源于脱硫过程。由于反复老化和脱硫，LNT 的转化效率逐渐下降，这个影响与柴油中的硫含量无关[179]。此外，脱硫需要浓混合气，用浓—稀混合气循环来控制 LNT 的温度，并限制 H_2S 排放的生成，增加了 LNT 失活的严重性[197]。

在脱硫过程中，沿着排气管会出现温度梯度，这就需要在低的温度区域中 LNT

配方的脱硫温度低。如果 LNT 布置在汽车底板下，进入 LNT 的排气温度低，高的脱硫温度难以获得和保持。因此，LNT 研究的一个目的就是降低硫释放的温度[173]。此外，还需要开发低温活性好和在适当温度下快速脱硫的 LNT[173]。可见，降低脱硫温度是改善 LNT 耐久性的重要手段。在 LNT 中添加部分氧化型催化剂，使部分 HC 还原成 H_2 和 CO，可以将脱硫温度降低 150℃，并能去除 2 倍的硫，还能改善 LNT 的低温性能。如果用便宜的 Pd 替代昂贵的 Rh，还能减小贵金属的使用成本[198]。

热老化对 LNT 效率有很大的影响。在高于 750℃的温度下老化后，LNT 的存储能力急剧下降[195]。因此，必须要考虑催化器的老化以确定发动机的调节目标。LNT 的热老化主要表现在：贵金属比表面积减小阻碍了 NO 的氧化，而 Al_2O_3 比表面积下降极大地影响 LNT 对 NO_2 的吸附能力，尤其是在低温条件下。由于氧化钡在高温下相对不受影响，而 Al_2O_3 在约 900℃时比表面积损失，这个总体影响不像贵金属氧化动力学损失那样重要，因为大的氧化钡晶体释放硝酸盐慢，减少了 NO_x 逃逸。因此，老化实际上又帮助了还原过程[199]。借助表面活性剂将 Pt 优先地分布到 CeO_2 而不是 Al_2O_3 上，可以减小 LNT 老化后晶粒长大，而且在低温下，NO_x 的吸附率比脱附率高得多，在贵金属减少一半的条件下，NO_x 排放也不会恶化[200]。

汽车排放测试循环采集了从低温冷起动到高温大负荷运行条件下的排放物。其中，在冷起动阶段柴油机的 NO_x 排放在汽车测试循环中所占的份额正在增加。在美国，目前装有 SCR 催化器的轻型柴油汽车需要再降低 50%～60%的 NO_x+非甲烷有机气体才能达到 LEV Ⅲ认证的车队平均 30mg/mi 的 NO_x+非甲烷有机气体限值。这个限值正在挑战排气后处理系统，尤其是 NO_x 后处理器。去除轻型汽车柴油机冷起动时的 NO_x 排放是满足严格汽车排放标准的关键。但在低负荷(低温)条件下，利用尿素 SCR 催化器来控制 NO_x 排放是困难的，因为尿素在低温条件下不能正常地蒸发和分解形成 NH_3。现在所用的 LNT 和 SCR 仅在一个特定温度范围内提供最佳的还原效率，如图 5-14 所示[127]。其中，SCR 催化剂在高、低温区对 NO_x 的转化效率均高，但是高的 SCR 转化效率只能在有大约 50% NO_2 和大量 NH_3 存储的条件下才能获得。这就需要成熟的控制系统来避免 NH_3 逃逸，而且在低的排气温度下，也必须确保尿素水溶液的蒸发与混合。相反，LNT 主要受限于低温下 NO_x 的再生，而且 LNT 甚至在低温下也能存储大量的 NO_x。由于受到尿素喷射与混合长度的限制，SCR 催化剂不能布置在靠近涡轮出口处，而只要汽车能够提供安装 LNT 的空间，LNT 就可以布置到靠近涡轮出口处。因此，SCR 催化器入口处的排气温度总是低于紧凑耦合 LNT，尤其是在冷起动后的暖机阶段。这样，紧凑耦合的 LNT 和汽车底板下的 SCR 催化器的低温性能相当[127]。使用 LNT 的宝马 330d 柴油机汽车已经能满足欧Ⅵ排放标准[201]。

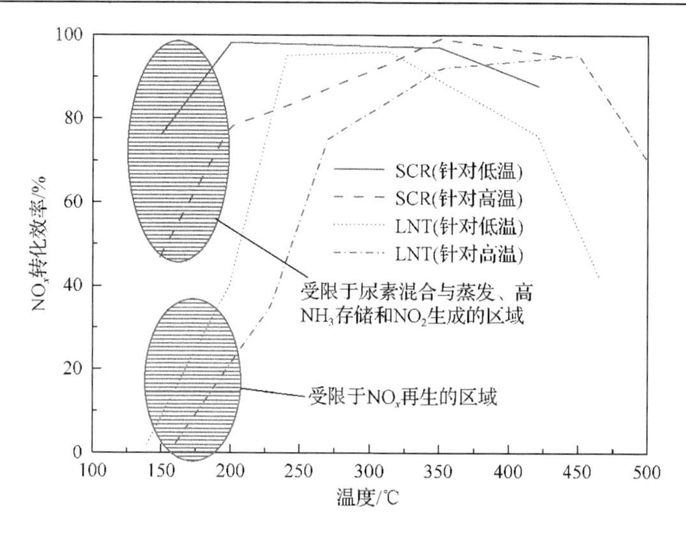

图 5-14　LNT 和 SCR 转化效率对比[127]

联合使用主动再生的 LNT 和 SCR 系统(频繁的浓混合气再生 LNT 和为 SCR 系统添加尿素)是有希望的，但可能需要用户添加尿素，并且 LNT 的再生会引起燃油经济性的恶化。一种成本增加较少的替代方案是 LNT+SCR 后处理系统[39]，即在 LNT 后面安装一个 SCR 催化器，用它来存储 LNT 在浓混合气条件下再生时产生的 NH_3，NH_3 能与从 LNT 中逃逸出来的浓 NO_x 或稀 NO_x 反应。在 LNT 稀燃存储阶段，存储在 SCR 催化器中的 NH_3 被氧化成 N_2 或者与从 LNT 中逃逸出来的 NO_x 反应。LNT+SCR 催化器能拓宽 NO_x 后处理系统的工作温度范围，其中 LNT 适用于低温，SCR 催化器适用于高温。借助 SCR 催化剂，频繁的 LNT 再生加浓引起的燃油消耗量减小。而通过主动的 LNT 再生，尿素的消耗量显著地降低，而且尿素添加的间隙也会显著地增大[3]。研究发现[202]，LNT 可以在 80℃的温度下捕集 80%～90%以上的 NO_x。大部分捕集到的 NO_x 在 200～350℃时被动释放出来。这可以增加 NO_x 排气后处理系统的效率或减少贵金属成本从而维持效率不变。

LNT+SCR 催化器的潜在优点是[203]：①在浓混合气下再生时，由 LNT 逃逸的 NH_3 被下游的 SCR 催化剂吸附，减少了 LNT 在浓混合气条件下再生时的 NH_3 逃逸，并与稀燃条件下排气中的 NO_x 进行还原反应；②有比单个 LNT 更好的整体 NO_x 转化效率；③减少了 LNT 中的贵金属用量；④减轻了脱硫时的 H_2S 排放。如果设计的 LNT 能生成 NH_3，那么 LNT+SCR 催化器能达到最优的性能，而且 LNT 中的贵金属能减少 25%以上[197]。减少 LNT 中的贵金属剂量有助于产生 NH_3，提高整个后处理系统去除 NO_x 的能力[197]。

LNT+SCR 催化器布置方案又分为 LNT+主动 SCR 催化器和 LNT+被动 SCR 催化器两种形式。其中 LNT+被动 SCR 催化器更受欢迎，因为它不需要尿素就能进行 NO_x 还原。这样，LNT 产生的副产物 NH_3 就是 SCR 催化器理想的还原剂，存储在酸性位上。NH_3 最终与后续在稀燃阶段从 LNT 中逃出的 NO_x 反应。因此，所设计的 SCR 催化器在浓混合气再生时利用吸附的 NH_3 还原 NO_x。这样，LNT+SCR 催化器系统不但能提高 NO_x 的总体转化率，而且能在下游的 SCR 催化器中消耗掉 LNT 再生时产生的 NH_3[204]，并能在 200～250℃时比使用单个 LNT 的 NO_x 去除率提高 20%～25%[205]。由于 LNT 断续性地生成 NH_3，在稳定工况下，被动 SCR 催化器的最佳温度范围在 200℃～300℃。在低温下，由于反应动力学的原因，LNT 的吸收和再生效率下降。在高温下，由于热力学原因，LNT 对 NO_x 的吸附能力下降。另外，NH_3 的形成可忽略不计。因此，被动 SCR 催化器不能达到主动 SCR 催化器的高效率。在欧Ⅵ排放标准汽车 NO_x 原始排放条件下，在 250℃时，LNT+被动 SCR 催化器能达到接近 100%的转化效率，而燃油经济性恶化 1.5%[206]。

LNT+SCR 催化器系统在 HC 排放控制方面比单个 LNT 有更多的优势，主要是在 LNT 再生期间，SCR 催化剂吸附了 HC，并在后续的稀燃条件下反应掉了[207]。LNT+SCR 催化器可能是一个受小型轿车欢迎的方案，因为增加的贵金属成本低于尿素系统和排气系统中尿素混合空间的成本[57]。

LNT+SCR 后处理系统关注的焦点是 NH_3-SCR 催化剂的配方。在钒基 SCR、Cu-沸石和 Fe-沸石 SCR 催化剂中，钒基 SCR 存储 NH_3 能力很低。因此，它不适合用于 LNT+SCR 后处理系统。Cu-沸石和 Fe-沸石 SCR 催化剂都能存储适当的 NH_3，但 Cu-沸石 SCR 催化剂存储 NH_3 的能力总体上高于 Fe-沸石 SCR 催化剂。因此，在 LNT+SCR 后处理系统中，使用 Cu-沸石 SCR 催化剂比使用 Fe-沸石 SCR 催化剂有更好的 NO_x 转化效率[208]。此外，Cu-沸石 SCR 催化剂展现出比 Fe-沸石 SCR 催化剂更好的低温活性[209]。因此，Cu-沸石 SCR 催化剂适合于 LNT+SCR 后处理系统。康明斯公司提出了一种上游被动 LNT 方案，在不到 150℃的温度下可捕集到 65%的 NO_x，而在 150℃以上的温度下释放 NO_x。在这些温度下，Cu-沸石变得活泼，并能还原释放出来的 NO_x[210]。研究表明[208,209]，利用贵金属涂敷量低的 LNT+Cu-沸石 SCR 催化剂在 12 万 mi 的老化后仍有很好的转化效率。

LNT+SCR 催化器已经在奔驰 E320 Bluetec 汽车上进行了商用示范，其中 LNT 是高贵金属涂敷量的，SCR 催化剂是 Fe-沸石的[211]。整个后处理系统的组成是：DOC+LNT+DPF+SCR 催化器。

LNT 和 SCR 催化器可以是平行的或准平行的，也可以是串联的，如图 5-15 所示[207]。其中，平行布置方案就是在现场利用存储的和 LNT 再生时产生的 NH_3。在这种方案中，中间的 NH_3 不会被氧化，而是存储在 SCR 层或片内[204,212-214]。因此，大量的 NH_3 可能在 SCR 催化器中用于还原 NO_x。但是，酸性的 SCR 催化剂对碱性的 LNT、酸性 NO_x 的存储性能以及 HC 对 SCR 催化剂的中毒和在浓混合气条件下的再生仍然是开放的。此外，LNT 和 SCR 催化器间的 NO_x 转换灵活切换是不可能的。在 LNT 吸附 NO_x 期间，在 LNT 中的 NO_x 量沿轴向是增加的，因此，SCR 催化器中 NH_3 的量沿轴向消耗增加。在准平行方案中，随着 LNT+SCR 催化器组数的增加，NO_x 去除效率增加。研究表明[204]，在 275℃时，分开式的 4 个 LNT+SCR 催化器、连续 4 个 LNT+连续 4 个 SCR 催化器以及连续 2 个 LNT+连续 2 个 SCR 催化器对 NO_x 的去除率分别为 81%、78%和 60%，而在没有 SCR 催化器的单个 LNT 条件下，NO_x 去除率为 30%。此外，采用分隔式 LNT+SCR 催化器系统时，排气中的 N_2O、HC 和 CO 排放也低。在串联式的 LNT+被动 SCR 催化器系统中，只有在 LNT 再生结束时释放出来的 NH_3 在被动 SCR 催化器中工作。LNT 再生可以通过发动机内部的加浓来进行。作为可选方案，可以在 LNT 的上游增加一个重整用催化器，以增加排气中的 H_2 和 CO 浓度，减少 HC 浓度，改善低温时 LNT 的再生效率。但通常重整用催化剂要在 800～950℃的温度范围内工作，因此准平行的调制系统能力受到限制。万一发生还原剂泄漏，SCR 催化器就会暴露在浓混合气下，导致 SCR 催化剂出现 HC 中毒的风险。串联式 LNT 和 SCR 催化器结构是最常见的布置，因为它合成简单。

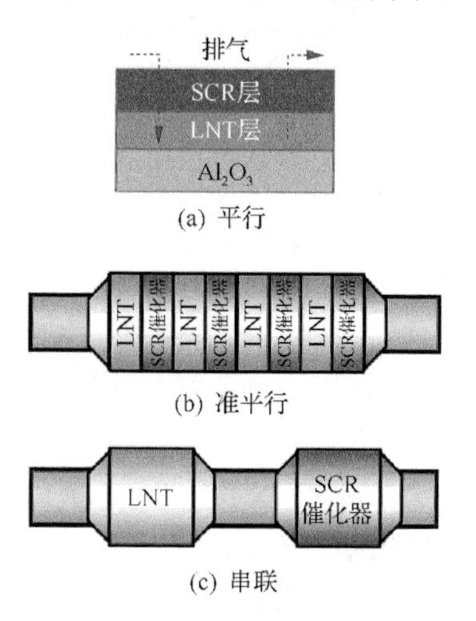

(a) 平行

(b) 准平行

(c) 串联

图 5-15　LNT+SCR 催化器的组合形式[206]

在串联式 LNT+SCR 催化器这种结构中，从前面的 LNT 中释放出来的 NH_3 相当多被存储的 NO_x 和 LNT 下游的 O_2 氧化掉了，限制了供给 SCR 催化剂的 NH_3 量[204]。虽然双层结构的 LNT+SCR 催化器能使催化器小型化，节省空间，但最重要的问题是，双层结构的 LNT+SCR 催化器中不可避免地存在向上层 SCR 催化器的扩散阻力，阻碍了稀燃条件下 NO_x 输送到底层 LNT 中进行存储和在浓混合气再生条件下还原剂的输运。另外，LNT 和 SCR 催化剂接触层间的元素混合有可能引起高温老化[215]。为此，提出了分区结构的 LNT+SCR 催化器(图 5-16[215])。这种把 SCR 催化剂涂敷在 LNT 上的结构形式能提高上游裸露的 LNT 在 HC 中的面积，有效地生成活性中间产物。在浓混合气的 NO_x 再生期间，形成的 NH_3 被存储在 SCR 催化剂中，用于在浓混合气或稀混合气时逃逸 NO_x 的还原。这种方案能增加催化器在整个温度范围内的转化效率[215,216]。

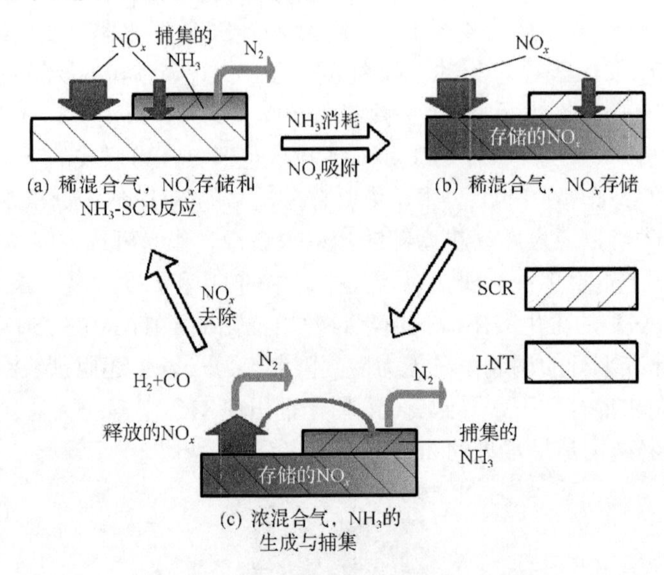

图 5-16　分区结构的 LNT+SCR 催化器

在 LNT+SCR 后处理系统中，如果 LNT 老化了，则 SCR 的优点就会降低。这是因为在 LNT 上的贵金属老化了，它产生的 NH_3 就会减少。在后处理系统老化后，就需要加长浓混合气的运行时间以弥补催化剂转化效率下降带来的不利影响。此外，在 LNT 脱硫阶段，SCR 催化剂能有效地把 H_2S 和羰基硫转化成 SO_2[159]。通过降低 OSC，并用 20%的 Pt 替换成 Pd，可以改善 LNT 转化成 NH_3 的能力[211]。

在 SCR 催化器前，安装集成了 LNT 的 DOC 催化器，能扩大 LNT 在浓混合气再生循环中的 NO_x 还原和 NH_3 产生的低温范围。研究发现[216]，在排气温度为 370℃，浓混合气条件下，NH_3 对 NO_x 有更好的选择性。用 LNT 替代尿素 SCR 系统中的 DOC，在 NEDC 中，降低 50%以上的 NO_x 排放，因为排气后处理系统的低温性能更好[217]。相反，在保证 NO_x 转化效率不变的情况下，采用 LNT-尿素 SCR 的后处理系统，燃油消耗增加 0.4%～0.6%，而尿素消耗下降 40%～50%[218]。

5.3　柴油机颗粒过滤器

随着柴油机/柴油汽车颗粒物排放标准的加严，降低柴油机颗粒物排放已经成为必然。目前，去除柴油机排气中颗粒物的商用后处理器主要是 DPF。早在 1999 年，标致汽车公司就引入了 DPF。在此后不到 12 年的时间里，DPF 就在美国、欧洲和日本所有的轻型柴油汽车上进行商业化应用了。2006 年，重型柴油机上开始使用 DPF[219]。在 2007 年以后，美国要求道路上行驶的重型柴油汽车和轻型柴油汽车安装高效的壁流式 DPF。欧洲市场上的欧Ⅴ排放标准柴油汽车需要安装 DPF。虽然 DPF 已经在柴油机上得到了相当长时间的商用化应用，但除了把 SCR 催化剂涂敷到 DPF 上，DPF 的其他改进进展程度不大。目前，DPF 过滤颗粒物质量和数量的效率大于 95%～99%[220]。

颗粒氧化催化剂(particulate oxidation catalytic converter，POC)，有时也称为部分过滤器或开放式过滤器。它是印度和中国满足相当于欧Ⅳ排放标准的技术方案。POC 的优点是不需要再生就能防止堵塞。

POC 有三种代表性的结构，即金属丝网、有通道的烧结金属以及在毛网与流动通道有交替层的结构[221]。其中，第三种是应用最广泛的[222]。大多数 POC 靠 NO_2 来氧化 POC 中的颗粒物。因此，POC 系统能减少 SOF 和固体颗粒物，并实现被动再生。此时，POC 还需要维持一定的颗粒过滤效率。通常，POC 系统由上游的 DOC 和下游的 POC 组成。如果 DOC 不能有效地把 NO 转化成 NO_2，POC 降低颗粒物的效率将降低[223,224]。如果使用硫含量大于 50×10^{-6} 的柴油，在 POC 上用于产生 NO_2 的高氧化能力催化剂将会导致硫酸盐颗粒物的生成量急剧地增大，NO_2 再生颗粒物的能力大大下降[95]。这样，POC 中颗粒物的转化效率将逐步减少。当 POC 过滤通道充满了颗粒物时，更多的排气在没有过滤时流过。可见，POC 必须与低硫柴油的使用相匹配。在使用超低硫柴油时，POC 能减少 30%～85%的颗粒物质量和 35%～92%的颗粒物数量[225]。

POC 的过滤效率比壁流式 DPF 低得多。因此，DPF 系统是满足未来严格柴油机/汽车排放标准的技术保障。除了 DPF，DPF 系统中还有其他的部件和传感器[8]。

(1) 氧化催化器。主要用于降低柴油机的 HC 和 CO 排放。它也充当催化燃烧器的作用，将推迟的过后喷油氧化掉，让排气的温度达到颗粒物再生的温度。在连续再生捕集系统中，氧化催化器也将 NO 氧化成 NO_2。

(2) 氧化催化器上游的温度传感器。帮助判别 DOC 中 HC 的转化能力。

(3) 压差传感器。测量 DPF 前后两端的压力差，用于计算过滤器上过滤下来的碳烟饱和程度。压力差也用于计算排气背压，将背压控制在最大许可水平内。

(4) 在 DPF 上游的温度传感器。判别 DPF 中的碳粒能否烧掉。

(5) O_2 传感器。O_2 传感器不是直接的 DPF 系统部件，但它能提高 DPF 系统的响应，因为通过精确的 EGR，可以获得一个特定的排放水平。

下面主要介绍与 DPF 应用相关的原理和技术。

5.3.1　DPF 材料

DPF 通常是由拉伸成型的内部有许多个平行小通道的多孔陶瓷体组成，通过交叉地堵塞陶瓷体中进、出口两端相邻通道，迫使柴油机的排气流过多孔载体壁面，用物理的方法将柴油机排气中的颗粒物过滤下来，达到去除颗粒物排放的目的。图 5-17 给出了壁流式 DPF 的结构示意图。DPF 的蜂窝结构大多呈方形。典型的蜂窝密度为 100～300 目/in^2，壁厚为 0.3～0.4mm [226-228]。

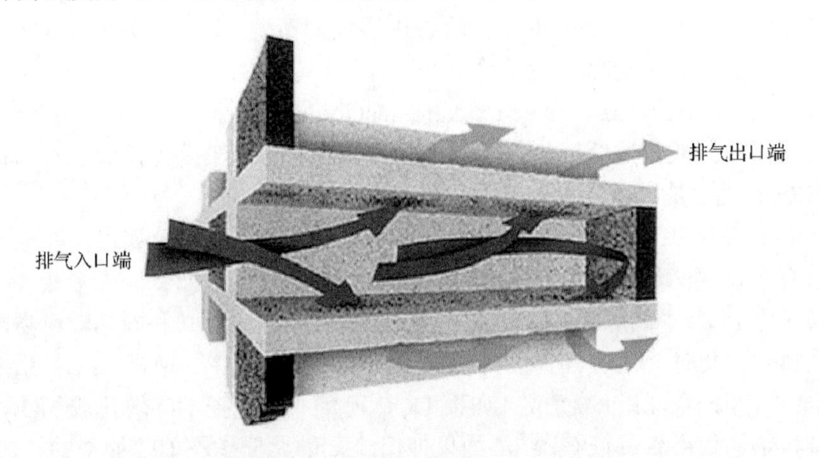

图 5-17　壁流式 DPF 的结构及气体流动

设计理想的 DPF 系统受到各种复杂因素的约束，包括技术(效率、耐久性、可靠性和兼容性)、经济性(系统成本、燃油消耗和维护等)、法规限制和非限制排放物、地理位置(柴油品质和硫含量等)以及用户的接受程度(驾驶乐趣、声学性能、维护限制和成本等)。DPF 的性能设计目标包括过滤效率高、压力损失低、结构牢固、耐热持久和可靠性好以及在整个使用寿命里多次再生时出现的高温偏离安全裕度高[229,230]。对 DPF 材料的总体要求是[231,232]过滤效率高、压力损失低、能承受的最高工作温度高、热膨胀低、耐热应力大和能承受颗粒物中的金属氧化物(灰分)的化学影响。其中，过滤材料平均孔隙大小和孔径分布特性影响过滤效率[233]。

在各种设计形式的 DPF 中，壁流式 DPF 是过滤效率高、压力损失低和再生特性好的过滤器[224,234]。壁流式 DPF 的过滤性能依赖于过滤器微结构(孔径分布和孔隙率)、几何特性(DPF 的长度和直径、蜂窝密度、壁厚)以及流动和温度条件[235]。此外，随着碳烟在 DPF 上的沉积，沉积的碳烟层充当过滤介质，使 DPF 的过滤效率增加。DPF 蜂窝形状和孔隙率是影响压力损失、过滤器再生时间间隔和催化剂涂层量的重要因素。

通常，DPF 材料为堇青石、碳化硅(SiC)、钛酸铝(Al_2TiO_5)和莫来石等[232,236]。堇青石是合成陶瓷，其化学成分是 $2MgO·2Al_2O_3·5SiO_2$[237]。壁流式堇青石 DPF 已经一致性地用于叉车和矿井设备许多年了，正在用于卡车和公交改装车。与堇青石相比，SiC 有适当高的体积热容和很高的导热性，能承受更高的再生温度，所以壁流式 SiCDPF 是世界上应用最广泛的一种。在 2000 年，欧洲在乘用车上应用

SiCDPF[238]。图5-18给出了轻型、中型和重型柴油汽车用DPF的材料和体积与柴油机排量间的关系[229]。

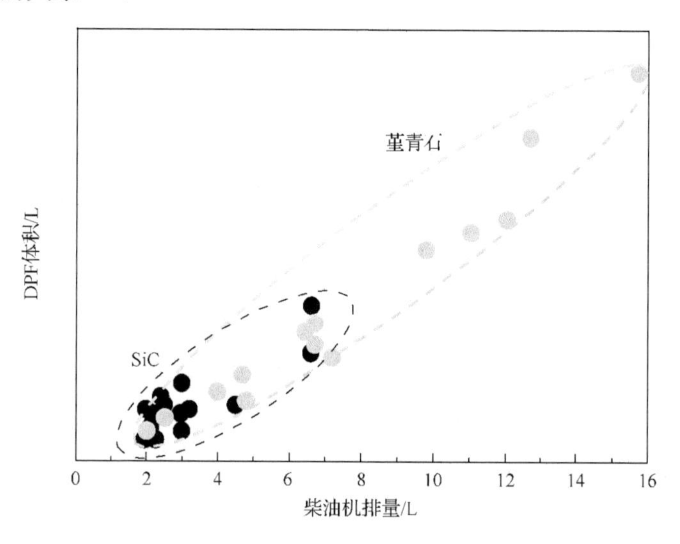

图5-18　DPF体积与柴油机排量间的关系[229]

可见，轻型和中型柴油汽车用的DPF材料主要是堇青石和SiC，而重型柴油汽车用DPF的材料主要是堇青石。在欧洲，乘用车DPF主流材料是SiC，因为SiC在实际工作条件下有高的稳定性[239]。轻型柴油汽车在UDC下的低负荷和过渡工况模式下的运行时间比例高，强制再生的时间越长，柴油汽车的燃油经济性就越好。因此，为了扩大再生循环的间隔，DPF需要高的碳烟再生质量限值。此外，为了在正常驾驶条件下最小限度地恶化燃油经济性，应该减小由碳烟沉积引起的排气压力降。SiC具有高的热容量、高的热传导和材料强度，因此，SiC材料的DPF在轻型柴油汽车上得到了广泛应用[229]。重型柴油机的排量大，所以DPF的体积也大。此外，重型柴油机大部分在高负荷或相对稳定的速度下运行。因此，DPF上的碳烟燃烧主要依赖于连续的再生。堇青石具有好的起燃特性，因此，堇青石DPF在重型柴油车上得到了广泛应用[229]。DPF的体积大小由最大碳烟沉积量决定，这也决定了DPF再生时的放热量。通常，DPF的体积大小约等于发动机的排量[240]。DPF对柴油中的硫含量很敏感。柴油中的含硫水平显著地影响DPF的可靠性、耐久性和排放性能[118,241]。

DPF的最大使用温度不但受到其材料固有熔化温度的限制，而且还受到从排气中收集到的由发动机磨损、润滑油和燃料添加剂以及排气系统部件腐蚀形成的金属氧化物烧结与黏附到过滤器壁面上的温度或与灰分反应、过滤器经历的共晶熔化温度的限制。对于堇青石和SiC材料，严重的灰分与过滤器作用会导致针孔或表面涂层的温度在1250℃以上。灰分中的氧化铁往往促进灰分与过滤器的反应，而 CeO_2 则能减少灰分与过滤器反应的严重性[242]。

DPF 的比热容和导热系数影响碳烟的燃烧速度，从而影响高速时柴油机的烟度水平。但在低速时，DPF 的热特性可以忽略不计。DPF 材料的快速热响应是冷起动和过渡工况，特别是被动再生时的关键性要求。因此，DPF 必须能对排气温度的变化有极好的热响应以在低温、经常改变的运行条件下进行被动再生[243,244]。高温和高热应力引起的熔化或开裂是大多数 DPF 损坏的主要原因[229,230]。因此，要针对特定的用途和 DPF 材料来设计 DPF 上颗粒物的负载量和 DPF 再生策略[229]。

5.3.2　DPF 过滤机理

在柴油机排气中，颗粒物通过扩散、拦截、惯性、重力、静电和热泳等机理被捕集到 DPF 上。各种机理对颗粒物捕集能力的影响与排气温度和颗粒物大小有关。图 5-19 给出了几种颗粒物捕集机理的示意图[233]。在扩散捕集过程中，小粒径颗粒物，尤其是粒径小于 100nm 的颗粒物，按照布朗运动扩散，脱离流线运动到壁面而被捕获。当颗粒物沿着离拦截体距离小于颗粒物半径的流线运动时，颗粒物与过滤材料接触而被拦截捕获。在快速变化方向的流场中，由于存在惯性，颗粒物脱离流线撞击到过滤材料上而被捕获。同样，静电和重力捕集是颗粒物分别受到重力和静电力而偏离流线撞击到过滤材料上而被捕获。其中，布朗运动扩散和拦截是 DPF 主要的捕集机理，而在有温度梯度的情况下，热泳捕集也很重要[245]。由于颗粒物直径几乎都小于 DPF 载体的孔径，颗粒物几乎都是通过扩散形式被捕集的。随着颗粒物直径的减小，它的扩散速度增加。因此，小颗粒物能被最有效分离。

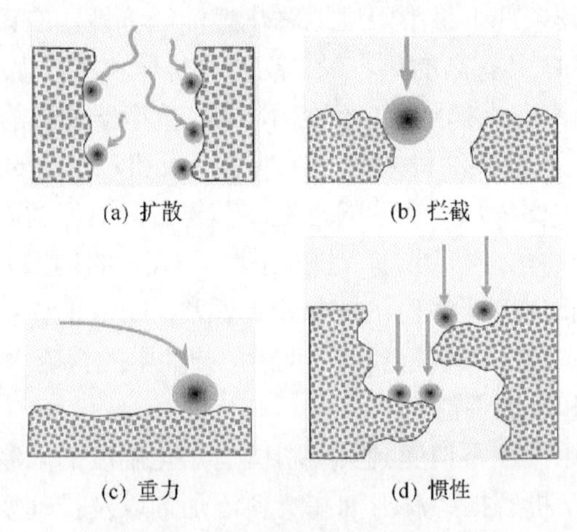

图 5-19　DPF 中颗粒物捕集机理[233]

DPF 的初始颗粒过滤效率随载体的平均孔隙率而变化，如图 5-20[246]。图 5-20 中 Cd 为堇青石。当平均孔隙大小大于 20μm 时，初始颗粒过滤率就会大幅下降。

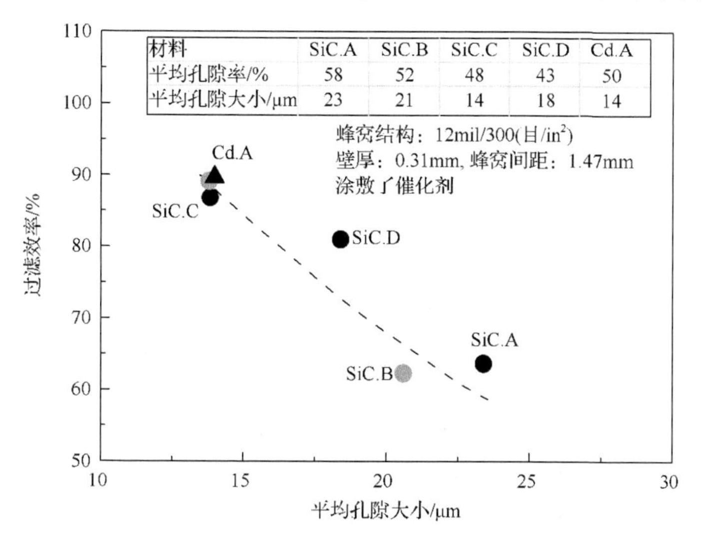

图 5-20 DPF 初始过滤效率与平均孔隙率的关系[246]

影响 DPF 过滤效率的参数是[247]孔隙直径、壁厚、蜂窝密度和过滤体积容量。由不同过滤材料制造的 DPF，其过滤效率不同。其中，由钛酸铝做的 DPF 的过滤效率高于 SiC 做的 DPF，因为 SiC 有高的孔隙率(名义值为 29%)和大的平均孔隙直径(20μm)，所以有更多的碳烟逃逸了[248]。

随着 DPF 上碳烟沉积量的增加，DPF 就从深度过滤形式转变成表面过滤。在孔隙中的碳烟层和碳饼就充当高效的过滤介质。由于陶瓷蜂窝过滤器的深度过滤能力低，所以在很短的时间内，就达到表面过滤的范围。这是在起动阶段 DPF 完全再生后，非接触式过滤器颗粒物数量显著增大的原因。在 DPF 的过滤过程中，随着颗粒物在 DPF 上的沉积，同一种 DPF 的过滤效率逐步提高[248]。当在 DPF 进气侧表面上形成饼状颗粒层时，过滤效率急剧上升，如图 5-21 所示[233]。

图 5-22 给出了高孔隙率 DPF 上有和无碳烟过滤层时的过滤效率对比[249]。可见，碳饼层对 DPF 的过滤效率有很大的影响。

Boger 等[250]用紧缩的孔径分布和低空隙率的下一代钛酸铝过滤器增大了碳烟存储限或减少背压 20%～25%。

但高沸点 HC 过滤是一个问题，因为它们在排气温度高时是气态的，只有冷却下来后，它们才能变成颗粒物，被 DPF 过滤下来[240]。

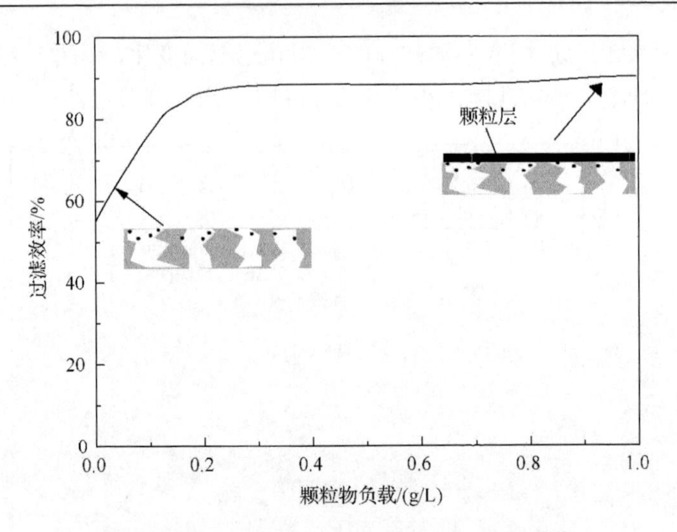

图 5-21 过滤效率与颗粒物沉积量的关系[233]

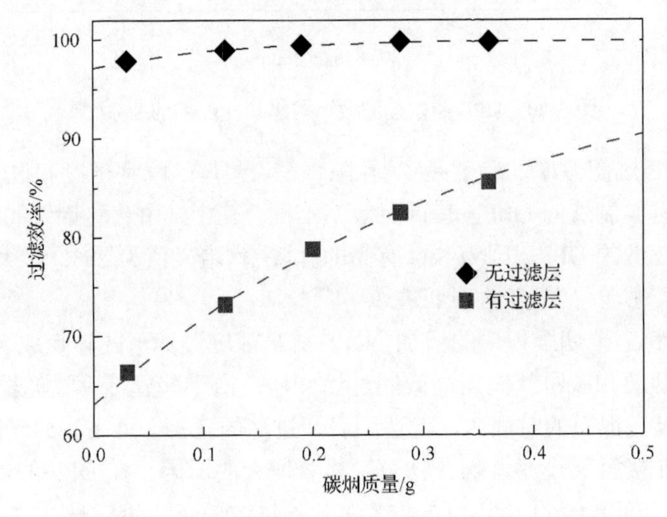

图 5-22 在有和无过滤层时，高孔隙率 DPF 碳烟过滤效率[249]

5.3.3 DPF 中的排气压力损失

DPF 中的总排气压力损失(ΔP)由五个不同部分组成，如图 5-23 所示[238]：一是由 DPF 进、出口处堵塞块产生的收缩和膨胀损失(ΔP_m)；二是在进、出口通道中产生的流动损失(ΔP_c)；三和四分别是气体流过多孔 DPF 壁面和碳烟层时产生的流动损失($\Delta P_{w,\text{无碳烟层}}$和$\Delta P_{w,\text{有碳烟层}}$)；五是排气流过管道锥角的损失(ΔP_d)[238]。

$$\Delta P = \Delta P_m + \Delta P_c + \Delta P_{w,\text{无碳烟层}} + \Delta P_{w,\text{有碳烟层}} + \Delta P_d \tag{5-23}$$

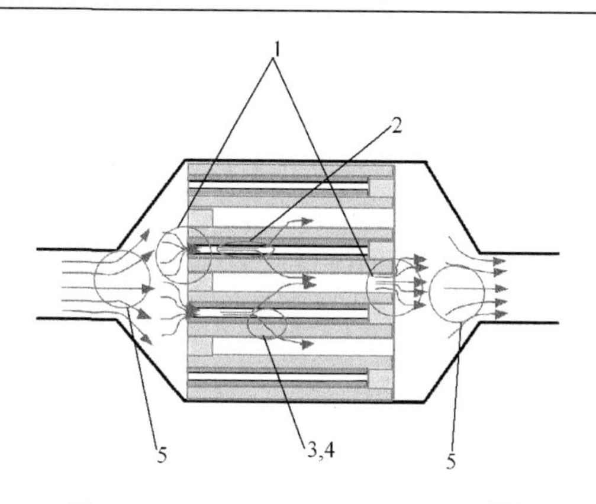

图 5-23　DPF 中排气压力损失组成[238]

1. 收缩和膨胀损失；2. 通道流动损失；3. 无碳烟层时的壁面流动损失；
4. 有碳烟层时的壁面流动损失；5. 管道锥角损失

在 DPF 上产生的排气压力损失依赖于碳烟沉积量和 DPF 的孔隙率。在壁面上无碳烟层的条件下，收缩和膨胀损失是 DPF 中排气压力损失的最大贡献者，而壁面流动损失的贡献率较小，因为在壁面上无碳烟层时，渗透性对排气压力损失的影响较小。但在壁面上有碳烟层存在的情况下，壁面流动损失是在 DPF 上产生的排气压力损失的主要贡献者，而ΔP_c和ΔP_m变化较小。

影响在 DPF 中产生排气压力损失的设计参数有[238]：①DPF 形状，包括外廓/流通表面积和长度；②蜂窝结构，包括壁面厚度和蜂窝密度；③DPF 材料特性，包括孔隙大小和平均孔隙大小/孔隙大小分布。

DPF 通道中的流动损失强烈地依赖于流道的长度，而流道的长度是影响 DPF 总流动损失的主要因素。因此，在 DPF 上没有碳烟沉积的条件下，在 DPF 中产生的初始排气压力损失主要受通道中流动损失的影响，而且在 DPF 中的总流动损失将随着长度/直径比的减少而降低。随着壁面上平均孔隙大小的减小，排气压力损失逐步增大，但当平均孔隙大小小于 10μm 时，排气压力损失急剧增加。DPF 的孔隙率越高，其产生的排气压力损失就越小[247]。此外，高蜂窝密度引起的孔道水力半径减小会增加通道中的流动损失。优化 DPF 的孔隙率和平均孔隙大小可以降低气体流过 DPF 时产生的排气压力降。在有颗粒物负载的 DPF 中的压力损失与长度/直径比小于 1 的 DPF 相近。这是因为壁面流动损失已经是影响总压力损失的主要因素。而对于长度/直径比大于 1 的 DPF，压力损失增加。因此，低长度/直径比是抑制 DPF 压力损失的最佳方案。通常，DPF 的孔隙率为 40%～45%，平均孔隙大小大约为 10μm [251]。

在 DPF 壁面上有碳烟的情况下，在壁面上产生的排气流动损失对初始压力损失的影响较小，而 DPF 上的碳烟负载量是排气压力损失的主要贡献者。因此，蜂窝密度越高，排气压力损失越小。对于初始压力损失，高蜂窝密度减小了 DPF 孔道的水力半径，导致高的排气压力损失，因为通道流动损失是主要的。但随着蜂窝密度的增加，DPF 上的过滤面积增加，在壁面上产生的排气流动损失降低。这是高蜂窝密度 DPF 在有碳烟负载时排气压力损失低的原因。特定车辆的可用安装空间影响 DPF 的形状，因此，开发 DPF 时需要关注可控参数，如蜂窝结构和 DPF 材料特性，以减小在 DPF 上产生的排气压力损失。由堇青石和 SiC 材料制造的 DPF 在有碳烟负载的情况下，蜂窝密度大约为 300 目/in^2 时产生的排气压力损失最小。

图 5-24 给出了流量率为 600m^3/h 时，DPF 参数对初始排气压力损失和有 8g/L 碳烟负载量下的排气压力损失的影响[226]。图 5-24 中 200-9/42 表示蜂窝密度为 200 目/in^2，平均孔隙大小为 9μm，孔隙率为 42%。可见，在 DPF 上无碳烟负载量时，蜂窝结构参数对排气压力损失的影响较小。但在有碳烟负载时，高孔隙率和在壁面较厚时排气压力损失减小。

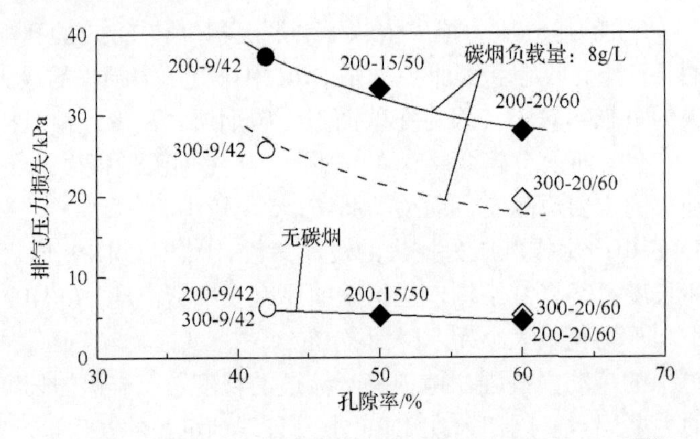

图 5-24　排气压力损失与孔隙率和碳烟负载量间的关系[226]

图 5-25 给出了气体流量为 2.27m^3/min，碳烟产生率为 5.5g/h 下，蜂窝壁厚为 0.305mm，蜂窝密度为 300 目/in^2 的催化式柴油机颗粒过滤器(catalyzed diesel particulate filter, CDPF)，在不同孔隙率和平均孔隙大小下，碳烟负载量对其排气压力损失的影响[238]。可见，随着 CDPF 上碳烟负载量的增加，排气压力损失增加；在相同的碳烟负载量下，在孔隙率和平均孔隙大小大的 CDPF 上产生的排气压力损失小。

DPF 的主要挑战之一是减少由颗粒物和灰分聚集引起的排气压力损失增加。为了突破 SiC DPF 过滤效率与排气压力降之间的矛盾关系，可以在高孔隙率 DPF 材料入口处增加一个过滤膜，防止碳烟贯穿到壁面孔中，减小在过滤初期压力损失的增大，并能改善过滤效率[252,253]。图 5-26 给出了在壁面入口处引入过滤膜后 DPF 过滤效率变化曲线[249]。可见，在壁面入口处引入过滤膜后，DPF 初期的过滤效率得到了很大的提高，因为小孔隙的入口膜能阻止颗粒物进入膜和壁面材料内[249]。汽车试验表明[229]，与壁面入口处未添加过滤膜的 DPF 相比，在不同车速和碳烟负载量的条件下，壁面入口处有过滤膜的 DPF 的背压下降了 30%～40%。

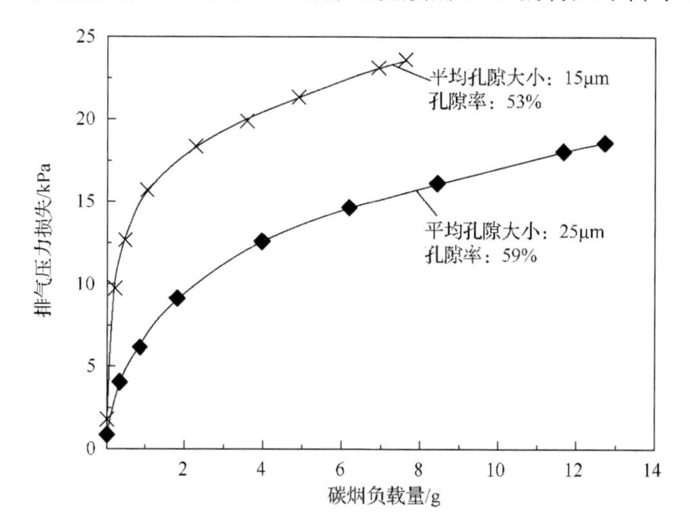

图 5-25　排气压力损失与孔隙率、碳烟负载量间的关系[239]

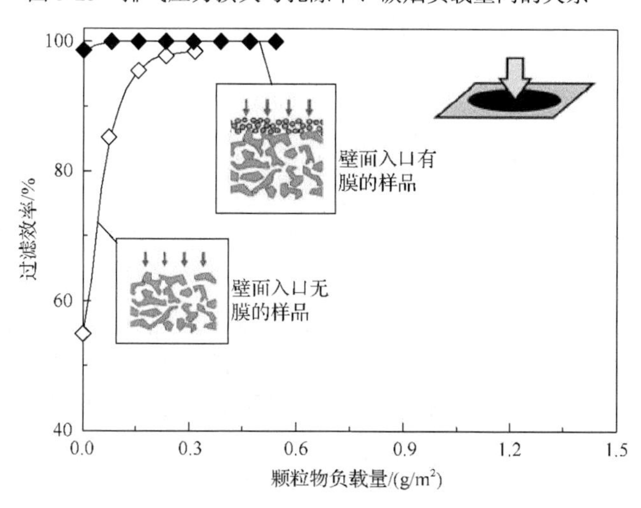

图 5-26　颗粒负载量与 DPF 过滤效率间的关系[249]

5.3.4　DPF 再生

随着 DPF 工作时间的加长，碳烟层就会在 DPF 入口通道的表面聚集。低渗透性碳烟层的形成会逐渐增大在过滤器上产生的排气背压。由于 DPF 内存储碳烟的空间有限，所以随着柴油机运行时间的加长，沉积在 DPF 上的颗粒物增加，自由流通截面减小。过大的颗粒负载量将引起过滤器的堵塞和在 DPF 上产生过高的排气压力降，由此导致柴油机性能的恶化[223,254,255]。

评价 DPF 上的排气压力降可以用颗粒物负载系数来表示。其定义是 DPF 碳烟负载全满时的排气压力降与碳烟彻底清空时的排气压力降的比值[136]。DPF 再生效率($\eta_{再生}$)的定义是

$$\eta_{再生}=\frac{\Delta P_{负载}-\Delta P_{再生}}{\Delta P_{再生}-\Delta P_{清空}} \tag{5-24}$$

式中，$\Delta P_{负载}$ 为有颗粒物负载时的排气压力降；$\Delta P_{再生}$ 为再生后的排气压力降；$\Delta P_{清空}$ 为碳烟清空后的排气压力降。

在 DPF 上仅有部分碳烟负载时难以进行再生和维持碳烟的燃烧。当在 DPF 上的碳烟负载量超过一定水平时，就能进行主动或被动再生，烧掉碳烟，减小在 DPF 上产生的排气阻力。影响碳烟催化再生的因素主要有排气温度、O_2 和 NO_2 浓度、NO_2/NO 质量比以及 NO_x/C 质量比[136]。排气温度高、O_2 浓度大、沉积更多的 SOF 及其放热燃烧反应、低的空速和低的碳烟负载量有助于 DPF 上碳烟的燃烧。再生就是保证碳烟在过滤器捕集与氧化的动态平衡[256]。在一辆长途汽车上的研究表明[257]，碳烟积聚与氧化平衡点的温度由 75000km 老化过滤器的 369℃降低到清除灰分后的 349℃。

在通常情况下，DPF 再生在发动机可控的条件下进行的，以慢的燃烧速度开始并持续几分钟，期间，DPF 的温度从 400～600℃上升到 800～1000℃的最大温度[242]。在可控的再生条件下，最高温度往往在 DPF 出口处附近发生。当 DPF 上积聚太多的碳烟和沉积的 HC 时，在 DPF 再生时由碳烟燃烧所释放的热量就会增大，甚至会产生不可控的燃烧，在靠近 DPF 出口端面能达到 1300℃或更高的温度[258-260]，由此形成的过高温度或温度梯度会熔化 DPF 或使 DPF 开裂。因此，为了防止高温引起 DPF 的损坏，必须在 DPF 上的积碳量(排气背压)达到一个临界饱和值前进行再生。根据过滤材料的不同，过滤器临界饱和积碳量为 5～10g/L[8]。碳烟负载量通过燃油消耗、再生间隔、柴油机排放和颗粒物传感器来确定。

在 DPF 上的碳烟过滤量、过滤器入口的排气温度、排气中的 O_2 含量和氧化时间等因素均影响 DPF 的再生程度和最高工作温度。碳烟的活性也是影响 DPF 安全再生时排气入口温度与碳烟负载量关系的因素[261]。理想的再生应该加入最少的能量或添加剂，并能快速和可靠地完成。在没有催化剂的条件下，碳烟颗粒物与 O_2 的反应温度为 550～600℃。尽管柴油机排气中有充足的 O_2，但排气温度较低，如卡车和公交车用重型柴油机，其排气温度为 250～400℃，乘用车柴油机在城市驾驶条件下，排气温度很少超过 250℃，不能提供足够高的碳烟氧化反应速率来抵消柴油机排出的碳烟。因此，现代柴油机只有在部分高速全负荷下才能达到碳烟氧化温度，而在部分负荷或怠速时，颗粒过滤器无法满足碳烟再生的温度

条件，必须采取措施来主动烧掉 DPF 上的颗粒物。再生时，残留在排气中的 O_2 浓度很重要，因为在低 O_2 浓度条件下碳的燃烧速度慢。因此，再生时，安装在 DPF 前的 DOC 出口的排气温度为 600℃时，排气中的 O_2 浓度应大于 5%[8]。

为了在实际柴油机运行条件下进行 DPF 再生，必须增加排气温度或通过催化剂来降低碳烟的着火温度。因此，排气和/或过滤器的温度是影响 DPF 再生的重要因素[262]。

DPF 再生分为主动再生和被动再生两种。主动再生是在正常的汽车运行条件下进行或者是在汽车停止时通过柴油机的控制手段，让 DPF 上的碳烟氧化。DPF 主动再生可以通过外部手段和发动机手段来实现。其中，外部手段有燃油燃烧器(全流和部分流)、电加热器(在过滤器上游或内部)、微波加热、可燃物(如燃油)喷入排气中、在排气中喷入催化剂和/或活性成分(如 H_2O_2)、生成活性成分(如非热等离子体)和电化学反应过滤器等[263]。发动机手段有废气再生循环、过后喷油、降低增压压力、中冷器旁通和推迟喷油时刻等[263]。被动再生是指在正常的柴油机运行条件下，DPF 上的碳烟被氧化。被动再生的措施包括在燃油中添加催化剂、催化过滤涂层和生成活性成分，如 NO_2 等[263]。因此，DPF 的有效催化氧化依赖于碳烟与活性催化剂的良好接触。DPF 上的碳烟氧化率很大程度上依赖于过滤器的温度和碳烟负载量等因素。在大部分工况下，不能维持 DPF 的自动再生。由于柴油机排气中的 NO_2 含量低，而且排气温度低，所以 DPF 的再生主要通过主动再生方式来完成。

决定 DPF 主动再生的主要因素有过滤器类型(材料和催化剂)、碳烟负载量和特性、排气中的 O_2 浓度、DPF 入口处的排气温度和质量流量[264-266]。钛酸铝过滤器再生效率比 SiC 好。在高温高流量工况开始诱发碳烟燃烧，然后再降到怠速情况下，在大约 550℃时开始再生，以提供安全和稳定的 DPF 再生。当碳烟开始燃烧时，排气温度增加到 650℃，实现快速和完全的 DPF 再生[265]。在正常的驾驶条件下，柴油机排气流量可能是最难改变的。在怠速时，柴油机的排气流量低，而增加怠速时的排气流量很困难。用 O_2 传感器来监控排气中的 O_2 浓度，进行 EGR 和 DPF 再生监控，可以在 DPF 上多过滤大约 20%的碳烟，并能很好地进行动态控制[254]。在整个柴油机运行工况下，DPF 再生时关闭 EGR 系统，以避免排气中有过高的 HC，这也为空气量控制提供了一个稳定的单控制器。然而 O_2 浓度只有在小于 10%时才会有显著的影响，这又是怠速或超速时的挑战，因为大多数降低排气中 O_2 浓度的方法会同时减少排气质量流量。在堇青石过滤器上的研究表明[267]，在 9.5g/L 碳负载量和高流量率的条件下，排气中的 O_2 浓度对 DPF 再生时的最高温度影响较小。仅在 100～150kg/h 的中等排气流量下，排气中的 O_2 含量才有影响。而在低流量率下，排气中含 O_2 少时放出的热量多。因此，减少混合气燃空当量比的喷油策略比连续喷油更容易加热 DOC，促进 DPF 前端的再生[268]。

DPF再生时刻的选取由柴油机电控单元根据DPF前后两端的压力差和排气温度等参数来决定。

第一代DPF再生系统采用在燃油中添加催化剂的方法。有代表性的添加催化剂主要是铈基[269]、铈-铁[270]和锶[271]。

在柴油中添加催化剂，如铈或铁的化合物，可以把颗粒物的氧化温度降低至450～500℃,以至于在柴油机高负荷时的排气温度下就足够氧化DPF上的颗粒物。以 CeO_2 为例，其再生过程如下：

$$2CeO_2 + C \rightarrow Ce_2O_3 + CO \tag{5-25}$$

这是一个放热反应，可以增加颗粒过滤器的温度。生成的CO在排气中继续氧化，并放出热量。Ce_2O_3 不稳定，在排气中很快被还原成 CeO_2，其反应式是

$$Ce_2O_3 + 0.5O_2 \rightarrow 2CeO_2 \tag{5-26}$$

但是这种催化再生方法并不能在所有的柴油机运行工况下实现，而且随着DPF使用时间的延长，催化剂会失活。

一种新的铁基燃油添加剂能进一步改进DPF的再生能力。与以前的 30×10^{-6} Ce和 10×10^{-6} Ce-Fe相比，这种新的铁添加剂只要 5×10^{-6} Fe就能达到以前的性能，而其在DPF上的灰分只有原来的一半，并能把再生温度从410℃降至360℃，由此提高了碳烟的燃烧率。这有助于减少欧Ⅵ排放标准汽车排气系统中SCR催化器在高温中的暴露，并减少SCR催化器布置在DPF前再生时的燃油消耗[272]。但是，这种方法除了有微量添加剂添加和精确计量的不便利，不可燃的金属灰分在DPF中的积累使适用于整个寿命周期的系统设计困难[273]。此外，催化剂的氧化物，如 CeO_2 和 Fe_2O_3 残留物会像灰分一样沉积在DPF上，只能通过灰分清除才能去除[272]。这种灰分以及润滑油或燃油残留物逐渐堵塞过滤器，导致排气背压升高。为了减小DPF使用引起的排气背压升高，需要制造横截面尽可能大的过滤器以提高它的灰分存储能力，以便在正常的汽车使用寿命里容纳所有的灰分残留物[8]。另外，燃料中添加的催化剂也会对环境造成新的危害。

对于催化器+非催化DPF系统来说，NO_2 排放在中等负荷区达到最高。碳烟的氧化从200℃开始，而它的氧化率随着排气温度的增加而指数地增大。$2NO_2+C\rightarrow CO_2+2NO$ 的反应超过 $NO_2+C\rightarrow CO+NO$[274]。随着排气温度的增加，NO_2 对碳烟氧化的影响增大。碳烟氧化率正比于碳烟的负载量。

为了避免使用燃油添加剂的麻烦，更积极的方法是把气相和碳烟燃烧的功能集成在过滤器中[275]。因此，许多汽车制造商转变到CDPF方式，进行碳烟的连续再生[239]。在CDPF表面上涂敷贵金属(主要是Pt)，一方面氧化排气中的HC和CO，另一方面把排气中的NO氧化成 NO_2，在低于400℃的温度下促进碳烟的被

动再生[258]。当柴油机的 CO 和 HC 排放高时，CO 和 HC 在催化剂上氧化后释放的能量显著，提高了温度峰值的排气直接作用在需要高温点燃的碳粒点上，这就避免了热散失，使 CDPF 比 DOC+DPF 有更好的碳烟再生能力[8]。此外，与燃料添加剂相比，CDPF 再生能完全控制不理想的二次排放物 CO 和 HC，而且 CDPF 也能将 NO 转化成 NO_2，促进碳烟氧化[276]。第一代 CDPF 布置在 DOC 后的汽车底板下，主要进行碳烟和 CO 的氧化。第二代 CDPF 前移到紧凑耦合的位置，仍然是氧化碳烟，并与前置 DOC 共同处理排气中的 HC 和 CO。此外，加入排气或推迟喷入气缸内的燃油也在 CDPF 中氧化，加速主动再生时碳烟的氧化速度。

与高孔隙率 DPF 相比，在一个给定的最高催化剂温度下，低孔隙率 DPF 允许更高的颗粒物负载量。因此，CDPF 的孔隙率达到 60%，而平均孔隙大小约为 20μm[251]。表 5-5 给出了 CDPF 所需要的 DPF 特性及其设计参数。

表 5-5　CDPF 特性和相关的设计参数[277]

特性		设计参数					
		长度/直径比	体积	壁厚	蜂窝密度	孔隙率	热膨胀系数
压力降	初始的	L	H	L	L	—	—
	有颗粒物负载	—	H	L	H	H	—
颗粒物负载限		L	—	H	H	L	—
起燃		—	L	L	L	H	—
耐久性	耐热冲击力	—	L	—	—	—	L
封装性能	等静压强度	—	—	H	H	L	—

注：L 表示低时 DPF 性能好；H 表示高时 DPF 性能好。

改进涂层的 DPF 在 450℃和 600℃下可以比在 DOC 上进行 HC 氧化时烧掉更多的碳烟[278]。针对低硫燃料，开发的 Pt/Pd 质量比＝3∶1 新配方催化剂，在老化状态下，能获得 240℃的起燃温度，这比 Pt 配方催化剂的 295℃低得多，产生更多的 NO_2 来主动氧化碳烟[279]。另外，在低温再生时产生的 CO 还可以被氧化掉，增强当地的碳粒氧化放热。由于 NO_2 是比 O_2 更活泼的氧化剂，NO_2 氧化碳烟的温度在 250～450℃[280]。此时，NO_2 又被还原成 NO。在过滤壁面内的流速低时，NO 向与流动相反的方向扩散，在下一个氧化还原反应中氧化碳粒，可以在高的排气温度阶段实现 DPF 的自洁[257,281]。可见，CDPF 适合重型柴油机。但是，设计一个低排气背压、高过滤效率、高碳烟燃烧效率和高碳烟负载量的 CDPF 是很大的挑战。研究发现[239]，在有碳烟负载的情况下，高孔隙率材料比低孔隙率材料在降低排气压力损失方面有更大的作用，特别是在催化剂涂敷量高时。

影响 CDPF 被动再生的因素有两个[258]：一是 NO_2/C 质量比；二是老化过程中催化功能的劣化程度，因为它决定氧化碳烟的 NO_2 的生成量。当然，降低 NO_x

排放的技术，如 EGR 也是一个影响 CDPF 再生能力的因素。

CDPF 的性能很大程度上依赖于排气温度和 NO_2/C 质量比。如果碳粒按式(5-27)反应：

$$NO_2 + C \rightarrow CO + NO \tag{5-27}$$

根据反应化学计量比，定义 NO_2/C 化学极限(chemical limit)比为 8，那么按质量计则 NO_2/C 质量比为 4。如果碳粒按式(5-28)反应：

$$2NO_2 + C \rightarrow CO + 2NO \tag{5-28}$$

如果定义 NO_2/C 化学极限比为 16，那么它们的质量比为 8。因此，在 CDPF 前，NO_2/C 质量比应不小于 8，以达到比欧Ⅳ排放标准更低的颗粒物排放。实际上，排气温度和 NO_2/C 质量比并不总能满足这个要求，如图 5-27 所示[282]。可见，这种被动再生方法受到排气温度和 NO_2/C 质量比的限制。

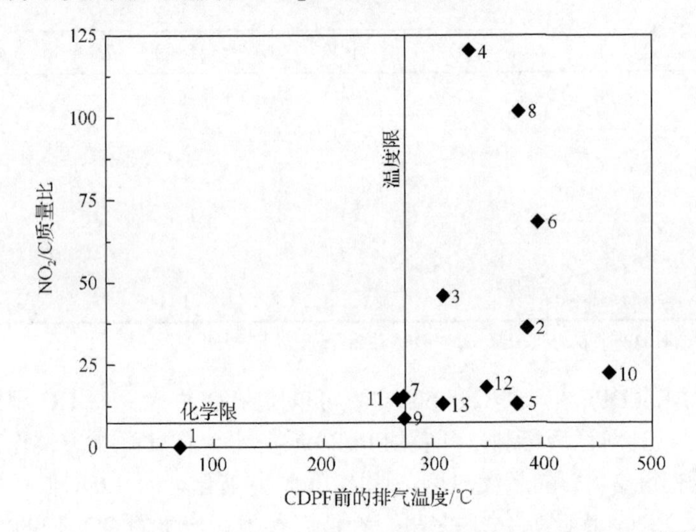

图 5-27 柴油机按 ESC 运行时 CDPF 前的温度和 NO_2/C 质量比[282]

CDPF 有一个平衡点温度(balance point temperature，BPT)评价方法。平衡点温度意味着 DPF 上的压力损失恒定，即 DPF 上的碳烟氧化率等于碳烟的捕集率。低的 BPT 意味着好的再生性能。在 DPF 上碳烟负载量为 4g/L 时，不同后处理配置情况下，BPT 的试验结果如图 5-28 所示[239]。可见，在 DPF 情况下，BPT 高于 430℃，而在 CDPF 情况下，BPT 是 320℃；在 DOC+DPF 情况下，BPT 约为 300℃，而在 DOC+CDPF 情况下，BPT 约为 290℃。对比 DPF 和 DOC+DPF，DOC 产生了 NO_2，碳烟能更有效地燃烧。在 CDPF 中，CDPF 也会产生 NO_2，因此，此时的 BPT 低于 DPF 中的 BPT。尽管 CDPF 的 BPT 比 DOC+DPF 的 BPT 高 20℃，但如果把 CDPF 前移，它们两者间的差别将会缩小。BPT 与 CDPF 生成的 NO_2 有密切的关系，CDPF 生成 NO_2 率越高，BPT 就越低[258]。

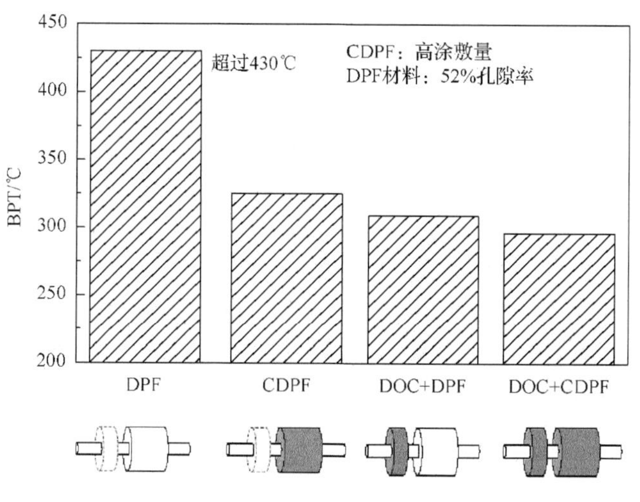

图 5-28　BPT 试验值[239]

利用 DOC 将 NO 转化成 NO_2 进行连续的 DPF 再生是一个全时间的被动再生过程。此时，DPF 的再生温度降低到 250～300℃。因此，柴油机的负荷必须高于 40%[283]。但在低速低负荷情况下，如 UDC，不能进行连续的 DPF 再生，汽车在运行时，DPF 上只有颗粒物的积聚。日野汽车公司在主动 CDPF 再生时，把少量的燃油在排气门即将开启前喷入缸内，由此产生的未燃 HC 进入排气管，并在 CDPF 前的 DOC 中氧化放热，提高 CDPF 温度，实现碳烟的氧化再生。如果需要加快排气温度的升高，这个喷油量需要再加大一些。如果过滤器温度仍然较低，在上止点后再增加一次少量的喷油。由 CDPF 前后的两个排气温度传感器进行反馈控制，通过精确的喷油将主动再生过程中的温度控制在理想的范围内。为了减少重型柴油机与 CDPF 间排气管的散热损失，采用了双层排气管[283]。

CDPF 系统进行长期的被动再生，因此，柴油机需要使用超低硫燃料。另外，NO_x/C 质量比必须要大于 8，最好能超过 20。除此之外，排气的温度至少要在 40%的测试循环中大于 260℃，以便让 CDPF 可靠地工作。但是，如果测试循环不合适或者太冷，CDPF 可能被堵塞或者经受不可控的再生[247]。典型的被动颗粒过滤器再生的最小 NO_2/C 质量比为 8～20，以确保有充足的 NO_2 与碳反应。但对于 NO_x 排放低而颗粒物排放高的柴油机，CDPF 的应用有一定难度。如果在过滤器前使用泡沫型氧化催化器替代传统壁流式的 DPF，可以提高系统性能，减少 NO_2 的需求，因为泡沫载体部分有一定的颗粒物过滤能力，在整个泡沫载体中，氧化碳烟后形成的 NO 又被氧化，形成 NO_2，继续氧化碳粒，这样最初的 NO 分子在这个系统中不断地被有效循环利用[283]。

重型柴油机比轿车柴油机在接近最大扭矩工况下的工作频率高，产生相对高的 NO_x 排放，而且排气温度高。因此，重型柴油机利用 DOC 把 NO 转化为 NO_2，用于氧化碳烟，而乘用车柴油机的排气温度低，则需要通过喷油来提高排气温度，在高温下周期性地烧掉颗粒物[284]。虽然 CDPF 比柴油中的添加剂效果差，但是它不会在过滤器上形成燃油添加剂的灰分。

Pt 催化剂把 SO_2 转化为 SO_3 的能力比把 NO 转化为 NO_2 的能力更强，使 NO 转化为 NO_2 的能力依赖于排气温度和柴油中的硫含量。柴油中硫含量越高，则 NO 向 NO_2 的转化能力越低，硫酸盐排放比例增加。图 5-29 给出了装有 CDPF 系统的柴油机按(ESC)工作时燃料中的硫含量与排气中颗粒物排放之间的关系。可以看出，如果燃料中的硫含量超过 $15\sim25\times10^{-6}$，即使装有颗粒过滤器，排气也难以达到 0.02g/(kW·h)的颗粒物排放标准。因此，为了使汽车颗粒物排放达到欧Ⅳ排放标准和欧Ⅴ排放标准，必须把柴油中的硫含量限制在 15×10^{-6} 以下[285]。

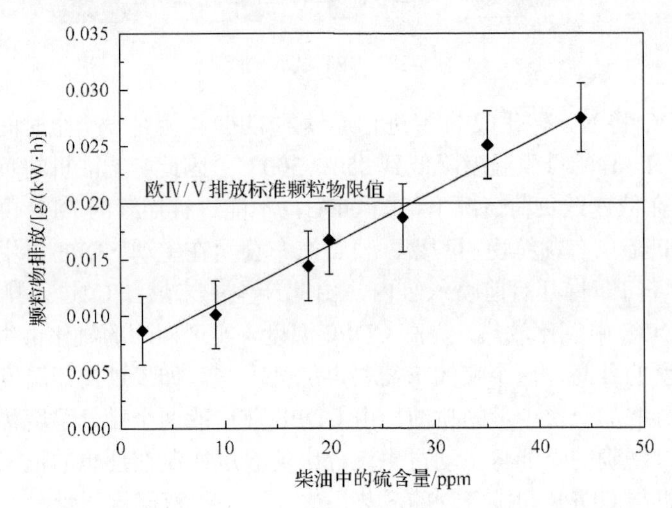

图 5-29　ESC 下柴油中的硫含量对颗粒物排放的影响[285]

对 CDPF 的要求是[286]：①通过直接的 O_2 和间接的 NO_2 再生，在适当的温度下对碳烟进行适当的氧化，尽可能地延长固定再生的时间间隔；②在再生期间，降低碳烟的着火温度，节约能量；③能忍受灰分的积聚。

但 CDPF 有两个重要的热劣化模式[193]：一是热循环引起的 CDPF 开裂，导致碳烟直接逃逸；二是热老化引起催化剂不能工作，允许各种排气成分进入排气管。因此，保持 CDPF 好的碳烟捕集率和好的氧化能力是很重要的。

虽然将贵金属涂敷到 DPF 上能显著地改善被动再生率，但它只能达到一个极限点[244]。DPF 再生的频率由柴油机的驾驶循环、颗粒物排放率、过滤器技术和其他参数决定[287,288]。DPF 主动再生的阈值由驾驶循环特性、行驶距离和压力传感器上的背压来决定。主动再生的时间间隔很大程度上依赖于柴油机原始的颗粒物浓度和 DPF 体积大小。如果汽车在城市中低负荷行驶，主动再生就频繁，因为它比高速行驶下更快地在 DPF 上积聚碳烟。在排气温度约为 600℃，排气中含氧量＞2%的条件下，主动再生的效率对 O_2 含量的依赖性不强，也不依赖于过滤器中的催化剂是否有贵金属，尽管贵金属能把 CO 氧化成 CO_2。然而，因为碳烟燃烧产生的热积聚，所以碳烟的再生效率强烈地依赖于碳烟的负载量。用 NO_2 氧化碳烟，在 370℃时的被动再生比在 485℃时更有效(大 3 倍)，因为 NO_2 在高的温度下分解成 NO 的速度超过了碳烟在此时的氧化率。主动再生会增加 2%～3%的柴油消耗，而被动再生能降低 20%～80%的柴油消耗[281,289]。

5.3.5　DPF 再生控制

进行 DPF 再生，需要提高排气温度。这可以通过缸内过后喷油、排气流中喷油、火焰燃烧器和电加热器等方式来实现。进气节流、EGR 率自适应、预喷油和主喷油及过后喷油策略都能通过燃料在 DOC 上的放热来调控排气温度。其中，喷油策略在 DPF 再生方面发挥很大的作用[290]。用缸内喷油来提高排气温度进行 DPF 的主动再生时，必须用迟的或过后喷油来控制。过后喷油就是把排气温度增加到大约 450℃，部分未燃的过后喷油与排气混合，并在 DPF 前的 DOC 中氧化，把排气温度升高到 500～550℃[291]。

用进气节流降低进气量，结合多次喷油，可以使排气温度从 6%负荷时的 125℃增加到 400℃。另外，节流还减小了最终气缸压缩压力，加大着火延迟期，推迟燃烧过程。由于进气量少，即使颗粒过滤器上的碳粒很多，放热量也不会很高，所以可以防止 DPF 损坏。这项技术已用于 2003 年底生产的客车和轻型商用车上。但是，这种再生方式不能在所有的驾驶条件下进行，需要间断性地(每 400～2000km)通过柴油机附加喷油，在上游的 DOC 中氧化来增加排气温度(典型再生开始温度为 550～600℃)，烧掉 DPF 上的碳烟[1]。但太频繁和过度的润滑油稀释是过后喷油不可避免的结果，然而太不频繁和过多的碳烟沉积导致堵塞或破坏性的燃烧放热以及排气背压增大。因此，DPF 再生与否需要在两个截然相反的限制中权衡。将燃油燃烧放出的热量最大限度地提供给排气和使燃油撞壁引起润滑油稀释最小的喷油策略对厂家是最有吸引力的。但是，从气缸内排出排气的热量在进入 DPF 前快速地耗散了，所以有的厂家就采用把燃油直接喷入排气流中的方案。在 DOC 上游安装一个低压喷油器，根据排气流量，将雾化好的燃油喷入排气管中，在 DOC 上的放热获得所需的碳烟再生温度[292-294]。不管是用迟的缸内喷油燃烧来提高柴油机排气温度还是从缸内流出的燃油到 DOC 中燃烧放热，其作用是相同的。

虽然过后喷油产生的未燃燃油可能会稀释曲轴箱中的润滑油，但是对于中型柴油汽车、轻重型柴油汽车，特别是轻型柴油汽车，低的系统成本更重要，而润滑油稀释对发动机耐久性的影响不用太担心。因此，轻型柴油汽车首选气缸内的过后喷油，通过气缸内迟的燃烧来提高排气温度，进行 DPF 再生[295]。合适的喷油策略很大程度上依赖于运行点，并要在过渡工况时避免不可接受的冷的或热的偏离，而且过后喷油要通过排气温度进行闭环控制[296]。但是，对于重型柴油机，缸内的过后喷油会引起严重的润滑油稀释问题，部分原因是重型柴油汽车比轻型柴油汽车有更长的润滑油更换周期。因此，喷油率可控的补充喷油系统是重型柴油汽车 DPF 再生的主要可选方案[265,293]。此时，安装在排气管中的一个喷油器喷入柴油，柴油经蒸发并与排气混合后，在 DPF 上游的 DOC 中或者 DPF 上的催化剂上氧化放热，将排气温度提高到所需的 DPF 再生温度，氧化掉 DPF 上积累的碳烟。与缸内的过后喷油相比，排气中喷油的燃油经济性恶化更少，因为放热刚好在过滤器的上游，消除了柴油机内和 DPF 前排气管中的传热损失[265]。但重型柴油汽车 DPF 再生的难题是如何在低负荷和/或冷的环境下，让燃油在排气系统中燃烧。此外，流量率、碳烟负载量、催化剂和过滤器热质量也有显著的影响[297]。

解决柴油机低负荷下 DPF 再生的其他措施包括排气系统隔热、DPF 前移和催化剂配方改进。利用进气和排气节流可以获得 250℃的 DOC 温度，实现燃油的燃烧[288]。目前，用于排气喷油的系统主要用于实施美国 2007 排放标准的卡车发动机和重型柴油机。但不管是用气缸内的过后喷油还是 DOC 前的排气管中喷油方式来进行 DPF 再生，都需要一个复杂的控制策略来确保热力平衡再生[265,287]。为了防止润滑油灰分的烧结并保护 DPF 催化剂，需要控制最大的碳烟燃烧放热。在标定 DPF 再生的喷油策略时，进、排气也会使用节流阀[287]。

电加热器也能用于进行 DPF 再生管理。它可以安置在颗粒过滤器的前端、预埋在过滤器介质中，或者是充当过滤器和加热器的导电介质，如金属丝网[298]。与电加热再生相关的主要担心是能量消耗。电加热器所需的能量增加了车辆电力系统的额外负担，导致燃油消耗有相当大的增加[223]。尽管电加热或催化剂能烧掉 DPF 上的颗粒物，但这些方法有一些问题，如高的成本、大尺寸和有限的再生能力[283]。

对 DPF 上碳烟进行管理的目的主要是监控碳烟积聚量，并将碳烟的质量控制在设定的极限内[265]。后者对于避免过度的排气压力降增加或碳烟氧化失控导致部件损坏是极其重要的。为了使 DPF 再生时柴油机的燃油消耗量最小，再生时机的选择极其重要。研究发现[253]，在高碳烟负载量情况下，碳烟的部分再生是受欢迎的。让一些碳烟残留在过滤器上，不让碳烟进入壁面，也有助于降低排气背压。但要注意，留在 DPF 上的碳烟时间太长，碳烟也会石墨化，更难于氧化[299]。因此，需要有精确估计碳烟负载量的方法。

在 DPF 再生期间，过滤器温度上升的大小依赖于许多因素。在开始点，碳粒燃烧释放的能量加热排气、过滤器和未燃烧的碳烟。壁流式 DPF 中气流与壁面亲密接触，其中的气体与DPF间的热交换大于直接流通式催化剂。因此，过滤器中的最高温度取决于燃烧产生的放热量及其在排气和过滤器中的能量分配比例。为了维持DPF在低的温度，理想的方式是开始再生时不要产生太多的热(在低的碳烟负载量下更频繁地再生)，并尽可能多地让排气带走热量，或者是设计一个能充当散热器吸收燃烧产生大部分热量的过滤器[242]。为了防止大的温度分布导致DOC和DPF中的热应力升高，用两阶段温度升高斜率来精确地控制再生温度。在第一阶段，将DPF的进口温度升高到大约500℃，并以一定的温度升高率去除一定量的碳烟，使温度上升最少。在第二阶段，进一步把DPF的温度提高到600℃进行碳烟的燃烧。这种方法能降低最大温度，甚至在降至怠速时也能实现DPF再生[300,301]。

再生时，影响DPF温度的因素有以下几个方面[242]。

(1)排气流量率。排气流量率对DPF再生时的温度有很大的影响。高的流量率意味着在再生期间有更多的排气流过DPF。由于碳烟放热量是相同的，大的排气流量率就会使DPF的温升减小。如果在低排气流量率条件，如怠速下进行DPF再生，不可控的再生将会发生，导致很高的DPF温度。

(2)排气中的O_2浓度。在再生时，排气中的O_2浓度也是影响DPF温度的重要因素。低的O_2浓度导致慢的碳烟燃烧。由于燃烧过程扩大到长的时间内，有两个机理起到降低温度的作用：一是再生时间长，在再生期间流过过滤器的气体累积体积(质量)大，因此，有更多的热量传给气体并带走；二是在传给过滤器的热中，长的再生时间允许热量在更大的过滤器体积内传递，这样过滤器的最高温度就会减小。在怠速时，O_2浓度高，排气流量低，导致不可控的再生，引起高的DPF温度。

(3)DPF自身的热容量。DPF热容量正比于陶瓷的比热、密度和实际陶瓷体的体积。因此，选择高体积热容与低孔隙率材料以及设计壁厚大和蜂窝密度高的DPF有助于使过滤器温度升高最少。尽管低孔隙率或厚壁DPF能增加热惯量，降低再生期间的最高温度，但这也会产生高的排气压力损失。对于一个孔隙率和壁厚给定的DPF，增加蜂窝密度有助于减少排气压力损失而增大热质量。然而，当蜂窝密度增加时，蜂窝通道的宽度减小。在很高的蜂窝密度下，孔道的水力半径变得很小，以至于在过滤器的入口端面发生碳烟桥接，引起排气背压的快速上升。

(4)传热。通过快速地把DPF中产生的热量部分地传到冷的区域，可以降低DPF的温度上升幅度。高的传热有助于DPF温度上升最少。增大DPF的体积，能有效地降低加热带来的DPF的温升。

为了促进长期驾驶柴油汽车，如行驶80000km以上里程的DPF上灰分移动，在不可控的再生时，它所经历的最高温度应该低于1100℃。因此，在理想情况下，DPF的材料和几何形状与再生策略应该确保DPF温度不超过1050℃[242]。当然，与堇青石相比，SiC 有适当高的体积热容和很高的导热性，所以 SiC DPF 再生需要供应更多的热量才能进行。

DPF 载体材料的热容量有限，在不可控的 DPF 再生条件下，碳烟燃烧放热将引起 DPF 上过高的温度(大于 1200℃)，导致在 DPF 载体上产生过大的热应力、熔化或开裂和涂层的永久性失效[237,241,300,302,303]。此外，在高于 1000℃的温度下，积聚在 DPF 上的由润滑油添加剂形成的灰分也会熔化[263]。因此，在任何给定条件下对 DPF 进行成功的再生是困难的。

为了保证 DPF 的可靠性和耐久性，润滑油灰分不烧结，需要对柴油机排气流量和温度、O_2 浓度、颗粒物负载量(由背压来评价)等参数及柴油机进行管理，并开发合适的算法以控制最大的碳烟燃烧放热率。DPF 再生管理策略的目标是优化在柴油机各个运行条件下的控制系统，在 DPF 再生过程中不产生不正常的颗粒物燃烧，使未燃烧颗粒物质量最小，并防止 DPF 堵塞[223]。

碳烟超载导致再生时 DPF 损坏，而碳烟不足时的不必要再生会使柴油机的燃油经济性恶化[304]。因此，先进的 DPF 再生策略依赖于对碳烟负载量的认识，并用它来确定目标再生条件。高碳烟负载量时需要低的 DPF 进口温度。这些策略的可靠应用取决于精确的碳烟质量预估。因此，碳烟负载量的预测精度是成功地应用 DPF 的关键要求之一。但是精确地预测 DPF 上的碳烟负载量是很困难的。这是因为，碳烟的产生依赖于发动机的运行条件，需要由广泛的试验来获得稳定工况下的碳烟生成量图[305,306]。此外，过渡工况下的碳烟再生很困难，而且也需要考虑被动再生和灰分积累的影响。虽然碳烟负载水平相同，但碳烟的分布难以预测[306]。因此，利用压差式传感器、基于燃油消耗的碳烟模型、发动机的工作条件、累积行驶里程、时间和碳烟传感器来预测驾驶时碳烟负载量是很重要的[305,307,308]。用经验的原始排放模型与物理的碳烟氧化模型(压力降信号与其他参数联系起来)预测 DPF 上的碳烟负载量是一种方法[306,309]。Muramatsu 等[261]根据元素碳的燃烧特性，即着火温度和氧化率与碳烟的产生有关，发展了一个 DPF 碳烟氧化率模型。Rose 和 Boger[310]提出了被动再生时碳烟的积聚和氧化模型，并根据 DPF 上的压力差建立了闭环模型，改善了碳烟量预测的精度。

当 DPF 上的碳烟负载量达到预设水平时，通过调整柴油机各个控制执行单元，如喷油、进气节流阀、EGR 和涡轮增压大小来调整排气中的 O_2 浓度、排气温度和流量，进行主动再生。其中，安装了共轨燃油系统的柴油机能灵活地控制燃油流量、压力和喷油时刻，实现精确的 DPF 再生控制。用 EGR 控制排气中的 O_2 浓度可以自适应空气流量和其他参数的变化，更好地进行动态 DPF 再生控制[254]。

现在市场上已经有许多可用的碳烟传感器用于 OBD 和柴油机控制[311,312]。但是，随着汽车排放标准的加严，碳烟排放减少。因此，需要开发精度、敏感性、重复性、响应、耐久性和封装尺寸大小等良好的碳烟传感器。

欧洲轻型柴油汽车 DPF 再生方法是[313]：①利用柴油机的排气背压模型以及燃油消耗估算 DPF 上的碳烟负载量；②预加热系统使喷入的燃油能着火并加热 DPF；③通过气缸内或排气管中喷油，增加排气中的 HC 水平，用于在催化剂上燃烧；④根据工作点和条件控制与监控 DPF 再生；⑤考虑灰分的积累量，进行相关模型的重新计算。

图 5-30 给出了轻型柴油汽车上 DPF 再生过程的控制流程图。

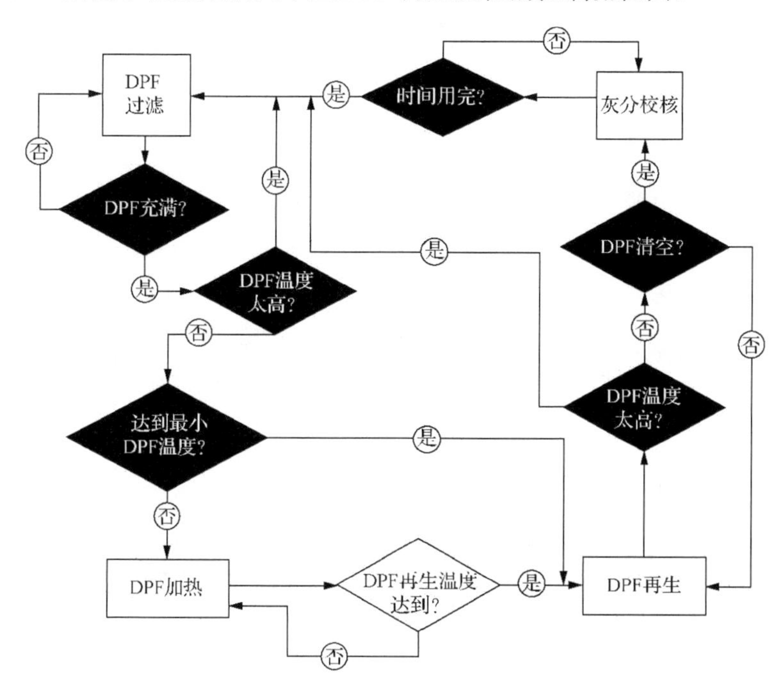

图 5-30　轻型柴油汽车 DPF 再生过程控制流程[297]

DPF 上颗粒负载量可以通过两个模型来监控[314]：一是物理模型，利用 DPF 两端的压力差，根据空的过滤器来估计流动阻力，从而推断出过滤器上的颗粒负载状态；二是模拟模型，根据存储在控制单元中的数据、NO_2 氧化和燃烧掉的碳烟，用模型预测稳态和动态的碳烟排放。为了获得更加准确的预测，还需要测量氧化催化器后和 DPF 前的排气温度及由 O_2 传感器得到的 O_2 质量流量。联合这两个模型，还可以增加系统的控制精度，使 DPF 再生期间和汽车工况相适应，优化所需的再生时间。

利用气缸内过后喷油进行 DPF 再生需要在再生频率和润滑油稀释两个完全相反的限制之间巧妙地折中。太频繁的再生会稀释润滑油；在不太频繁的再生情况下，负载过多的碳烟会导致 DPF 阻塞或者在燃烧时产生破坏性的放热[136]。此外，再生也会引起柴油汽车燃油经济性的恶化。在 DPF 再生条件下，长度/直径比大的 DPF 的最大温度高。入口端和中间的颗粒物燃烧连续地增加排气温度，导致 DPF 出口处的排气温度增高。这个热叠加现象导致长 DPF 比短的 DPF 有更高的排气温度。

图 5-31 给出了用分区策略控制柴油机排气温度进行 DPF 再生的方法[8]。图 5-31 中，1 区不需要采取附加的措施；2 区用推迟主喷油、第二次喷油＞30℃A ATDC 的措施；3 区采用推迟主喷油，第二次喷油＞70℃A ATDC 的措施；4 区采用第二次喷油＞30℃A ATDC、推迟主喷油和减少进气压力的措施；5 区采用第二次喷油＞30℃A ATDC、推迟主喷油、减少进气压力、进气节流和燃烧稳定性的措施。4 区和 5 区不是同时采用所述的所有措施。6 区仅用发动机措施不可能进行 DPF 再生。

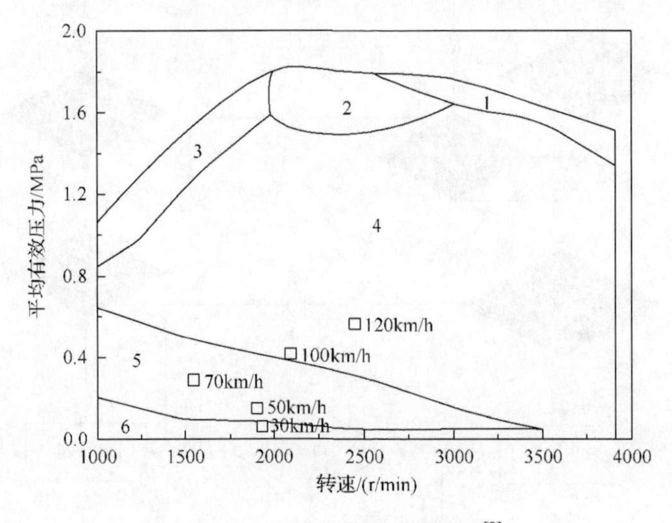

图 5-31　提高排气温度的措施[8]

在利用推迟缸内喷油进行 DPF 再生时，HC 和 CO 排放显著增加，而碳烟排放和核态纳米颗粒物数量也有所增加。此时纳米颗粒物主要由 HC 或硫酸盐组成，而甲烷是 HC 的主要成分[220]。

在重型柴油机 DPF 再生时，需要在排气温度为 220～250℃下将柴油喷到 DOC 前，并在 DOC 中燃烧放热，有时还需要结合空气和/或排气节流以及合适的柴油晚喷来加热 DPF 策略[287]。这些方法能在平均车速为 14km/h 的中型车和–10℃的环境里加热 DPF。一旦 DPF 被加热后，是否需要喷油取决于柴油机的运行工况。

DPF 的耐久性依赖于过滤材料和设计、再生燃烧温度、温度分布与瞬时温度梯度以及再生频率（疲劳寿命）。再生频率受到 DPF 的安装位置和碳烟负载量的影响，这与 DPF 体积大小、碳烟负载率和驾驶循环有关。靠近柴油机安装的体积小的 DPF 在高负荷驾驶下的再生频率更高。

5.3.6　DPF 中灰分的危害

DPF 中灰分组分的变化依赖于柴油机的类型和使用时间长短、驾驶条件、燃料品质、燃料与润滑油添加剂以及排气管材料。与碳烟不同，灰分不能被氧化成气体成分，一直积聚在过滤器中，除非 DPF 有足够的空间存储在其整个使用寿命周期中收集的灰分，否则必须周期性地从排气系统中短暂地拆除和清除灰分，以恢复 DPF 低排气背压和碳烟负载能力。

DPF 中的灰分成分因车辆而变化。但是不管是轻型汽车还是重型汽车，灰分含有来自润滑油中钙、锌和镁的硫酸盐、磷酸盐与氧化物、柴油机磨损下来的金属氧化物、燃料中的金属催化剂氧化物以及排气管腐蚀产生的含铁氧化物[242,315,316]。通常，灰分是由亚微米基本颗粒物积聚成的大小为 5～50μm 的颗粒物，但由排气管内表面腐蚀和散裂产生的颗粒物要大得多。由于富铁氧化物颗粒物具有高惯性，它们往往积聚在 DPF 进口通道的后端，在再生时产生的最高温度作用下，很可能引起化学反应和 DPF 的损坏[242]。与 DPF 材料不反应的灰分烧结与黏附，可能导致 DPF 渗透能力的损失和永久的排气压力降增加。灰分与 DPF 材料的化学反应会导致 DPF 壁面穿孔，引起过滤效率的下降或在壁面表面上形成釉层，导致排气背压的增加[242]。润滑油中的添加剂是灰分的最大来源，因此，随着润滑油消耗量和润滑油中灰分的增加，DPF 中积累的灰分增大[317]。

虽然颗粒物中的灰分含量大大地低于有机碳，但随着车辆运行时间的加长，积累在 DPF 中的不可燃灰分增加，并在碳烟再生后残留在 DPF 内，缩短 DPF 的使用寿命，而高的再生温度会加速催化剂的热老化[136]。此外，高的润滑油消耗量、高硫柴油的使用以及高的燃油消耗会加速灰分在 DPF 上的形成，缩短 DPF 的再生时间间隔[318,319]。在柴油中添加催化剂进行 DPF 再生时，这一问题更加严重，因为它们的氧化物与润滑油添加剂的灰分积累，占据了颗粒物的存储空间[320]。与此同时，积聚在 DPF 上的灰分改变 DPF 内的几何形状和碳烟分布，引起 DPF 有效体积的减少[321,322]。因此，在 DPF 中的灰分积聚行为直接影响它的寿命。在 DPF 再生前，积聚在通道中的碳烟在灰分迁移方面起着关键性的作用，因为碳与过滤器间的间隙大，厚的碳饼有较小的黏附力，并能承受高的气体阻力。当含有灰分的大碳饼(500～800μm)部分地从 DPF 表面脱落时，它就会运动到通道的下游[323]。富钠灰分对堇青石和 SiC 材料有腐蚀性损坏[236,324]。大量的氧化铁促进灰分与堇青石材料的反应，永久地堵塞过滤器[242,325]。

图 5-32 给出了 DPF 中积聚的颗粒物与排气压力损失之间的关系[326]。在过滤初期，PDF 上产生的排气背压与灰分和碳烟积聚量呈线性增加(Ⅰ区)，但当灰分积聚量大于 12.5g/L、碳烟超过 3g/L 时，DPF 上的背压随着碳烟的增加而迅速加大(Ⅱ区)，这是碳烟/灰分膜在高背压下的压缩引起的。

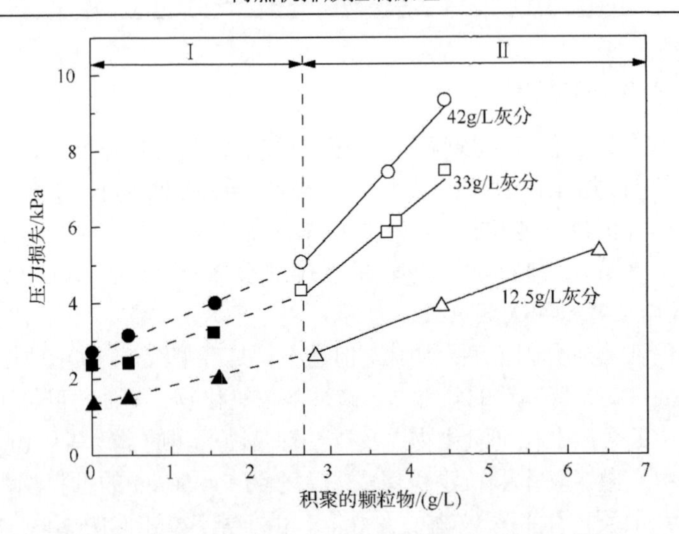

图 5-32　DPF 上颗粒物积聚量与压力损失间的关系[326]

因为沉积在 DPF 内的早期灰分阻止了碳烟穿过壁面，最低的排气背压和高的过滤效率出现在 4～10g/L 的灰分负载量时。DPF 对碳烟和灰分产生的压力敏感性依赖于它的设计和材料：大的前端开放面积对压力的敏感性小，这与高空隙率相当。在连续再生(如用 NO_2)过滤器中仅在积聚 20g/L 的灰分时能达到高的过滤效率(>97%)。而周期性再生的过滤器则需要 140g/L 的灰分才能达到相当水平的过滤效率，因为灰分总体上收集在过滤器的后端而不能形成更多的过滤膜[219]。

积聚在 DPF 上的灰分通过两种方式直接影响柴油机的燃油经济性：一是增大了排气的阻力和背压；二是 DPF 中的碳烟存储空间减少，缩短了 DPF 的再生间隔[267,319]。研究表明[327]，在 DPF 上产生的排气背压很大程度上依赖于柴油机所用的润滑油。产生 1.8%硫酸盐和其他灰分的润滑油比低灰分润滑油在 80000km 时产生的背压高 5 倍。比较使用两种润滑油下柴油汽车运行 100000km 的燃油消耗发现，使用低灰分润滑油的柴油汽车要节约 1.4%的燃油。此外，灰分也可能减小催化系统的再生效率[321]。为了防止润滑油灰分烧结，并保护 DPF，再生时碳烟放热必须控制在一个合适的最大许可值内。影响这个许可值的因素有 DPF 的热质量、催化剂负载量、排气温度、碳烟负载量和特性。

5.4　柴油机排气后处理系统的集成

为了满足柴油机/柴油汽车严格排放标准的要求，排气后处理系统有不同的布置形式。不同功能的排气后处理器通过独立封装的催化器串联或将不同功能的催化器封装在一个壳内这两种形式进行使用。封装的形式、不同排气后处理器排序引起的体积大小变化和安装空间的富余量均需要进行设计优化[127]。图 5-33 给出了几种排气后处理器的布置形式[97]。

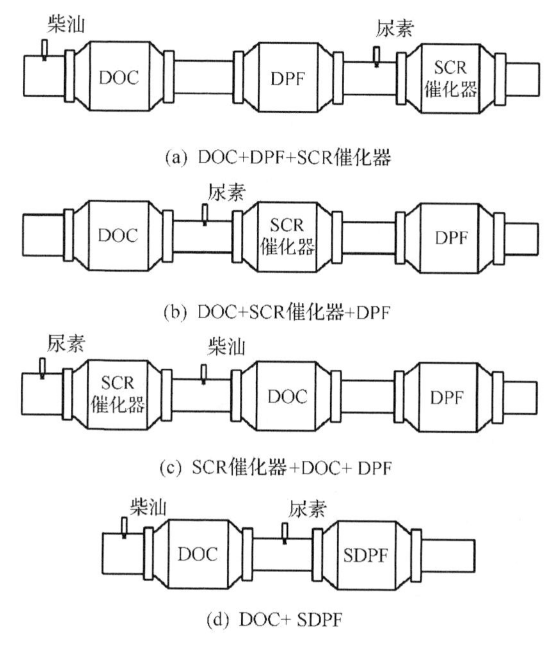

图 5-33　典型的柴油机后处理器结成简图[98]

图 5-33(a)是广泛推荐的 DOC+DPF+SCR 催化器排气后处理器布置方案。此时，DOC 和 DPF 可以改变排气中的 NO/NO_2 体积比，当 NO/NO_2 体积比＝1 时，SCR 还原反应能快速进行。

DOC+DPF+SCR 催化器排气后处理系统的优点有[128]：①能保持 SCR 催化器清洁；②DPF 靠近柴油机，高温排气能改善 DPF 的再生性能，减少主动再生引起的燃油消耗增大；③从 DOC 中排出的 NO_2 能促进 DPF 上收集碳烟的被动再生。但 DOC+DPF+SCR 催化器排气后处理系统也有其缺点，包括[128,328]：①DPF 有相当大的热惯性，因此，在冷起动时，它显著地延迟热排气到达下游 SCR 催化器的时间，大大地延迟了 SCR 催化器的起燃，导致冷起动阶段 NO_x 排放控制困难，尤其是大型柴油机；②SCR 催化器可用的 NO_2 可能完全在上游的 DPF 中氧化碳烟消耗掉了，不利于 SCR 催化剂效率的提高；③可控或不可控的 DPF 再生产生的过热会加剧下游 SCR 催化器的热老化。因此，DOC+DPF+SCR 催化器排气后处理系统必须用非钒基 SCR 催化剂。其中，Fe-沸石和 Cu-沸石 SCR 催化剂因为其更好的耐热性而成为优先选择的方案[329,330]。Fe-沸石 SCR 催化剂需要平衡 NO_2/NO 体积比以改善其低温性能，这就需要很好地设计 DOC 和 DPF 中的贵金属涂敷量[331]。这个系统允许标定的柴油机有更加高的燃油经济性和高的原始 NO_x 排放，有助于 DPF 的被动再生。DOC+ DPF+SCR 催化器排气后处理系统受到美国 2010 年生产和欧Ⅵ排放标准柴油汽车的青睐。

图 5-33(b)为 DOC+SCR 催化器+DPF 排气后处理器布置方案。此时，DOC 可以控制 NO 的氧化。但是在 300～400℃的温度范围内，DOC 会产生过量的 NO_2，导致慢的 SCR 反应(5-9)替代快速 SCR 反应(5-8)。但由于到达 DPF 排气中的 NO_2 减少，DPF 被动再生的能力降到很低。因此，需要增加 DPF 的再生频率[328]。

DOC+SCR 催化器+DPF 排气后处理系统的优点有[329]：①将 SCR 催化器靠近发动机布置，有助于冷起动时 NO_x 排放的减少，因为 SCR 催化剂能快速地达到高的温度，改善了其低温活性；②SCR 催化器能避免 DPF 再生时产生的高温而受到保护，使 SCR 催化器的选择范围扩大，也可能使在欧Ⅳ排放标准和欧Ⅴ排放标准柴油机汽车上广泛使用的钒基 SCR 催化剂得到继续使用。但其缺点是在 SCR 催化器后，排气中的 NO_x 水平低，大大地抑制了 DPF 的被动再生，DPF 再生频率的提高会引起柴油机燃油经济性的恶化。

DOC+SCR 催化器+DPF 排气后处理系统通过快速的 SCR 催化器起燃来满足很严厉的冷起动 NO_x 排放需要。该系统已经应用于轻重型柴油汽车，以满足美国 EPA Tier2 Bin5 汽车排放标准。对于轻型柴油汽车，DOC+SCR 催化器+DPF 和 DOC+DPF+SCR 催化器排气后处理系统都可以选择，主要依赖于汽车排放标准。如果要控制冷起动时的 NO_x 排放，选择 DOC+SCR 催化器+DPF 排气后处理系统有优势，但是由于需要被动再生 DPF，所以对柴油机的燃油经济性有不利的影响。在相同的冷起动排放要求下，DOC+DPF+SCR 催化器排气后处理系统则在冷起动和低负荷时要采用高的 EGR 率，导致高的柴油机燃油消耗。但是在高负荷时，DPF 可以一直进行被动再生。当然，柴油汽车燃油经济性的分析要综合考虑尿素的消耗。如果尿素的价格明显高于柴油，为了减少尿素消耗，只要在汽车可用的寿命内，DPF 能承受再生时产生的热老化，更频繁的 DPF 再生可能也是优先考虑的。

在图 5-33(c)中，SCR 催化器放在 DOC+DPF 之前。该系统的优点有[97]：①SCR 催化器没有暴露在 DPF 再生时的高温排气中，使 SCR 催化剂的选择范围扩大。②DOC 和 DPF 可以充当 SCR 催化器的逃逸催化剂，防止 N_2O 和 NO_x 的产生，同时来自 SCR 催化器的 NH_3 逃逸量也可以严格限制；③把 SCR 催化器靠近发动机安装，能改善冷起动阶段 SCR 催化器的起燃，降低 NO_x 排放。但该方案的缺点是高的 NO/NO_2 体积比和在 SCR 催化器下游低的 NO_2，导致 DPF 被动再生量的加大。

与驾驶循环相关，仅用主动 DPF 再生会导致高达 3%的净柴油汽车燃油消耗增加。然而，对于轻型柴油汽车，NO_x 系统的快速起燃是很重要的。因此，在大多数情况下，把 NO_x 后处理系统放置在 DPF 前。而对于大多数重型柴油汽车，DPF 被动再生和低油耗是重要的，因此，NO_x 后处理系统放置在 DPF 后[332]。

把 SCR 催化器向发动机处前移，也会增加颗粒物在 SCR 催化器上沉积的风险，尤其是在低温条件下，这也是图5-33(b)和图5-33(c)方案的缺点。此外，上述三种方案的主要挑战是排气温度和气体成分的协同控制。

正如人们所期望的，未来柴油机排放标准将会更加严厉。把DOC、DPF和SCR催化器顺序布置将面临挑战，特别是对于一些非道路柴油机场合。主要表现在：①需要安装SCR催化器的空间，而且由于SCR催化器的加入，整个后处理系统的排气压力损失增大[333]；②如果把DPF布置在SCR催化器前，则在冷起动时，SCR催化器升温时间长，在加热SCR催化器的过程中，不能转化NO_x[334,335]；③如果把SCR催化器放在DPF前，则不利于碳烟的被动再生，因为NO_2和排气温度低。此外，短的混合长度是优化上游排气中尿素均匀性的挑战。不均匀的尿素分布会降低NO_x还原性能，并增大NH_3泄漏量[3]。使用低压EGR的柴油机，与布置在EGR取样点下游的SCR系统相比，排气质量流量增大，导致尿素消耗量的增加。为了避免不可控的碳烟燃烧以及在DPF上较低的贵金属涂敷量引起的被动碳烟氧化，维持DPF上低的碳烟质量将导致DPF再生频率的提高。

通过在壁流式DPF上涂敷SCR催化剂，将SCR催化剂和DPF的功能集成到一个催化器上具有解决上述问题的潜力，是未来柴油机排气后处理器最有前途的概念之一[336]。这个系统称为SDPF或SCRF或SCRT[98,115,337]，如图5-33(d)所示。当然，在SDPF中，利用NO_2再生碳烟的被动再生受到了阻碍。此外，在城市驾驶条件、200～350℃的排气温度下，SDPF要有高的NO_x还原能力。当然，SDPF还要在主动DPF再生的450～700℃排气温度下，处理不可控的NO_x排放[338]。研究表明[116]，利用SDPF排气后处理系统不但能满足现在重型柴油机的NO_x排放标准，而且还能改善其燃油经济性，减少EGR系统的耐久性问题，如EGR中冷器和气门污浊。SDPF是降低重型柴油汽车冷起动、满足美国加州重型汽车低NO_x排放的重要技术[216]。最近几年，在轻型汽车上出现了把SCR催化器整合到DPF上来改善SCR催化器起燃性能或减少在非道路柴油机上安装空间的趋势。

SDPF排气后处理器的优点有[57,116,339]：①SDPF催化器可以靠近柴油机安装，这样就有高的DPF再生效率和低的总热损失，加速NO_x还原催化器的起燃；②可以减小或去除传统的SCR催化器，这能减小安装空间和重量，降低排气系统成本；③在不显著地增加安装空间的条件下，允许额外的SCR催化器体积的增加；④去除NO_x和碳烟催化器的传热得到了改善；⑤改善了气相成分传输到催化剂表面的能力。由此带来的其他好处有[340,341]：①在低温下，SCR催化剂是由化学动力学控制来工作的，高的排气温度提高催化剂的活性，对于通常的SCR催化剂，尿素在超过180～200℃的排气温度下喷入排气管，如果在很低的排气温度下喷入尿素，在排气管中会形成尿素沉积和衍生的有机物质，而对于SDPF系统，尿素喷射有更大的时间安全窗口，在冷起动后，低速和低温驾驶条件下，更早地将尿素喷入排气中，增加了NO_x的转化效率，降低了冷起动时柴油机的NO_x排放；②该排气后处理系统适用于未来先进的高效柴油机低排气温度的要求，如对于 2L 柴油机，其在中等负荷点的涡轮出口温度已经从 2005 年的 480℃降低到了 2015 年的 260℃，而其 BSFC 下降了 5%[3]；③SDPF 不会增加排气后处理系统的部件，因此，其重量低，而且成本相同或可能降低。

图 5-34 给出了集成式 SDPF 的结构简图[336,338]。SDPF 是一个壁流式装置，过滤排气中的颗粒物，而 SCR 催化剂涂敷在 DPF 通道的内侧。SDPF 中的 SCR 催化剂配方类似于传统的 SCR 催化剂。当然，涂层需要优化，以降低压力降和增加转化效率。Tronconi 等[342]发展了描述碳烟-SCR 反应动力学的详细 SDPF 模型，并发现 NO_2 与碳烟层和涂层间的竞争作用显著，而影响这种竞争的层间成分扩散也有作用。

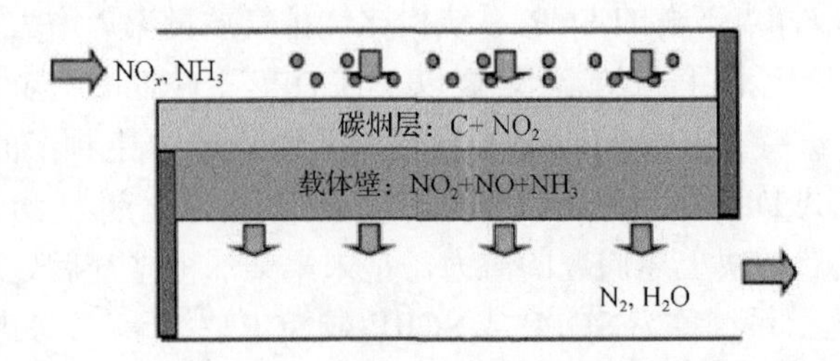

图 5-34　SDPF 催化器结构简图[336,338]

SDPF 中的 DPF 主动再生可能挑战 SCR 催化剂的生存能力。因此，涂敷在 DPF 上的 SCR 催化剂必须有高的热耐久性以承受主动 DPF 再生。SDPF 只能使用沸石基 SCR 催化剂。由于高的热稳定性，Cu-沸石和 Fe-沸石催化剂更适合涂敷于 DPF 上作为 SCR 催化剂[224]。对于轻型柴油汽车，Cu-沸石催化剂更适合，因为其低温活性高并对 NO_2 的依赖性低。此外，还要考虑壁流式 SCR 催化剂上碳烟对 NO_x 转化效率的影响。如果碳烟进入壁面内，它会覆盖 SCR 催化剂，使 NO_x 催化剂的性能恶化[343]。涂敷 Cu-沸石 SCR 催化剂的 SDPF 能在相当宽的温度范围内获得高于 90%的 NO_x 去除率[336]。甚至在入口温度为 560～630℃的主动碳烟再生期间，SDPF 也有 70%～90%的 NO_x 去除效率[114]。SDPF 的最高载体温度(约 750℃)低于传统 DPF 的最高温度(约 860℃)，这是因为沸石基 SCR 催化剂能氧化碳和 SOF，在不可控的碳再生时更加有利于保护载体[339]。

研究发现[98]，SDPF 对 NO_x 的转化效率与传统的催化器相当，但在低温下 NO_x 转化效率、NO_2/NO_x 体积比控制和硫中毒仍然是集成催化器的难题。

SDPF 催化器中 SCR 催化剂量少。为了进一步地改善它的起燃性能，要在 DPF-SCR 催化器前布置一个小的 SCR 催化器[344]。在考虑 NO_x 去除率、过滤效率和排气压力降的同时，还需要权衡 SCR 催化器和被动碳烟再生对 NO_2 的竞争性消耗。如果将排气温度由 225℃增加到 325℃，同时将 NO_x/碳烟比从 200 提高到 250，就可以进行碳烟被动再生；在约 300℃的温度下，用 DOC 将 NO_x/碳烟比从 100 提高到 150 也能实现被动再生[345]。

SDPF 的主要缺点是压力降的上升限制了壁流载体上 SCR 催化剂的涂敷量，也就限制了它去除 NO_x 效率的提高。因此，SDPF 壁流载体必然要采用比传统 DPF 更高的空隙率，SCR 催化剂涂层需要理想地涂敷在壁流式 DPF 孔中，而不是载体通道的壁面上，留下更大的空间给 SCR 催化剂涂层，而把开口的 DPF 通道留给气流和碳烟存储[346]。考虑到 SDPF 上的压力损失和强度的要求，优化的载体孔隙率范围为 60%～65%；考虑到压力损失与碳烟泄漏，适宜的平均孔隙大小约为 20μm[333]。此外，DPF 再生标定需要在更长的时间或更高的温度下进行，以便使 DPF 系统的性能恢复到其初始状态[347]。

在重型柴油机上，采用 DOC+SDPF+SCR 催化器排气后处理系统能获得高的 NO_x 转化效率[335]。与 DOC+SDPF+SCR 催化器排气后处理系统相比，采用 LNT+SDPF+SCR 催化器排气后处理系统还能进一步提高重型柴油机 NO_x 转化效率[348]。目前，重型柴油机排气后处理系统采用 DOC+DPF+SCR 催化器+氨泄漏催化剂(ammonia slip catalyst，ASC)这种结构可以满足欧Ⅵ排放标准。其中，DOC 把排气中 CO 和 HC 氧化成 CO_2 和 H_2O，并部分地把 NO 转化为 NO_2。NO_2 起促进 DPF 被动再生和低温 NO_x 转化的作用。NO_2 在比用 O_2 氧化碳时更低的温度下对 DPF 进行被动再生。这样，在大多数工况下，由于 NO_2 氧化碳的速率大于 DPF 上积聚碳的速率，DPF 就可以保持在相对清洁的状态下。如果在 DOC 上产生的 NO_2 太低和/或者排气温度太低而不能促进 NO_2 与碳烟的反应，DPF 上的碳将增加，导致排气背压上升，在极端条件下，甚至引起柴油机停机。为了防止这种情况的发生，需要进行 DPF 的主动再生，即在柴油机气缸内或直接在排气中附加喷油，这部分燃油在 DOC 上放热。根据所采用的喷油策略，排气温度可以相对较少地上升到 400～500℃，或者有较大的升幅，到大约 550℃，让排气中的大量 O_2 烧掉碳烟，这就要有 DPF 再生的失效防控安全措施。在 DPF 中集成氧化剂，有三个方面的原因[341]：①把 NO 氧化成 NO_2，进一步促进过滤器的被动再生；②NO_2 流到下游的 SCR 催化器中，促进低温下 NO_x 的还原反应；③在 DPF 主动再生时，一些没有反应的燃油/HC 流过 DOC 到达催化式碳烟过滤器(catalysed soot filter，CSF)，在过滤器上的氧化剂通过烧掉它而阻止这些成分进入大气。这个系统基本上能去除排气中所有的 CO、HC 和颗粒物，减少 90%～96%的 NO_x。未来的挑战在哪里？减小重型柴油机的燃油消耗一直是一个主要的焦点。另一个挑战就是要进一步地提高 NO_x 催化器的转化效率，以满足未来更加严厉的汽车排放目标。

图 5-35 对比了 DOC+CSF+SCR 催化器和 DOC+SDPF 两个系统对柴油汽车在欧洲 UDC/EUDC 下 NO_x 排放的影响[341]。

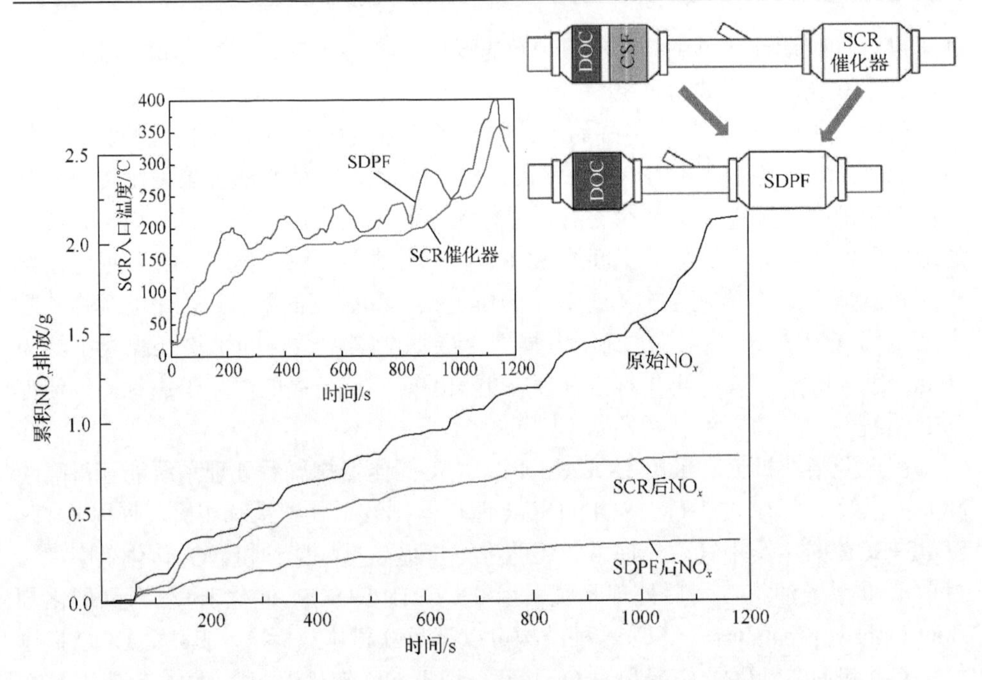

图 5-35　DOC+SCRF 与 DOC+CSF+SCR 催化器后处理系统在欧洲 UDC/EDUC 下的累积 NO_x 排放对比[341]

可以看出，DOC+SDPF 中的 SDPF 比 DOC+CSF+SCR 催化器中的 SCR 催化器更接近于发动机，到 SDPF 入口的排气温度增加快于到 SCR 催化器的排气温度增加，所以在汽车或发动机冷起动后 SDPF 更快地变热，并在欧洲乘用车测试循环中保持更高的温度。从累积的 NO_x 排放看，使用 SDPF 时，从排气管排出的 NO_x 排放更低，因为与 SCR 催化器相比，在更大的测试循环阶段，尿素用于转化 NO_x。此外，SDPF 比单个 CSF 占有更低的总系统容积，这就使 SDPF 更容易封装在汽车或机器内，使排气系统背压降低，有助于提高汽车的燃油经济性。因此，需要开发高孔隙率的 DPF，以提高 SCR 催化剂涂敷量，获得理想的 NO_x 转化性能。将 DPF 的孔隙率由 50%提高到 60%～70%，不但能用高 SCR 催化剂涂敷量极好地提高 NO_x 转化效率，而且 SDPF 的排气背压处于可接受的水平。但 SDPF 的被动再生能力比 CSF 差，因为从上游 DOC 进入 SDPF 的 NO_2 有两个可能的反应路径，它不但能与过滤器中的碳反应进行被动再生，也能在 SCR 中与 NH_3 反应(通常是 NO)而被还原成 N_2。颗粒物被动再生的显著减少是 SDPF 在可以预见的未来不被道路用重型柴油机广泛使用的一个原因。但是，它将在一定程度上用于非道路重型柴油机，因为它的安装空间很有限，SDPF 相对小的安装空间优点超过了颗粒物被动再生能力的下降。SDPF 技术已开始引入柴油乘用车中，通过把 SDPF 向发动机前移，大大地增大了冷起动和低温工作条件下的 NO_x 转化率。

在SCR或SDPF后安装ASC的作用是最大限度地转化掉从上游SCR催化器中泄漏出来的NH_3，防止NH_3排入大气，并使两个主要的竞争性选择反应生成的N_2O和NO_x最少。为了满足欧V排放标准，NH_3控制是关注的焦点。在满足NO_x排放目标较严厉的汽车排放标准要求时，不需要过度地添加尿素。因此，早期的第一代ASC主要利用贵金属氧化催化剂(图5-36(a))，能在200～250℃以上的温度下很好地氧化NH_3，但它在中等温度下把大量的NH_3转化成了N_2O，而在高温下转化成NO_x，产生相对较高的N_2O和一些NO_x，如图5-36(c)所示。在第一代ASC的基础上，在氧化剂上添加SCR覆盖层，得到了第二代ASC，如图5-36(b)所示。

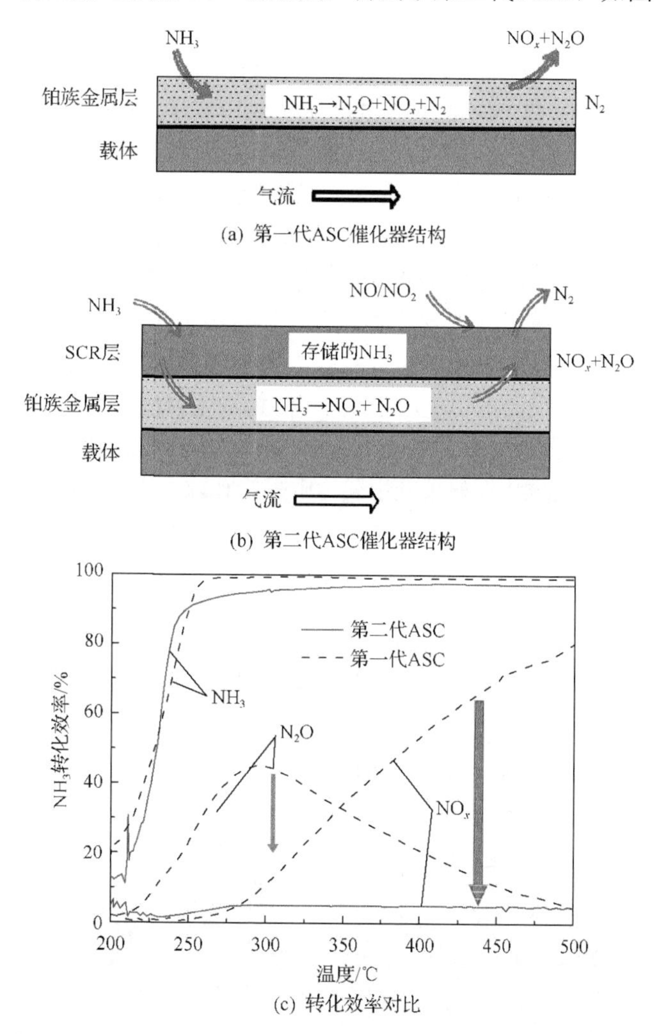

图5-36　第一代和第二代ASC催化器结成简图和转化效率对比[341]

SCR 覆盖层能直接与排气中流入的 NH_3 和 NO_x 反应生成 N_2，并存储 NH_3，然后与下层的氧化剂反应，将部分 NO_x 转化成 N_2，这使 ASC 中生成的 NO_x 和 N_2O 量大幅减小，如图 5-36(c)所示。与第一代 ASC 相比，第二代 ASC 是二层 ASC 系统，提供了与一层 ASC 相当水平的 NH_3 转化，减少了 N_2O 排放，并大大地减少了 NO_x 排放。

最后介绍一下日本丰田汽车公司开发的能同时减少轻型柴油汽车颗粒物和 NO_x(diesel particulate-NO_x reduction，DPNR)排放的排气后处理系统。DPNR 催化器于 2003 年开始在日本和欧洲市场上销售的柴油汽车上使用。其中，NO_x 排放通过稀燃吸附和浓混合气脱附与还原来降低。通过在 Al_2O_3 中添加 CeO_2 来阻止 Pt 晶粒长大，改善催化剂的抗热老化能力，提高低温区 NO_x 的存储能力。在 Al_2O_3 中添加 TiO_2 还能提高 DPNR 催化器的脱硫能力[182]。这类直喷柴油机系统简图如图 5-37 所示[349]。除了后处理系统，该高压共轨柴油机还配备有电控 EGR 阀、高效 EGR 冷却器、催化器前的喷油器、压力传感器和燃空当量比传感器等。高效的 EGR 冷却器可实现低温燃烧，降低柴油机的 NO_x 和颗粒物排放。在 EGR 冷却器的上游安装了一个紧凑氧化催化器，用于减少排气中的 HC 沉积到 EGR 冷却器和 EGR 阀处。此外，在排气管中安装了一个喷油压力为 1MPa 的喷油器，用于控制 DPNR 催化器中的 NO_x 还原和催化剂脱硫。燃空当量比、压力和温度传感器用来精确地控制流过催化器排气的燃空当量比和催化器床温度。堇青石 DPF 上涂敷了 LNT 催化剂，因此，催化器载体壁面上的平均孔隙大小≥20μm。这样，几个纳米量级的颗粒物仍然不能过滤掉。如果减小载体中平均孔隙大小为 10～20μm 的载体容积和减小平均孔隙大于 30μm 的载体容积，还能减少柴油机的颗粒物数量排放[182]。

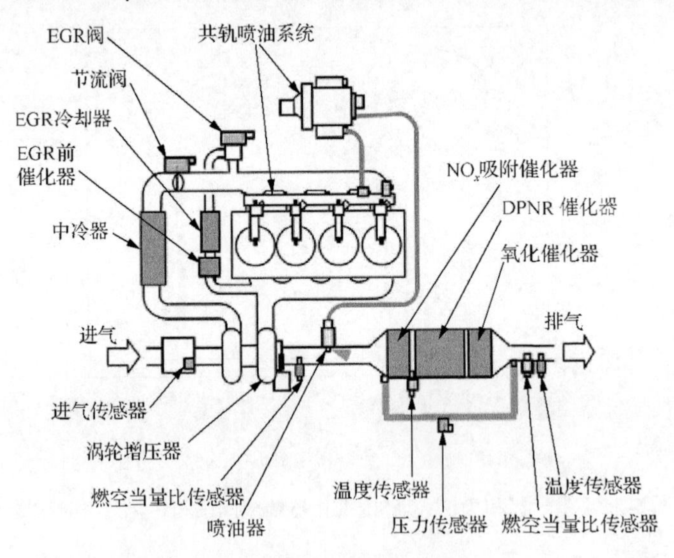

图 5-37　直喷柴油机系统配置简图[350]

图 5-38 给出了 DPNR 催化器对颗粒物氧化和 NO_x 还原的工作原理简图[349]。柴油机在正常的稀燃运行条件下，NO 在贵金属的作用下被氧化，以硝酸盐的形式存储起来。在 NO_x 存储过程中释放出来的氧原子和排气中过剩的 O_2 连续地氧化碳烟。当排气管中的喷油器喷出的柴油让排气变为浓混合气时，NO 和活性氧原子从存储材料中释放出来，NO 被 HC 和 CO 还原成 N_2，碳烟与活性氧原子反应，实现再生。通过优化柴油机运行时的浓/稀混合气工作时间，可以同时降低柴油机的 NO_x 和颗粒物排放。优化的 DPNR 催化剂，即使在催化剂老化后，在 NEDC 下仍然可以去除大于 70%的 NO_x 排放，并能满足欧Ⅵ排放标准中 NO_x 排放限值[182]。

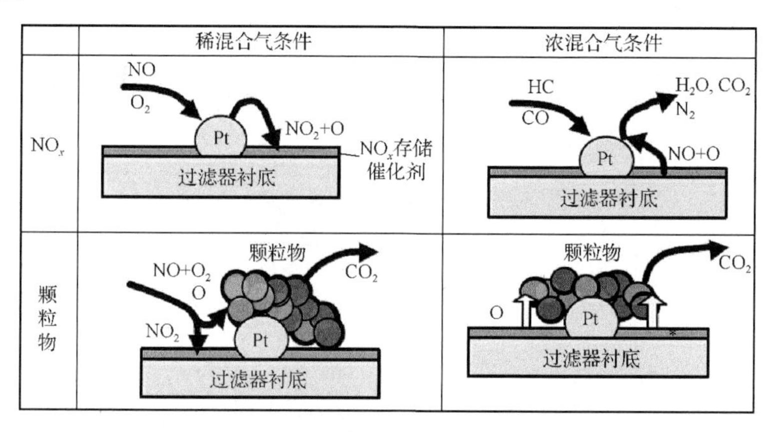

图 5-38　DPNR 催化器对颗粒物氧化和 NO_x 还原的机理[349]

在正常的柴油机运行条件下，DPNR 催化器连续地氧化碳烟，但在较长时间的交通堵塞或城市低速运行条件下，催化器的温度不高，颗粒物在 DPNR 催化器上堆积，因此需要将 DPNR 催化器的温度提高到约 600℃。在中高负荷时，由于排气温度足够高，催化剂已激活，通过一次过后喷油，就可以提高 DPNR 催化器床的温度。但在小负荷时，排气温度低，催化剂没有完全激活，为此，在主喷油后立即喷油一次，使流过催化剂的排气温度达到 200℃以上，然后再喷油一次，激活催化剂。

图 5-39 给出了强制性氧化碳烟的策略。这种强制性碳烟氧化再生过程是在碳粒沉积量较少的情况下进行的，以实现催化器温度的精确控制[350]。

DPNR 的还原能力受到燃油和润滑油含硫量的极大影响，因为排气中的 SO_x 被氧化，并存储在 DPNR 和 NO_x 吸附催化器中，使 NO_x 存储能力减低。存储的 SO_x 是化学稳定的，因此，在正常的发动机运行条件下，SO_x 不会释放出来。必须要让 DPNR 和 NO_x 吸附催化器床温≥600℃，并在浓的混合气空燃比下才可能释放 SO_x。为了实现这个条件，在≤40%负荷的运行工况，低温燃烧需要结合排气管喷油来达到这个催化器再生温度。图 5-40 给出了催化剂脱硫的柴油机运行工况区。为了抑制在短时间内和浓混合气条件下 H_2S 和 HC 的生成，需要精确地控制浓混合气的燃空当量比和稀燃状态下的喷油脉冲形态，改善 SO_x 的释放性能。

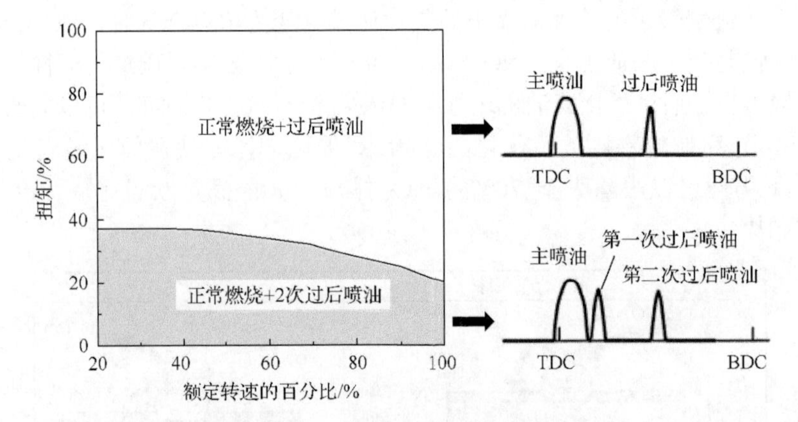

图 5-39　强制性氧化碳烟的策略[350]

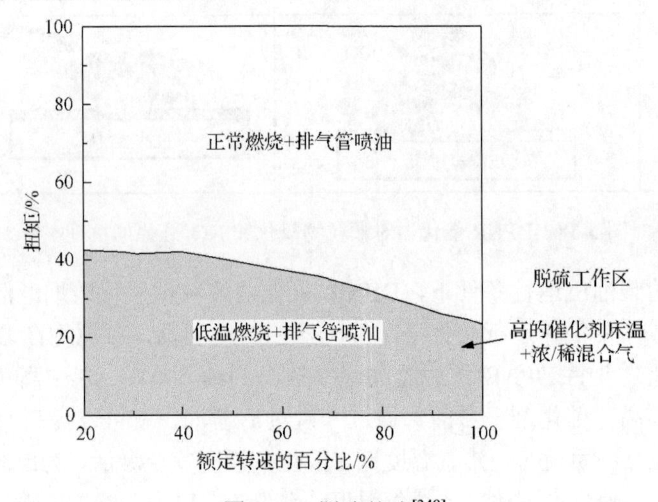

图 5-40　脱硫策略[349]

柴油机 NO_x 和颗粒物集成后处理系统的管理存在独特的挑战和协同。对于 LNT-DPF 系统，存在脱硫与 DPF 主动再生问题以及周期性地利用浓混合气对 LNT 进行再生，并烧掉催化 DPF 中的碳烟的问题。对于 SCR-LNT 系统，上游的 DPF 可能提供 NO_2，促进 LNT 的反应。但是主动 DPF 再生会把热排气送入 NO_x 后处理系统，带来耐久性问题。此外，再生 DPF 或 LNT 的喷油管理和尿素喷入更加困难[136]。

柴油机排气后处理系统集成存在许多设计冲突：①由经验决定前后两个相邻催化器间的长度，满足排气流的适当均匀性要求；②LNT 和 DPF 在各自的再生期间竞争可用的HC；③DPF会影响后续的LNT中的NO和NO_2比例；④LNT和SCR催化器要承受上游DPF再生时产生的高温排气。

除了要满足重型柴油机NO_x排放标准的要求，NO_x排放控制技术能带来柴油机CO_2排放、成本和复杂性的同时降低。因此，去除NO_x后处理器效率大于95%是很理想的。对于轻型柴油汽车，NO_x去除率大于90%的后处理器能满足美国汽车排放标准，而在欧洲，NO_x后处理器效率达到80%是满足欧Ⅵ排放标准和减少CO_2排放的方案。对于轻型柴油汽车，低温排放控制更重要[350]。

要满足未来汽车排放标准的要求，需要重视冷起动和暖机阶段的排放。改善柴油机冷起动时NO_x排放的一个可能解决方案是在起动时，利用大量的排气能量来快速地增加催化剂的温度，如通过加大喷油量在气缸内燃烧或在催化剂上放热，但这又会显著地降低燃油经济性，增加CO_2排放。因此，要尽可能地使燃油消耗最少或取消这种方法。一个有潜力的新型冷起动概念是催化剂在很低的温度下存储NO_x，而在下游SCR催化剂达到高的温度时释放在低温下存储的NO_x，并在SCR催化器上转化[345]。然而，在冷起动条件下，捕捉NO是很困难的，特别是在排气中有水存在时，因为水强烈地阻碍NO在许多金属上的吸附[341]。但目前这种催化剂的开发已取得了一定的进展[202]。

随着低温NH_3供应技术的进步，催化剂的低温性能变得越来越重要了。满足即将到来的汽车排放挑战的潜在方案包括新的、挤压或联合高孔隙率载体的改进型SCR催化器的使用。在DPF上涂敷SCR催化剂也能改善催化器的低温特性，因为催化器可以向发动机处前移。

为了补偿柴油机效率提高带来的排气温度下降，主动或被动的热管理将变得更加重要。VVT、空气隙式隔热型涡壳及低热质量和热损失排气管均可以加快催化器的起燃。紧凑型催化器面临的挑战大概是对机械稳定性的要求、小的安装空间和高的NO_x转化效率。紧凑型催化器到发动机和涡轮出口距离缩短会导致比汽车底板下的传统催化器更强烈的热波动、压力波动和高振动[3]。这就对催化器的可靠性，尤其是催化剂涂层和发动机安装舱高温负荷提出了更高的要求。与此同时，在柴油机附近的安装空间受限，因此，紧凑型催化器也会导致对安装空间需求和柴油机/系统模块的强烈限制。为了确保在短的混合长度下有高的NO_x转化效率，还需要有高的气流速度和还原剂分布均匀性。此外，在排气管中添加混合单元以确保尿素的蒸发以及在催化器入口处NH_3和速度分布均匀性。同时要把沉积物形成的风险降到最低。在催化器内设置薄的箔片可以减少热惯性，通过产生湍流提高NO_x催化器的还原效率[3]。

参考文献

[1] Twigg M V. Catalytic control of emissions from cars[J]. Catalysis Today, 2011, 163(1): 33-41.

[2] Yoshida K, Kobayashi H, Bisaiji Y, et al. Application and improvement of NO_x storage and reduction technology to meet real driving emissions[J]. Topics in Catalysis, 2016, 59(10): 845-853.

[3] Pischinger S. Current and future challenges for automotive catalysis: Engine technology trends and their impact[J]. Topics in Catalysis, 2016, 59(10-12): 834-844.

[4] Clerc J C. Catalytic diesel exhaust aftertreatment[J]. Applied Catalysis B: Environmental, 1996, 10(1-3): 99-115.

[5] Heck R M, Farrauto R J. Catalytic Air Pollution Control[M]. New York: Van Nostrand Reinhold, 1995.

[6] Farrauto R J, Voss K E. Monolithic diesel oxidation catalysts[J]. Applied Catalysis B: Environmental, 1996, 10(1-3): 29-51.

[7] Johnson T. Vehicular emissions in review[C]. SAE World Congress & Exhibition, Detroit, 2013.

[8] Reif K. Diesel Engine Management Systems and Components[M]. Wiesbaden: Springer Fachmedien, 2014.

[9] Kim C H, Schmid M, Schmieg S J, et al. The effect of Pt-Pd ratio on oxidation catalysts under simulated diesel exhaust[C]. SAE World Congress & Exhibition, Detroit, 2011.

[10] Farrauto R J, Heck R M. Catalytic converters: State of the art and perspectives[J]. Catalysis Today, 1999, 51(3-4): 351-360.

[11] Zervas E. Impact of different configurations of a diesel oxidation catalyst on the CO and HC tail-pipe emissions of a Euro 4 passenger car[J]. Applied Thermal Engineering, 2008, 28(8-9):962-966.

[12] Twigg M V. Roles of catalytic oxidation in control of vehicle exhaust emissions[J]. Catalysis Today, 2006, 117(4): 407-418.

[13] Neyestanaki A K, Klingstedt F, Salmi T, et al. Deactivation of postcombustion catalysts, a review[J]. Fuel, 2004, 83(4-5): 395-408.

[14] Heck R M, Farrauto R J. Automobile exhaust catalysts[J]. Applied Catalysis A: General, 2001, 221(1-2): 443-457.

[15] Beguin B, Garbowski E, Primet M. Stabilization of alumina toward thermal sintering by silicon addition[J]. Journal of Catalysis, 1991, 127(2): 595-604.

[16] Arai H, Machida M. Thermal stabilization of catalyst supports and their application to high-temperature catalytic combustion[J]. Applied Catalysis A: General, 1996, 138(2): 161-176.

[17] Maunula T, Suopanki A, Torkkell K, et al. The optimization of light-duty diesel oxidation catalysts for preturbo, closed-coupled and underfloor positions[C]. Powertrain & Fluid Systems Conference and Exhibition, Tampa, 2004.

[18] Zotin F M Z, Gomes O F M, de Oliveira C H, et al. Automotive catalyst deactivation: Case studies[J]. Catalysis Today, 2005, 107:157-167.

[19] Winkler A, Ferri D, Aguirre M. The influence of chemical and thermal aging on the catalytic activity of a monolithic diesel oxidation catalyst[J]. Applied Catalysis B: Environmental, 2009, 93(1-2): 177-184.

[20] Oh S T, Kim S M, Yoon M S, et al. Influence of supporting materials on the deactivation of diesel exhaust catalysts[J]. Reaction Kinetics and Catalysis Letters, 2007, 90(2): 339-345.

[21] Haass F, Fuess H. Structural characterization of automotive catalysts[J]. Advanced Engineering Materials, 2005, 7(10): 899-913.

[22] Stein H J. Diesel oxidation catalysts for commercial vehicle engines: Strategies on their application for controlling particulate emissions[J]. Applied Catalysis B: Environmental, 1996.10 (1-3): 69-82.

[23] Gelin P, Urfels L, Primet M, et al. Complete oxidation of methane at low temperature over Pt and Pd catalysts for the abatement of lean-burn natural gas fuelled vehicles emissions: Influence of water and sulphur containing compounds[J]. Catalysis Today, 2003, 83(1-4): 45-57.

[24] Watanabe T, Kawashima K, Tagawa Y, et al. New DOC for light duty diesel DPF system[C]. JSAE/SAE International Fuels & Lubricants Meeting, Kyoto1, 2007.

[25] Morlang A, Neuhausen U, Klementiev K, et al. Bimetallic Pt/Pd diesel oxidation catalysts structural characterisation and catalytic behavior[J]. Applied Catalysis B: Environmental, 2005, 60(3-4): 191-199.

[26] Chen M, Schmidt L D. Morphology and composition of Pt-Pd alloy crystallites on SiO_2 in reactive atmospheres[J]. Journal of Catalysis, 1979, 56(2): 198-218.

[27] Spivey J J. Complete catalytic oxidation of volatile organics[J]. Industrial & Engineering Chemistry Product Research and Development, 1987, 26(11): 2165-2180.

[28] Schwartz A, Holbrook L L, Wise H. Catalytic oxidation studies with platinum and palladium[J]. Journal of Catalysis, 1971, 21(2): 199-207.

[29] Voltz S E, Morgan C R, Liederman D, et al. Kinetic study of carbon monoxide and propylene oxidation on platinum catalysts[J]. Industrial & Engineering Chemistry Product Research and Development, 1973, 12(4): 294-301.

[30] Yao Y F Y. Oxidation of alkanes over noble metal catalysts[J]. Industrial & Engineering Chemistry Product Research and Development, 1980, 19(3): 293-298.

[31] Hinz A, Skoglundh M, Fridell E, et al. An investigation of the reaction mechanism for the promotion of propane oxidation over Pt/Al_2O_3 by SO_2[J]. Journal of Catalysis, 2001, 201(2): 247-257.

[32] Carlsson P, Osterlund L, Thormahlen P, et al. A transient in situ FTIR and XANES study of CO oxidation over Pt/Al_2O_3 catalysts[J]. Journal of Catalysis, 2004, 226(2): 422-434.

[33] Salomons S, Hayes R E, Votsmeier M. The promotion of carbon monoxide oxidation by hydrogen on supported platinum catalyst[J]. Applied Catalysis A: General, 2009, 352(1-2): 27-34.

[34] Rodriguez J A, Hrbek J. Interaction of sulfur with well-defined metal and oxide surfaces: Unraveling the mysteries behind catalyst poisoning and desulfurization[J]. Accounts of Chemical Research, 1999, 32(9): 719-728.

[35] Corro G. Sulfur impact on diesel emission control[J]. Reaction Kinetics and Catalysis Letters, 2002, 75(1): 89-106.

[36] Farrauto R J. New applications of monolithic supported catalysts[J]. Reaction Kinetics and Catalysis Letters, 1997, 60(2): 233-241.

[37] Zelenka P, Cartellieri W, Herzog P. Worldwide diesel emission standards-current experiences and future needs[J]. Applied Catalysis B: Environmental, 1996, 10(1-3): 3-28.

[38] Voss K E, Rice G, Yavuz B, et al. Performance characteristics of a novel diesel oxidation catalyst[C]. International Congress & Exposition, Detroit, 1994.

[39] Johnson T.Vehicular emissions in review[C]. SAE World Congress & Exhibition, Detroit, 2014.

[40] Sumiya S, Oyamada H, Fujita T, et al. Highly robust diesel oxidation catalyst for dual mode combustion system[C]. SAE World Congress & Exhibition, Detroit, 2009.

[41] Knafl A, Han M, Bohac S V, et al. Comparison of diesel oxidation catalyst performance on an engine and a gas flow reactor[C]. SAE World Congress, Detroit, 2007.

[42] Prikhodko V, Curran S, Parks J, et al. Diesel oxidation catalyst control of PM, CO, and HC from reactivity controlled compression ignition combustion[C]. US Department of Energy Cross-Cut Lean Exhaust Emissions Reduction Simulations (CLEERS) Workshop, Dearborn, 2013.

[43] Bartley G. Identifying limiters to low temperature catalyst activity[C]. SAE World Congress & Exhibition, Detroit, 2015.

[44] Beck D D, Sommers J W, DiMaggio C L. Axial characterization of catalytic activity in close-coupled lightoff and underfloor catalytic converters[J]. Applied Catalysis B: Environmental, 1997, 11(3-4): 257-272.

[45] Majewski W A, Khair M K. Diesel Emissions and Their Control[M]. Warrendale: SAE International, 2006.

[46] Bhatia D, McCabe R W, Harold M P, et al. Experimental and kinetic study of NO oxidation on model Pt catalysts[J]. Journal of Catalysis, 2009, 266(1):106-119.

[47] Katare S R, Patterson J E, Laing P M. Aged DOC is a net consumer of NO_2: Analyses of vehicle, engine-dynamometer and reactor data[C]. Powertrain & Fluid Systems Conference & Exhibition, Rosemont, 2007.

[48] Aftab K, Mandur J, Budman H, et al. Spatially-resolved calorimetry: Using IR thermography to measure temperature and trapped NO_x distributions on a NO_x adsorber catalyst[J]. Catalysis Letters, 2008, 125(3-4): 229-235.

[49] Al-Harbi M, Epling W S. Investigating the effect of NO versus NO_2 on the performance of a model NO_x storage/reduction catalyst[J]. Catalysis Letters, 2009, 130(1-2): 121-129.

[50] Stadlbauer S, Waschl H, Schilling A, et al. DOC temperature control for low temperature operating ranges with post and main injection actuation[C]. SAE World Congress & Exhibition, Detroit, 2013.

[51] Nova I, Tronconi E. Urea-SCR Technology for deNO_x after Treatment of Diesel Exhausts[M]. New York: Springer Science+Business Media, 2014.

[52] Han J, Kim E, Lee T, et al. Urea-SCR catalysts with improved temperature activity[C]. SAE World Congress & Exhibition, Detroit, 2011.

[53] Oesterle J J, Calvo S, Damson B, et al. SCR technology with focus to stringent emissions legislation[C]. Commercial Vehicle Engineering Congress & Exhibition, Rosemont, 2008.

[54] Girard J W, Montreuil C, Kim J, et al. Technical advantages of vanadium SCR systems for diesel NO_x control in emerging markets[C]. SAE World Congress & Exhibition, Detroit, 2008.

[55] Stanton D. Diesel engine technologies to meet future on-road and off-road US EPA regulations[C]. 4th CTI International Conference, NO_x Reduction, Current and Future Solutions for On-Road and Off-Road Applications, Detroit, 2012.

[56] Johnson T V. Review of vehicular emissions trends[C]. SAE World Congress & Exhibition, Detroit, 2015.

[57] Guan B, Zhan R, Lin H, et al. Review of state of the art technologies of selective catalytic reduction of NO_x from diesel engine exhaust[J]. Applied Thermal Engineering, 2014, 66: 395-414.

[58] Kim H, Yoon C, Lee J, et al. A study on the solid ammonium SCR system for control of diesel NO_x emissions[C]. SAE World Congress & Exhibition, Detroit, 2014.

[59] López-De Jesús Y M, Chigada P I, Watling T C, et al. NO_x and PM reduction from diesel exhaust using vanadia SCRF®[J]. SAE International Journal of Engines, 2016, 9(2): 1247-1257.

[60] Neft J P A, van Pruissen O P, Makkee M, et al. Catalysts for the oxidation of soot from diesel exhaust gases Ⅱ. Contact between soot and catalyst under practical conditions[J]. Applied Catalysis B: Environmental, 1997, 12(1): 21-31.

[61] Johansen K. Multi-catalytic soot filtration in automotive and marine applications[J]. Catalysis Today, 2015, 258: 2-10.

[62] Walker A. Current and future trends in catalyst-based emission control system design[C]. SAE Heavy-Duty Diesel Emission Control Symposium, Gothenburg, 2012.

[63] Liu Z G, Ottinger N A, Cremeens C M. Vanadium and tungsten release from V-based selective catalytic reduction diesel aftertreatment[J]. Atmospheric Environment, 2015, 104: 154-161.

[64] Chapman D M, Fu G, Augustine S, et al. New titania materials with improved stability and activity for vanadia-based selective catalytic reduction of NO_x[C]. SAE World Congress & Exhibition, Detroit, 2010.

[65] Koebel M, Elsener M, Kleemann M. Urea-SCR: A promising technique to reduce NO_x emissions from automotive diesel engines[J]. Catalysis Today, 2000, 59(3-4):335-345.

[66] Walker A. Heavy-duty emissions control systems-2010 and beyond[C]. SAE Heavy Duty Diesel Emissions Symposium, Gothenburg, 2005.

[67] Metkar P S, Balakotaiah V, Harold M P. Experimental study of mass transfer limitations in Fe- and Cu-zeolite-based NH_3-SCR monolithic catalysts[J]. Chemical Engineering Science, 2011, 66(21): 5192-5203.

[68] Song X, Parker G, Johnson J, et al. A modeling study of SCR reaction kinetics from reactor experiments[C]. SAE World Congress & Exhibition, Detroit, 2013.

[69] Wang D, Jangjou Y, Liu Y, et al. A comparison of hydrothermal aging effects on NH_3-SCR of NO_x over Cu-SSZ-13 and Cu-SAPO-34 catalysts[J]. Applied Catalysis B: Environmental, 2015, 165: 438-445.

[70] Kamasamudram K, Currier N, Szailer T, et al. Why Cu- and Fe-Zeolite SCR catalysts behave differently at low temperatures[C]. SAE World Congress & Exhibition, Detroit, 2010.

[71] Wolff T, Deinlein R, Christensen H, et al. Dual layer coated high porous SiC - a new concept for SCR integration into DPF[C]. SAE World Congress & Exhibition, Detroit, 2014.

[72] Forzatti P, Lietti L. Recent advances in deNO_xing catalysis for stationary applications[J]. Heterogeneous Chemistry Reviews, 1996, 3(1): 33-51.

[73] Lietti L, Nova I, Forzatti P. Selective catalytic reduction (SCR) of NO by NH_3 over TiO_2-supported V_2O_5-WO_3 and V_2O_5-MoO_3 catalysts[J]. Topics in Catalysis, 2000, 11(1):111-122.

[74] Cavataio G, Jen H-W, Warner J R, et al. Enhanced durability of a Cu/zeolite based SCR catalyst[C]. SAE World Congress & Exhibition, Detroit, 2008.

[75] Charlton S, Dollmeyer T, Grana T. Meeting the US heavy-duty EPA 2010 standards and providing increased value for the customer[C]. SAE 2010 Commercial Vehicle Engineering Congress, Rosemont, 2010.

[76] Cavataio G, Girard J, Patterson J E, et al. Laboratory testing of urea-SCR formulations to meet tier 2 bin 5 emissions[C]. SAE World Congress, Detroit, 2007.

[77] Way P, Viswanathan K, Preethi P, et al. SCR performance optimization through advancements in aftertreatment packaging[C]. SAE World Congress & Exhibition, Detroit, 2009.

[78] Murata Y, Tokui S, Watanabe S, et al. Improvement of NO_x reduction rate of urea-SCR system by NH_3 adsorption quantity control[C]. Powertrains, Fuels & Lubricants Meeting, Rosemont, 2008.

[79] Girard J, Cavataio G, Snow R, et al. Combined Fe-Cu SCRF systems with optimized ammonia to NO_x ratio for diesel NO_x control[C]. SAE World Congress & Exhibition, Detroit, 2008.

[80] Theis J R. SCR catalyst systems optimized for lightoff and steady-state performance[C]. SAE World Congress & Exhibition, Detroit, 2009.

[81] Charlton S J. Meeting the US heavy-duty EPA 2010 standards and providing increased value for the customer[C]. 6th International Exhaust Gas and Particulate Emissions Forum, Ludwigsburg., 2010.

[82] Pless D J, Naseri M, Markatou P, et al. Development of SCR on high porosity substrates for heavy duty and off-road applications[C]. SAE World Congress & Exhibition, Detroit, 2014.

[83] Hirose S, Yamamoto H, Suenobu H, et al. Development of high porosity cordierite honeycomb substrate for SCR application to realize high NO_x conversion efficiency and system compactness[C]. SAE World Congress & Exhibition, Detroit, 2014.

[84] Tanner C W, Twiggs K, Tao T, et al. High porosity substrates for fast-light-off applications[C]. SAE World Congress & Exhibition, Detroit, 2015.

[85] Blakeman P G, Burkholder E M, Chen H-Y, et al. The role of pore size on the thermal stability of zeolite supported Cu SCR catalysts[J]. Catalysis Today, 2014, 231: 56-63.

[86] Rexeis M, Hausberger S. NO_x-emission trends from EU1 to EU6[C]. 4th IAV MinNO_x Conference, Berlin, 2012.

[87] Forzatti P. Present status and perspectives in de-NO_x SCR catalysis[J]. Applied Catalysis A: General, 2001, 222 (1-2): 221-236.

[88] Russell A, Epling W S. Diesel oxidation catalysts[J]. Catalysis Reviews: Science and Engineering, 2011, 53 (4): 337-423.

[89] Pârvulescu V I, Grange P, Delmon B. Catalytic removal of NO[J]. Catalysis Today, 1998, 46 (4): 233-316.

[90] Burch R. Knowledge and know-how in emission control for mobile applications[J]. Catalysis Reviews: Science and Engineering, 2004, 46 (3-4): 271-333.

[91] Hirabayashi H, Furukawa T, Koizumi W, et al. Development of new diesel particulate active reduction system for both NO_x and PM reduction[C]. SAE World Congress & Exhibition, Detroit, 2011.

[92] Willems F, Cloudt R, van den Eijnden E, et al. Is closed-loop SCR control required to meet future emission targets?[C] World Congress, Detroit, 2007.

[93] Calabrese J L, Patchett J A, Grimston K, et al. The influence of injector operating conditions on the performance of a urea-water selective catalytic reduction (SCR) system[C]. International Fall Fuels and Lubricants Meeting and Exposition, Baltimore, 2000.

[94] Schaber P, Colson J, Higgins S, et al. Thermal decomposition (pyrolysis) of urea in an open reaction vessel[J]. Thermochim Acta, 2004, 424 (1-2):131-142.

[95] Johnson TV. Diesel emission control in review[C]. SAE World Congress & Exhibition, Detroit, 2009.

[96] Sluder C S, Storey J M E, Lewis S A, et al. Low temperature urea decomposition and SCR performance[C]. SAE World Congress, Detroit, 2005.

[97] Yuan X, Liu H, Gao Y. Diesel engine SCR control: Current development and future challenges[J]. Emission Control Science and Technology, 2015, 1 (2):121-133.

[98] Johansen K, Bentzer H, Kustov A, et al. Integration of vanadium and zeolite type SCR functionality into DPF in exhaust aftertreatment systems - advantages and challenges[C]. SAE World Congress & Exhibition, Detroit, 2014.

[99] Rohr F, Grißtede I, Bremm S. Concept study for NO_x aftertreatment systems for Europe[C]. SAE World Congress & Exhibition, Detroit, 2009.

[100] Hirata K, Masaki N, Ueno H, et al. Development of urea SCR system for HDD commercial vehicles[C]. SAE World Congress, Detroit, 2005.

[101] Nakayama R, Watanabe T, Takada K, et al. Control strategy for urea-SCR system in single step load transition[C]. Powertrain & Fluid Systems Conference & Exhibition, Toronto, 2006.

[102] Jen H-W, Girard J W, Cavataio G, et al. Detection, origin and effect of ultra-low platinum contamination on diesel-SCR catalysts[C]. Powertrains, Fuels & Lubricants Meeting, Rosemont, 2008.

[103] Cavataio G, Jen H-Y, Girard J W, et al. Impact and prevention of ultra-low contamination of platinum group metals on SCR catalysts due to DOC design[C]. SAE World Congress & Exhibition, Detroit, 2009.

[104] Madia G, Koebel M, Elsener M, et al. Side reactions in the selective catalytic reduction of NO_x with various NO_2 fractions[J]. Industrial & Engineering Chemistry Research, 2002, 41 (16): 4008-4015.

[105] Kamasamudram K, Henry C, Currier N, et al. N_2O formation and mitigation in diesel aftertreatment systems[C]. SAE World Congress, Detroit, 2012.

[106] Bartley G J, Sharp C A. Brief investigation of SCR high temperature N_2O production[C]. SAE World Congress, Detroit, 2012.

[107] Matsui W, Suzuki T, Ohta Y, et al. A study on the improvement of NO_x reduction efficiency for a urea SCR system (sixth report)-clarifying N_2O formation mechanism[J]. Transactions of Society of Automotive Engineers of Japan, 2012, 43(2): 389-394.

[108] Folić M, Lemus L, Gekas I, et al. Selective ammonia slip catalyst enabling highly efficient NO_x removal requirements of the future[C]. US Department of Energy, Directions in Engine Efficiency and Emissions Research (DEER) Conference, Detroit, 2010.

[109] Song Q, Zhu G. Model-based closed-loop control of urea SCR exhaust aftertreatment system for diesel engine[C]. SAE World Congress, Detroit, 2002.

[110] van Helden R, van Genderen M, van Aken M, et al. Engine dynamometer and vehicle performance of a urea SCR system for heavy-duty truck engines[C]. SAE World Congress, Detroit, 2002.

[111] Skaf Z, Aliyev T, Shead L, et al. The state of the art in selective catalytic reduction control[C]. SAE World Congress & Exhibition, Detroit, 2014.

[112] Ligterink N, de Lange R, Vermeulen R, et al. On-road NO_x emissions of Euro-V trucks[EB/OL]. https://repository.tudelft.nl/view/tno/ uuid: b6419fa0-52ba-4906-aea3- 20efddbdbab1[2017-09-01].

[113] Theissl H, Danninger A, Sacher T, et al. A study on operation fluid consumption for heavy duty diesel engine application using both, EGR and SCR[C]. SAE 2013 Commercial Vehicle Engineering Congress, Rosemont, 2013.

[114] Cavataio G, Girard J W, Lambert C K. Cu/zeolite SCR on high porosity filters: Laboratory and engine performance evaluations[C]. SAE World Congress & Exhibition, Detroit, 2009.

[115] Cavataio G, Warner J R, Girard J W, et al. Laboratory study of soot, propylene, and diesel fuel impact on zeolite-based SCR filter catalysts[C]. SAE World Congress & Exhibition, Detroit, 2009.

[116] Naseri M, Chatterjee S, Castagnola M, et al. Development of SCR on diesel particulate filter system for heavy duty applications[C]. SAE World Congress & Exhibition, Detroit, 2011.

[117] Rose D, George S, Warkins J, et al. A new generation high porosity DuraTrap® AT for integration of $DeNO_x$ functionalities[C]. 9th International CTI Conference - SCR Systems, Stuttgart, 2013.

[118] Schrade F, Brammer M, Schaeffner J, et al. Physico-chemical modeling of an integrated SCR on DPF (SCR/DPF) system[C]. SAE World Congress, Detroit, 2012.

[119] Girard J, Snow R, Cavataio G, et al. The influence of ammonia to NO_x ratio on SCR performance[C]. World Congress, Detroit, 2007.

[120] Havenith C, Verbeek R P. Transient performance of a urea $deNO_x$ catalyst for low emissions heavy-duty diesel engines[C]. International Congress & Exposition, Detroit, 1997.

[121] Aoki Y, Miyairi Y, Ichikawa Y, et al. Product design and development of ultra thin wall ceramic catalytic substrate[C]. SAE World Congress, Detroit, 2002.

[122] Winkler C, Flörchinger P, Patil M D, et al. Modeling of SCR $deNO_x$ catalyst - looking at the impact of substrate attributes[C]. SAE World Congress, Detroit, 2003.

[123] Blakeman P, Arnby K, Marsh P, et al. Optimization of an SCR catalyst system to meet EUIV heavy duty diesel legislation[C]. SAE World Congress & Exhibition, Detroit, 2008.

[124] Choi S M, Yoon Y K, Kim S J, et al. Development of urea-SCR system for light-duty diesel passenger car[C]. SAE World Congress, Detroit, 2001.

[125] Alano E, Jean E, Perrot Y, et al. Compact SCR for passenger cars[C]. SAE World Congress & Exhibition, Detroit, 2011.

[126] Guo G, Warner J, Cavataio G, et al. The development of advanced urea-SCR systems for Tier 2 Bin 5 and beyond diesel vehicles[C]. SAE World Congress & Exhibition, Detroit, 2010.

[127] Pischinger S, Körfer T, Wiartalla A, et al. Combined particulate matter and NO_x aftertreatment systems for stringent emission standards[C]. World Congress, Detroit, 2007.

[128] Tennison P, Lambert C, Levin M. NO_x control development with urea SCR on a diesel passenger car[C]. SAE World Congress, Detroit, 2004.

[129] Zhan R, Li W, Eakle S T, et al. Development of a novel device to improve urea evaporation, mixing and distribution to enhance SCR performance[C]. SAE World Congress & Exhibition, Detroit, 2010.

[130] Kröcher O, Elsener M, Mehring M, et al. Highly-developed thermal analysis methods for the characterization of soot and deposits in urea SCR systems[C]. 6th International Exhaust Gas and Particulate Emissions Forum, Ludwigsburg, 2010.

[131] Brück R, Holz O, Konieczny R. SCR upgraded aftertreatment system for EU VI vehicles to reduce urban NO_x emissions[C]. 3rd International IAV MinNO_x Conference, Berlin, 2010.

[132] Johannessen T. Compact ammonia storage systems for fuel-efficient NO_x emissions reduction[C]. CTI Conference on SCR Systems, Stuttgart, 2010.

[133] Fischer M. Customised NO_x aftertreatment for diesel passenger cars to meet worldwide emission standards[C]. International Quality and Productivity Center（IQPC）Conference, San Francisco, 2010.

[134] Ostertag M. Urea reservoir systems for off-highway and the heavy duty market[C]. CTI NO_x Reduction 2008 Conference, Detroit, 2008.

[135] Lambert C, Hammerle R, McGill R, et al. Technical advantages of urea SCR for light-duty and heavy-duty vehicle applications[C]. SAE World Congress, Detroit, 2004.

[136] Zhao H. Advanced Direct Injection Combustion Engine Technologies and Development: Volume 2 Diesel engines[M]. Cambridge: Woodhead Publishing Limited and CRC Press LLC, 2010.

[137] Cheng Y S, Montreuil C, Cavataio G, et al. Sulfur tolerance and deSO_x studies on diesel SCR catalysts[C]. SAE World Congress & Exhibition, Detroit, 2008.

[138] Li J, Zhu R H, Cheng Y S, et al. Mechanism of propene poisoning on Fe-ZSM-5 for selective catalytic reduction of NO_x with ammonia[J]. Environmental Science & Technology, 2010, 44 (5) : 1799-1805.

[139] Prikhodko V, Pihl J, Lewis S, et al. Hydrocarbon fouling of SCR during PCCI combustion[C]. SAE World Congress, Detroit, 2012.

[140] Ma L, Li J, Cheng Y S, et al. Propene poisoning on three typical Fe-zeolites for SCR of NO_x with NH_3: From mechanism study to coating modified architecture[J]. Environmental Science & Technology, 2012, 46(3): 1747-1754.

[141] Cavataio G, Jen H-W, Dobson D A, et al. Laboratory study to determine impact of Na and K exposure on the durability of DOC and SCR catalyst formulations[C]. SAE 2009 Powertrains Fuels and Lubricants Meeting, San Antonio, 2009.

[142] Brookshear D W, Nguyen K, Toops T J, et al. Investigation of the effects of biodiesel-based Na on emissions control components[J]. Catalysis Today, 2012, 184 (1) : 205-218.

[143] Williams A, Burton J, McCormick R L, et al. Impact of fuel metal impurities on the durability of a light-duty diesel aftertreatment system[C]. SAE World Congress & Exhibition, Detroit, 2013.

[144] Brookshear D W, Nguyen K, Toops T J, et al. Impact of biodiesel-based Na on the selective catalytic reduction of NO_x by NH_3 over Cu-zeolite catalysts[J].Topics in Catalysis, 2013, 56(1-8): 62-67.

[145] Silver R G, Stefanick M O, Todd B I. A study of chemical aging effects on HDD Fe-zeolite SCR catalyst[J]. Catalysis Today, 2008, 136(1-2): 28-33.

[146] Toops T J, Nguyen K, Foster A L, et al. Deactivation of accelerated engine-aged and field-aged Fe-zeolite SCR catalysts[J]. Catalysis Today, 2010, 151 (3-4): 257-265.

[147] Chen J P, Buzanowski M A, Yang R T, et al. Deactivation of the vanadia catalyst in the selective catalytic reduction process[J]. Journal of the Air & Waste Management Association, 1990, 40(10):1403 -1409.

[148] Kijlstra W S, Komen N J, Andreini A, et al. Promotion and deactivation of V_2O_5/TiO_2 SCR catalysts by SO_2 at low Temperature[J]. Studies in Surface Science and Catalysis, 1996, 101:951-960.

[149] Busca G, Lietti L, Ramis G, et al. Chemical and mechanistic aspects of the selective catalytic reduction of NO_x by ammonia over oxide catalysts: A review[J]. Applied Catalysis B: Environmental, 1998, 18(1-2):1-36.

[150] Gieshoff J, Schäfer-Sindlinger A, Spurk P C, et al. Improved SCR systems for heavy duty applications[C]. SAE World Congress, Detroit, 2000.

[151] Hu S, Herner J D, Schafer M, et al. Metals emitted from heavy-duty diesel vehicles equipped with advanced PM and NO_x emission controls[J]. Atmospheric Environment, 2009, 43(18): 2950-2959.

[152] Chapman D M. Behavior of titania-supported vanadia and tungsta SCR catalysts at high temperatures in reactant streams: Tungsten and vanadium oxide and hydroxide vapor pressure reduction by surficial stabilization[J]. Applied Catalysis A: General, 2011, 392 (1-2): 143-150.

[153] Liu Z G, Ottinger N A, Cremeens C M. Methods for quantifying the release of vanadium from engine exhaust aftertreatment catalysts[C]. SAE World Congress, Detroit, 2012.

[154] Kröcher O, Elsener M. Chemical deactivation of V_2O_5/WO_3-TiO_2 SCR catalysts by additives and impurities from fuels, lubrication oils, and urea solution Ⅰ. Catalytic studies[J]. Applied Catalysis B: Environmental, 2008, 75(3-4):215-227.

[155] Kim J Y, Cheng Y, Patterson J E, et al. Modeling study of urea scr catalyst aging characteristics[C]. SAE World Congress, Detroit, 2007.

[156] Castagnola M, Caserta J, Chatterjee S, et al. Engine performance of Cu- and Fe-based SCR emission control systems for heavy duty diesel applications[C]. SAE World Congress & Exhibition, Detroit, 2011.

[157] Xi Y, Ottinger N A, Liu Z G. Effect of hydrothermal aging on the catalytic performance and morphology of a vanadia SCR catalyst[C]. SAE World Congress & Exhibition, Detroit, 2013.

[158] Fedekyo J M, Chen H Y, Ballinger T H, et al. Development of thermally durable Cu/SCR catalysts[C]. SAE World Congress & Exhibition, Detroit, 2009.

[159] Theis J R, Ura J A, McCabe R W. The effects of sulfur poisoning and desulfation temperature on the NO_x conversion of LNT+SCR systems for diesel applications[C]. SAE World Congress & Exhibition, Detroit, 2010.

[160] Cheng Y S, Montreuil C, Cavataio G, et al. The effects of SO_2 and SO_3 poisoning on Cu/zeolite SCR catalysts[C]. SAE World Congress & Exhibition, Detroit, 2009.

[161] Ummel D, Price K. Performance and sulfur effect evaluation of Tier 4 DOC+SCR systems for vanadia, iron, and copper SCR[C]. SAE World Congress & Exhibition, Detroit, 2014.

[162] Tang W, Huang X, Kumar S. Sulfur effect and performance recovery of a DOC+CSF+Cu- zeolite SCR system[C]. US Department of Energy, Directions in Engine Efficiency and Emissions Research (DEER) Conference, Detroit, 2011.

[163] Xi Y, Ottinger N A, Liu Z G. New insights into sulfur poisoning on a vanadia SCR catalyst under simulated diesel engine operating conditions[J]. Applied CatalysisB: Environmental, 2014, 160: 1-9.

[164] Theis J R. The poisoning and desulfation characteristics of iron and copper SCR catalysts[C]. SAE World Congress & Exhibition, Detroit, 2009.

[165] Schrade F, Brammer M, Schaefner J, et al. Physicochemical modeling of an integrated SCR on DPF（SCR/DPF）system[C]. SAE World Congress & Exhibition, Detroit, 2011.

[166] Luo J Y, Yezerets A, Henry C, et al. Hydrocarbon poisoning of Cu-zeolite SCR catalysts[C]. SAE World Congress, Detroit, 2012.

[167] Montreuil C N, Lambert C.The effect of hydrocarbons on the selective catalyzed reduction of NO_x over low and high temperature catalyst formulations[C]. SAE World Congress & Exhibition, Detroit, 2008.

[168] Prikhodko V Y, Pihl J A, Lewis S A, et al. Hydrocarbon fouling of SCR during PCCI combustion[C]. SAE World Congress, Detroit, 2012.

[169] Girard J, Snow R, Cavataio G, et al. Influence of hydrocarbon storage on the durability of SCR catalysts[C]. SAE World Congress & Exhibition, Detroit, 2008.

[170] Chen X, Currier N, Yezerts A, et al. Mitigation of platinum poisoning of Cu-zeolite SCR catalysts[C]. SAE World Congress & Exhibition, Detroit, 2013.

[171] Williams F J, Palermo A, Tikhov M S, et al. Electrochemical promotion by sodium of the rhodium-catalyzed NO+CO reaction[J]. The Journal of Physical Chemistry B, 2000, 104（50）: 11883-11890.

[172] Tanaka T, Okuhara T, Misono M. Intermediacy of organic nitro and nitrite surface species in selective reduction of nitrogen monoxide by propene in the presence of excess oxygen over silicasupported platinum[J]. Applied Catalysis B: Environmental, 1994, 4（1）:L1-L9.

[173] Rohr F, Grißtede I, Sundararajan A, et al. Diesel NO_x-storage catalyst systems for Tier 2 Bin 5 legislation[C]. SAE World Congress & Exhibition, Detroit, 2008.

[174] Theis J R, Ura J A, Goralski Jr C T, et al. The effects of aging temperature and PGM loading on the NO_x storage capacity of a lean NO_x trap[C]. SAE World Congress, Detroit, 2005.

[175] Blakeman P G, Andersen P J, Chen H-Y, et al. Performance of NO_x adsorber emissions control systems for diesel engines[C]. SAE World Congress, Detroit, 2003.

[176] Bisaiji Y, Yoshida K, Inoue M, et al. Development of Di-air - a new diesel deNO_x system by adsorbed intermediate reductants[J]. SAE International Journal of Fuels and Lubricants, 2012, 5（1）:380-388.

[177] Narula C K, Moses M J, Allard L F. Analysis of microstructural changes in lean NO_x trap materials isolates parameters responsible for activity deterioration[C]. Powertrain & Fluid Systems Conference & Exhibition, Toronto, 2006.

[178] Can F, Courtois X, Royer S, et al. An overview of the production and use of ammonia in NSR+SCR coupled system for NO_x reduction from lean exhaust gas[J]. Catalysis Today, 2012, 197（1）: 144-154.

[179] Gill L J, Blakeman P G, Twigg M V, et al. The use of NO_x adsorber catalysts on diesel engines[J]. Topics in Catalysis, 2004, 28（1-4）: 157-164.

[180] Nguyen K, Hakyong K, Buntin B G, et al. Rapid aging of diesel lean NO_x traps by high-temperature thermal cycling[C]. SAE World Congress, Detroit, 2007.

[181] Forzatti P, Lietti L, Castoldi L. Storage and reduction of NO_x over LNT catalysts[J]. Catalysis Letters, 2015, 145（2）:483-504.

[182] Ohashi N, Nakatani K, Asanuma T, et al. Development of next-generation NO_x reduction system for diesel exhaust emission[C]. SAE World Congress & Exhibition, Detroit, 2008.

[183] Parks J, West B, Swartz M, et al. Characterization of lean NO_x trap catalysts with in-cylinder regeneration strategies[C]. SAE World Congress & Exhibition, Detroit, 2008.

[184] Castoldi L, Nova I, Lietti L, et al. Study of the effect of Ba loading for catalytic activity of Pt–Ba/Al_2O_3 model catalysts[J]. Catalysis Today, 2004, 96 (1-2):43-52.

[185] Artioli N, Matarrese R, Castoldi L, et al. Effect of soot on the storage-reduction performances of PtBa/Al_2O_3 LNT catalyst[J]. Catalysis Today, 2011,169 (1): 36-44.

[186] Szailer T, Kwak J H, Kim D H, et al. Reduction of stored NO_x on Pt/Al_2O_3 and Pt/BaO/Al_2O_3 catalysts with H_2 and CO[J]. Journal of Catalysis, 2006, 239(1):51-64.

[187] Nova I, Lietti L, Forzatti P, et al. Experimental investigation of the reduction of NO_x species by CO and H_2 over Pt–Ba/Al_2O_3 lean NO_x trap systems[J]. Catalysis Today, 2010, 151 (3-4):330-337.

[188] Kašpar J, Fornasiero P, Hickey N. Automotive catalytic converters: Current status and some perspectives[J]. Catalysis Today, 2003,77 (4): 419-449.

[189] Szailer T, Currier N, Yezerets A, et al. Advanced catalyst solutions for hydrocarbon emissions control during rich operation of lean NO_x trap systems[C]. SAE World Congress & Exhibition, Detroit, 2009.

[190] Onodera H, Nakamura M, Takaya M, et al. Development of a diesel emission catalyst system for meeting US SULEV standards[C]. SAE World Congress & Exhibition, Detroit, 2009.

[191] Tsukamoto Y, Nishioka H, Imai D, et al. Development of new concept catalyst for low CO_2 emission diesel engine using NO_x adsorption at low temperatures[C]. SAE World Congress, Detroit, 2012.

[192] Maroteaux D, Beaulieu J, D'Oria S. Development of NO_x aftertreatment for Renault diesel engines[J]. MTZ Worldwide, 2010, 71(3):36-41.

[193] Stroia B J, Currier N W, Li J, et al. Critical performance and durability parameters of an integrated aftertreatment system used to meet 2007 Tier Ⅱ emission standards[C]. SAE World Congress & Exhibition, Detroit, 2008.

[194] Rohr F, Kattwinkel P, Kreuzer T, et al. NO_x-storage catalyst systems designed to comply with North American emission legislation for diesel passenger cars[C]. SAE World Congress, Detroit, 2006.

[195] Umeno T, Hanzawa M, Hayashi Y, et al. Development of new lean NO_x trap technology with high sulfur resistance[C]. SAE World Congress & Exhibition, Detroit, 2014.

[196] Xu L, McCabe R, Ruona W, et al. Impact of a Cu-zeolite SCR catalyst on the performance of a diesel LNT+SCR system[C]. SAE World Congress & Exhibition, Detroit, 2009.

[197] Xu L, McCabe R W. LNT+in situ SCR catalyst system for diesel emissions control[J]. Catalysis Today, 2012, 184:83-94.

[198] Chen H-Y, Mulla S, Konduru M, et al. NO_x adsorber catalysts with improved desulfation properties and enhanced low-temperature activity[C]. SAE World Congress & Exhibition, Detroit, 2009.

[199] Ottinger N, Nguyen K, Bunting B, et al. Effect of thermal aging on NO oxidation and NO_x storage in a fully-formulated lean NO_x trap[C]. US Department of Energy Directions in Engine Efficiency and Emissions Research (DEER) Conference, Dearborn, 2009.

[200] Suga K, Naito T, Hanaki Y, et al. High-efficiency NO_x trap catalyst with highly dispersed precious metal for low precious metal loading[C]. SAE World Congress, Detroit, 2012.

[201] Dworschak J, Neuhauser W, Rechberger E, et al. The new BMW six-cylinder diesel engine[J]. MTZ Worldwide, 2009, 70(2): 4-10.

[202] Chen H, Mulla S, Weigert E, et al. Cold start concept (CSC™): A novel catalyst for cold start emission control[C]. SAE World Congress & Exhibition, Detroit, 2013.

[203] Theis J R, Dearth M, McCabe R. LNT+SCR catalyst systems optimized for NO_x conversion on diesel application[C]. SAE World Congress & Exhibition, Detroit, 2011.

[204] Li M, Easterling V G, Harold M P. Towards optimal operation of sequential NO_x storage and reduction and selective catalytic reduction[J]. Applied Catalysis B: Environmental, 2016,184: 364-380.

[205] Harold M, Liu Y, Luss D. Lean NO_x reduction with dual layer LNT/SCR catalysts[C]. the US Department of Energy Directions in Engine Efficiency and Emissions Research (DEER), Dearborn, 2012.

[206] Wittka T, Holderbaum B, Dittmann P, et al. Experimental investigation of combined LNT+SCR diesel exhaust aftertreatment[J]. Emission Control Science and Technology, 2015, 1:167-182.

[207] Xu L, McCabe R, Tennison P, et al. Laboratory and vehicle demonstration of "2nd-generation" LNT+in-situ SCR diesel emission control systems[C]. SAE World Congress & Exhibition, Detroit, 2011.

[208] Xu L, McCabe R, Dearth M, et al. Laboratory and vehicle demonstration of "2nd-generation" LNT+in-situ SCR diesel NO_x emission control systems[C]. SAE World Congress & Exhibition, Detroit, 2010.

[209] Chen H-Y, Weigert E C, Fedeyko J M, et al. Advanced catalysts for combined (NAC+SCR) emission control systems[C]. SAE World Congress & Exhibition, Detroit, 2010.

[210] Henry C, Langenderfer D, Yezerets A, et al. Passive catalytic approach to low temperature NO_x emission abatement[C]. US Department of Energy, Directions in Engine Efficiency and Emissions Research (DEER) Conference, Detroit, 2011.

[211] Weibel M, Waldbüßer N, Wunsch R, et al. A novel approach to catalysis for NO_x reduction in diesel exhaust gas[J]. Topics in Catalysis, 2009, 52(13-20): 1702-1708.

[212] Liu Y, Harold M P, Luss D. Coupled NO_x storage and reduction and selective catalytic reduction using dual-layer monolithic catalysts[J]. Applied Catalysis B: Environmental, 2012, 121: 239-251.

[213] Liu Y, Zheng Y, Harold M P, et al. Lean NO_x reduction on LNT-SCR dual-layer catalysts by H_2 and CO[J]. Applied Catalysis B: Environmental, 2013, 132: 293-303.

[214] Zheng Y, Liu Y, Harold M P, et al. LNT-SCR dual-layer catalysts optimized for lean NO_x reduction by H_2 and CO[J]. Applied Catalysis B: Environmental, 2014, 148: 311-321.

[215] Zheng Y, Luss D, Harold M P. Optimization of LNT-SCR dual-layer catalysts for diesel NO_x emission control[C]. SAE World Congress & Exhibition, Detroit, 2014.

[216] Johnson T. Vehicular emissions in review[J]. SAE International Journal of Engines, 2016, 9(2):1258-1275.

[217] Wylie J, Bergeal D, Hatcher D, et al. SCRF® systems for Euro 6c[C]. 5th MinNO_x Conference, Berlin, 2014.

[218] Holderbaum B. Emission reduction strategies for passenger car diesel engines to meet future EU And US emission regulations[C]. Hyundai Kia International Powertrain Conference, Namyang, 2014.

[219] Johnson T V. Vehicular emissions in review[C]. SAE World Congress, Detroit, 2012.

[220] Bikas G, Zervas E. Regulated and non-regulated pollutants emitted during the regeneration of a diesel particulate filter[J]. Energy & Fuel, 2007, 21(3): 1543-1547.

[221] Bielaczyc P, Keskinen J, Dzida J, et al. Performance of particle oxidation catalyst and particle formation studies with sulphur containing fuels[C]. SAE World Congress, Detroit, 2012.

[222] Jacobs T, Chatterjee S, Conway R, et al. Development of partial filter technology for HDD retrofit[C]. SAE World Congress, Detroit, 2006.

[223] Khair M K. A review of diesel particulate filter technologies[C]. Future Transportation Technology Conference, Costa Mesa, 2003.

[224] Maunula T. Intensification of catalytic aftertreatments systems for mobile applications[C]. SAE World Congress & Exhibition, Detroit, 2013.

[225] Basu S, Henrichsen M, Tandon P, et al. Filtration efficiency and pressure drop performance of ceramic partial wall flow diesel particulate filters[J]. SAE International Journal of Fuels and Lubricants, 2013, 6 (3) :877-893.

[226] Ohno K, Taoka N, Furuta T, et al. Characterization of high porosity SiC-DPF[C]. SAE World Congress, Detroit, 2002.

[227] Kuki T, Miyairi Y, Kasai Y, et al. Study on reliability of wall-flow-type diesel particulate filter[C]. SAE World Congress, Detroit, 2004.

[228] Tsuneyoshi K, Yamamoto K. A study on the cell structure and the performances of wall-flow diesel particulate filter[J]. Energy, 2012, 48:492-499.

[229] Iwasaki S, Mizutani T, Miyairi Y, et al. New design concept for diesel particulate filter[C]. SAE World Congress & Exhibition, Detroit, 2011.

[230] Seo J M, Park W S, Lee M J. The best choice of gasoline/diesel particulate filter to meet future particulate matter regulation[C]. SAE World Congress, Detroit, 2012.

[231] Schaefer-Sindlinger A, Lappas I, Vogt C D, et al. Efficient material design for diesel particulate filters[J]. Topics in Catalysis, 2007, 42 (1) : 307-317.

[232] Benaqqa C, Gomina M, Beurotte A, et al. Morphology, physical, thermal and mechanical properties of the constitutive materials of diesel particulate filters[J]. Applied Thermal Engineering, 2014, 62: 599-606.

[233] Ohara E, Mizuno Y, Miyairi Y, et al. Filtration behavior of diesel particulate filters （1）[C]. SAE World Congress, Detroit, 2007.

[234] van Setten B A A L, Makkee M, Moulijn J A. Science and technology of catalytic particulate filters[J]. Catalysis Reviews, 2001, 43 （4）: 489-564.

[235] Zhong D, He S, Tandon P, et al. Measurement and prediction of filtration efficiency evolution of soot loaded diesel particulate filters[C]. SAE World Congress, Detroit, 2012.

[236] Dario M T, Bachiorrini A. Interaction of some pollutant oxides on durability of silicon carbide as a material for diesel vehicle filters[J]. Journal of Materials Science, 1998, 33 (1) : 139-145.

[237] Maier N, Nickel K G，Engel C, et al. Mechanisms and orientation dependence of the corrosion of single crystal cordierite by model diesel particulate ashes[J]. Journal of the European Ceramic Society, 2010, 30 (7) : 1629-1640.

[238] Hashimoto S, Miyairi Y, Hamanaka T, et al. SiC and cordierite diesel particulate filters designed for low pressure drop and catalyzed, uncatalyzed systems[C]. SAE World Congress, Detroit, 2002.

[239] Yuuki K, Ito T, Sakamoto H, et al. The effect of SiC properties on the performance of catalyzed diesel particulate filter （DPF）[C]. SAE World Congress, Detroit, 2003.

[240] Schäfer F, van Basshuysen R. Reduced Emissions and Fuel Consumption in Automobile Engines[M]. Wien: Springer-Verlag, 1995.

[241] Dallanegra R, Caprotti R. Validation of fuel borne catalyst technology in advanced diesel applications[C]. SAE World Congress & Exhibition, Detroit, 2014.

[242] Merkel G A, Cutler W A, Warren C J. Thermal durability of wall-flow ceramic diesel particulate filters[C]. SAE World Congress, Detroit, 2001.

[243] Li C, Mao F, Zhan R, et al. Durability performance of advanced ceramic material DPFs[C]. SAE World Congress, Detroit, 2007.

[244] Kotrba A, Gardner T P, Bai L, et al. Passive regeneration response characteristics of a DPF system[C]. SAE World Congress & Exhibition, Detroit, 2013.

[245] Konstandopoulos A G, Johnson J H. Wall-flow diesel particulate filters-their pressure drop and collection efficiency[C]. International Congress and Exposition, Detroit, 1989.

[246] Mizutani T, Kaneda A, Ichikawa S, et al. Filtration behavior of diesel particulate filters (2)[C]. SAE World Congress, Detroit, 2007.

[247] Guan B, Zhan R, Lin H, et al. Review of the state-of-the-art of exhaust particulate filter technology in internal combustion engines[J]. Journal of Environmental Management, 2015, 154: 225-258.

[248] Ingram-Ogunwumi R S, Dong Q, Murrin T A, et al. Performance evaluations of aluminum titanate diesel particulate filters[C]. SAE World Congress, Detroit, 2007.

[249] Nakamura K, Vlachos N, Konstandopoulos A, et al. Performance improvement of diesel particulate filter by layer coating[C]. SAE World Congress, Detroit, 2012.

[250] Boger T, Jamison J, Warkins J, et al. Next generation aluminum titanate filter for light duty diesel applications[C]. SAE World Congress & Exhibition, Detroit, 2011.

[251] Schäfer-Sindlinger A, Vogt C D, Hashimoto S, et al. New materials for particulate filters in passenger cars[J]. Auto Technology, 2003, 3(5): 64-67.

[252] Furuta Y, Mizutani T, Miyairi Y, et al. Study on next generation diesel particulate filter[C]. SAE World Congress & Exhibition, Detroit, 2009.

[253] Kawakami A, Mizutani T, Shibagaki Y, et al. High porosity DPF design for integrated SCR functions[C]. SAE World Congress, Detroit, 2012.

[254] Ootake M, Kondou T, Ikeda M, et al. Development of diesel engine system with DPF for the European market[C]. SAE World Congress, Detroit, 2007.

[255] Mikulic I, Zhan R, Eakle S. Dependence of fuel consumption on engine backpressure generated by a DPF[C]. SAE World Congress & Exhibition, Detroit, 2010.

[256] Southward B W L, Basso S, Pfeifer M. On the development of low PGM content direct soot combustion catalysts for diesel particulate filters[C]. SAE World Congress & Exhibition, Detroit, 2010.

[257] Soeger N, Mussmann L, Sesselmann R, et al. Impact of aging and NO_x/soot ratio on the performance of a catalyzed particulate filter for heavy-duty diesel applications[C]. SAE World Congress, Detroit, 2005.

[258] Høj J W, Sorenson S C, Stobbe P. Thermal loading in SiC particulate filters[C]. International Congress and Exposition, Detroit, 1995.

[259] Okazoe H, Shimizu K, Watanabe Y, et al. Development of a full-flow burner regeneration type diesel particulate filter using SiC honeycomb[C]. International Congress & Exposition, Detroit, 1996.

[260] Hickman D L. Diesel particulate filter regeneration: Thermal management through filter design[C]. International Fall Fuels and Lubricants Meeting and Exposition,. Baltimore, 2000.

[261] Muramatsu T, Kominami T, Minamikawa J, et al. DPR with empirical formula to improve active regeneration of a PM filter[C]. SAE World Congress, Detroit, 2006.

[262] Yum M, Luss D, Balakotaiah V. Regeneration modes and peak temperatures in a diesel particulate filter[J]. Chemical Engineering Journal, 2013, 232: 541-554.

[263] Konstandopoulos A G, Kostoglou M, Skaperdas E, et al. Fundamental studies of diesel particulate filters: Transient loading, regeneration and aging[C]. SAE World Congress, Detroit, 2000.

[264] Zhan R, Eakle S, Spreen K, et al. Validation method for diesel particulate filter durability[C]. Powertrain & Fluid Systems Conference & Exhibition, Rosemont, 2007.

[265] Boger T, Rose D, Tilgner I-C. Regeneration strategies for an enhanced thermal management of oxide diesel particulate filters[C]. SAE World Congress & Exhibition, Detroi, 2008.

[266] Sappok A, Wong V. Ash effects on diesel particulate filter pressure drop sensitivity to soot and implications for regeneration frequency and DPF control[C]. SAE World Congress & Exhibition, Detroit, 2010.

[267] Pidria M F. Experimental characterization of diesel soot regeneration in cordierite filters[C]. FISITA, Yokohama, 2006.

[268] Suresh A, Yezerets A, Currier N, et al. Diesel particulate filter aystem-effect of critical variables on the regeneration strategy development and optimization[C]. SAE World Congress & Exhibition, Detroit, 2008.

[269] Blanchard G, Colignon C, Griard C, et al. Passenger car series application of a new diesel particulate filter system using a new ceria-based fuel-borne catalyst: From the engine test bench to European vehicle certification[C]. Powertrain & Fluid Systems Conference & Exhibition, San Diego, 2002.

[270] Caprotti R, Field I, Michelin J, et al. Development of a novel DPF additive[C]. SAE Powertrain & Fluid Systems Conference & Exhibition, Pittsburgh, 2003.

[271] Vincent M W, Richards P J, Catterson D J. A novel fuel borne catalyst dosing system for use with a diesel particulate filter[C]. SAE World Congress, Detroit, 2003.

[272] Rocher L, Seguelong T, Harle V, et al. New generation fuel borne catalyst for reliable DPF operation in globally diverse fuels[C]. SAE World Congress & Exhibition, Detroit, 2011.

[273] Campenon T, Wouters P, Blanchard G, et al. Improvement and simplification of DPF system using a ceria-based fuel-borne catalyst for diesel particulate filter regeneration in serial applications[C]. SAE World Congress, Detroit, 2004.

[274] Andersson S, Akerlund C, Blomquist M. Low Pressure EGR calibration strategies for reliable diesel particulate filter regeneration on HDD engines[C]. Powertrain & Fluid Systems Conference & Exhibition, San Diego, 2002.

[275] Punke A, Grubert G, Li Y, et al. Catalyzed soot filters in close coupled position for vehicles[C]. SAE World Congress, Detroit, 2006.

[276] Gieshoff J, Pfeifer M, Schäfer-Sindlinger A, et al. Regeneration of catalytic diesel particulate filters[C]. SAE World Congress, Detroit, 2001.

[277] Yamaguchi S, Fujii S, Kai R, et al. Design optimization of wall flow type catalyzed cordierite particulate filter for heavy duty diesel[C]. SAE World Congress, Detroit, 2005.

[278] Pfeifer M, Votsmeier M, Kögel M, et al. The second generation of catalyzed diesel particulate filter systems for passenger cars -particulate filters with integrated oxidation catalyst function[C]. SAE World Congress, Detroit, 2005

[279] Pfeifer M, Kögel M, Spurk P C, et al. New platinum/palladium based catalyzed filter technologies for future passenger car applications[C]. SAE World Congress, Detroit, 2007.

[280] Tighe C J, Twigg M V, Hayhurst A N, et al. The kinetics of oxidation of diesel soots by NO_2[J]. Combustion and Flame, 2012, 159: 77-90.

[281] Maunula T, Matilainen P, Louhelainen M, et al. Catalyzed particulate filters for mobile diesel applications[C]. SAE World Congress, Detroit, 2007.

[282] Verbeek R, Aken M, Verkiel M. DAF Euro-4 heavy duty diesel engine with TNO EGR system and CRT particulates filter[C]. SAE International Spring Fuels & Lubricants Meeting & Exhibition, Orlando, 2001.

[283] Toorisaka H, Minamikawa J, Narita H, et al. DPR developed for extremely low PM emissions in production commercial vehicles[C]. SAE World Congress, Detroit, 2004.

[284] Twigg M V. Controlling automotive exhaust emissions: Successes and underlying science[J]. Philosophical Transactions of the Royal Society of London A: Mathematical, Physical and Engeering Science, 2005, 363(1829): 1013-1033.

[285] Allansson R, Maloney C A, Walker A P, et al. Sulphate production over the CRTTM: What fuel sulphur level is required to enable the EU 4 and EU 5 PM standards to be met? [C]. International Spring Fuels & Lubricants Meeting & Exposition, Paris, 2000.

[286] Konstandopoulos A G, Papaioannou E, Zarvalis D, et al. Catalytic filter systems with direct and indirect soot oxidation activity[C]. SAE World Congress, Detroit, 2005.

[287] Kodama K, Hiranuma S, Doumeki R, et al. Development of DPF system for commercial vehicles (second report)-active regenerating function in various driving condition[C]. Powertrain & Fluid Systems Conference & Exhibition, San Antonio, 2005.

[288] Singh N, Johnson J H, Parker G G, et al. Vehicle engine aftertreatment system simulation (VEASS) model: Application to a controls design strategy for active regeneration of a catalyzed particulate filter[J]. 2005 Transactions, .Journal of Fuels and Lubricants, 2005, 114(4): 476-502.

[289] Warner J R, Dobson D, Cavataio G. A study of active and passive regeneration using laboratory generated soot on a variety of SiC diesel particulate filter formulations[C]. SAE World Congress & Exhibition, Detroit, 2010.

[290] Parks J, Huff S, Kass M, et al. Characterization of in-cylinder techniques for thermal management of diesel aftertreatment[C]. Powertrain & Fluid Systems Conference & Exhibition, Rosemont, 2007.

[291] Salvat O. Marez P, Belot G. Passenger car serial application of a particulate filter system on a common rail direct injection diesel engine[C]. SAE World Congress, Detroit, 2000.

[292] Chiew L, Kroner P, Ranalli M. Diesel vaporizer: an innovative technology for reducing complexity and costs associated with DPF regeneration[C]. SAE World Congress, Detroit, 2005.

[293] Asad U, Banerjee S, Reader G T, et al. Energy efficiency analysis between in-cylinder and external supplemental fuel strategies[C]. SAE World Congress, Detroit, 2007.

[294] Tang T, Cao D X, Zhang J, et al. Experimental study of catalyzed diesel particulate filter with exhaust fuel injection system for heavy-duty diesel engines[C]. SAE World Congress & Exhibition, Detroit, 2014.

[295] Hein E, Kotrba A, Inclan T, et al. Secondary fuel injection characterization of a diesel vaporizer for active DPF regeneration[C]. SAE World Congress & Exhibition, Detroit, 2014.

[296] Hiranuma S, Yakeda Y, Kawatani T, et al. Development of DPF system for commercial vehicle-basic characteristic and active regenerating performance[C]. SAE Powertrain & Fluid Systems Conference & Exhibition, Pittsburgh, 2003.

[297] Johnson T V. Diesel emission control in review[C]. SAE World Congress, Detroit, 2006.

[298] Presti M, Pace L, Poggio L, et al. Cold start thermal management with electrically heated catalyst: A way to lower fuel consumption[C]. 11th International Conference on Engines & Vehicles, Capri, 2013.

[299] Chilumukuru K P, Arasappa R, Johnson J H, et al. An experimental study of particulate thermal oxidation in a catalyzed filter during active regeneration[C]. SAE World Congress & Exhibition, Detroit, 2009.

[300] Lu J H, Ku Y Y, Liao C F. The effects of biodiesel on the performance and the durability of diesel engine active-DPF[C]. SAE World Congress, Detroit, 2012.

[301] Zheng M, Reader G T, Wang D, et al. A thermal response analysis on the transient performance of active diesel aftertreatment[C]. 35th International Conference on Environmental Systems (ICES), Rome, 2005.

[302] Choi B, Liu B, Jeong J W. Effects of hydrothermal aging on SiC-DPF with metal oxide ash and alkali metals[J]. Journal of Industrial and Engineering Chemistry, 2009, 15: 707-715.

[303] Zhan R, Huang Y Q, Khair M. Methodologies to control DPF uncontrolled regenerations[C]. SAE World Congress, Detroit, 2006.

[304] Cozzolini A, Mulone V, Abeyratne P, et al. Advanced modeling of diesel particulate filters to predict soot accumulation and pressure drop[C]. 10th International Conference on Engines & Vehicles, Capri, 2011.

[305] Kim Y-W, Nieuwstadt M V, Stewart G, et al. Model predictive control of DOC temperature during DPF regeneration[C]. SAE World Congress & Exhibition, Detroit,2014.

[306] Schmidt S, Smeets M, Boehner R, et al. Contribution of high accuracy temperature sensors towards fuel economy and robust calibration[C]. SAE World Congress & Exhibition, Detroit, 2014.

[307] Dabhoiwala R H, Johnson J H, Naber J D, et al. A methodology to estimate the mass of particulate matter retained in a catalyzed particulate filter as applied to active regeneration and on-board diagnostics to detect filter failures[C]. SAE World Congress & Exhibition, Detroit, 2008.

[308] Hoepfner A, Roduner C A. PM sensor based on-board diagnosis of particulate filter efficiency[C]. SAE World Congress & Exhibition, Detroit, 2013.

[309] Amanatidis S, Ntziachristos L, Samaras Z, et al. Use of a PPS sensor in evaluating the impact of fuel efficiency improvement technologies on the particle emissions of a Euro 5 diesel car[C]. SAE World Congress & Exhibition, Detroit, 2014.

[310] Rose D, Boger T. Different approaches to soot estimation as key requirement for DPF applications[C]. SAE World Congress & Exhibition, Detroit, 2009.

[311] Ntziachristos L, Fragkiadoulakis P, Samaras Z, et al. Exhaust particle sensor for OBD application[C]. SAE World Congress & Exhibition, Detroit, 2011.

[312] Husted H, Roth G, Nelson S, et al. Sensing of particulate matter for on-board diagnosis of particulate filters[C]. SAE World Congress, Detroit, 2012.

[313] Zink U, Johnson T V. State-of-the-art filter regeneration management-concepts realized by LDV companies[C]. US Department of Energy Diesel Engine Emissions Reduction (DEER) Conference, Chicago, 2005.

[314] Bauder R, Gruber M, Michels E, et al. The new Audi 4.2 l V8 TDI-engine-part 2: Thermodynamics, application and exhaust after-treatment[J]. MTZ Worldwide, 2005, 66(11): 29-32.

[315] Sappok A, Santiago M, Vianna T, et al. Characteristics and effects of ash accumulation on diesel particulate filter performance: Rapidly aged and field aged results[C]. SAE World Congress & Exhibition, Detroit, 2009.

[316] Yang K, Fox J T, Hunsicker R. Characterizing diesel particulate filter failure during commercial fleet use due to pinholes, melting, cracking, and fouling[J]. Emission Control Science and Technology, 2016, 2(3): 145-155.

[317] Williams A, McCormick R L, Hayes R R, et al. Effect of biodiesel blends on diesel particulate filter performance[C]. Powertrain & Fluid Systems Conference & Exhibition, Toronto, 2006.

[318] Vertin K, He S, Heibel A. Impacts of B20 biodiesel on cordierite diesel particulate filter performance[C]. SAE 2009 Powertrains Fuels and Lubricants Meeting, San Antonio, 2009.

[319] Serrano J R, Guardiola C, Piqueras P, et al. Analysis of the aftertreatment sizing for pre-turbo DPF and DOC exhaust line configurations[C]. SAE World Congress & Exhibition, Detroit, 2014.

[320] Gysel N, Karavalakis G, Durbin T, et al. Emissions and redox activity of biodiesel blends obtained from different feedstocks from a heavy-duty vehicle equipped with DPF/SCR aftertreatment and a heavy-duty vehicle without control aftertreatment[C]. SAE World Congress & Exhibition, Detroit, 2014.

[321] Sappok A, Govani I, Kamp C, et al. In-situ optical analysis of ash formation and transport in diesel particulate filters during active and passive DPF regeneration processes[C]. SAE World Congress & Exhibition, Detroit, 2013.

[322] Kamp C J, Sappok A, Wang Y J, et al. Direct measurements of soot/ash affinity in the diesel particulate filter by atomic force microscopy and implications for ash accumulation and DPF degradation[C]. SAE World Congress & Exhibition, Detroit, 2014.

[323] Sappok A, Wang Y, Wang R, et al. Theoretical and experimental analysis of ash accumulation and mobility in ceramic exhaust particulate filters and potential for improved ash management[C]. SAE World Congress & Exhibition, Detroit, 2014.

[324] Montanaro L, Bachiorrini A. Influence of some pollutants on the durability of cordierite filters for diesel cars[J]. Ceramics International, 1994, 20(3): 169-174.

[325] Yu M T, Balakotaiah V, Luss D. Effect of DPF properties on maximum temperature rise following a DTI[C]. SAE World Congress & Exhibition, Detroit, 2014.

[326] Sappok A, Wong V. Lubricant derived ash properties and their effects on diesel particulate filter pressure drop performance[C]. American Society of Mechanical Engineers, Fall Technical Conference, Lucerne, 2009.

[327] Bardasz E. Paths to improved engine emission performance via evolving lubricant technologies[C]. Emissions 2013, Ypsilanti, 2013.

[328] Tsinoglou D, Haralampous O, Koltsakis G, et al. Model-based optimization methods of combined DPF+SCR systems[C]. SAE World Congress, Detroit, 2007.

[329] Gekas I, Vressner A, Johansen K. NO_x reduction potential of V-SCR catalyst in SCR/DOC/DPF configuration targeting Euro Ⅵ limits from high engine NO_x levels[C]. SAE World Congress & Exhibition, Detroit, 2009.

[330] Vressner A, Gabrielsson P, Gekas I, et al. Meeting the Euro VI NO_x emission legislation using a Euro IV base engine and a SCR/ASC/DOC/DPF configuration in the world harmonized transient cycle[C]. SAE World Congress & Exhibition, Detroit, 2010.

[331] Sato S, Hosoya M. Improvement of low-temperature performance of the NO_x reduction efficiency on the urea-SCR catalysts[C]. SAE World Congress & Exhibition, Detroit, 2013.

[332] Johnson T. Diesel engine emissions and their control-an overview[J]. Platinum Metals Review 2008, 52(1):23-37.

[333] Jin Y, Shinoda N, Uesaka Y, et al. Development of new high porosity diesel particulate filter for integrated SCR technology/catalyst[C]. SAE World Congress & Exhibition, Detroit, 2015.

[334] Balland J, Parmentier M, Schmitt J. Control of a combined SCR on filter and under-floor SCR system for low emission passenger cars[C]. SAE World Congress & Exhibition, Detroit, 2014.

[335] Naseri M, Conway R, Hess H, et al. Development of emission control systems to enable high NO_x conversion on heavy duty diesel engines[C]. SAE World Congress & Exhibition, Detroit, 2014.

[336] Lee J H, Paratore M J, Brown D B. Evaluation of Cu-based SCR/DPF technology for diesel exhaust emission control[C]. SAE World Congress & Exhibition, Detroit, 2008.

[337] Ballinger T, Cox J, Konduru M, et al. Evaluation of SCR catalyst technology on diesel particulate filters[C]. SAE World Congress & Exhibition, Detroit, 2009.

[338] Tang W Y, Younger D, Santamaria M, et al. On-engine investigation of SCR on filters（SCRoF）for HDD passive applications[C]. SAE World Congress & Exhibition, Detroit, 2013.

[339] Ngan E, Wetzel P, McCarthy J, et al. Final Tier 4 emission solution using an after treatment system with a fuel reformer, LNT, DPF and optional SCRP[C]. Commercial Vehicle Engineering Congress, Rosemont, 2011.

[340] Johansen K, Widd A, Zuther F, et al. Passive NO_2 regeneration and NO_x conversion for DPF with an integrated vanadium SCR catalyst[C]. SAE 2016 World Congress and Exhibition, Detroit, 2016.

[341] Walker A. Future challenges and incoming solutions in emission control for heavy duty diesel vehicles[J]. Topics in Catalysis, 2016, 59 (8-9) :695-707.

[342] Tronconi E, Nova I, Marchitti F, et al. Interaction of NO_x reduction and soot oxidation in a DPF with Cu-zeolite SCR coating[J]. Emission Control Science and Technology, 2015, 1 (2) :134-151.

[343] Yang Y, Cho G, Rutland C. Model based study of $deNO_x$ characteristics for integrated DPF/SCR system over Cu-zeolite[C]. SAE World Congress & Exhibition, Detroit, 2015.

[344] Kojima H, Fischer M, Haga H, et al. Next generation all in one close-coupled urea-SCR system[C]. SAE World Congress & Exhibition, Detroit, 2015.

[345] Hohl Y. SCR on filter - the future for construction machinery[C]. 10th Annuversity of the International CTI Conference, SCR Systems, Stuttgart, 2014.

[346] Ogyu K, Ogasawara T, Sato H, et al. Development of high porosity SiC-DPF which is compatible with high robustness and catalyst coating capability for SCR coated DPF application[C]. SAE World Congress & Exhibition, Detroit, 2013.

[347] Tan J, Solbrig C, Schmieg S J. The development of advanced 2-way SCR/DPF systems to meet future heavy-duty diesel emissions[C]. SAE World Congress & Exhibition, Detroit, 2011.

[348] Naseri M, Aydin C, Mulla S, et al. Development of emission control systems to enable high NO_x conversion on heavy duty diesel engines[C]. SAE World Congress & Exhibition, Detroit, 2015.

[349] Shoji A, Kamoshita S, Watanabe T, et al. Development of a simultaneous reduction system of NO_x and particulate matter for light-duty truck[C]. SAE World Congress, Detroit, 2004.

[350] Johnson T M. Diesel emissions in review[C]. SAE World Congress & Exhibition, Detroit, 2011.